网络安全等级保护与关键信息基础设施安全保护系列丛书

网络安全等级保护基本要求应用指南

通用要求部分

郭启全 主编

陈广勇 马力 曲洁 祝国邦 等编著

電子工業出版社·

Publishing House of Electronics Industry

北京·BEIJING

内 容 简 介

本书详细解读《信息安全技术 网络安全等级保护基本要求》（GB/T 22239—2019）中的安全通用要求部分，包括网络安全等级保护基本概念、网络安全等级保护基本要求总体介绍、第一级至第四级安全通用要求应用解读及网络安全整体解决方案。

本书可供网络安全等级测评机构、等级保护对象的运营使用单位及主管部门开展网络安全等级保护测评工作使用，也可以作为高等院校信息安全、网络空间安全相关专业的教材。

图书在版编目（CIP）数据

网络安全等级保护基本要求（通用要求部分）应用指南 / 郭启全主编；陈广勇等编著. —北京：电子工业出版社，2022.7
（网络安全等级保护与关键信息基础设施安全保护系列丛书）
ISBN 978-7-121-43466-2

Ⅰ. ①网… Ⅱ. ①郭… ②陈… Ⅲ. ①计算机网络—网络安全—指南 Ⅳ. ①TP393.08-62

中国版本图书馆 CIP 数据核字（2022）第 085179 号

责任编辑：潘　昕　　　　特约编辑：田学清
印　　刷：北京天宇星印刷厂
装　　订：北京天宇星印刷厂
出版发行：电子工业出版社
　　　　　北京市海淀区万寿路 173 信箱　　　　邮编 100036
开　　本：787×980　　1/16　　印张：27　　　字数：509 千字
版　　次：2022 年 7 月第 1 版
印　　次：2024 年 3 月第 3 次印刷
定　　价：170.00 元

凡所购买电子工业出版社图书有缺损问题，请向购买书店调换。若书店售缺，请与本社发行部联系，联系及邮购电话：（010）88254888，88258888。
质量投诉请发邮件至 zlts@phei.com.cn，盗版侵权举报请发邮件至 dbqq@phei.com.cn。
本书咨询联系方式：（010）51260888-819，faq@phei.com.cn。

前　　言

2017年6月1日，《中华人民共和国网络安全法》实施。该法明确规定，国家实行网络安全等级保护制度，并规定对关键信息基础设施在网络安全等级保护制度的基础上实行重点保护，从法律上确立了网络安全等级保护制度是我国网络安全领域中的基础制度。当前，网络安全等级保护已进入2.0时代。2019年5月，国家标准化委员会正式发布了《信息安全技术　网络安全等级保护基本要求》(GB/T 22239—2019)（以下简称《基本要求》)。《基本要求》是指导运营使用者开展网络安全等级保护安全建设整改、等级测评等工作的核心标准，正确理解和适用这个标准，是深入贯彻实施国家网络安全等级保护制度的基础。

为配合新形势下网络安全等级保护制度2.0的实施，结合近些年的工作实践，我们组织编写了本书，供读者参考和借鉴。本书详细解读《基本要求》中安全通用要求部分的标准内容，期望读者更好地了解和掌握网络安全等级保护新标准。《基本要求》中安全扩展要求部分的标准内容解读参见其他相关书籍。

本书是网络安全等级保护与关键信息基础设施安全保护系列丛书中的一本。丛书包括：

- 《〈关键信息基础设施安全保护条例〉〈数据安全法〉和网络安全等级保护制度解读与实施》
- 《网络安全等级保护基本要求（通用要求部分）应用指南》（本书）
- 《网络安全等级保护基本要求（扩展要求部分）应用指南》
- 《网络安全等级保护安全设计技术要求（通用要求部分）应用指南》
- 《网络安全等级保护安全设计技术要求（扩展要求部分）应用指南》
- 《网络安全等级保护测评要求（通用要求部分）应用指南》
- 《网络安全等级保护测评要求（扩展要求部分）应用指南》
- 《网络安全保护平台建设应用与挂图作战》

本书主编郭启全，主要作者有陈广勇、马力、曲洁、祝国邦、范春玲、李明、艾春迪、赵劲涛、朱建兴、黄顺京、苏艳芳、尹湘培、黎水林、秦琦、王雪、张帅、张洁昕、沈娜。

张宇翔、祝国邦、范春玲、李明审校全书。

本书在编写过程中得到了新华三技术有限公司、华为技术有限公司、北京奇虎科技有限公司、中国石油天然气集团公司、奇安信科技集团股份有限公司、杭州安恒信息技术股份有限公司、深信服科技股份有限公司、北京神州绿盟科技有限公司、北京可信华泰信息技术有限公司、亚信科技（成都）有限公司、启明星辰信息技术集团股份有限公司、北京天融信网络安全技术有限公司和龙芯中科技术有限公司等单位的大力支持，在此一并表示衷心感谢。

读者可登录中国网络安全等级保护网（www.djbh.net）了解最新情况。

由于水平所限，书中难免有不足之处，敬请读者指正。

作　者

目　　录

第1章 网络安全等级保护基本概念

1.1 等级保护对象

《中华人民共和国网络安全法》(以下简称《网络安全法》)第二十一条明确了"国家实行网络安全等级保护制度"。单位和个人有责任和义务按照网络安全等级保护制度的要求,履行网络安全保护义务。

等级保护对象是指网络安全等级保护工作中的对象,通常是指由计算机或者其他信息终端及相关设备组成的按照一定的规则和程序对信息进行收集、存储、传输、交换、处理的系统,主要包括基础信息网络、云计算平台/系统、大数据应用/平台/资源、物联网(IoT)、工业控制系统和采用移动互联技术的系统等。

一个单位可能拥有多个不同安全保护等级的等级保护对象,不同级别的等级保护对象需要落实不同级别的网络安全等级保护要求。

1.2 安全保护等级

等级保护对象根据其在国家安全、经济建设、社会生活中的重要程度,遭到破坏后对国家安全、社会秩序、公共利益及公民、法人和其他组织的合法权益的危害程度等,由低到高被划分为五个安全保护等级。

第一级等级保护对象:受到破坏后,会对公民、法人和其他组织的合法权益造成损害,但不损害国家安全、社会秩序和公共利益。

第二级等级保护对象:受到破坏后,会对公民、法人和其他组织的合法权益产生严重损害,或者对社会秩序和公共利益造成损害,但不损害国家安全。

第三级等级保护对象:受到破坏后,会对社会秩序和公共利益造成严重损害,或者对国家安全造成损害。

第四级等级保护对象：受到破坏后，会对社会秩序和公共利益造成特别严重损害，或者对国家安全造成严重损害。

第五级等级保护对象：受到破坏后，会对国家安全造成特别严重损害。

关键信息基础设施从第三级以上等级保护对象中确定。国家对公共通信和信息服务、能源、交通、水利、金融、公共服务、电子政务等重要行业和领域，以及其他一旦遭到破坏、丧失功能或者数据泄露，可能严重危害国家安全、国计民生、公共利益的关键信息基础设施，在网络安全等级保护制度的基础上，实行重点保护。

1.3 安全保护能力

不同级别的等级保护对象的重要程度不同，面临的威胁不同，需要实现的安全目标也不同。各个级别的等级保护对象，通过安全建设整改，应具备的基本安全保护能力如下。

第一级安全保护能力：应能够防护免受来自个人的、拥有很少资源的威胁源发起的恶意攻击、一般的自然灾难，以及其他相当危害程度的威胁所造成的关键资源损害，在自身遭到损害后，能够恢复部分功能。

第二级安全保护能力：应能够防护免受来自外部小型组织的、拥有少量资源的威胁源发起的恶意攻击、一般的自然灾难，以及其他相当危害程度的威胁所造成的重要资源损害，能够发现重要的安全漏洞和处置安全事件，在自身遭到损害后，能够在一段时间内恢复部分功能。

第三级安全保护能力：应能够在统一安全策略下防护免受来自外部有组织的团体、拥有较为丰富资源的威胁源发起的恶意攻击、较为严重的自然灾难，以及其他相当危害程度的威胁所造成的主要资源损害，能够及时发现、监测攻击行为和处置安全事件，在自身遭到损害后，能够较快恢复绝大部分功能。

第四级安全保护能力：应能够在统一安全策略下防护免受来自国家级别的、敌对组织的、拥有丰富资源的威胁源发起的恶意攻击、严重的自然灾难，以及其他相当危害程度的威胁所造成的资源损害，能够及时发现、监测发现攻击行为和安全事件，在自身遭到损害后，能够迅速恢复所有功能。

第五级安全保护能力：（略）。

1.4 安全控制点和安全要求项

《基本要求》规定了第一级到第四级等级保护对象的安全要求，每个级别的安全要求均由安全通用要求和安全扩展要求构成，在安全通用要求和安全扩展要求下细分了技术要求和管理要求。为了便于安全要求的使用，将安全要求进行了分类，分为安全控制大类、安全控制点和安全要求项。

安全控制要求是大类，其中技术要求包括"安全物理环境""安全通信网络""安全区域边界""安全计算环境""安全管理中心"，管理要求包括"安全管理制度""安全管理机构""安全管理人员""安全建设管理""安全运维管理"，二者合计 10 大类。

安全控制点是每个大类下的控制要点。例如"安全物理环境"大类下涉及的安全控制点包括物理位置的选择、物理访问控制、防盗窃和防破坏、防雷击、防火、防水和防潮、防静电、温湿度控制、电力供应和电磁防护。"安全管理制度"大类下涉及的安全控制点包括安全策略、管理制度、制定和发布及评审和修订。

安全要求项是每个安全控制点下的具体要求。例如，"安全物理环境"大类下安全控制点"物理位置的选择"包括两个安全要求项，"a）机房场地应选择在具有防震、防风和防雨等能力的建筑内"，"b）机房场地应避免设在建筑物的顶层或地下室，否则应加强防水和防潮措施"；"安全管理制度"大类下安全控制点"安全策略"包括一个安全要求项，"应制定网络安全工作的总体方针和安全策略，阐明机构安全工作的总体目标、范围、原则和安全框架等"。

不同级别的安全要求具有不同数量的安全控制点和安全要求项，随着安全级别的提升，安全控制点和安全要求项也在增加。例如，第一级的安全通用要求具有 48 个安全控制点，第二级的安全通用要求具有 68 个安全控制点，第三级的安全通用要求具有 71 个安全控制点；第一级的安全通用要求具有 55 个安全要求项，第二级的安全通用要求具有 135 个安全要求项，第三级的安全通用要求具有 211 个安全要求项。

第2章 网络安全等级保护基本要求总体介绍

2.1 《基本要求》主要特点

随着近年来网络信息技术的发展和网络安全形势的变化，以往的等级保护安全要求和机制已无法有效应对新形势下的安全风险和新技术新应用所带来的威胁。为应对新形势、新风险，需调整等级保护标准。作为支撑网络安全等级保护 2.0 的新标准，《基本要求》具有如下几个特点。

① 《基本要求》在原有标准的基础上进行了优化，同时针对云计算、移动互联、物联网、工业控制系统及大数据等新技术新应用领域提出了新要求，形成了由安全通用要求和安全扩展要求构成的标准内容。

② 《基本要求》采用了"一个中心，三重防护"的防护理念和分类方式，强化了建立纵深防御和精细防御体系的思想，变被动防护为主动防护，变静态防护为动态防护，变单点防护为整体防护，变粗放式防护为精准式防护。

③ 《基本要求》强化了密码技术和可信计算技术的使用，把可信验证列入各个级别并逐级提出各个环节的主要可信验证要求，强调通过密码技术、可信验证、安全审计和态势感知等建立主动防御体系的期望。

2.2 《基本要求》主要变化

《基本要求》与原有标准相比较，无论是在总体结构方面还是在细节内容方面均发生了变化。总体结构方面的主要变化如下。

① 为适应《网络安全法》，配合落实网络安全等级保护制度，标准的名称由"信息系统安全等级保护基本要求"改为"网络安全等级保护基本要求"。等级保护对象由原来的信息系统调整为基础信息网络、信息系统（含采用移动互联技术的系统）、云计算平台/系统、大数据应用/平台/资源、物联网和工业控制系统等。

② 将原来各个级别的安全要求分为安全通用要求和安全扩展要求，其中安全扩展要求包括云计算安全扩展要求、移动互联安全扩展要求、物联网安全扩展要求及工业控制系统安全扩展要求。安全通用要求是不管等级保护对象形态如何都必须满足的要求。

③ 原标准中各级技术要求的"物理安全""网络安全""主机安全""应用安全"和"数据安全和备份与恢复"修订为"安全物理环境""安全通信网络""安全区域边界""安全计算环境"和"安全管理中心"，各级管理要求的"安全管理制度""安全管理机构""人员安全管理""系统建设管理"和"系统运维管理"修订为"安全管理制度""安全管理机构""安全管理人员""安全建设管理"和"安全运维管理"。

④ 取消了原来安全控制点的 S、A、G 标注，增加附录 A "关于安全通用要求和安全扩展要求的选择和使用"，描述等级保护对象的定级结果和安全要求之间的关系，说明如何根据定级的 S、A 结果选择安全要求的相关条款，简化了标准正文部分的内容。附录 C 描述等级保护安全框架和关键技术；附录 D 描述云计算应用场景；附录 E 描述移动互联应用场景；附录 F 描述物联网应用场景；附录 G 描述工业控制系统应用场景；附录 H 描述大数据应用场景。

2.3　《基本要求》框架结构

《基本要求》采用了新的分类框架结构，采用的分类框架结构如图 2-1 所示。

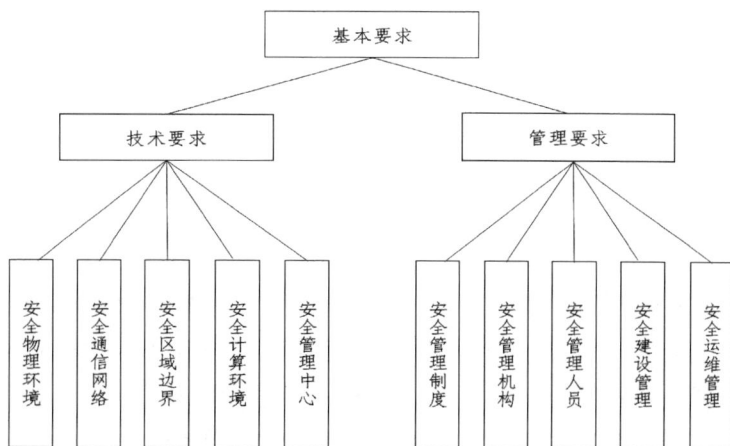

图 2-1　《基本要求》框架结构

安全通用要求细分为技术要求和管理要求。其中技术要求包括"安全物理环境""安全通信网络""安全区域边界""安全计算环境""安全管理中心"；管理要求包括"安全管理制度""安全管理机构""安全管理人员""安全建设管理""安全运维管理"。

2.4　安全通用要求和安全扩展要求

安全通用要求针对共性化保护需求提出，无论等级保护对象以何种形式出现，相关单位都需要根据安全保护等级实现相应级别的安全通用要求。安全扩展要求针对个性化保护需求提出，等级保护对象需要根据安全保护等级、使用的特定技术或特定的应用场景实现安全扩展要求。针对等级保护对象的安全保护，相关单位需要同时落实安全通用要求和安全扩展要求提出的措施。

1. 安全物理环境

针对物理机房提出的安全控制要求，主要对象为物理环境、物理设备和物理设施等；涉及的安全控制点包括物理位置的选择、物理访问控制、防盗窃和防破坏、防雷击、防火、防水和防潮、防静电、温湿度控制、电力供应、电磁防护。

2. 安全通信网络

针对通信网络提出的安全控制要求，主要对象为广域网、城域网和局域网等；涉及的安全控制点包括网络架构、通信传输、可信验证。

3. 安全区域边界

针对网络边界提出的安全控制要求，主要对象为系统边界和区域边界等；涉及的安全控制点包括边界防护、访问控制、入侵防范、恶意代码防范、安全审计、可信验证。

4. 安全计算环境

针对边界内部提出的安全控制要求，主要对象为边界内部的所有对象，包括网络设备、安全设备、服务器设备、终端设备、应用系统、数据对象和其他设备等；涉及的安全控制点包括身份鉴别、访问控制、安全审计、入侵防范、恶意代码防范、可信验证、数据完整性、数据保密性、数据备份与恢复、剩余信息保护、个人信息保护。

5. 安全管理中心

针对整个系统提出的安全管理方面的技术控制要求，通过技术手段实现集中管理；涉及的安全控制点包括系统管理、审计管理、安全管理、集中管控。

6. 安全管理制度

针对整个管理制度体系提出的安全控制要求，涉及的安全控制点包括安全策略、管理制度、制定和发布、评审和修订。

7. 安全管理机构

针对整个管理组织架构提出的安全控制要求，涉及的安全控制点包括岗位设置、人员配备、授权和审批、沟通和合作、审核和检查。

8. 安全管理人员

针对人员管理提出的安全控制要求，涉及的安全控制点包括人员录用、人员离岗、安全意识教育和培训、外部人员访问管理。

9. 安全建设管理

针对安全建设过程提出的安全控制要求，涉及的安全控制点包括定级和备案、安全方案设计、安全产品采购和使用、自行软件开发、外包软件开发、工程实施、测试验收、系统交付、等级测评、服务供应商管理。

10. 安全运维管理

针对安全运维过程提出的安全控制要求，涉及的安全控制点包括环境管理、资产管理、介质管理、设备维护管理、漏洞和风险管理、网络和系统安全管理、恶意代码防范管理、配置管理、密码管理、变更管理、备份与恢复管理、安全事件处置、应急预案管理、外包运维管理。

安全扩展要求是采用特定技术或在特定应用场景下，增加的等级保护对象需要实现的安全要求。《基本要求》提出的安全扩展要求包括云计算安全扩展要求、移动互联安全扩展要求、物联网安全扩展要求和工业控制系统安全扩展要求。

① 云计算安全扩展要求是在针对云计算平台提出的安全通用要求之外需要实现的安全要求。其主要内容包括"基础设施的位置""虚拟化安全保护""镜像和快照保护""云计

算环境管理""云服务供应商选择"等。

② 移动互联安全扩展要求是针对移动终端、移动应用和无线网络提出的安全要求，与安全通用要求一起构成针对采用移动互联技术的等级保护对象的完整的安全要求。其主要内容包括"无线接入点的物理位置""移动终端管控""移动应用管控""移动应用软件采购""移动应用软件开发"等。

③ 物联网安全扩展要求是针对感知层提出的特殊安全要求，与安全通用要求一起构成针对物联网的完整的安全要求。其主要内容包括"感知节点的物理防护""感知节点设备安全""网关节点设备安全""感知节点的管理""数据融合处理"等。

④ 工业控制系统安全扩展要求主要是针对现场控制层和现场设备层提出的特殊安全要求，与安全通用要求一起构成针对工业控制系统的完整的安全要求。其主要内容包括"室外控制设备防护""工业控制系统网络架构安全""拨号使用控制""无线使用控制""控制设备安全"等。

2.5　各个级别的差异和要点

2.5.1　安全物理环境

安全物理环境的控制点在各要求项数量方面的逐级变化情况如表 2-1 所示。

表 2-1　安全物理环境控制点逐级变化情况

控　制　点	第　一　级	第　二　级	第　三　级	第　四　级
物理位置选择	0	2	2	2
物理访问控制	1	1	1	2
防盗窃和防破坏	1	2	3	3
防雷击	1	1	2	2
防火	1	2	3	3
防水和防潮	1	2	3	3
防静电	0	1	2	2
温湿度控制	1	1	1	1
电力供应	1	2	3	4
电磁防护	0	1	2	2

1. 物理位置选择

该控制点各级别要求的差异如下。

第一级：无此方面的要求。

第二级：要求机房场地在具有基本防护能力的建筑物内，对机房场地所在的楼层及周围环境也提出了要求。

第三级：与第二级要求相同。

第四级：与第二级要求相同。

2. 物理访问控制

该控制点各级别要求的差异如下。

第一级：要求专人值守或配置电子门禁系统，对机房进出的人员等进行控制、鉴别和记录。

第二级：与第一级要求相同。

第三级：明确要求通过电子门禁系统对机房进出的人员等进行控制、鉴别和记录。

第四级：进一步强化了对进出机房的人员等的控制，要求在重要区域配置第二道电子门禁系统。

3. 防盗窃和防破坏

该控制点各级别要求的差异如下。

第一级：主要从设备或主要部件的固定和设备本身标识两方面考虑。

第二级：在第一级要求的基础上，增加了对通信线缆的防护要求。

第三级：在第二级要求的基础上，增加了安装机房防盗报警系统或由专人值守的视频监控系统等电子系统的要求。

第四级：与第三级要求相同。

4. 防雷击

该控制点各级别要求的差异如下。

第一级：要求主要设施或设备安全接地。

第二级：与第一级要求相同。

第三级：在第二级要求的基础上，增加了采取防感应雷的技术措施的要求。

第四级：与第三级要求相同。

5. 防火

该控制点各级别要求的差异如下。

第一级：要求配备基本的灭火设备。

第二级：要求安装火灾自动消防系统，并要求采用具有耐火等级的建筑材料。

第三级：在第二级要求的基础上，增加了机房分区域管理。在区域之间设置隔离防火措施的要求。

第四级：与第三级要求相同。

6. 防水和防潮

该控制点各级别要求的差异如下。

第一级：要求防止雨水通过机房窗户、屋顶和墙壁渗透。

第二级：在第一级要求的基础上，增加了防止机房内水蒸气结露和地下积水转移与渗透的要求。

第三级：在第二级要求的基础上，增加了安装水敏感检测仪表或元件。对机房进行防水检测和报警的要求。

第四级：与第三级要求相同。

7. 防静电

该控制点各级别要求的差异如下。

第一级：无此方面的要求。

第二级：要求安装防静电地板并采用必要的接地防静电措施。

第三级：在第二级要求的基础上，进一步要求采取措施避免静电的产生，如采用静电消除器、佩戴防静电手环等。

第四级：与第三级要求相同。

8. 温湿度控制

该控制点各级别要求的差异如下。

第一级：要求做到基本的温湿度控制，温湿度的变化要控制在设备运行所允许的范围之内。

第二级：在第一级要求的基础上，进一步要求温湿度的控制要实现自动调控。

第三级：与第二级要求相同。

第四级：与第二级要求相同。

9. 电力供应

该控制点各级别要求的差异如下。

第一级：要求能够提供稳定的电压和过电压保护。

第二级：在第一级要求的基础上，增加了能够提供短期的备用电力供应，满足关键设备的需求的要求。

第三级：在第二级要求的基础上，增加了配置冗余供电线路和备用供电系统的要求，保证为主要设备供电。

第四级：在第三级要求的基础上，增加了提供应急供电设施的要求。

10. 电磁防护

该控制点各级别要求的差异如下。

第一级：无此方面的要求。

第二级：要求具有基本的抗电磁干扰能力，如电源线和通信线缆应隔离铺设等。

第三级：在第二级要求的基础上，增加了关键设备和磁介质的电磁屏蔽的要求。

第四级：在第三级要求的基础上，增加了屏蔽范围扩展至关键区域的要求。

2.5.2　安全通信网络

安全通信网络的控制点在各要求项数量方面的逐级变化情况如表 2-2 所示。

表 2-2   安全通信网络控制点逐级变化情况

控 制 点	第 一 级	第 二 级	第 三 级	第 四 级
网络架构	0	2	5	6
通用传输	1	1	2	4
可信验证	1	1	1	1

1. 网络架构

该控制点各级别要求的差异如下。

第一级：无此方面的要求。

第二级：要求划分不同的网络区域并进行管理。

第三级：在第二级要求的基础上，增加了网络资源能够满足业务高峰的需要和减少硬件冗余的要求。

第四级：在第三级要求的基础上，增加了合理进行带宽分配、保障重要业务的要求。

2. 通信传输

该控制点各级别要求的差异如下。

第一级：要求使用校验技术保证数据的完整性。

第二级：与第一级要求相同。

第三级：要求使用校验技术或密码技术保证数据的完整性，并要求采用密码技术保证通信过程中数据的保密性。

第四级：在第三级要求的基础上，增加了通信双方进行验证或认证的要求，并要求基于硬件密码模块进行密码运算和密钥管理。

3. 可信验证

该控制点各级别要求的差异如下。

第一级：要求对系统引导程序、系统程序等进行可信验证并报警。

第二级：要求对系统引导程序、系统程序、重要配置参数和通信应用程序等进行可信验证并报警，同时将验证结果形成审计记录送至安全管理中心。

第三级：要求对系统引导程序、系统程序、重要配置参数和通信应用程序等进行可信验证，并对应用程序关键执行环节进行动态可信验证，同时将验证结果形成审计记录送至安全管理中心。

第四级：要求对系统引导程序、系统程序、重要配置参数和通信应用程序等进行可信验证，并对应用程序所有执行环节进行动态可信验证，同时将验证结果形成审计记录送至安全管理中心，并进行动态关联感知。

2.5.3　安全区域边界

安全区域边界的控制点在各要求项数量方面的逐级变化情况如表 2-3 所示。

表 2-3　安全区域边界控制点逐级变化情况

控　制　点	第　一　级	第　二　级	第　三　级	第　四　级
边界防护	1	1	4	6
访问控制	3	4	5	5
入侵防范	0	1	4	4
恶意代码和垃圾邮件防范	0	1	2	2
安全审计	0	3	4	3
可信验证	1	1	1	1

1. 边界防护

该控制点各级别要求的差异如下。

第一级：要求通过受控端口进行通信。

第二级：与第一级要求相同。

第三级：在第二级要求的基础上，增加了对非授权设备接入和非授权连接外部网络进行限制或检查的要求，同时要求限制无线网络的使用。

第四级：在第三级要求的基础上，增加了对非授权设备接入和非授权连接外部网络的行为进行阻断，以及对接入网络中的设备进行可信验证的要求。

2. 访问控制

该控制点各级别要求的差异如下。

第一级：主要在网络边界处设置访问控制规则，优化访问控制列表。

第二级：在第一级要求的基础上，对数据的过滤增强，为根据会话状态信息进行过滤，控制粒度为端口级。

第三级：在第二级要求的基础上，将过滤的粒度扩展到应用协议和应用内容。

第四级：在第三级要求的基础上，增加了通过通信协议转换或通信协议隔离等方式进行数据交换的要求。

3. 入侵防范

该控制点各级别要求的差异如下。

第一级：无此方面的要求。

第二级：在关键网络节点处监视网络攻击行为。

第三级：能够检测、防止或限制从外部发起和从内部发起的网络攻击行为，对网络攻击，特别是新型网络攻击行为进行分析。

第四级：与第三级要求相同。

4. 恶意代码和垃圾邮件防范

该控制点各级别要求的差异如下。

第一级：无此方面的要求。

第二级：要求在网络层面对恶意代码进行检测和清除，并保持恶意代码特征库的实时更新。

第三级：在第二级要求的基础上，增加了在网络层面对垃圾邮件进行检测和防范，并保持垃圾邮件特征库的实时更新的要求。

第四级：与第三级要求相同。

5. 安全审计

该控制点各级别要求的差异如下。

第一级：无此方面的要求。

第二级：要求在网络中实现对终端用户访问网络资源的行为，进行详细的安全审计，并对审计记录采取保护措施。

第三级：在第二级要求的基础上，增加了在网络层面对进行远程访问用户的行为、访问互联网用户的行为进行单独审计和分析的要求。

第四级：与第三级要求相同。

6. 可信验证

该控制点各级别要求的差异如下。

第一级：要求网络边界设备基于可信根，对系统引导程序、系统程序等进行可信验证，并可针对检测结果进行报警。

第二级：在第一级要求的基础上，增加了边界设备对配置参数和边界防护应用程序进行可信验证，并将验证结果送至安全管理中心的要求。

第三级：在第二级要求的基础上，对应用程序的关键执行环节进行动态可信验证。

第四级：在第三级要求的基础上，对应用程序的所有执行环节进行动态可信验证，并通过集中审计措施，对验证结果进行动态关联分析、报警。

2.5.4　安全计算环境

安全计算环境的控制点在各要求项数量方面的逐级变化情况如表 2-4 所示。

表 2-4　安全计算环境控制点逐级变化情况

控　制　点	第　一　级	第　二　级	第　三　级	第　四　级
身份鉴别	2	3	4	4
访问控制	3	4	7	7
安全审计	0	3	4	4
入侵防范	2	5	6	6
恶意代码防范	1	1	1	1
可信验证	1	1	1	1
数据完整性	1	1	2	3
数据保密性	0	0	2	2
数据备份恢复	1	2	3	4
剩余信息保护	0	1	2	2
个人信息保护	0	2	2	2

1. 身份鉴别

该控制点各级别要求的差异如下。

第一级：要求对登录的用户进行身份标识和鉴别，并且对鉴别用户信息的策略进行了严格的要求。

第二级：在第一级要求的基础上，增加了在进行远程管理时，应采用加密措施，防止鉴别信息在网络传输过程中被窃听的要求。

第三级：在第二级要求的基础上，增加了用户在登录时应采用两种或两种以上的鉴别措施对用户进行身份认证的要求。

第四级：与第三级要求相同。

2. 访问控制

该控制点各级别要求的差异如下。

第一级：要求实现一般的访问控制授权，修改系统默认账户并删除多余的账户，避免账户共享。

第二级：在第一级要求的基础上，增加了执行最小授权原则并实现管理用户的权限分离的要求。

第三级：在第二级要求的基础上，增加了具有负责配置访问控制策略的授权主体，配置主体对客体的访问控制粒度，并对重要的主体和客体进行安全标记的要求。

第四级：在第三级要求的基础上，增加了对所有主体和客体实现基于安全标记的强制访问控制的要求。

3. 安全审计

该控制点各级别要求的差异如下。

第一级：无此方面的要求。

第二级：要求审计覆盖每个用户，对重要安全相关事件进行审计，审计内容涵盖审计相关信息，并要求采取措施，保护审计记录。

第三级：在第二级要求的基础上，增加了对审计进程进行保护的要求。

第四级：在第三级要求的基础上，增加了在审计记录中增加主体标识和客体标识的要求。

4. 入侵防范

该控制点在各级别的差异如下。

第一级：要求系统遵循最小可安装原则，卸载多余的组件和应用程序，关闭不必要的端口、系统服务，以及默认共享、防范入侵。

第二级：在第一级要求的基础上，增加了采取措施对通过网络进行管理的管理终端进行限制，提供数据有效性检验功能，并要求定期对系统进行漏洞扫描，采取技术措施保证补丁及时更新的要求。

第三级：在第二级要求的基础上，增加了能够检测到重要节点的入侵行为并在事件发生时及时报警。

第四级：与第三级要求相同。

5. 恶意代码防范

该控制点各级别要求的差异如下。

第一级：要求安装具有恶意代码防范功能的产品，并定期升级、更新恶意代码库。

第二级：与第一级要求相同。

第三级：要求采用免受恶意代码攻击的技术措施或主动免疫可信验证机制进行恶意代码防范。

第四级：要求采用主动免疫可信验证机制进行恶意代码防范。

6. 可信验证

该控制点各级别要求的差异如下。

第一级：要求基于可信根对系统引导程序、系统程序等进行可信验证并报警。

第二级：在第一级要求的基础上，增加了对重要配置参数和应用程序时进行可信验证并报警，并将验证结果和审计记录送至安全管理中心的要求。

第三级：在第二级要求的基础上，增加了在应用程序的关键执行环节进行动态可信验证的要求。

第四级：在第三级要求的基础上，增加了在应用程序的所有执行环节进行动态可信验证，并将验证结果进行动态关联感知的要求。

7. 数据完整性

该控制点各级别要求的差异如下。

第一级：要求保证重要数据在传输过程中的完整性。

第二级：与第一级要求相同。

第三级：在第二级要求的基础上，增加了重要数据在存储过程中的完整性要求。

第四级：在第三级要求的基础上，增加了抗抵赖的要求。

8. 数据保密性

该控制点各级别要求的差异如下。

第一级：无此方面的要求。

第二级：无此方面的要求。

第三级：要求保证重要数据在传输和存储过程中的保密性。

第四级：与第三级要求相同。

9. 数据备份恢复

该控制点各级别要求的差异如下。

第一级：要求提供重要数据的本地数据备份与恢复功能。

第二级：在第一级要求的基础上，增加了提供异地数据备份功能的要求。

第三级：在第二级要求的基础上，增加了异地数据实时备份、重要数据处理系统热冗余备份的要求。

第四级：在第三级要求的基础上，增加了建立异地灾备中心的要求。

10. 剩余信息保护

该控制点各级别要求的差异如下。

第一级：无此方面的要求。

第二级：要求鉴别信息所在的存储空间被释放或在重新分配前被完全清除。

第三级：在第二级要求的基础上，增加了敏感数据的存储空间被释放或在重新分配前被完全清除的要求。

第四级：与第三级要求相同。

11. 个人信息保护

该控制点各级别要求的差异如下。

第一级：无此方面的要求。

第二级：要求仅采集和保存业务必需的用户个人信息，并禁止未授权访问和非法使用用户个人信息。

第三级：与第二级要求相同。

第四级：与第二级要求相同。

2.5.5　安全管理中心

安全管理中心的控制点在各要求项数量方面的逐级变化情况如表 2-5 所示。

表 2-5　安全管理中心控制点逐级变化情况

控　制　点	第　一　级	第　二　级	第　三　级	第　四　级
系统管理	0	2	2	2
审计管理	0	2	2	2
安全管理	0	0	2	2
集中管控	0	0	6	7

1.　系统管理

该控制点各级别要求的差异如下。

第一级：无此方面的要求。

第二级：要求对系统管理员进行身份鉴别、授权，并对其操作进行审计记录；要求通过系统管理员对各被控设备的资源和运行进行配置、控制和管理。

第三级：与第二级要求相同。

第四级：与第二级要求相同。

2.　审计管理

该控制点各级别要求的差异如下。

第一级：无此方面的要求。

第二级：要求对安全管理员进行身份鉴别、授权，并对其操作进行审计记录；要求通过审计管理员对业务系统中各类安全事件进行审计、分析及日志管理。

第三级：与第二级要求相同。

第四级：与第二级要求相同。

3. 安全管理

该控制点各级别要求的差异如下。

第一级：无此方面的要求。

第二级：无此方面的要求。

第三级：要求对安全管理员进行身份鉴别、授权，并对其操作进行审计记录；要求通过安全管理员对业务系统中各类安全策略进行配置。

第四级：与第三级要求相同。

4. 集中管控

该控制点各级别要求的差异如下。

第一级：无此方面的要求。

第二级：无此方面的要求。

第三级：要求划分独立的网络区域用于集中管控，对网络基础运行环境及其上运行的业务系统进行集中管理、集中审计、集中管控，并对各类安全事件进行识别、报警和分析。

第四级：在第三级要求的基础上，增加了各类型设备时钟同步的要求。

2.5.6　安全管理制度

安全管理制度的控制点在各要求项数量方面的逐级变化情况如表 2-6 所示。

表 2-6　安全管理制度控制点逐级变化情况

控 制 点	第 一 级	第 二 级	第 三 级	第 四 级
安全策略	0	1	1	1
管理制度	1	2	3	3
制定和发布	0	2	2	2
评审和修订	0	1	1	1

1. 安全策略

该控制点各级别要求的差异如下。

第一级：无此方面的要求。

第二级：要求制定网络安全工作的总体方针和安全策略，说明机构安全工作的总体目标、范围、原则和安全框架等。

第三级：与第二级要求相同。

第四级：与第二级要求相同。

2. 管理制度

该控制点各级别要求的差异如下。

第一级：要求建立日常管理活动中常用的安全管理制度。

第二级：要求对安全管理活动中的主要管理内容建立安全管理制度，针对管理人员或操作人员执行的日常管理操作建立操作规程。

第三级：要求对安全管理活动中的各类管理内容建立安全管理制度，除针对管理人员或操作人员日常管理操作建立操作规程外，要形成由安全策略、管理制度、操作规程、记录表单等构成的全面的网络安全管理制度体系。

第四级：与第三级要求相同。

3. 制定和发布

该控制点各级别要求的差异如下。

第一级：无此方面的要求。

第二级：要求指定或授权专门的部门或人员负责安全管理制度的制定，且须通过正式、有效的方式发布，并进行版本控制。

第三级：与第二级要求相同。

第四级：与第二级要求相同。

4. 评审和修订

该控制点各级别要求的差异如下。

第一级：无此方面的要求。

第二级：要求定期对安全管理制度的合理性和适用性进行论证和审定，对存在不足或需要改进的安全管理制度进行修订。

第三级：与第二级要求相同。

第四级：与第二级要求相同。

2.5.7　安全管理机构

安全管理机构的控制点在各要求项数量方面的逐级变化情况如表 2-7 所示。

表 2-7　安全管理机构控制点逐级变化情况

控 制 点	第 一 级	第 二 级	第 三 级	第 四 级
岗位设置	1	2	3	3
人员配备	1	1	2	3
授权和审批	1	2	3	3
沟通和合作	0	3	3	3
审核和检查	0	1	3	3

1.　岗位设置

该控制点在各级别的差异如下。

第一级：要求设立系统管理员、网络管理员、安全管理员等岗位，并确定各个工作岗位的职责。

第二级：在第一级要求的基础上，增设了安全管理职能部门，设立安全主管岗位并明确了其职责。

第三级：在第二级要求的基础上，增加了成立指导和管理网络安全工作的委员会或领导小组，其最高领导由单位主管领导委任或授权的要求。

第四级：与第三级要求相同。

2.　人员配备

该控制点各级别要求的差异如下。

第一级：要求配备一定数量的系统管理员、网络管理员、安全管理员等。

第二级：与第一级要求相同。

第三级：在第二级要求的基础上，增加了配备专职安全管理员，管理员不可兼任的要求。

第四级：在第三级的要求基础上，增加了针对关键事务岗位应由多人共同管理的要求。

3.　授权和审批

该控制点各级别要求的差异如下。

第一级：要求根据各个部门和岗位的职责明确授权审批事项、审批部门和批准人等。

第二级：在第一级要求的基础上，增加了针对系统变更、重要操作、物理访问和系统接入等事项执行审批过程的要求。

第三级：在第二级要求的基础上，增加了建立审批程序，按照审批程序执行审批过程，对重要活动建立逐级审批制度的要求；增加了定期审查审批事项，及时更新需授权和审批的项目、审批部门和审批人等信息的要求。

第四级：与第三级要求相同。

4. 沟通和合作

该控制点各级别要求的差异如下。

第一级：无此方面的要求。

第二级：要求在各类管理人员之间、组织内部机构之间及网络安全职能部门内部定期召开协调会议，协作处理网络安全问题；建立外联单位联系列表，与网络安全管理部门、各类供应商、业界专家及安全组织的合作与沟通。

第三级：与第二级要求相同。

第四级：与第二级要求相同。

5. 审核和检查

该控制点在各级别的差异如下。

第一级：无此方面的要求。

第二级：要求定期进行常规安全检查，检查内容包括系统日常运行、系统漏洞和数据备份等。

第三级：增强定期进行全面安全检查，检查内容包括现有安全技术措施的有效性、安全配置与安全策略的一致性。

第四级：与第三级要求相同。

2.5.8　安全管理人员

安全管理人员的控制点在各要求项数量方面的逐级变化情况如表 2-8 所示。

表 2-8　安全管理人员控制点逐级变化情况

控 制 点	第 一 级	第 二 级	第 三 级	第 四 级
人员录用	1	2	3	4
人员离岗	1	1	2	2
安全意识教育和培训	1	1	3	3
外部人员访问管理	1	3	4	5

1. 人员录用

该控制点各级别要求的差异如下。

第一级：要求指定或授权专门的部门或人员负责人员录用。

第二级：在第一级要求的基础上，增加了对被录用人员的身份、背景、专业资格和资质等进行审查的要求。

第三级：在第二级要求的基础上，增加了被录用人员签署保密协议、关键岗位人员签署岗位职责协议的要求。

第四级：在第三级要求的基础上，增加了关键岗位人员内部选拔的要求。

2. 人员离岗

该控制点各级别要求的差异如下。

第一级：要求及时清除离岗员工的所有访问权限，要求其上交各种身份证件、钥匙、徽章等，以及上交相关机构提供的软件、硬件设备。

第二级：与第一级要求相同。

第三级：在第二级要求的基础上，增加了严格的调离手续，并在其承诺履行调离后的保密义务后方可离开的要求。

第四级：与第三级要求相同。

3. 安全意识教育和培训

该控制点各级别要求的差异如下。

第一级：要求对各类人员进行安全意识教育和岗位技能培训，并告知相关的安全责任和惩戒措施。

第二级：与第一级要求相同。

第三级：在第二级要求的基础上，增加了针对不同岗位制订不同的培训计划，加强相关人员在网络安全基础知识、岗位操作规程等方面的培训，定期对不同岗位的人员进行技能考核的要求。

第四级：与第三级要求相同。

4．外部人员访问管理

该控制点各级别要求的差异如下。

第一级：要求保证在外部人员访问受控区域前得到授权或审批。

第二级：在第一级要求的基础上，增加了访问前书面申请，批准后由专人全程陪同，并登记备案的要求（如接入系统前，需先进行书面申请，批准后由专人开设账户、分配权限，收回权限，并登记备案）。

第三级：在第二级要求的基础上，增加了外部人员应签署保密协议的要求。

第四级：在第三级要求的基础上，增加了外部人员不得访问关键区域、关键系统的要求。

2.5.9　安全建设管理

安全建设管理的控制点在各要求项数量方面的逐级变化情况如表 2-9 所示。

表 2-9　安全建设管理控制点逐级变化情况

控 制 点	第 一 级	第 二 级	第 三 级	第 四 级
定级和备案	1	4	4	4
安全方案设计	1	3	3	3
产品采购和使用	1	2	3	4
自行软件开发	0	2	7	7
外包软件开发	0	2	3	3
工程实施	1	2	3	3
测试验收	1	2	2	2
系统交付	2	3	3	3
等级测评	0	3	3	3
服务供应商选择	2	2	3	3

1. 定级和备案

该控制点各级别要求的差异如下。

第一级：要求书面说明安全保护等级定级结果及确定等级的方法和理由。

第二级：在第一级要求的基础上，增加了组织技术专家对定级结果的合理性和正确性进行论证和审定，保证定级结果获得批准，并将备案材料报主管部门和相应公安机关备案的要求。

第三级：与第二级要求相同。

第四级：与第二级要求相同。

2. 安全方案设计

该控制点各级别要求的差异如下。

第一级：要求根据安全保护等级选择基本安全措施，依据风险分析的结果补充和调整安全措施。

第二级：在第一级要求的基础上，增加了根据安全保护等级进行安全方案设计，并组织相关人员对安全方案的合理性和正确性进行论证和审定，批准后方可实施的要求。

第三级：在第二级要求的基础上，增加了对安全整体规划的论证和审批的要求。

第四级：与第三级要求相同。

3. 产品采购和使用

该控制点各级别要求的差异如下。

第一级：要求确保网络安全产品的采购和使用符合国家规定。

第二级：在第一级要求的基础上，增加了确保密码产品的采购和使用符合规定的要求。

第三级：在第二级要求的基础上，增加了预先对产品进行选型测试，确定产品的候选范围，并定期审定和更新候选产品名单的要求。

第四级：在第三级要求的基础上，增加了对重要部位的产品委托专业测评单位进行专项测试，根据测试结果选用产品的要求。

4. 自行软件开发

该控制点各级别要求的差异如下。

第一级：无此方面的要求。

第二级：要求将开发环境与运行环境用物理方式分开，以保证测试数据和测试结果的准确性，在开发过程中进行安全测试，在软件安装前进行恶意代码检测。

第三级：在第二级要求的基础上，增加了制定软件开发管理制度、代码编写安全规范及编写软件设计文档和使用指南的要求；进行程序资源库管理和版本控制，以及对开发人员进行监视和审查的要求。

第四级：与第三级要求相同。

5. 外包软件开发

该控制点各级别要求的差异如下。

第一级：无此方面的要求。

第二级：要求在软件交付前检测其中可能存在的恶意代码，提供软件设计文档和使用指南。

第三级：在第二级要求的基础上，增加了开发单位提供软件源代码，并审查软件中可能存在的后门和隐蔽信道的要求。

第四级：与第三级要求相同。

6. 工程实施

该控制点各级别要求的差异如下。

第一级：要求专门的部门或人员负责工程实施过程的管理。

第二级：在第一级要求的基础上，增加了制定工程实施方案、控制安全工程实施过程的要求。

第三级：在第二级要求的基础上，增加了通过第三方工程监理控制项目实施过程的要求。

第四级：与第三级要求相同。

7. 测试验收

该控制点各级别要求的差异如下。

第一级：要求进行安全性测试验收。

第二级：在第一级要求的基础上，增加了制定测试验收方案，并实施测试验收，在程序上线前完成安全性测试，形成测试验收报告的要求。

第三级：在第二级要求的基础上，增加了安全测试报告应包含密码应用安全性测试相关内容的要求。

第四级：与第三级要求相同。

8. 系统交付

该控制点各级别要求的差异如下。

第一级：要求根据交付清单清点所需交接的设备、软件和文档等，并对维护人员进行技能培训。

第二级：在第一级要求的基础上，增加了提供建设过程文档和用户运行维护的指导性文档的要求。

第三级：与第二级要求相同。

第四级：与第二级要求相同。

9. 等级测评

该控制点各级别要求的差异如下。

第一级：无此方面的要求。

第二级：要求定期进行等级测评，发现问题须及时整改，在发生重大变更或等级保护对象的级别发生变化时进行等级测评，相关单位在进行等级测评时应选择符合国家有关规定的测评机构。

第三级：与第二级要求相同。

第四级：与第二级要求相同。

10. 服务供应商管理

该控制点各级别要求的差异如下。

第一级：要求选择符合国家有关规定的服务供应商，并与之签订安全方面的相关协议，约定相关责任。

第二级：在第一级要求的基础上，增加了整个服务供应链各方需履行的网络安全相关义务的要求。

第三级：在第二级要求的基础上，增加了定期监视、评审和审核服务供应商提供的服务，并对其变更服务加以控制的要求。

第四级：与第三级要求相同。

2.5.10　安全运维管理

安全运维管理的控制点在各要求项数量方面的逐级变化情况如表 2-10 所示。

表 2-10　安全运维管理控制点逐级变化情况

控 制 点	第 一 级	第 二 级	第 三 级	第 四 级
环境管理	2	3	3	4
资产管理	0	1	3	3
介质管理	1	2	2	2
设备维护管理	1	2	4	4
漏洞和风险管理	1	1	2	2
网络和系统安全管理	2	5	10	10
恶意代码防范管理	2	3	2	2
配置管理	0	1	2	2
密码管理	0	2	2	3
变更管理	0	1	3	3
备份与恢复管理	2	3	3	3
安全事件处置	2	3	4	5
应急预案管理	0	2	4	5
外包运维管理	0	2	4	4

1. 环境管理

该控制点各级别要求的差异如下。

第一级：要求由相关部门或专人负责机房安全，制定机房出入准则并进行管理，定期对机房设施进行维护管理。

第二级：在第一级要求的基础上，增加了不在重要区域接待来访人员和桌面没有包含敏感信息的纸档文件、移动介质等要求。

第三级：与第二级要求相同。

第四级：在第三级要求的基础上，增加了对出入机房的人员进行相应级别的授权，对进入重要安全区域的人员和活动进行实时监视等。

2. 资产管理

该控制点各级别要求的差异如下。

第一级：无此方面的要求。

第二级：要求编制并保存与保护对象相关的资产清单，包括资产责任部门、重要程度和所处位置等内容。

第三级：在第二级要求的基础上，增加了依资产重要程度分类标识管理和保护资产，对信息分类与标识方法做出规定，并对信息的使用、传输和存储等进行规范化管理的要求。

第四级：与第三级要求相同。

3. 介质管理

该控制点各级别要求的差异如下。

第一级：对控制和保护各类介质，介质的存放环境，存储介质由专人管理和定期盘点等方面提出了要求。

第二级：在第一级要求的基础上，增加了对介质在物理传输过程中的控制，介质的归档和查询需登记、记录的要求。

第三级：与第二级要求相同。

第四级：与第二级要求相同。

4. 设备维护管理

该控制点各级别要求的差异如下。

第一级：要求指定专人对设备线路等定期进行维护管理。

第二级：在第一级要求的基础上，增加了制定设施/软件/硬件维护管理规定，明确相关人员的责任、维修服务审批流程、过程监督等要求。

第三级：在第二级要求的基础上，增加了建立设施/软件/硬件维护管理制度；未经审批，信息处理设备不得带离；重要数据在带离前必须加密；设备报废或重用前保证其上的敏感数据和授权软件无法恢复的要求。

第四级：与第三级要求相同。

5. 漏洞和风险管理

该控制点各级别要求的差异如下。

第一级：要求采取措施识别安全漏洞和隐患，并进行必要的修补。

第二级：与第一级要求相同。

第三级：在第二级要求的基础上，要求定期开展安全测评，形成安全测评报告，采取措施处理所发现的安全问题。

第四级：与第三级要求相同。

6. 网络和系统安全管理

该控制点各级别要求的差异如下。

第一级：要求划分不同的管理员角色，明确其职责，指定专人进行账户管理和账户操作。

第二级：在第一级要求的基础上，增加了建立网络和系统安全管理制度，制定重要设备的配置和操作手册，保留详细的运维操作日志的要求。

第三级：在第二级要求的基础上，增加了指定专人统计分析日志和监测记录，严格控制变更性运行维护，保证操作审计日志不可更改，及时更新配置信息库，严格控制运维工具的使用，删除产生的敏感数据，严格控制远程运维的开通，操作结束后立即关闭接口或通道的要求。

第四级：与第三级要求相同。

7. 恶意代码防范管理

该控制点各级别要求的差异如下。

第一级：要求计算机或存储设备在接入系统前进行恶意代码检查，制定恶意代码防范规定。

第二级：在第一级要求的基础上，增加了定期检查恶意代码库的升级情况，并及时分析、处理的要求。

第三级：在第二级要求的基础上，增加了定期验证防范恶意代码攻击的技术措施的有效性的要求。

第四级：与第三级要求相同。

8. 配置管理

该控制点各级别要求的差异如下。

第一级：无此方面的要求。

第二级：要求记录和保存基本配置信息，包括拓扑、安装的软件、版本和补丁，及配置参数等。

第三级：在第二级要求的基础上，增加了将基本配置信息的改变纳入系统变更范畴，实施变更控制，及时更新基本配置信息库的要求。

第四级：与第三级要求相同。

9. 密码管理

该控制点各级别要求的差异如下。

第一级：无此方面的要求。

第二级：要求遵循相关国家标准和行业标准，使用国家密码管理主管部门认证核准的密码技术和产品。

第三级：与第二级要求相同。

第四级：在第三级要求的基础上，增加了采用硬件密码模块实现密码运算和密钥管理的要求。

10. 变更管理

该控制点各级别要求的差异如下。

第一级：无此方面的要求。

第二级：要求明确变更需求，在变更前制定变更方案，并经过相关部门的审批。

第三级：在第二级要求的基础上，增加了建立变更申报审批程序和失败变更恢复程序，明确过程控制方法和相关人员的职责，记录变更实施过程，必要时对恢复过程进行演练的要求。

第四级：与第三级要求相同。

11. 备份与恢复管理

该控制点各级别要求的差异如下。

第一级：要求识别需要定期备份的重要信息、数据及软件系统等，规定备份方式、备份频度、存储介质、保存期等策略。

第二级：在第一级要求的基础上，增加了根据数据的重要性和数据对系统运行的影响，制定数据的备份策略和恢复策略、备份程序和恢复程序等的要求。

第三级：与第二级要求相同。

第四级：与第二级要求相同。

12. 安全事件处置

该控制点各级别要求的差异如下。

第一级：要求及时报告漏洞和可疑事件，明确事件报告、处置和恢复流程与相关人员的职责。

第二级：在第一级要求的基础上，增加了制定事件报告和处置管理制度，在处置过程中要分析原因、收集证据、记录过程、总结经验教训的要求。

第三级：在第二级要求的基础上，增加了重大安全事件处理采用特殊程序的要求。

第四级：在第三级要求的基础上，增加了建立联合防护和应急机制，处置跨单位的重大安全事件的要求。

13. 应急预案管理

该控制点各级别要求的差异如下。

第一级：无此方面的要求。

第二级：要求制定重要事件的应急预案，包括应急处理流程、系统恢复流程等，定期进行应急预案培训和演练。

第三级：在第二级要求的基础上，增加了统一应急预案框架，具体包括启动预案的条件、应急组织构成、应急资源保障、事后教育和培训等内容，定期评估应急预案并修订完善应急预案的要求。

第四级：在第三级要求的基础上，增加了建立重大安全事件的跨单位联合应急预案，并进行应急预案演练的要求。

14．外包运维管理

该控制点各级别要求的差异如下。

第一级：无此方面的要求。

第二级：要求服务供应商的选择符合国家规定，并与之签订相关协议。

第三级：在第二级要求的基础上，增加了选择在技术和管理方面均具有等级保护安全运维能力的服务供应商，在与之签订的相关协议中明确对敏感信息的访问、处理、存储等方面的安全要求和应急保障要求。

第四级：与第三级要求相同。

第3章　第一级和第二级安全通用要求应用解读

本章主要针对第一级和第二级安全通用要求进行应用解读，以第二级安全通用要求解读为例，在第一级等级保护要求的基础上，以粗体字标识第二级增加或增强的要求。

本章主要包括解读和说明、相关安全产品或服务、安全建设要点及案例、实施要点及说明。解读和说明主要针对等级保护要求中需要特别解释的条款进一步细化说明其内容。相关安全产品或服务对需实现安全要求可能采取的产品或服务进行描述。安全建设要点及案例以实现安全要求为前提，具体描述某一场景下的实现手段，并特别指出第一级安全通用要求和第二级安全通用要求在实现方式上的不同之处。实施要点及说明主要关注具体要求项在实现过程中的一般实现方式和相关注意事项。

3.1　安全物理环境

3.1.1　物理位置选择

【安全要求】

第一级没有此方面的要求，第二级安全要求如下。

a）机房场地应选择在具有防震、防风和防雨等能力的建筑内。

b）机房场地应避免设在建筑物的顶层或地下室，否则应加强防水和防潮措施。

【解读和说明】

建筑物的顶层会出现雨水渗透的情况，建筑物的地下室容易积水和潮湿，故机房场地一般不建议设在建筑物的顶层或地下室。若设在这两处之一，则需根据实际位置情况采取顶层防水防潮或防地下水渗漏等措施。

【相关安全产品或服务】

无。

【安全建设要点及案例】

某单位在进行数据中心机房建设时，考虑了位置选择的安全需求。第一，综合考虑设备、设施安装及承重改造等因素，机房场地应位于建筑底层，但不是地下。第二，建筑主体同步考虑了安全建设要求，如具有耐火、抗震、防火和防止不均匀沉陷，建筑变形缝和伸缩缝不能穿过主机房等。第三，机房区域尽量不设置外窗，并对仅存的两个外窗采用双层固定式玻璃窗，同时安装外部遮阳装置。

【实施要点及说明】

在进行物理位置选择时需要关注以下几点。

① 对处于地震带上的地区，机房选址时需要格外关注其所在建筑物的防震等级。对多雨、潮湿的地区，机房选址时应更多关注建筑物的防水、防潮措施。

② 对于新建机房，在考虑机房选址时需要按照以上要求进行选择。对于已建机房，若目前所处位置为建筑物顶层或地下室，则需加强屋顶防水设施，或者采用挡水坝等方式防止雨水渗漏或倒灌。

3.1.2　物理访问控制

【安全要求】

第一级、第二级安全要求如下。

机房出入口应安排专人值守或配置电子门禁系统，控制、鉴别和记录进入的人员。

【解读和说明】

机房作为保证系统安全运行的重要物理场所，相关部门需要对进出机房的人员及时间等进行管控。管控的方式可采取人工或专用电子装置来实现。通过专人负责值守的方式，记录出入机房的人员、时间、陪同信息等；通过采用专用电子装置可以及时、准确、公正地记录来访人员信息，并随时可以查询一段时间内的访问信息。

【相关安全产品或服务】

相关安全产品是电子门禁系统。

【安全建设要点及案例】

某数据中心机房在物理分区上分为值班区域、过渡区域、网络设备区域和核心服务器区域等。针对机房整体的物理访问控制，在机房出入口设置了电子门禁系统。针对内部有工作需要的员工，设置了相应权限；对外部短期工作人员，设置临时短期访问权限，在规定时间后取消相关人员的相应权限或重新申请，有效地实现了对内部人员和外部人员访问机房的管控。

【实施要点及说明】

可由具体人员专门负责管控机房进出事宜，也可由相关人员在担负其他职责的同时负责机房的出入管理。电子门禁系统的访问权限需要通过严格的申请和审批，并定期检查短期具有访问权限的凭证是否有效。

3.1.3　防盗窃和防破坏

【安全要求】

第一级、第二级安全要求如下。

a）应将设备或主要部件进行固定，并设置明显的不易除去的标识。

b）应将通信线缆铺设在隐蔽安全处。

【解读和说明】

为防止设备或主要部件由于自然灾害或者人为因素遗失、跌落或损坏，需要使用类似螺丝钉和轧线等将其固定在机柜上。同时，为了方便机房设备的管理和维护，在设备和主要部件处设置明显的不易除去的标识（如设备资产标识和条形码标识等）。

对于第二级等级保护对象，通信线缆需铺设在隐蔽安全处（如地下或者管道中），有利于保护通信线路，也有利于机房的整洁规范。

【相关安全产品或服务】

相关安全产品包括智能布线系统。

【安全建设要点及案例】

某数据中心针对机柜、上架设备和通信线缆提出如下安装要求。

① 机柜不宜直接安装在活动地板上。应按设备的底平面尺寸制作底座，底座直接与地面固定，机柜固定在底座上，然后铺设活动地板。

② 机柜内设备和部件的安装工序在机柜定位完毕并固定后进行，安装在机柜内的设

备应确保牢固。

③ 柜体及设备安装完毕后需要做好标识，标识要统一、清晰和美观。设备安装完毕后，柜体进出线缆孔洞需要采用防火胶泥进行封堵。

④ 所有通信线缆均铺设在数据中心地下或专用桥架内，并分类捆扎。

⑤ 在实际建设过程中，按照以上要求进行设备安装和通信线缆安装。

【实施要点及说明】

设备标识通常设置于设备主视方向的醒目位置，避免设置在移动后可能遮盖标志的物体上，避免设置在容易被移动的物体遮盖处，避免设置在影响设备正常操作的位置。

3.1.4 防雷击

【安全要求】

第一级、第二级安全要求如下。

应将各类机柜、设施和设备等通过接地系统安全接地。

【解读和说明】

配电系统的接地方式直接关系到人身安全、设备安全及设备的正常运行。从机房建设角度来看，接地装置的设置、接地系统的选择和等电位连接等都是防雷措施的一部分。因此，防雷系统与接地系统是一个相互交织的综合系统，二者密不可分。根据国家相关标准，防雷接地一般与交流工作接地、直流工作接地、安全保护接地共用一组接地装置，接地装置的接地电阻值按接入设备中要求的最小值确定。

【相关安全产品或服务】

相关安全产品包括接地系统。

【安全建设要点及案例】

某数据中心针对机房的防雷系统和接地系统进行设计时，采用等电位联结方式，主机房设置等电位联结网格，网格四周设置等电位联结带，并通过等电位联结导体将等电位联结带就近与接地汇流排、各类金属管道、金属线槽和建筑物金属结构等进行连接。

【实施要点及说明】

在进行接地系统防雷设计时，一般将交流接地与安全工作接地合二为一，与直流接地、防雷接地分别用三根接地引线引至大楼的地面总等电位箱，再将它们引至避雷地桩，形成综合接地网，从而形成等电位，避免发生雷电反击而损耗设备。若防雷接地必须设置单独接地装置时，其余三种接地宜共用一组接地装置，其接地电阻值不应大于其中最小电阻值，并应按照相应的防雷设计要求，采取雷电反击措施，使防雷接地和其他两种接地间有一定的距离。

3.1.5　防火

【安全要求】

第一级没有此方面的内容，第二级安全要求如下。

a）机房应设置火灾自动消防系统，能够自动检测火情、自动报警，并自动灭火。

b）机房及相关的工作房间和辅助房应采用具有耐火等级的建筑材料。

【解读和说明】

机房火灾一般属于带电物体引起的火灾。

一级防火要求使用能达到电绝缘性能要求的灭火器灭火。机房灭火器通常选用气体灭火器，具体可选择手提式二氧化碳灭火器、手提式七氟丙烷灭火器等气体灭火器进行灭火。

二级防火增加了设置自动消防系统的要求。达到二级防火的机房通过火灾探测器等明确火灾参数（如烟、温度、火焰辐射、气体浓度等），并自动产生火灾报警信号，火灾警报装置接收、显示和传递火灾报警信号，包括以声、光、影像方式向报警区域发出火灾警报信号；当接收到火灾报警后，能够自动或手动启动相关消防设备。

同时，针对第二级等级保护对象增加了建筑材料防火要求。对于机房、机房值班室和设备储藏室等各区域，均需要采用符合防火设计规范所要求的耐火等级的建筑材料。根据各区域的重要程度可选择相应的耐火等级建筑材料，或者统一采用最高级别的耐火等级建筑材料。

【相关安全产品或服务】

相关安全产品包括消防灭火器、自动探测系统和消防系统。

【安全建设要点及案例】

某数据中心进行整体安全建设。其建筑物耐火等级不低于二级。数据中心与建筑内其他功能用房之间采用耐火极限不低于两小时的防火隔墙和不低于 1.5 小时的楼板隔开，隔墙上开门采用甲级防火门。机房内重要设备和其他设备分区域隔离，采用防火门进行区域隔离防火，防止火灾蔓延。

按照火灾自动报警系统设计规范配置火灾自动报警系统。主机房采用管网式气体灭火系统或细水雾灭火系统，同时设置两组独立的火灾探测器，且火灾报警系统、灭火系统和视频监控系统联动。设置气体灭火系统的主机房，配置专用空气呼吸器或氧气呼吸器。

数据中心设置室内消火栓系统和建筑灭火器，室内消火栓系统配置消防软管卷盘。

【实施要点及说明】

在防火时需要关注以下几点。

① 气体灭火系统的使用要充分考虑到该类系统的特点，一般应用于规模比较小的机房，管道输送距离不宜过长。A 级数据中心的主机房宜设置气体灭火系统，也可设置细水雾灭火系统。当 A 级数据中心内的电子信息系统在其他数据中心内安装有承担相同功能的备份系统时，也可设置自动喷水灭火系统。

② B 级数据中心和 C 级数据中心的主机房宜设置气体灭火系统，也可设置细水雾灭火系统或自动喷水灭火系统。总控中心等长期有人工作的区域需要设置自动喷水灭火系统。

③ 机房气体灭火系统目前常用的是七氟丙烷灭火系统。七氟丙烷灭火系统有两种灭火方式，在机房灭火中可以采用有管网全淹没灭火方式和无管网全淹没灭火方式，相关人员可在具体工程中根据现场情况及资金预算，选择最适合的形式。高压二氧化碳灭火系统虽然以二氧化碳作为灭火剂，但因为降温会对发热机器造成损坏，同时易导致人员缺氧而窒息，所以这种灭火系统不适用于长期有人工作的机房内。

3.1.6　防水和防潮

【安全要求】

第一级、第二级安全要求如下。

a）应采取措施防止雨水通过机房窗户、屋顶和墙壁渗透。

b）应采取措施防止机房内水蒸气结露和地下积水的转移与渗透。

【解读和说明】

机房有对外窗户的，需要加强对门窗的防水措施。若是与外界有直接墙体接触的机房，则需考虑对外墙体的防水加固措施，防止雨水渗透。

针对第二级等级保护对象，相关单位同时也要对墙体、地面和屋顶采取相应的保温措施，防止室内水气结露。

【相关安全产品或服务】

相关服务包括外墙防水、机房门窗防水。

【安全建设要点及案例】

某数据中心对水害的防护工作是机房建设及日常运营管理的重要内容，主要防护措施是在机房外围隔断墙、幕墙边缘和机房区高架地板处、沿走廊地板处设置适当高度的挡水墙，在专用空调设备的四周设置 150mm 高的挡水坝，在挡水坝内设置防反溢排水地漏，对挡水坝内的地面及挡水坝做防水处理，空调给水和排水主管道设置于走廊并做防结露和保温处理。

数据中心屋面防水找坡采用结构找坡和内排水方式排水，屋面一级防水等级，防水材料为一道卷材防水层、一道涂料防水层和细石混凝土保护层。外墙按相关要求做好保温防水工艺处理。主机房地面与其他区域相邻的屋顶和空调新风管道均采用 15mm ~ 20mm 的橡塑板做好保温处理。

【实施要点及说明】

无。

3.1.7　防静电

【安全要求】

第一级、第二级安全要求如下。

应采用防静电地板或地面并采用必要的接地防静电措施。

【解读和说明】

为规避静电对机房设备产生的危害，机房内需铺设防静电地板或地面，并采用设备所在机柜接地的方式防止静电所带来的对设备不利的影响。

【相关安全产品或服务】

相关安全产品包括静电接地网等。

【安全建设要点及案例】

某数据中心在建设使用过程中，在机房防静电方面采取的措施如下。

① 接地与屏蔽。接地是最基本的防静电措施。应建设合规的设备接地和电磁屏蔽系统，有效释放人体和物体移动产生的静电电荷，避免信息设备受电磁干扰与损害。

② 机房地板。主机房和装有电子信息设备的辅助区域铺设防静电活动地板，保证从地板表面到接地系统的电阻在 105Ω～108Ω 之间。

③ 机房办公设施。机房所用办公桌椅和物品柜要求选用产生静电少或不产生静电的材料制造，材料表面电阻应低于 109Ω。

④ 控制机房温湿度。控制湿度是避免产生静电的重要手段。应通过机房专用空气调节系统和湿度控制设备保证机房相对湿度保持在规定范围内。

【实施要点及说明】

对主机房和辅助区中不使用防静电活动地板的房间，可铺设防静电地面，其静电耗散性能需要长期稳定，且不起灰尘。

3.1.8　温湿度控制

【安全要求】

第一级、第二级安全要求如下。

a）应设置必要的温湿度调节设施，使机房温湿度的变化在设备运行所允许的范围之内。

b）应设置**温湿度自动调节设施**，使机房温湿度的变化在设备运行所允许的范围之内。

【解读和说明】

通过温湿度调节设施可以调节机房内空气温度、湿度和洁净度，使机房温湿度的变化在设备运行所允许范围之内。机房内的温湿度范围与机房类别相关（机房类别分为 A 类机房、B 类机房和 C 类机房），机房的类别不同，温湿度范围的要求不同。

针对第二级等级保护对象，要求采用自动温湿度调节设施，温湿度自动调节设施可以精确地调节机房内空气温度、湿度和洁净度。

【相关安全产品或服务】

相关安全产品是机房精密空调系统。

【安全建设要点及案例】

某数据中心在主机房与其他房间分别设置精密空调系统。其精密空调系统按照如表 3-1

的要求设计和运行。

表 3-1　精密空调系统环境要求

项　　目	环 境 要 求	备　　注
冷通道或机柜进风区域的温度	18℃～27℃	不得结露
冷通道或机柜进风区域的相对湿度和露点温度	露点温度 5.5℃～15℃，同时相对湿度不大于 60%	
主机房环境温度和相对湿度（停机时）	5℃～45℃，8%～80%，同时露点温度不大于 27℃	
主机房和辅助区温度变化率	使用磁带驱动时<5℃/h 使用磁盘驱动时<20℃/h	
辅助区温度、相对湿度（开机时）	18℃～27℃，35%～75%	
辅助区温度、相对湿度（停机时）	5℃～35℃、20%～80%	
不间断电源系统电池室温度	20℃～30℃	
主机房空气粒子浓度	少于 17,600,000 粒	每立方米空气中大于或等于 0.5μm 的悬浮粒子数

【实施要点及说明】

在进行温湿度控制时需要关注以下几点。

① 不同类别的机房对温湿度的要求不同，机房设备开机和停机的要求也不同，在不同区域中同类机房的温湿度要求也不同。因此，相关人员需要分别考虑不同情况下机房内的温湿度。

② 机房专用空调和行间制冷空调需要采用出风温度控制。空调需要带有通信接口，通信协议需要满足监控系统的要求，监控的主要参数需要接入监控系统并记录、显示和报警。主机房内的湿度可由机房专用空调和行间制冷空调进行控制，也可由其他加湿器进行调节。空调系统无备份设备时，单台空调制冷设备的制冷能力需要留有 15%～20%的余量。

3.1.9　电力供应

【安全要求】

第一级、第二级安全要求如下。

a）应在机房供电线路上配置稳压器和过电压防护设备。

b）应提供短期的备用电力供应，至少满足设备在断电情况下的正常运行要求。

【解读和说明】

机房供电系统涉及变压器、发电机、配电柜、防雷器、转换开关、UPS、断路器和机柜 PDU 等。供电线路上的稳压器和过电压防护设备是确保供电安全和控制电源质量的重要设备。通过供电线路上的稳压器和过电压防护设备可以将波动较大和不合电器设备要求的电源电压稳定在设定值范围内，使各种电路或电器设备能在额定工作电压下正常工作。

针对第二级等级保护对象需配备 UPS 等后备电源，后备电源承担着关键负载的短期备用电力供应，在出现市电断电等电网故障时不间断地短时为关键负载提供电能。

【相关安全产品或服务】

相关安全产品是稳压器、UPS 供电系统等。

【安全建设要点及案例】

某数据中心机房要求按照表 3-2 设计和建设供电系统。

表 3-2　供电系统技术要求

项　　目	技　术　要　求			备　　注
	A 类机房	B 类机房	C 类机房	
电气技术				
供电电源	需要由双重电源供电	宜由双重电源供电	两回线路供电	—
供电网络中独立于正常电源的专用馈电线路	可作为备用电源	—	—	—
变压器	$2N$	$N+1$	N	A 类机房也可采用其他避免单点故障的系统配置
不间断电源系统配置	$2N$ 或 $M(N+1)(M=2,3,4,\cdots)$	$N+1$	N	$N\leqslant4$
	一路($N+1$)UPS 和一路市电供电	—	—	—
	可以是 $2N$，也可以是 $N+1$	—	—	—
不间断电源系统自动转换旁路	需要		—	
不间断电源系统手动维修旁路	需要		—	
不间断电源系统电池最少备用时间	15 分钟（柴油发电机作为后备电源时）	7 分钟（柴油发电机作为后备电源时）	根据实际需要确定	
空调系统配电	双路电源（其中至少一路为应急电源），末端切换。采用放射式配电系统	双路电源，末端切换。采用放射式配电系统	采用放射式配电系统	
变配电所物理隔离	容错配置的变配电设备需要分别布置在不同的物理隔间内	—	—	

【实施要点及说明】

为提高计算机设备供配电系统的可靠性,一般由不间断电源系统 UPS 供电,同时满足稳压要求。UPS 在工作状态下的负载不超过额定负载的 60%。

3.1.10　电磁防护

【安全要求】

第一级没有此方面的要求,第二级安全要求如下。

电源线和通信线缆应隔离铺设,避免互相干扰。

【解读和说明】

为避免交流供电电缆与弱电信号铜缆互相产生耦合电磁干扰,需要将二者尽量分开走线,如需平行走线,则需保持一定的间距铺设。

【相关安全产品或服务】

相关安全产品是综合布线系统。

【安全建设要点及案例】

某数据中心进行综合布线时,要求铜缆与电力电缆或配电母线槽之间的最小间距符合表 3-3 中的规定。

表 3-3　机房综合布线技术要求

机柜容量 (kVA)	铜缆与电力电缆的铺设关系	铜缆与配电母线槽的铺设关系	最小间距 (mm)
≤5	铜缆与电力电缆平行铺设	—	300
	有一方在金属线槽或钢管中铺设,或者使用屏蔽铜缆	铜缆与配电母线槽平行铺设	150
	双方各自在金属线槽或钢管中铺设,或者使用屏蔽铜缆	铜缆在金属线槽或钢管中铺设,或者使用屏蔽铜缆	80
>5	铜缆与电力电缆平行铺设	—	600
	有一方在金属线槽或钢管中铺设,或者使用屏蔽铜缆	铜缆与配电母线槽平行铺设	300
	双方各自在金属线槽或钢管中铺设,或者使用屏蔽铜缆	铜缆在金属线槽或钢管中铺设,或者使用屏蔽铜缆	150

【实施要点及说明】

无。

3.2　安全通信网络

3.2.1　网络架构

【安全要求】

第一级没有此方面的要求，第二级安全要求如下。

a） 应划分不同的网络区域，并按照方便管理和控制的原则为各网络区域分配地址。

b） 应避免将重要网络区域部署在边界处，重要网络区域与其他网络区域之间应采取可靠的技术隔离手段。

【解读和说明】

本控制点涉及如何根据业务应用系统的特点构建网络基础架构。在规划基础网络时，相关单位要关注网络架构是否合理。只有对网络架构依据实际安全需求进行优化，才能在网络架构中实现各种技术功能，达到网络安全保护的目的。

相关单位需要根据系统的重要性、部门架构和区域边界等因素合理规划不同的网络区域。通过在主要网络设备上进行 VLAN 划分，实现网络区域划分及 IP 地址分配。不同 VLAN 内的报文在传输时是相互隔离的，即一个 VLAN 内的用户不能和其他 VLAN 内的用户直接通信。如果不同 VLAN 间需要进行通信，则需要通过防火墙、路由器或三层路由交换机等设备实现。

为防止来自外部网络的攻击，重要网络区域应避免部署在网络边界处且直接连接外部网络。同时，重要网络区域与系统边界之间需要设置缓冲区，在重要区域前端需要部署可靠的边界防护设备并配置启用安全策略进行访问控制。

【相关安全产品或服务】

相关安全产品包括路由器、交换机、防火墙和 UTM 安全网关等提供网络通信功能的相关设备或组件。

【安全建设要点及案例】

以某单位网络结构为例。按照纵深防御的原则，通过对整网进行安全区域划分，实现网络架构优化和安全。根据实际业务需求和安全需求将网络划分为不同的网络区域，包括互联网接入区、DMZ 区、安全管理中心、办公终端区和业务服务器区，不同安全区域之间通过部署防火墙等设备进行逻辑隔离。网络架构部署如图 3-1 所示。

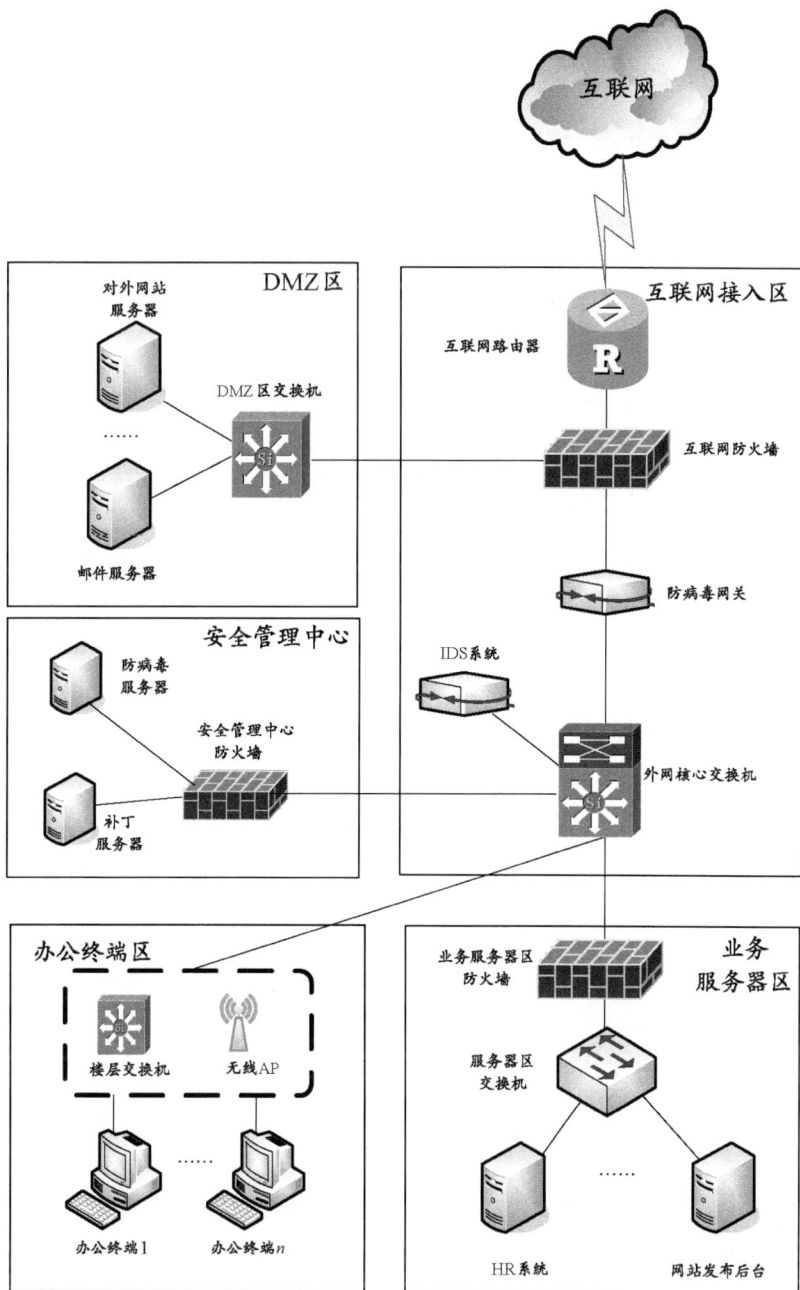

图 3-1　某单位网络架构部署示意图

上述案例从可扩展性、便于管理和控制等角度出发，划分了安全区域。安全区域的划分不仅需要考虑各部门的工作职能和重要性，还要考虑所涉及信息的重要程度、功能相似和威胁相似等因素。在此基础上划分不同的网络区域，有利于在威胁相似的区域内集中部署共性的安全措施实现有效保护。同时，存在重要业务系统及数据的重要网段不能直接与外部网络连接，需要和其他网络区域进行隔离并单独划分安全区域。

安全区域划分如表 3-4 所述。

表 3-4　安全区域划分表

安全区域名称	功 能 说 明
互联网接入区	提供全网互联网接入
DMZ 区	提供对外门户网站展示和邮件通信等
业务服务器区	用于部署内部业务应用系统
安全管理中心	提供防病毒、补丁升级和其他安全管理等
办公终端区	为所有办公终端提供接入，通过 VLAN 隔离不同属性的用户

【实施要点及说明】

在进行网络架构优化时需要关注以下几点。

（1）对网络架构的安全区域进行划分时需要考虑的因素

① 业务系统逻辑和应用的关联性。

② 业务系统对外连接：对外业务、系统支撑和内部管理。

③ 安全要求的相似性：可用性、保密性和完整性。

④ 威胁相似性：威胁来源、威胁方式和强度。

⑤ 资产价值相近性：重要资产与非重要资产分离。

⑥ 现有网络结构的状况：现有网络结构、地域和机房等。

⑦ 参照现有的管理部门职权划分。

（2）在网络架构优化部署时需要遵循的原则

① 业务保障原则。在保证网络安全的同时更要保障网络承载业务正常、高效运行。

② 等级保护原则。对不同的等级保护对象区分对待。

③ 结构简化原则。划分安全域的目的是进行区域边界隔离，同时简单的网络结构便

于设计防护体系。因此，全域划分的粒度并不是越细越好，安全域数量过多、过杂可能导致安全域的管理过于复杂、实际操作过于困难。

④ 纵深防护和立体防护原则。安全域划分的主要对象是网络，但是围绕安全域的防护，相关人员需要考虑在各个层次上的纵深防护和立体防守，包括在物理链路、网络、主机系统、数据库系统和应用系统等层次的纵深防护和立体防护。同时，在部署安全域防护体系的时候，要综合运用身份鉴别、访问控制、安全审计、链路冗余和内容检测等各种安全功能实现协防。

3.2.2　通信传输

【安全要求】

第一级、第二级安全要求如下。

应采用校验技术保证通信过程中数据的完整性。

【解读和说明】

本控制点涉及的通信传输包括外部通信传输和内部通信传输。外部通信传输主要指单位网络边界之外的远程数据通信，如互联网链路、数据专线和移动办公接入等。内部通信传输主要指通过局域网连接的系统内部各模块间的通信，如设备登录和系统间相互访问等。

通信过程中数据的完整性，需要采用相关技术机制或组件等实现。

【相关安全产品或服务】

相关安全产品是提供校验功能的技术机制或组件等。

【安全建设要点及案例】

无。

【实施要点及说明】

在实施通信传输时需要关注以下几点。

① 通信过程中数据的完整性需要相关技术机制或组件等实现，如奇偶校验和循环冗余校验（CRC）。

② 对于对完整性要求比较高的用户，建议部署密码产品。

3.2.3　可信验证

【安全要求】

第一级、第二级安全要求如下。

a）可基于可信根对通信设备的系统引导程序、系统程序等进行可信验证，并在检测到其可信性受到破坏后进行报警。

b）可基于可信根对通信设备的系统引导程序、系统程序、重要配置参数和通信应用程序等进行可信验证，并在检测到其可信性受到破坏后进行报警，**并将验证结果形成审计记录送至安全管理中心。**

【解读和说明】

本控制点主要涉及可信验证问题。为了实现第二级等级保护要求中的可信验证要求，在第一级静态可信验证的基础上，增加了在系统启动阶段对重要配置参数和通信程序的可信验证，进一步扩展了系统启动阶段的信任链，确保系统启动后进入一个可信的计算环境，同时增加了对验证结果的审计管理要求。

可信计算从理论上避免了因系统内生脆弱性导致的应用侧安全问题，如漏洞和 Bug 等。限于可信计算技术和相关产品发展，标准要求为"可"实现，属于加强措施，具体建设工作可视实际需求选择是否采用可信计算技术。

【相关安全产品或服务】

相关安全产品包括 TCM（Trusted Cryptography Module，可信密码模块）芯片、TPCM（Trusted Platform Control Module，可信平台控制模块）芯片或板卡和 TSB（Trusted Software Base，可信软件基）软件及支持内置可信计算的路由器、交换机和 VPN 安全网关等提供可信验证功能的安全通信网络设备或相关固件及组件。

【安全建设要点及案例】

在实际应用中，针对安全通信网络设备，主要通过软件实现可信验证功能。通常依据不同设备的操作系统环境（如 Linux 操作系统、嵌入式操作系统和实时操作系统等），选择与其匹配的可信软件基等具备可信验证功能的软件。

【实施要点及说明】

在进行可信验证时需要关注以下几点。

① 具备系统基准值采集功能，能够采集系统启动过程中的基准值，包括 BIOS、OS Loader 和 OS Kernel 的基准值等，从而在系统启动和系统执行过程中，将采集度量对象的参数与基准值进行比对和静态验证，保障系统启动和执行阶段的完整性。

② 具备基准管理功能，不仅能够采集本地终端的基准信息，还能够接受管理中心的基准信息，能够在本地存储使用基准信息，同时保障基准信息的存储安全，进行基准信息使用权限的控制。

③ 进一步实现内容可参考第四级安全通信网络可信验证实施要点及说明。

3.3　安全区域边界

3.3.1　边界防护

【安全要求】

第一级、第二级安全要求如下。

应保证跨越边界的访问和数据流通过边界设备提供的受控接口进行通信。

【解读和说明】

本控制点主要是对区域边界提出的安全防护要求，在网络中要求对跨越边界的数据通信进行控制，包括有线方式和无线方式的网络通信。

为了保证跨越边界的访问和数据流通过边界防护设备提供的受控接口进行通信，需要在关键网络边界处部署防火墙、路由器和交换机等提供访问控制功能的设备或组件，设置指定的设备物理端口进行跨越边界的网络通信，同时需要配置并启用相关安全策略。建议采用或部署其他技术手段（如无线网络定位设备等）核查或测试验证是否不存在其他未受控端口进行跨越边界的网络通信的情况。

【相关安全产品或服务】

相关安全产品包括防火墙、路由器和交换机等提供访问控制功能的相关设备或组件。

【安全建设要点及案例】

在某单位如图 3-2 所示的网络中，单独划分了安全管理中心，通过部署相关安全系统或设备可以实现简单的安全管理功能，如网络版防病毒系统和操作系统补丁升级系统等。

在互联网边界、业务服务器区边界和安全管理中心边界部署防火墙，通过设置指定的设备物理端口实现跨越边界的网络通信，配置并启用相关安全策略。

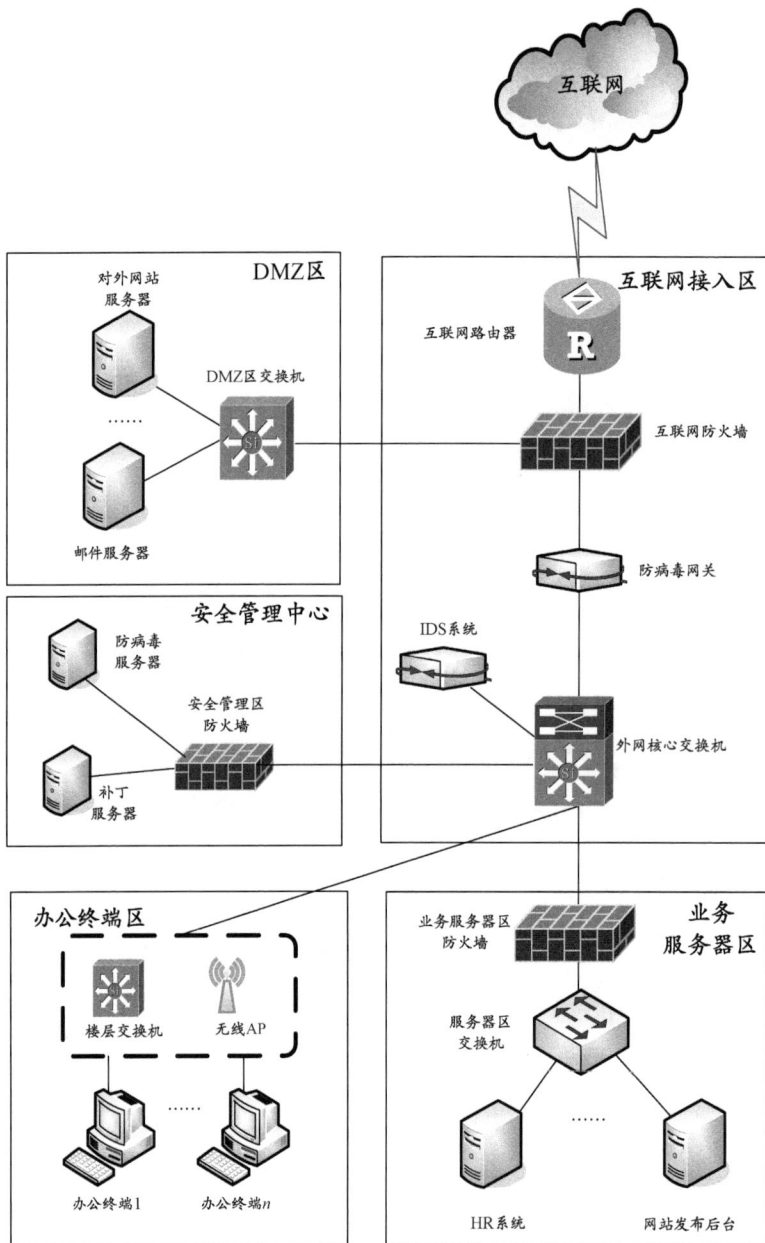

图 3-2　边界防护部署示意图

【实施要点及说明】

在实施边界防护时需关注以下几点。

① 边界防护典型场景中需要考虑到不同的网络边界类型，如互联网与内网边界、内部不同级别系统边界及终端接入区边界等，在实施保护时需要结合不同的边界类型采用不同的边界防护设备。

② 在部署防火墙等设备进行边界防护时，将边界设备的受控端口设置在指定的安全区域中。当数据包不匹配任何安全策略时，设备需要按照默认设置对数据包进行阻断或丢弃。

③ 建议关注对哑终端（如打印机、门禁卡和 IP 摄像头等）的安全管理。

3.3.2　访问控制

【安全要求】

第一级、第二级安全要求如下。

a）应在**网络边界或区域之间**根据访问控制策略设置访问控制规则，默认情况下除允许通信外受控接口拒绝所有通信。

b）应删除多余或无效的访问控制规则，优化访问控制列表，并保证访问控制规则数量最小化。

c）应对源地址、目的地址、源端口、目的端口和协议等进行检查，以允许/拒绝数据包进出。

d）应能根据会话状态信息为进出数据流提供明确的允许/拒绝访问的能力。

【解读和说明】

本控制点主要对网络边界或区域边界的访问控制提出了要求。通过在关键网络边界处部署访问控制设备，指定受控物理端口进行网络通信，配置并启用安全策略，实现网络边界的访问控制。

为保证访问控制设备的安全规则有效且严谨，访问控制策略的最后一条必须是拒绝所有通信，仅开放业务需要的服务端口访问规则，禁止配置网络通信全通规则。同时，不同访问控制策略之间的逻辑关系及排列顺序需合理化，访问控制规则之间不存在相互冲突、重叠或包含的情况，访问控制策略数量最小化。

为保证访问控制设备根据业务访问的实际安全需求实现端口级的访问控制机制，需要在访问控制规则中设定源地址、目的地址、源端口、目的端口和协议等相关配置参数。例如，提供 Web 服务 HTTP、HTTPS 的 TCP 80 端口、TCP 443 端口，提供远程连接 SSH 服务的 TCP 22 端口，提供文件传输 FTP 服务的 TCP 21 端口，提供邮件发送 SMTP 服务的 TCP 25 端口，提供邮件接收 POP3 服务的 TCP 110 端口，提供域名 DNS 服务的 UDP 53 端口，提供关系型数据库 Oracle 服务的 TCP 1521 端口，提供 SQL Server 服务的 TCP/UDP 1433 端口，提供 MySQL 服务的 TCP/UDP 3306 端口，提供非关系型数据库 MongoDB 服务的 TCP 27017 端口，提供 Redis 服务的 TCP 6379 端口，提供远程日志存储 Syslog 服务的 UDP 514 端口等。

如果是第二级等级保护对象，为了实现更好的访问控制能力，需要访问控制设备具备基于会话认证的功能，为进出网络通信会话提供明确的允许或拒绝访问的能力。通过访问控制设备的会话状态检测表来追踪连接会话状态，结合前后数据包的关系进行综合判断，决定是否允许该数据包通过，通过连接状态进行更迅速、更安全的数据包过滤。

【相关安全产品或服务】

相关安全产品包括防火墙、路由器和交换机等提供访问控制功能的相关设备或组件。

【安全建设要点及案例】

在某单位如图 3-3 所示的网络中，在互联网边界和业务服务器区边界部署防火墙，通过设置指定的设备物理端口实现跨越边界的网络通信，通过在防火墙中配置并启用相关安全策略，在安全策略中通过配置源地址、目的地址、源端口、目的端口和协议等相关参数，保证安全策略的细粒度，实现边界访问控制功能。

【实施要点及说明】

在实施访问控制时需要关注以下几点。

① 无论防火墙等设备是否具备内置隐含的拒绝所有通信的安全策略，在安全策略的最后均需手动增加一条拒绝所有通信的安全策略。

② 访问控制设备在配置过程中严禁配置全通访问控制规则，优化访问控制列表，删除多余的或无效的访问控制规则，做到访问控制规则数量最小化，提高网络性能和设备资源利用率。

③ 根据业务应用系统的实际访问控制需求，对网络进行分区域的安全访问策略配置。

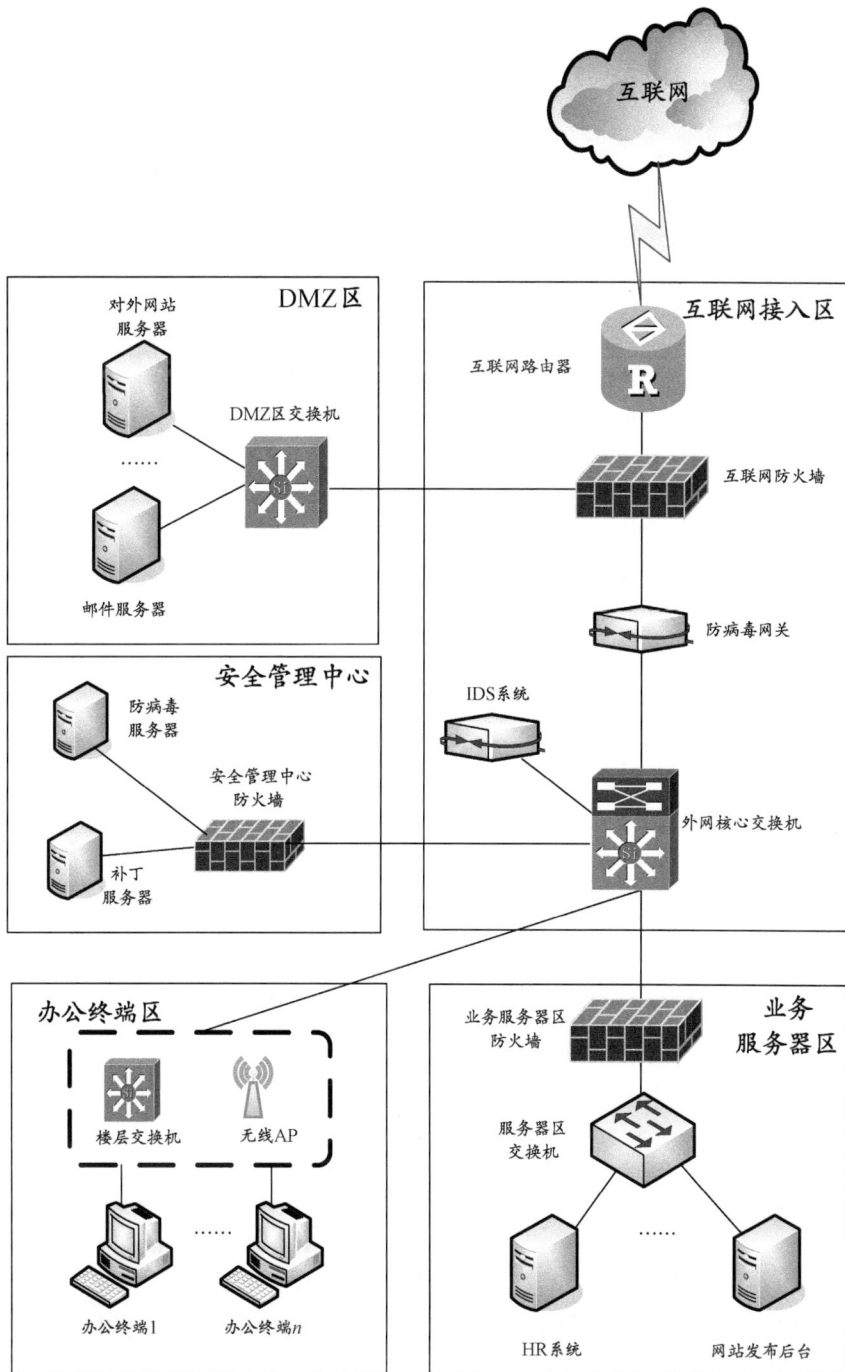

图 3-3　访问控制部署示意图

3.3.3　入侵防范

【安全要求】

第一级没有此方面的要求，第二级安全要求如下。

应在关键网络节点处监视网络攻击行为。

【解读和说明】

本控制点主要对区域边界的入侵防范提出了要求。为了保证网络具备入侵防范的能力，需要网络关键节点对网络攻击行为进行监测，在关键网络节点处部署入侵检测系统等相关设备，以发现潜在的攻击行为，如端口扫描、强力攻击、木马后门攻击、拒绝服务攻击、缓冲区溢出攻击、IP 碎片攻击和网络蠕虫攻击等。

【相关安全产品或服务】

相关安全产品包括入侵检测系统等相关设备或组件。

【安全建设要点及案例】

无。

【实施要点及说明】

在进行入侵防范时需要关注以下几点。

① 在关键网络节点处部署相关系统或设备实现入侵防范，关键网络节点包括核心交换机、DMZ 区交换机和内部服务器交换机等。

② 从外到内的入侵防范是传统思路，从目前网络安全形势出发，在第二级等级保护对象中建议关注内部人员有意或无意发起的网络攻击事件，防止以"僵木蠕"为代表的内部肉机及内部人员发起的网络攻击。

3.3.4　恶意代码防范

【安全要求】

第一级没有此方面的要求，第二级安全要求如下。

应在关键网络节点处对恶意代码进行检测和清除，并维护恶意代码防护机制的升级和更新。

【解读和说明】

本控制点主要对区域边界的恶意代码防范提出了要求，恶意代码防范的关键网络节点根据业务系统的数据流转确定。为了实现恶意代码防范，相关人员需要在关键网络边界处（如互联网边界和服务器域边界等）部署防恶意代码安全产品或组件，启用有效的安全防护策略，对恶意代码进行检测和清除。

【相关安全产品或服务】

相关安全产品包括防病毒网关和具备防病毒模块的防火墙等提供恶意代码防范功能的相关设备或组件。

【安全建设要点及案例】

在某单位如图 3-4 所示的网络中，通过在互联网边界部署防病毒网关对恶意代码进行检测和清除，在网络层面实现对恶意代码的防范。在防病毒网关中配置相关系统策略，定期升级防病毒网关系统软件和病毒库。

【实施要点及说明】

在进行恶意代码和垃圾邮件防范时需要关注以下几点。

① 对网络性能要求不高的网络，如单位办公网络，需要部署防病毒网关等产品进行恶意代码的检测和清除。对实时性和可靠性要求比较高的系统，不建议部署防病毒网关等产品，会对网络性能造成影响。

② 防病毒网关支持 HTTP、FTP、SMTP、POP3、IMAP4 和 NNTP 等协议，可根据相关单位的实际安全需求和网络的实际情况选择相应的过滤协议。

③ 保证防病毒网关系统软件及病毒库等能够及时升级和更新。

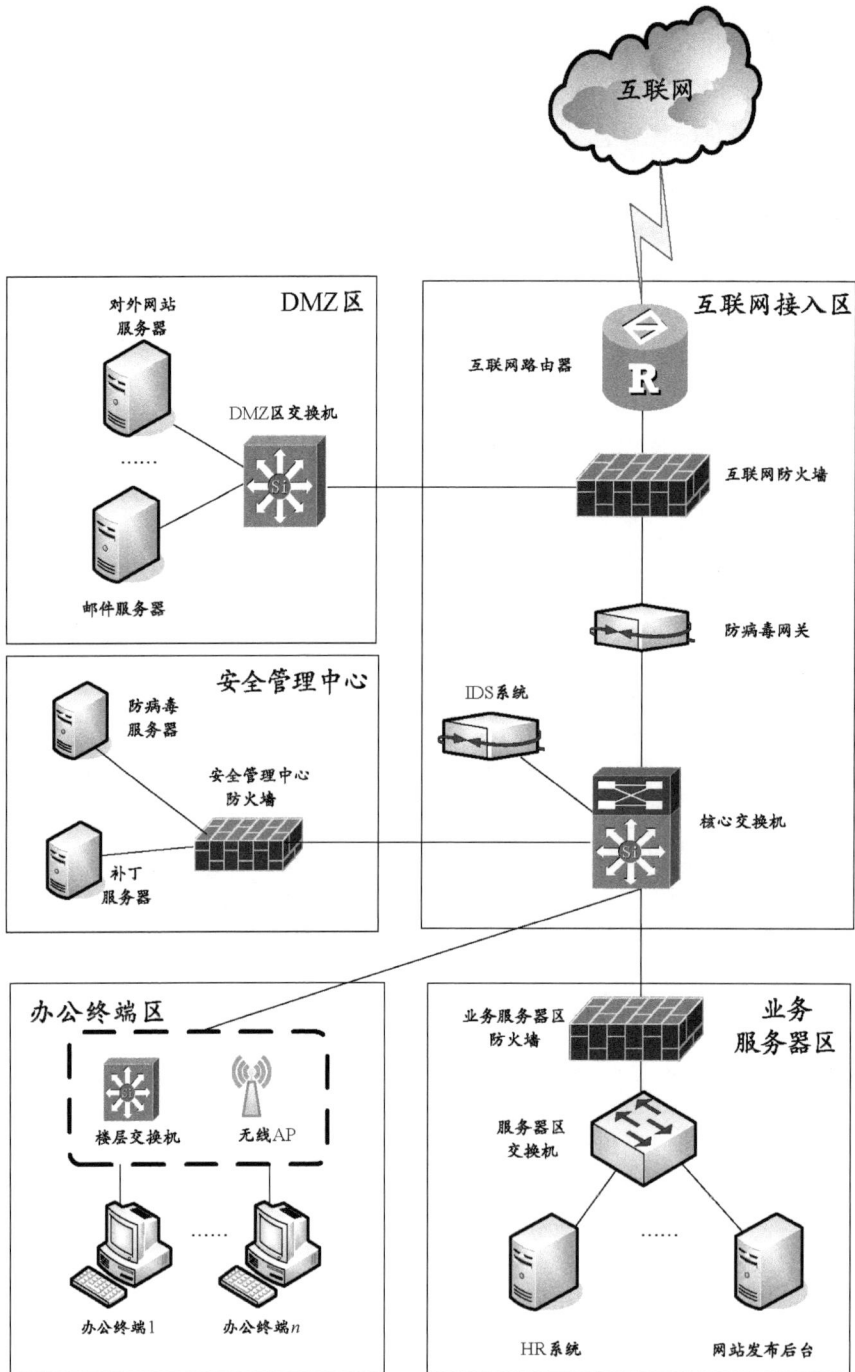

图 3-4　硬件防病毒网关署示意图

3.3.5　安全审计

【安全要求】

第一级没有此方面的要求，第二级安全要求如下。

a）应在网络边界、重要网络节点进行安全审计，审计覆盖到每个用户，对重要的用户行为和重要安全事件进行审计。

b）审计记录应包括事件的日期和事件、用户、事件类型、事件是否成功及其他与审计相关的信息。

c）应对审计记录进行保护、定期备份、避免受到未预期的删除、修改或覆盖等。

【解读和说明】

本控制点主要对区域边界的安全审计提出了要求。安全审计要覆盖每个用户，对重要的用户行为和重要安全事件进行审计。通过部署相关系统（如网络审计系统和数据库审计系统等）实现对重要用户行为和重要安全事件的安全审计。

审计记录的内容是否全面将直接影响审计的有效性。审计记录需要记录事件的时间、类型、用户、事件类型、事件是否成功等必要信息。审计记录能够帮助管理人员及时了解系统运行状况、发现网络攻击行为，因此，需要对审计记录实施技术层面和管理层面的保护，防止未授权情况下的修改、删除和破坏。相关单位可以设置专用的日志服务器来接收设备发送出的审计记录。非授权用户（审计员除外）无权删除本地和综合审计系统中的审计记录。按照《网络安全法》的相关要求，安全审计记录至少留存 6 个月。

【相关安全产品或服务】

相关安全产品包括网络审计系统和数据库审计系统等相关设备或组件。

【安全建设要点及案例】

在某单位如图 3-5 所示的网络中，通过部署网络审计系统实现对重要的用户行为和重要安全事件的安全审计。网络审计系统以旁路部署的方式连接到核心交换机上，通过在核心交换机设置 SPAN 镜像端口将网络流量镜像转发到网络审计系统中，由系统对审计记录进行收集、分析和存储。

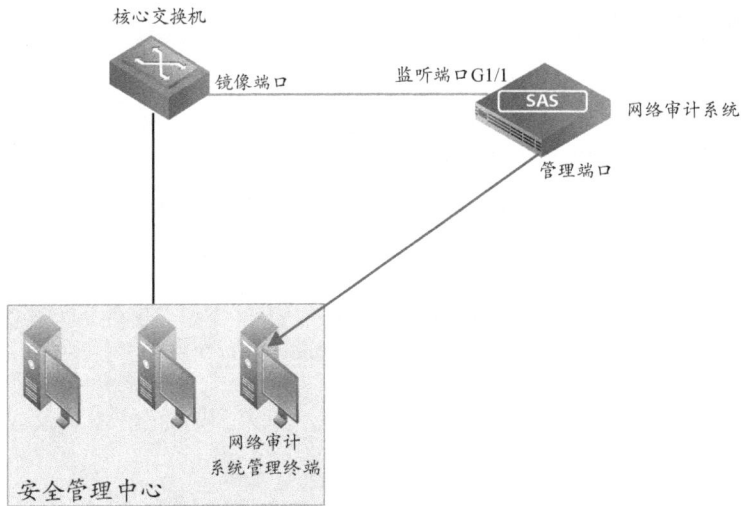

图 3-5　网络审计系统部署示意图

【实施要点及说明】

在实施安全审计时需要关注以下几点。

① 相关单位需要在多个网络关键节点部署网络审计系统或探针，要求做到全面的用户审计及重要行为和安全事件审计。

② 网络安全审计系统要遵循集中管控中的时钟同步要求，配置时钟同步功能，实现综合审计系统多源审计记录的关联和综合分析。

③ 网络审计系统需要预留接口，为其他安全系统报送预警信息或处理结果。

④ 网络审计系统需要实现 90%以上的抓包率。

3.3.6　可信验证

【安全要求】

第一级没有此方面的要求，第二级安全要求如下。

可基于可信根对边界设备的系统引导程序、系统程序、重要配置参数和边界防护应用程序等进行可信验证，并在检测到其可信性受到破坏后进行报警，并将验证结果形成审计记录送至安全管理中心。

【解读和说明】

安全区域边界的可信验证与安全通信网络的可信验证类同，在这里不再赘述。

【相关安全产品或服务】

相关安全产品包括 TCM 芯片、TPCM 芯片或板卡和 TSB 软件及支持内置可信计算的防火墙、路由器、入侵检测及入侵防御设备等提供可信验证功能的计算设备或相关固件及组件。

【安全建设要点及案例】

与安全通信网络的可信验证类同，在这里不再赘述。

【实施要点及说明】

与安全通信网络的可信验证类同，在这里不再赘述。

3.4　安全计算环境

3.4.1　网络设备

3.4.1.1　身份鉴别

【安全要求】

第一级、第二级安全要求如下。

a）应对登录的用户进行身份标识和鉴别，身份标识具有唯一性，身份鉴别信息具有复杂度要求并定期更换。

b）应具有登录失败处理功能，应配置并启用结束会话、限制非法登录次数和当登录连接超时自动退出等相关措施。

c）当进行远程管理时，应采取必要措施防止鉴别信息在网络传输过程中被窃听。

【解读和说明】

本控制点对网络设备的身份鉴别能力提出了要求。网络设备需要有合理的身份鉴别机制，并对身份鉴别机制采取安全保护措施。

为了落实只有合法用户才能登录网络设备的要求并采取相应的处理措施，需要对登录的用户进行身份标识，用户身份标识具有唯一性，不能存在用户身份标识重复和冲突等情况。口令设置要有复杂度要求，如最小长度和组成元素种类、使用期限等，超过使用期限需更换口令。

为了防止口令被暴力破解及权限滥用，网络设备需要具有登录失败的处理功能，具备结束会话、限制非法登录次数和登录连接超时自动退出等相关功能，设备运行管理人员需要配置并启用相应功能。

如果是第二级等级保护对象，为了防止账户和口令在远程管理中被嗅探导致鉴别信息泄漏，对设备进行远程管理时禁止使用明文传输的 Telnet 和 HTTP 服务等，需要采用 SSH、HTTPS 和 SFTP 等对鉴别信息进行加密传输的方式。

【相关安全产品或服务】

相关安全产品包括网络设备（包括虚拟网络设备）的自身功能模块。

【安全建设要点及案例】

以某厂商的路由器为例，通过设置路由器密码复杂度、登录失败处理、连接超时和加密远程管理来保证路由器自身的安全。路由器的相关应用场景配置示例如下所述。

① 需要配置设备登录口令复杂度，如图 3-6 所示。

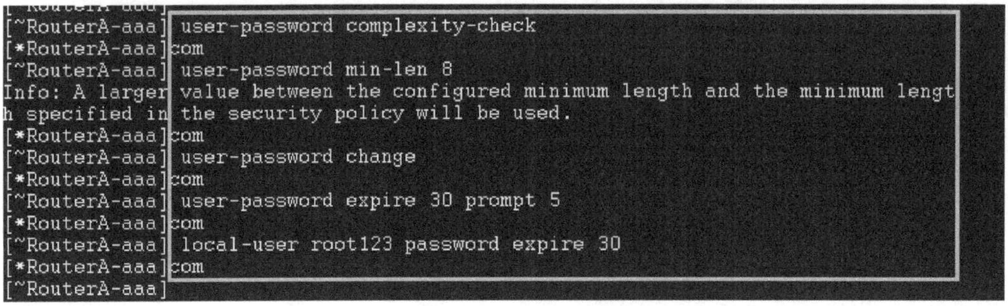

```
[~RouterA-aaa]
[~RouterA-aaa] user-password complexity-check
[*RouterA-aaa]com
[~RouterA-aaa] user-password min-len 8
Info: A larger value between the configured minimum length and the minimum lengt
h specified in the security policy will be used.
[*RouterA-aaa]com
[~RouterA-aaa] user-password change
[*RouterA-aaa]com
[~RouterA-aaa] user-password expire 30 prompt 5
[*RouterA-aaa]com
[~RouterA-aaa] local-user root123 password expire 30
[*RouterA-aaa]com
[~RouterA-aaa]
```

图 3-6　口令复杂度策略配置示例

② 需要配置登录失败处理功能和超时自动退出功能，如图 3-7 所示。

③ 对设备进行远程管理的时候必须使用 SSH、HTTPS 和 VPN 等加密措施，如图 3-8 所示。

```
[~RouterA]aaa
[~RouterA-aaa]local-user root123 state block fail-times 3 interval 5
[*RouterA-aaa]com
[~RouterA-aaa]user-interface vty 0 4
[~RouterA-ui-vty0-4]idle-timeout 5
[*RouterA-ui-vty0-4]com
[~RouterA-ui-vty0-4]user-interface con 0
[~RouterA-ui-console0]idle-timeout 5
[*RouterA-ui-console0]com
[~RouterA-ui-console0]
```

图 3-7　登录失败及登录超时处理配置示例

```
[~RouterA]rsa local-key-pair create
The key name will be:Host
% RSA keys defined for Host_Host already exist.
Confirm to replace them? Please select [Y/N]:y
The range of public key size is (2048, 3072).
NOTE: Key pair generation will take a short while.
Please input the modulus [default = 3072]:3072
[*RouterA]com
[~RouterA]dsa local-key-pair create
Info: The key name will be: Host_DSA
Info: The DSA host key named Host_Host already exist.
Warning: Do you want to replace it? Please select [Y/N]:y
Info: The key modulus can be any one of the following : 2048.
Info: Key pair generation will take a short while.
Info: Generating keys...
Info: Succeeded in creating the DSA host keys.
[*RouterA]com
[~RouterA]user-interface vty 0 4
[~RouterA-ui-vty0-4]protocol inbound ssh
[*RouterA-ui-vty0-4]com
[~RouterA-ui-vty0-4]
```

图 3-8　SSH 协议配置示例

【实施要点及说明】

在实施身份鉴别时需要关注以下几点。

① 需要配置设备登录口令复杂度,如口令最小长度为 8 个字符,包含大小写字母、数字和特殊符号等元素,每种元素 1 ~ 2 个,口令有效期为 90 天左右。

② 需要配置登录失败处理功能和超时自动退出功能,如用户连续登录失败 3 次则禁止登录 5 分钟,连续 5 分钟设备无数据输入/输出,自动断开登录连接。

③ 需要配置设备使用 SSH、HTTPS 和 VPN 等加密措施进行远程管理,防止鉴别信息被嗅探。

3.4.1.2　访问控制

【安全要求】

第一级、第二级安全要求如下。

a）应对登录的用户分配账户和权限。

b）应重命名或删除默认账户，修改默认账户的默认口令。

c）应及时删除或停用多余的、过期的账户，避免共享账户的存在。

d）应授予管理用户所需的最小权限，实现管理用户的权限分离。

【解读和说明】

本控制点需要网络设备自身提供访问控制能力或通过第三方产品实现相应的访问控制能力，主要包括用户权限管理和访问控制机制等。访问控制的主要任务是确保系统资源不被非法使用和访问，访问控制的目的在于通过限制用户对特定资源的访问保护系统资源。网络设备中的每个资源和运行配置都需要有访问权限，这些访问权限决定了谁能访问和如何访问这些资源及运行配置。对于网络设备中的资源和运行配置，则需要严格控制其访问权限，从而加强网络设备自身的安全性。

网络设备在初始化安装时需要为用户分配账户和权限，禁用或限制匿名账户和默认账户的访问权限，需要重命名或删除默认账户，修改默认账户的默认口令。对于多余的和长期不用的账户要及时删除或停用，定期对无用账户进行清理。管理员与账户之间必须一一对应，不能存在共享账户（即一个账户多人或多部门使用同一账户，一旦出现事故不便定位追责）。

如果是第二级等级保护对象，为了实现权限分离和权限相互制约，需要对管理员进行角色划分。每个管理员的权限是其完成工作任务所需的最小权限，如负责审计的管理员只有查询和读取审计记录的权限，安全管理账户只有对安全策略进行配置管理的权限。

【相关安全产品或服务】

相关安全产品包括网络设备（包括虚拟网络设备）的自身功能模块。

【安全建设要点及案例】

以某厂商的路由器为例，通过分配账户和权限、修改默认账户口令、删除多余账户及授予最小管理权限等保证路由器自身的安全。路由器的相关应用场景配置示例如下所述。

① 设备在初始化安装后，需要删除或重命名默认账户，修改默认账户的默认口令，如图 3-9 所示。

```
[~RouterA-aaa]dis th
#
aaa
 local-user root password irreversible-cipher $1c$]f(3Q<j7uS$!0!)8@e`\+1j]vQx\21
&y-$M(|\n_ERFU_BF$!6X$
 local-user root service-type ssh
 local-user root level 3
 local-user root state block fail-times 3 interval 5
 local-user root expire 2000-01-01
 #
 authentication-scheme default0
 #
 authentication-scheme default1
 #
 authentication-scheme default
  authentication-mode local radius
 #
 authorization-scheme default
 #
 accounting-scheme default0
 #
 accounting-scheme default1
 #
 domain default0
 #
 domain default1
 #
 domain default_admin
#
return
[~RouterA-aaa]undo local-user root
Warning: The operation has great risks, which may effect manage user log in. Con
tinue? [Y/N]:y
[*RouterA-aaa]com
[~RouterA-aaa]
```

图 3-9　默认账户删除示例

② 删除、停用多余的、过期的账户，如离职人员账户、测试账户和临时账户等，如图 3-10 所示。

③ 建立系统管理员、安全管理员和审计管理员等角色，实现用户权限分离，账户权限不允许超过操作范围，如图 3-11 所示。

```
[~RouterA-aaa]dis th
#
aaa
 local-user root123 password irreversible-cipher $1c$:8t:%>Vj1$IMW3Wy[zg2aDJQ~[
AV)P#[(<*"J:&BLK9,Fy!E<H$
 local-user root123 service-type ssh
 local-user root123 level 2
 local-user root123 state block fail-times 3 interval 5
 #
 authentication-scheme default0
 #
 authentication-scheme default1
 #
 authentication-scheme default
  authentication-mode local radius
 #
 authorization-scheme default
 accounting-scheme default0
 #
 accounting-scheme default1
 #
 domain default0
 #
 domain default1
 #
 domain default_admin
return
[~RouterA-aaa]undo local-user root123
[*RouterA-aaa]com
[~RouterA-aaa]
```

图 3-10　多余账户删除示例

```
[~RouterA-aaa]dis th
#
aaa
 local-user system_admin password irreversible-cipher $1c$qhh\Tz^-X!$FAS+0c1!dI2
S&-#DncV!U0M8!0u>%UHvi50~[<E=$
 local-user system_admin service-type ssh
 local-user system_admin level 3
 local-user system_admin state block fail-times 3 interval 5
 local-user system_admin user-group system_admin
 local-user security_admin password irreversible-cipher $1c$fyuIR_+&0W$*tyG'z@X\
"{GX03oRVm;d/#S<%\tyA/%H"XA^X20$
 local-user security_admin service-type ssh
 local-user security_admin level 2
 local-user security_admin state block fail-times 3 interval 5
 local-user security_admin user-group security_admin
 local-user audit_admin password irreversible-cipher $1c$S^b4Q)LHC2$-Y*)WP~g;D):
IiAb2dM*q=@(SBzYWSU1JT9s~YY3$
 local-user audit_admin service-type ssh
 local-user audit_admin level 1
 local-user audit_admin state block fail-times 3 interval 5
 local-user audit_admin user-group audit_admin
 #
```

图 3-11　不同管理员账户权限配置示例

【实施要点及说明】

在实施访问控制时需要关注以下几点。

① 需要重命名默认账户及修改默认口令。特别注意一点，某些特定设备在删除默认账户前需要创建新的超级管理员账户。

② 设备的账户和鉴别信息不要存储在配置文件中。

③ 在网络运维人员调岗或离职后，需要及时删除相关账户。

④ 针对每个用户，只为其分配进行操作所需的最小权限，严禁多人共享账户。

⑤ 在运维终端中不要存放记录设备详细运维信息的文件，如设备 IP 地址、登录方式、账户名和口令等。

3.4.1.3　安全审计

【安全要求】

第一级没有此方面的要求，第二级安全要求如下。

a）应启用安全审计功能，审计覆盖到每个用户，对重要的用户行为和重要安全事件进行审计。

b）审计记录应包括事件的日期和时间、用户、事件类型、事件是否成功及其他与审计相关的信息。

c）应对审计记录进行保护，定期备份，避免受到未预期的删除、修改或覆盖等。

【解读和说明】

本控制点对网络设备自身的安全审计提出了要求。安全审计是指对计算机网络环境下的有关活动或行为进行系统的、独立的检查验证、信息收集和分析评价，对审计信息的分析可以为计算机系统的脆弱性评估、责任认定、损失评估和系统恢复等提供关键性信息。

为了及时发现网络中潜在的网络攻击行为，相关人员需要收集网络设备的日志信息并进行分析。因此，需要启用网络设备的审计功能，审计须覆盖每个用户，对重要的用户行为和重要安全事件进行审计。审计记录需要包括事件的日期、时间、用户、事件类型、事件是否成功及其他与审计相关的信息，以方便审计管理员分析和掌控网络访问行为，对重要安全事件进行取证溯源。

为保证审计数据的安全，需要采取安全措施对审计记录的完整性进行保护，定期进行场外备份以避免审计数据被删除、修改或覆盖等。

【相关安全产品或服务】

相关安全产品包括网络设备（包括虚拟网络设备）的自身功能模块和日志服务器等相关设备或组件。

【安全建设要点及案例】

以某厂商的路由器为例，通过设置路由器启用日志记录功能，配置路由器本地缓存空间，将路由器日志本地缓存，或者将路由器日志以 SNMP/TRAP 方式发送到日志服务器中进行存储。路由器的安全审计配置过程如下。

① 开启路由器中的日志记录功能，如图 3-12 所示。

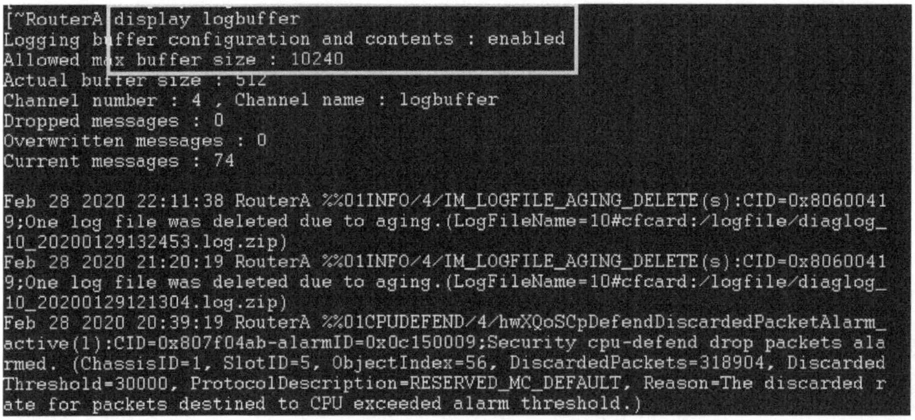

```
[~RouterA]display logbuffer
Logging buffer configuration and contents : enabled
Allowed max buffer size : 10240
Actual buffer size : 512
Channel number : 4 , Channel name : logbuffer
Dropped messages : 0
Overwritten messages : 0
Current messages : 74

Feb 28 2020 22:11:38 RouterA %%01INFO/4/IM_LOGFILE_AGING_DELETE(s):CID=0x8060041
9;One log file was deleted due to aging.(LogFileName=10#cfcard:/logfile/diaglog_
10_20200129132453.log.zip)
Feb 28 2020 21:20:19 RouterA %%01INFO/4/IM_LOGFILE_AGING_DELETE(s):CID=0x8060041
9;One log file was deleted due to aging.(LogFileName=10#cfcard:/logfile/diaglog_
10_20200129121304.log.zip)
Feb 28 2020 20:39:19 RouterA %%01CPUDEFEND/4/hwXQoSCpDefendDiscardedPacketAlarm_
active(1):CID=0x807f04ab-alarmID=0x0c150009;Security cpu-defend drop packets ala
rmed.(ChassisID=1, SlotID=5, ObjectIndex=56, DiscardedPackets=318904, Discarded
Threshold=30000, ProtocolDescription=RESERVED_MC_DEFAULT, Reason=The discarded r
ate for packets destined to CPU exceeded alarm threshold.)
```

图 3-12　审计记录查看示例

② 将路由器中产生的日志记录发送到综合安全审计系统中并进行关联和综合分析，同时也能够实现对路由器的日志记录进行备份，防止审计记录被修改和删除，如图 3-13 所示。

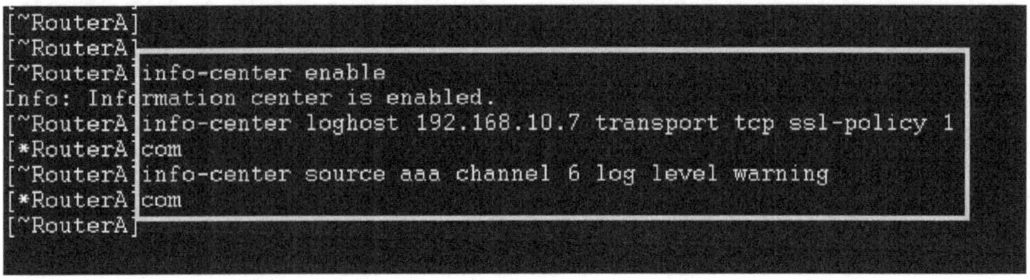

```
[~RouterA]
[~RouterA]
[~RouterA]info-center enable
Info: Information center is enabled.
[~RouterA]info-center loghost 192.168.10.7 transport tcp ssl-policy 1
[*RouterA]com
[~RouterA]info-center source aaa channel 6 log level warning
[*RouterA]com
[~RouterA]
```

图 3-13　远程日志服务器配置示例

【实施要点及说明】

在实施安全审计时需要关注以下几点。

① 在配置网络设备启用日志记录功能时，需要根据设备和网络的实际运行情况配置本地缓存。

② 配置网络设备采用适当的日志级别，一般默认级别是 3。选择日志级别过高，如级别为 7，可能会产生大量日志记录，对各个方面产生重大影响。日志具体分级如下。

- 0 级：Emergency，极其紧急的错误。

- 1 级：Alert，需立即纠正的错误。

- 2 级：Critical，较为严重的错误。

- 3 级：Error，出现了错误。

- 4 级：Warning，警告，可能存在某种差错。

- 5 级：Notification，需注意的信息。

- 6 级：Informational，一般提示信息。

- 7 级：Debugging，调试信息。

3.4.1.4　入侵防范

【安全要求】

第一级、第二级安全要求如下。

a）应遵循最小安装的原则，仅安装需要的组件和应用程序。

b）应关闭不需要的系统服务、默认共享和高危端口。

c）应通过设定终端接入方式或网络地址范围对通过网络进行管理的管理终端进行限制。

d）应提供数据有效性检验功能，保证通过人机接口输入或通过通信接口输入的内容符合系统设定要求。

e）应能发现可能存在的已知漏洞，并在经过充分测试评估后，及时修补漏洞。

【解读和说明】

本控制点对网络设备的入侵防范能力提出了要求。由于网络设备存在默认配置，可能会开启一些不必要的网络服务，给网络设备自身带来一些安全风险，所以需要关闭非必要的网络服务及非必要的高危端口。

如果是第二级等级保护对象，需要对登录网络设备的管理终端进行 IP 地址限定，强烈建议使用带外管理方式进行设备远程管理。同时，为防止攻击者利用网络设备存在的安全漏洞对其发起网络攻击，相关人员需要定期使用漏洞扫描系统进行漏洞扫描及渗透测试等工作，及时发现网络设备可能存在的安全漏洞，与设备供应商积极沟通，进行充分的分析和风险评估，综合评价漏洞的等级和影响程度，及时将漏洞扫描系统更新到最新版本以修补高风险漏洞，保证网络设备安全平稳运行。

【相关安全产品或服务】

网络设备（包括虚拟网络设备）的自身功能模块。

【安全建设要点及案例】

以某厂商的路由器为例，需要配置路由器并关闭不必要的网络服务，对登录路由器的管理终端进行 IP 地址限定等，通过配置增强路由器自身的安全性。路由器的入侵防范相关配置过程如下。

① 关闭网络设备的不必要的网络服务，如 FTP 和 Telnet 等，如图 3-14 所示。

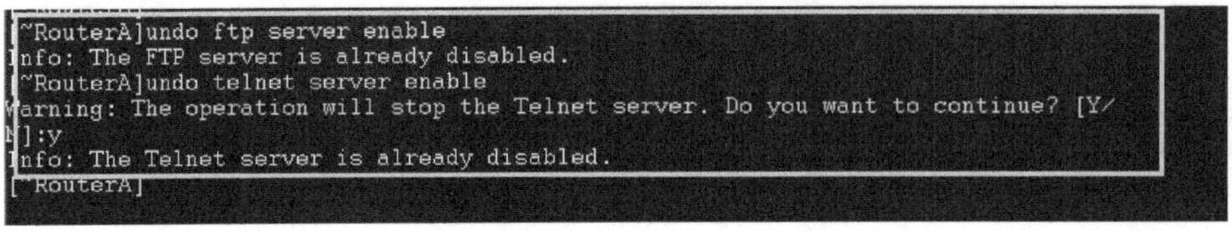
```
[~RouterA]undo ftp server enable
Info: The FTP server is already disabled.
[~RouterA]undo telnet server enable
Warning: The operation will stop the Telnet server. Do you want to continue? [Y/
N]:y
Info: The Telnet server is already disabled.
[~RouterA]
```

图 3-14 网络设备 FTP 和 Telnet 服务关闭示例

② 对登录网络设备的终端进行 IP 地址限定，如源地址为 192.168.47.9/24 的设备可以访问，禁止此地址段外的终端访问，如图 3-15 所示。

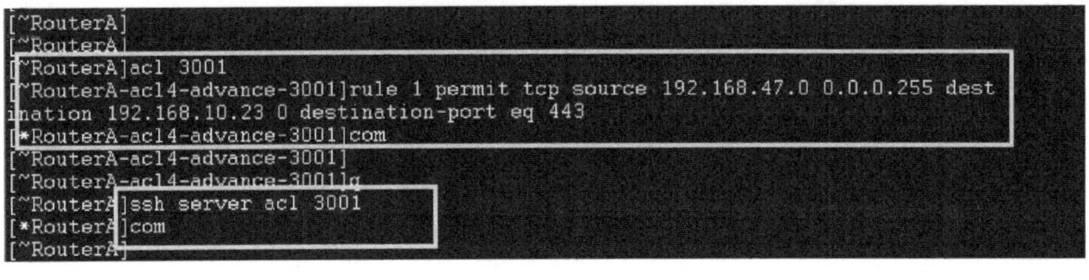
```
[~RouterA]
[~RouterA]
[~RouterA]acl 3001
[~RouterA-acl4-advance-3001]rule 1 permit tcp source 192.168.47.0 0.0.0.255 dest
ination 192.168.10.23 0 destination-port eq 443
[*RouterA-acl4-advance-3001]com
[~RouterA-acl4-advance-3001]
[~RouterA-acl4-advance-3001]q
[~RouterA]ssh server acl 3001
[*RouterA]com
[~RouterA]
```

图 3-15 远程管理源地址限制配置示例

【实施要点及说明】

在实施入侵防范时需要关注以下几点。

① 需要选择厂商推荐的网络设备系统版本保证网络安全平稳运行。

② 时刻关注厂商官方发布的网络设备的安全漏洞和系统缺陷，经过充分评估和测试后，及时进行系统更新。

③ 建议定期（如每季度）对网络设备进行漏洞扫描，对发现的安全漏洞进行评估和修复。

3.4.1.5　可信验证

【安全要求】

第一级、第二级安全要求如下。

a）可基于可信根对通信设备的系统引导程序、系统程序等进行可信验证，并在检测到其可信性受到破坏后进行报警。

b）可基于可信根对计算设备的系统引导程序、系统程序、重要配置参数和应用程序等进行可信验证，并在检测到其可信性受到破坏后进行报警，**并将验证结果形成审计记录送至安全管理中心。**

【解读和说明】

安全计算环境的可信验证与安全通信网络的可信验证类同，在这里不再赘述。

【相关安全产品或服务】

相关安全产品包括 TCM 芯片、TPCM 芯片或板卡和 TSB 软件及支持内置可信计算的路由器、交换机和 VPN 安全网关等提供可信验证功能的网络计算设备或相关固件及组件。

【安全建设要点及案例】

与安全通信网络的可信验证类同，在这里不再赘述。

【实施要点及说明】

与安全通信网络的可信验证类同，在这里不再赘述。

3.4.2　安全设备

3.4.2.1　身份鉴别

【安全要求】

第一级、第二级安全要求如下。

a）应对登录的用户进行身份标识和鉴别，身份标识具有唯一性，身份鉴别信息具有复杂度要求并定期更换。

b）应具有登录失败处理功能，应配置并启用结束会话、限制非法登录次数和当登录连接超时自动退出等相关措施。

c）当进行远程管理时，应采取必要措施防止鉴别信息在网络传输过程中被窃听。

【解读和说明】

本控制点对安全设备的身份鉴别能力提出了要求。安全设备需要有合理的身份鉴别机制，并对身份鉴别机制采取安全保护措施。

为了落实只有合法用户才能登录安全设备的要求并采取相应的处理措施，需要对登录的用户进行身份标识，用户身份标识具有唯一性，不能存在不同用户身份标识重复和冲突等情况。口令设置要有复杂度要求，如口令的长度、组成元素种类和使用期限等，超过使用期限需更换口令。

为了防止暴力破解口令及权限滥用，安全设备需要具有登录失败的处理功能，具备结束会话、限制非法登录次数和登录连接超时自动退出等相关功能，设备运行管理人员需要配置并启用相应功能。

如果是第二级等级保护对象，为了防止账户和口令在远程管理中被嗅探导致鉴别信息泄漏，对设备进行远程管理时禁止使用明文传输的 Telnet 和 HTTP 服务等，需要采用 SSH、HTTPS 和 SFTP 等对鉴别信息进行加密传输的方式。

【相关安全产品或服务】

相关安全产品包括安全设备（包括虚拟安全设备）的自身功能模块。

【安全建设要点及案例】

以某厂商的防火墙为例，通过设置防火墙密码复杂度、登录失败处理和连接超时保证防火墙自身的安全。防火墙的相关应用场景配置示例如下所述。

①　配置口令长度：口令必须大于等于 8 个字符。相关人员第一次登录时需要修改密码。密码至少包含以下字符中的三种：<A-Z>，<a-z>，<0-9>，特殊字符（如$、#、%）。密码不能包含两个以上连续相同的字符，且密码不能与用户名或者用户名的倒序相同，如图 3-16 所示。

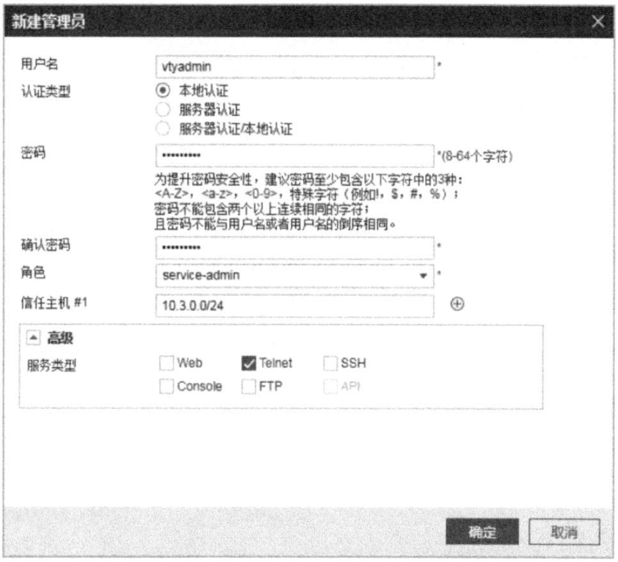

图 3-16　安全设备口令复杂度策略示例

②　管理员密码的有效期可以配置。管理员登录密码的有效期，从密码最后一次修改的时间算起。如果超过密码的有效期，管理员在登录设备时必须修改密码，否则无法登录。具体配置示例如图 3-17 所示。

```
<sysname> system-view
[sysname] aaa
[sysname-aaa] manager-user password valid-days 80
```

图 3-17　安全设备口令有效期配置示例

③　配置登录参数如下。

● 配置登录连接时效，防止权限滥用，如将使用 Web 登录超时时间设为 60 秒。

● 配置本地用户的连续认证失败次数上限，限制用户认证失败次数为 3 次。

● 配置锁定用户的自动解锁时间，当用户因超过最大连续认证失败次数而被锁定之后，系统将在一段时间之后自动为该用户解锁。

安全设备登录时效、失败次数和锁定时长配置示例如图 3-18 所示。

Web服务超时时间	60	<1-1440>分钟
Web最大在线管理员数	20	<1-200>
连续登录失败次数	3	<1-5>次
锁定时长	30	<1-60>分钟
密码最小长度	8	<8-16>

图 3-18　安全设备登录时效、失败次数和锁定时长配置示例

④ 对设备进行远程管理的时候必须使用 SSH、HTTPS 和 VPN 等加密措施，SSH 的配置示例如图 3-19 所示。

SSH配置		
STelnet服务 (包括IPv4和IPv6)	✓启用	
SFTP服务 (包括IPv4和IPv6)	✓启用	
SSH服务端口 (包括IPv4和IPv6)	22	<1025-55535>默认值：22
认证次数	3	<1-5>次
认证超时时间	60	<1-120>秒
密钥生成时间间隔	0	<0-24>小时
终端用户登录级别	0	<0-15>

图 3-19　安全设备 SSH 配置示例

【实施要点及说明】

在实施身份鉴别时需要关注以下几点。

① 在配置账户密码时要满足系统对密码长度、复杂度的要求，要配置密码有效期等。

② 管理员首次登陆时要强制修改默认密码。

③ 需要配置登录失败处理功能和超时自动退出功能，如用户连续登录失败 3 次，禁止登录 10 分钟；连续 15 分钟无操作，自动断开连接。

④ 需要配置设备使用 SSH、HTTPS 和 VPN 等加密措施进行远程管理，防止鉴别信息被嗅探。

3.4.2.2　访问控制

【安全要求】

第一级、第二级安全要求如下。

a）应对登录的用户分配账户和权限。

b）应重命名或删除默认账户，修改默认账户的默认口令。

c）应及时删除或停用多余的、过期的账户，避免共享账户的存在。

d）应授予管理用户所需的最小权限，实现管理用户的权限分离。

【解读和说明】

本控制点需要安全设备自身提供访问控制能力或通过第三方产品实现相应的访问控制能力，主要包括用户权限管理和访问控制机制等。访问控制的主要任务是确保系统资源不被非法使用和访问，访问控制的目的在于通过限制用户对特定资源的访问来保护系统资源。安全设备中的每个资源和运行配置都需要有访问权限，这些访问权限决定了谁能访问和如何访问这些资源及运行配置。对于安全设备中的资源和运行配置，则需要严格控制其访问权限，从而加强安全设备自身的安全性。

安全设备在初始化安装时需要为用户分配账户和权限，禁用或限制匿名账户和默认账户的访问权限，需要重命名或删除默认账户，修改默认账户的默认口令。对于多余的和长期不用的账户要及时删除或停用，定期对无用账户进行清理。管理员与账户之间必须一一对应，不能存在共享账户（即一个账户多人或多部门使用，一旦出现事故不便定位追责）。

如果是第二级等级保护对象，为了实现权限分离和权限相互制约，需要对管理用户进行角色划分。每个管理用户的权限是其工作任务所需的最小权限，如负责审计的用户只有查询和读取审计记录的权限，安全管理账户只有对安全策略进行配置管理的权限。

【相关安全产品或服务】

相关安全产品包括安全设备（包括虚拟安全设备）的访问控制模块。若安全设备不能满足访问控制需要，则需要通过第三方安全产品实现，如身份验证和授权管理系统和堡垒机等提供访问控制功能的相关设备或组件。

【安全建设要点及案例】

以某厂商的防火墙为例，通过分配账户和权限、修改默认账户口令、删除多余账户及授予最小管理权限等保证防火墙自身的安全。防火墙的相关应用场景配置示例如下所述。

① 在建立用户时，为不同的管理员分配不同的角色，如系统管理员、配置管理员和审计管理员等，实现用户权限分离，如图 3-20 所示。

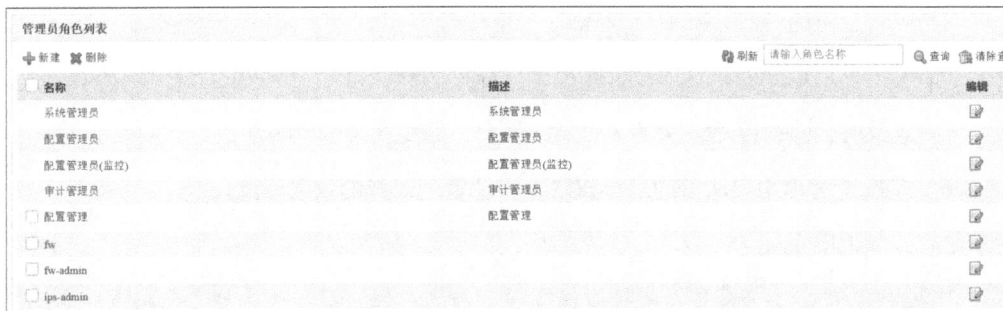

图 3-20　安全设备不同管理员配置

② 设备在初始化安装后，需要删除或重命名默认账户，如图 3-21 所示。

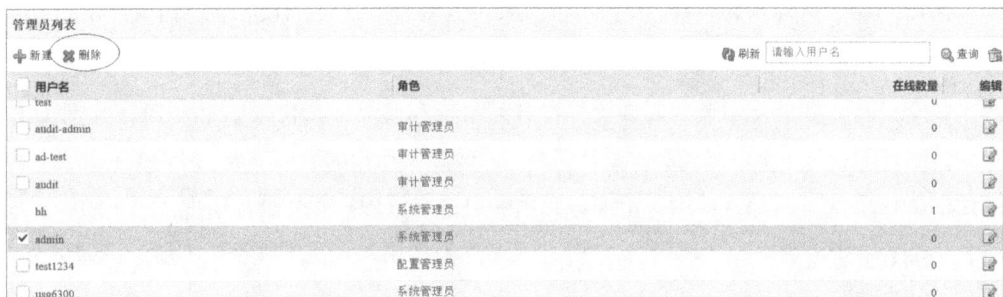

图 3-21　删除安全设备默认账户

③ 修改默认账户的默认口令，如图 3-22 所示。

④ 删除、停用多余的和过期的账户，如离职人员账户、测试账户和临时账户等，如图 3-23 所示。

⑤ 配置用户权限不允许超过操作范围，如图 3-24 所示。

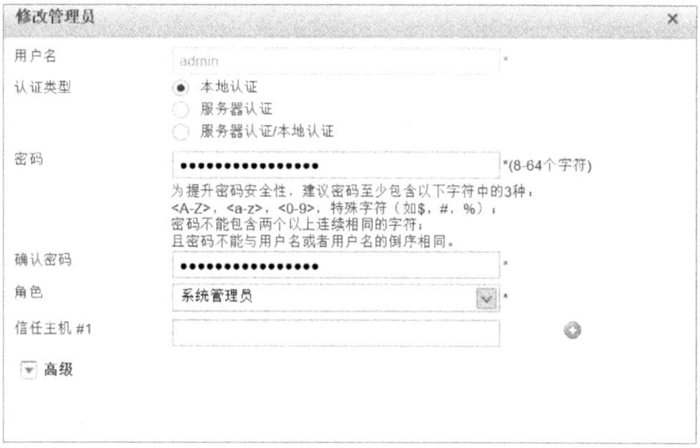

图 3-22　修改安全设备账户默认口令

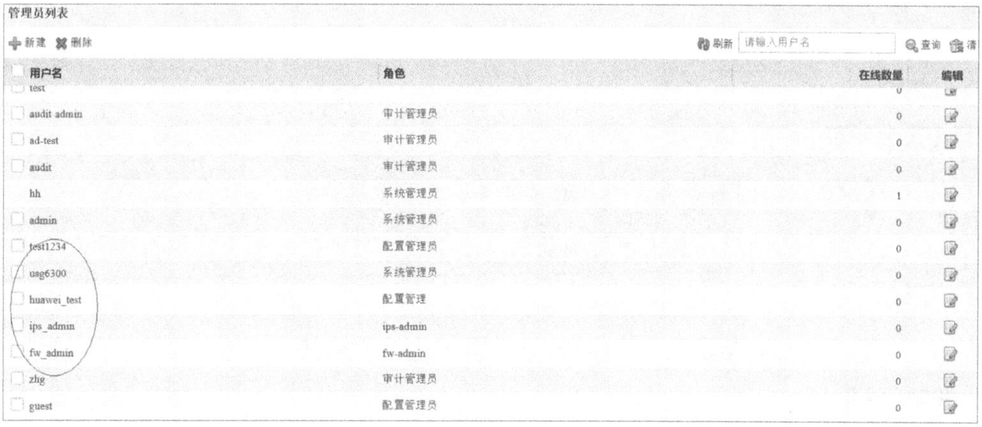

图 3-23　删除安全设备多余账户

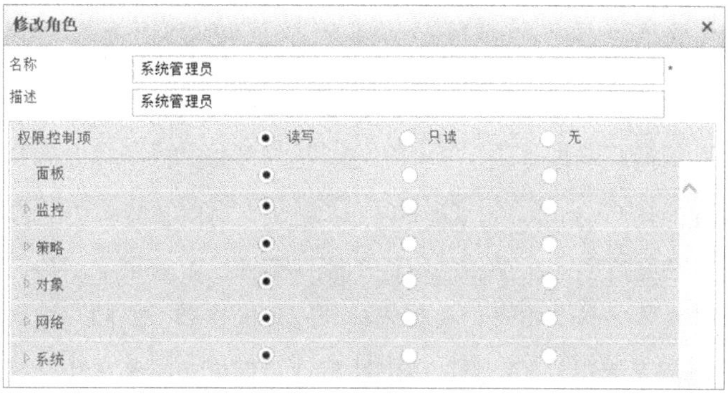

图 3-24　安全设备管理员权限配置

【实施要点及说明】

在实施访问控制时需要关注以下几点。

① 需要重命名默认账户及修改默认口令。特别注意一点，某些特定设备在删除默认账户前需要创建新的超级管理员账户。

② 设备的账户和鉴别信息不要明文存储在配置文件中。

③ 在网络运维人员调岗或离职后，需要及时删除相关账户。

④ 为每个登录用户分配独立账号及权限，将权限控制为用户进行操作所需的最小权限，严禁多人共享账户。

⑤ 在运维终端中不要存放记录设备详细运维信息的文件，如设备 IP 地址、登录方式、账户名和口令等。

3.4.2.3　安全审计

【安全要求】

第一级没有此方面的要求，第二级安全要求如下。

a）应启用安全审计功能，审计覆盖到每个用户，对重要的用户行为和重要安全事件进行审计。

b）审计记录应包括事件的日期和时间、用户、事件类型、事件是否成功及其他与审计相关的信息。

c）应对审计记录进行保护，定期备份，避免受到未预期的删除、修改或覆盖等。

【解读和说明】

本控制点对安全设备自身的安全审计提出了要求。安全审计是指对计算机网络环境下的有关活动或行为进行系统的、独立的检查验证、信息收集和分析评价，对审计信息的分析可以为计算机系统的脆弱性评估、责任认定、损失评估和系统恢复等提供关键性信息。

为了及时发现网络中潜在的网络攻击行为，相关人员需要收集安全设备的日志信息并进行分析。因此，需要启用安全设备的审计功能，审计须覆盖每个用户，对重要的用户行为和重要安全事件进行审计。审计记录需要包括事件的日期、时间、用户、事件类型、事件是否成功及其他与审计相关的信息，以方便审计管理员分析和掌控网络访问行为，对重要安全事件进行取证溯源。

为保证审计数据的安全，需要采取安全措施对审计记录的完整性进行保护，定期进行场外备份以避免审计数据被删除、修改或覆盖等。

【相关安全产品或服务】

相关安全产品包括安全设备（包括虚拟安全设备）的自身功能模块和日志服务器等相关设备或组件。

【安全建设要点及案例】

以某厂商的防火墙为例，通过设置防火墙启用日志记录功能，配置防火墙本地缓存空间，将防火墙日志本地缓存，或者将防火墙日志以 SNMP/TRAP 方式发送到日志服务器中进行存储。防火墙的安全审计配置过程如下。

① 开启防火墙中的日志记录功能，系统记录各种日志，包括操作日志、流量日志、威胁日志、URL 日志、内容日志等，如图 3-25 所示。

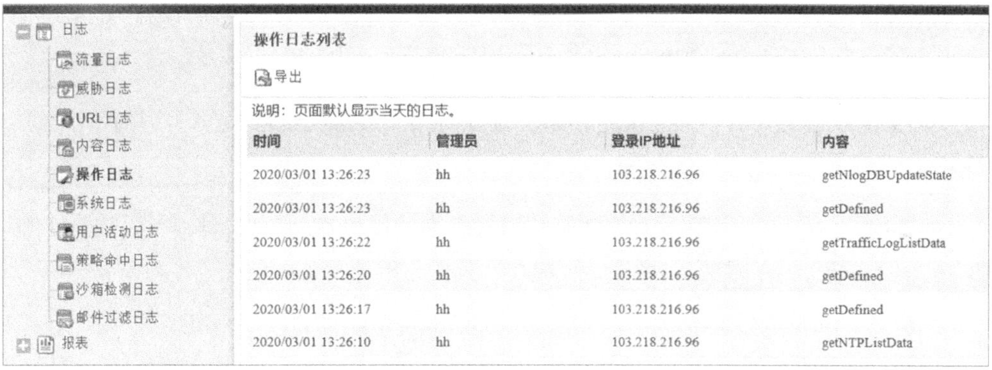

图 3-25　安全设备日志记录

② 将防火墙中产生的日志记录发送到综合安全审计系统中进行关联和综合分析。同时也能够实现对防火墙的日志记录进行备份，防止审计记录被修改和删除，如图 3-26 所示。

【实施要点及说明】

在实施安全审计时需要关注以下几点。

① 启用安全设备向综合日志审计系统发送日志功能，以 SYSLOG 协议或 SNMP Trap 方式将日志发送到日志服务器或第三方审计平台中。

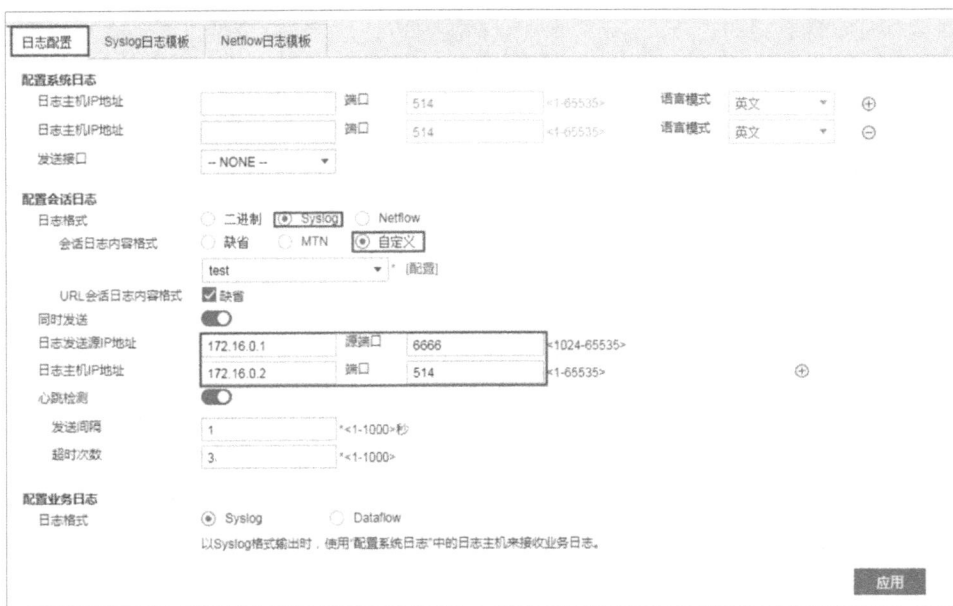

图 3-26　安全设备日志发送集中日志系统

② 安全设备的日志种类主要包括系统日志、操作日志、安全日志、应用控制日志、NAT 日志等。

③ 日志内容：不同种类的日志包含的内容也不尽相同。总体上，日志需包括事件的日期、时间、用户、事件类型、事件是否成功及其他与审计相关的信息等。对于安全日志，则在此基础上增加了 URL/目录、源 IP、源 IP 归属地、目的 IP、规则 ID 号、动作等；同时应详细记录攻击的协议、方法、具体攻击语句等。系统操作日志则包含用户名、主机 IP、操作对象、操作、日期时间以及详细操作等。

④ 日志自动删除功能。对于存储于安全设备中的日志，若占用磁盘空间过多，可能会对设备的正常运行产生影响，因此，需要提供日志自动删除功能。

⑤ 通过远程日志服务器或第三方日志审计设备对审计记录进行备份，防止审计记录被修改、删除。

3.4.2.4　入侵防范

【安全要求】

第一级、第二级安全要求如下。

a）应遵循最小安装的原则，仅安装需要的组件和应用程序。

b）应关闭不需要的系统服务、默认共享和高危端口。

c）应通过设定终端接入方式或网络地址范围对通过网络进行管理的管理终端进行限制。

d）应提供数据有效性检验功能，保证通过人机接口输入或通过通信接口输入的内容符合系统设定要求。

e）应能发现可能存在的已知漏洞，并在经过充分测试评估后，及时修补漏洞。

【解读和说明】

本控制点对安全设备的入侵防范能力提出了要求。由于安全设备存在默认配置，可能会开启一些不必要的网络服务，给安全设备自身带来一些安全风险，所以，需要关闭非必要的网络服务及非必要的高危端口。

如果是第二级等级保护对象，需要对登录安全设备的管理终端进行 IP 地址限定，强烈建议使用带外管理方式进行设备远程管理。同时，为防止攻击者利用安全设备存在的安全漏洞对其发起网络攻击，相关人员需要定期使用漏洞扫描系统进行漏洞扫描及渗透测试等工作，及时发现安全设备可能存在的安全漏洞，与设备供应商积极沟通，进行充分的分析和风险评估，综合评价漏洞的等级和影响程度，及时将漏洞扫描系统更新到最新版本以修补高风险漏洞，保证安全设备安全平稳运行。

【相关安全产品或服务】

相关安全产品包括安全设备（包括虚拟安全设备）的自身功能模块。

【安全建设要点及案例】

以某厂商的防火墙为例，需要配置防火墙并关闭不必要的网络服务，对登录防火墙的管理终端进行 IP 地址限定等，通过配置增强防火墙自身的安全性。防火墙的入侵防范相关配置过程如下。

① 关闭安全设备的不必要的网络服务，如 FTP 和 Telnet 服务等，如图 3-27 所示。

② 对登录防火墙的终端进行 IP 地址限定，如源地址为 192.168.10.10 的设备可以访问，禁止此地址段外的终端访问，如图 3-28 所示。

图 3-27　关闭安全设备不必要的网络服务示例 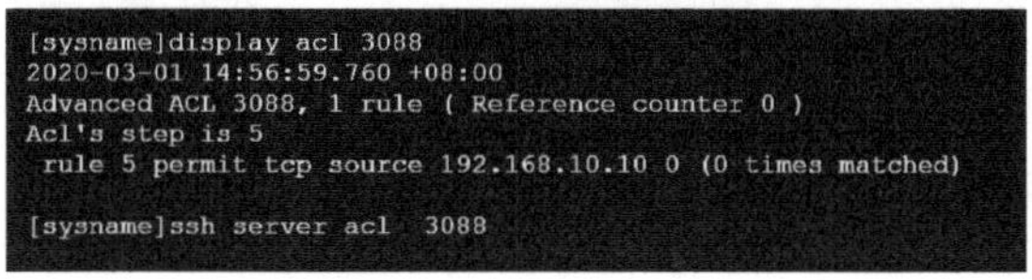　　图 3-28　安全设备日限制访问 IP 地址配置示例

③ 针对人机接口输入的数据进行有效性验证，保证输入内容符合系统要求，如图 3-29 所示。

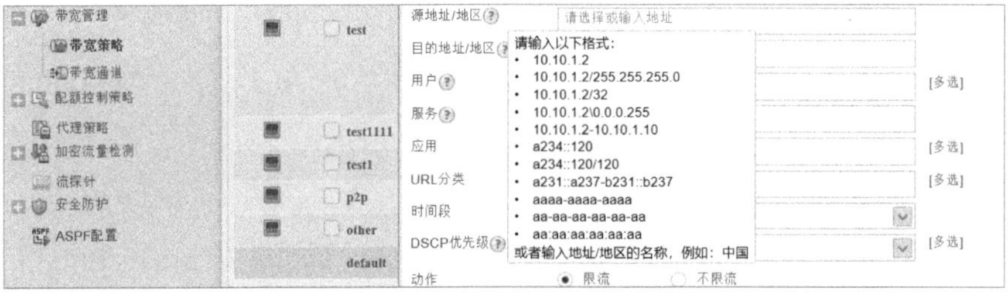

图 3-29　安全设备人机接口有效性验证示例

④ 部署漏洞扫描设备对安全设备进行周期性扫描，如图 3-30 所示。

图 3-30　对安全设备进行漏洞扫描示例

【实施要点及说明】

在实施入侵防范时需要关注以下几点。

① 关闭不必要的系统服务、默认共享和高危端口，可以有效降低系统遭受攻击的可

能性，如防火墙应关闭 FTP、Telnet 等不必要的服务。

② 需要选择厂商推荐的安全设备系统版本保证网络安全平稳运行。

③ 时刻关注厂商官方发布的安全设备的安全漏洞和系统缺陷，经过充分评估和测试后，及时进行系统更新。

④ 定期对安全设备进行漏洞扫描，对发现的安全漏洞进行评估和修复。

⑤ 安全设备提供数据有效性检验功能，保证通过人机接口输入或通过通信接口输入的内容符合系统要求。

3.4.2.5　可信验证

【安全要求】

第一级、第二级安全要求如下。

a）可基于可信根对通信设备的系统引导程序、系统程序等进行可信验证，并在检测到其可信性受到破坏后进行报警。

b）可基于可信根对计算设备的系统引导程序、系统程序、重要配置参数和应用程序等进行可信验证，并在检测到其可信性受到破坏后进行报警，**并将验证结果形成审计记录送至安全管理中心**。

【解读和说明】

与安全通信网络的可信验证类同，在这里不再赘述。

【相关安全产品或服务】

TCM 芯片、TPCM 芯片或板卡和 TSB 软件及支持内置可信计算的防火墙、VPN 安全网关、入侵检测及入侵防御设备等提供可信验证功能的安全计算设备或相关固件及组件。

【安全建设要点及案例】

与安全通信网络的可信验证类同，在这里不再赘述。

【实施要点及说明】

与安全通信网络的可信验证类同，在这里不再赘述。

3.4.3　服务器和终端

3.4.3.1　身份鉴别

【安全要求】

第一级、第二级安全要求如下。

a）应对登录的用户进行身份标识和鉴别，身份标识具有唯一性，身份鉴别信息具有复杂度要求并定期更换。

b）应具有登录失败处理功能，应配置并启用结束会话、限制非法登录次数和当登录连接超时自动退出相关措施。

c）当进行远程管理时，应采取必要措施防止鉴别信息在网络传输过程中被窃听。

【解读和说明】

本控制点主要对服务器、终端的身份鉴别能力提出了要求。在服务器和终端中要求对登录用户的身份进行有效的身份鉴别，防止攻击者假冒合法用户获得资源的访问权限，保证系统和数据的安全及授权访问者的合法利益。

为了落实只有合法用户才能登录操作系统的要求并采取相应的处理措施，所有服务器和终端需具备身份鉴别能力，需要对登录的用户进行身份标识，用户身份标识具有唯一性（如账户不能重复和 UID 不能重复），在进行身份鉴别防护时必须配置和启用操作系统的口令复杂度策略（物联网和工控终端等设备进行安全设计时需要设计口令复杂度模块），如口令的长度、组成元素种类和使用期限等，超过使用期限需更换口令。

为了防止暴力破解口令及权限滥用，操作系统需要具有登录失败的处理功能（尤其是在计算能力提升的情况下，口令被暴力破解的概率越来越大）。相关系统或设备需要在合理范围内具备登录失败判定及处置能力，既能保证正常登录，又能防止恶意攻击，如在用户连续登录失败一定次数后进行登录锁定。同时需要启用根据用户登录时长切断系统连接会话的功能，以保证系统会话不被恶意使用。

如果是第二级等级保护对象，为了防止账户和口令在远程管理中被嗅探导致鉴别信息泄漏，对操作系统进行远程管理时禁止使用明文传输的 Telnet 和 HTTP 服务等，需要采用 SSH、HTTPS、SFTP 等对鉴别信息进行加密传输的方式。

【相关安全产品或服务】

服务器和终端等设备的身份鉴别、登录失败处理和远程管理加密功能主要依靠操作系统自身实现。安全服务包括操作系统加固和安全评估服务等。

【安全建设要点及案例】

以 Windows Server 2016 为例，相关应用场景配置示例如下所述。

① 操作系统身份鉴别策略管理需要配置设备登录口令复杂度，如口令最小长度为 8 个字符，包含大小写字母、数字和特殊符号等元素，每种元素 1~2 个，口令有效期为 90 天，如图 3-31 所示。

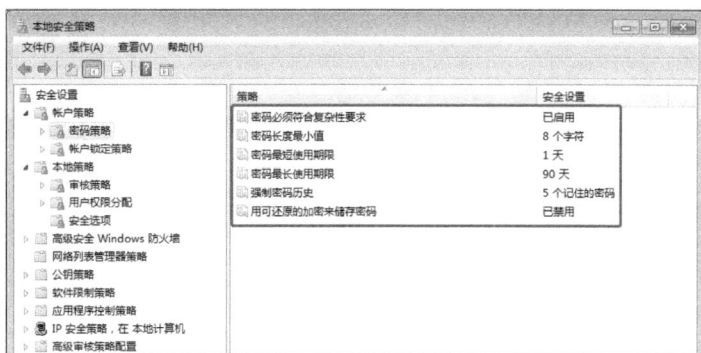

图 3-31　Windows 口令策略示例

② 需要配置登录失败处理功能和超时自动退出功能，如用户连续登录失败 3 次则禁止登录 1 分钟，连续 30 分钟无输入/输出，则自动断开登录连接，如图 3-32 所示。

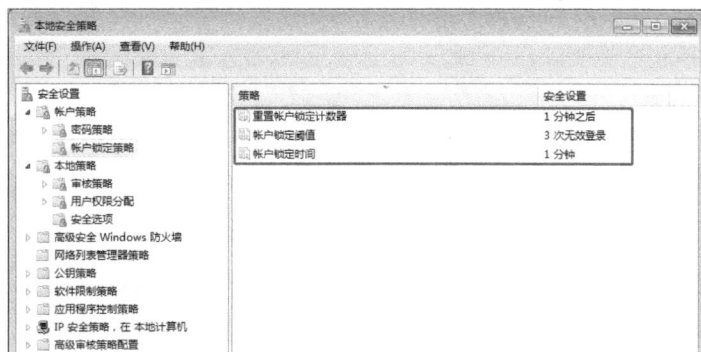

图 3-32　Windows 账户策略示例

③ 在 Windows 屏幕保护程序设置界面，勾选"等待 10 分钟锁定屏幕"和"在恢复时显示登录屏幕"，以使本地会话超时后自动锁定桌面，如图 3-33 所示。

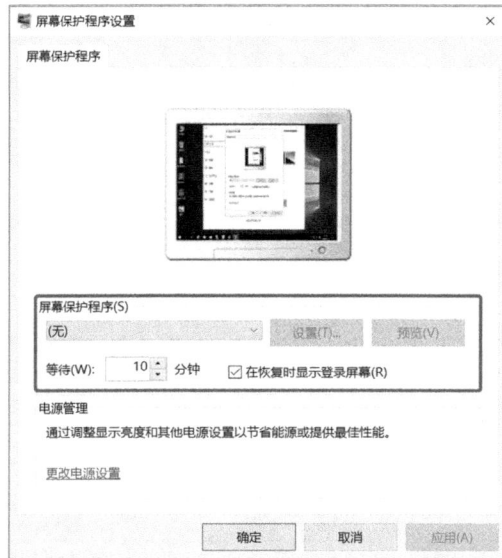

图 3-33　Windows 屏幕保护程序设置示例

④ 在"设置活动但空闲的远程桌面服务会话时间限制"窗口中，选择"已启用"，并将"会话时间限制"设置为"30 分钟"，如图 3-34 和图 3-35 所示。

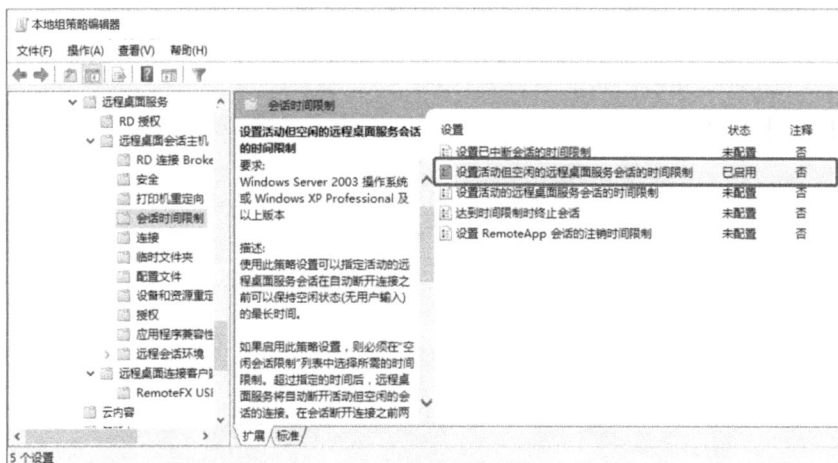

图 3-34　Windows 远程会话连接配置策略示例

图 3-35　远程会话连接配置策略示例

⑤ 配置使用加密的微软远程桌面进行远程管理。在"远程（RDP）连接要求使用指定的安全层"窗口中，选择"已启用"，并将"安全层"设置为"RDP"或"SSL"，如图 3-36 和图 3-37 所示。

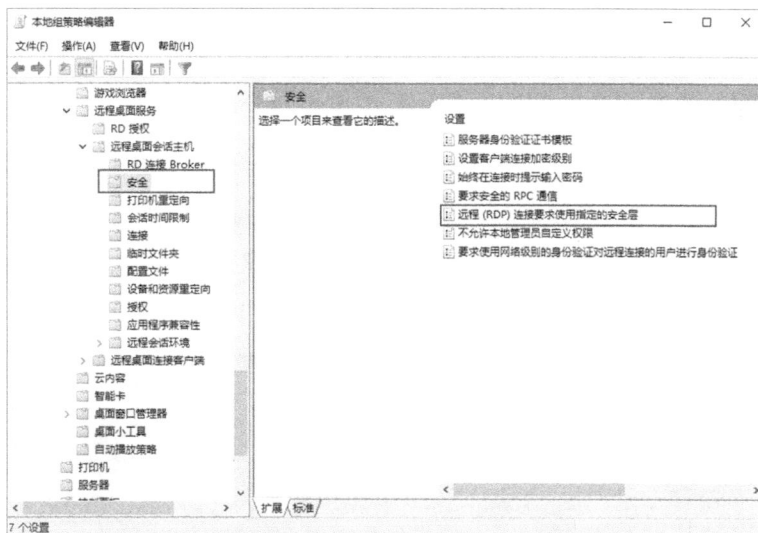

图 3-36　Windows 远程连接配置策略示例

图 3-37　Windows 远程连接配置策略示例

【实施要点及说明】

在实施身份鉴别时需要关注以下几点。

① 需要配置设备登录口令的长度、复杂度和有效期策略，如要求口令最小长度为 8 个字符，复杂度包含大小写字母、数字和特殊符号等元素中的至少三种组成，每种元素 1 ~ 2 个，口令有效期不超过 180 天。部分产品还支持增强版的口令复杂度检查功能，如口令不能与用户名存在重复字符串、不能位于口令字典中等，可根据实际需求配置。

② 需要配置登录失败处理功能，如用户连续登录失败 3 次则禁止登录 30 分钟。连接超时自动退出功能包括本地登录超时自动注销和远程连接超时自动断开两方面，均需要配置。例如，本地登录或远程会话连续 30 分钟无键盘、鼠标操作或数据输入/输出，则自动断开连接，用户重新登录或连接系统或设备时，需重新进行身份鉴别。

③ 需要配置设备使用 SSH、HTTPS 和 VPN 等加密措施进行远程管理，防止鉴别信息被嗅探。

3.4.3.2　访问控制

【安全要求】

第一级、第二级安全要求如下。

a）应对登录的用户分配账户和权限。

b）应重命名或删除默认账户，修改默认账户的默认口令。

c）应及时删除或停用多余的、过期的账户，避免共享账户的存在。

d）应授予管理用户所需的最小权限，实现管理用户的权限分离。

【解读和说明】

本控制点主要对服务器和终端自身所具备或通过第三方产品实现的访问控制能力提出了安全要求，主要包括用户权限管理和访问控制机制等。

为了保证服务器和终端具备合理的、有效的账户权限分配机制和模块（尤其是目前越来越多的物联网终端和工控终端），需要合理设置访问权限的策略和规则，如对操作系统的访问策略、对文件的访问策略、对注册表的访问策略及对重要敏感信息的访问控制策略等。

为了防止恶意攻击者对服务器和终端进行暴力破解或提权攻击，尤其是对默认账户的暴力破解和猜测，需要重命名或删除默认账户并修改默认账户的默认口令。为了防止过期的、多余的账户被恶意利用进行提权攻击，需要对服务器和终端的账户进行生命周期管理，通过技术措施和管理手段保证账户的有效性，删除和停用过期的、多余的账户，同时保证账户和自然人的一一对应关系。

如果是第二级等级保护对象，为了实现权限分离、权限相互制约及防止越权操作，需要对管理用户进行角色划分。每个管理用户的权限是其工作任务所需的最小权限，如一般可划分为系统管理员、安全管理员和审计管理员，其中系统管理员拥有除安全管理员和审计管理员外的所有权限，安全管理员负责账户权限管理和系统安全配置，审计管理员具有审计策略配置、审计记录查询配置、备份等权限。

【相关安全产品或服务】

服务器和终端等设备的操作系统的访问控制功能模块等相关设备或组件。安全服务包括操作系统加固和安全评估服务等。

【安全建设要点及案例】

以 Windows Server 2016 为例，相关应用场景配置示例如下所述。

① 操作系统在初始化安装后，重命名默认账户，修改默认账户的默认口令。可以把默认管理账户 Administrator 改成指定的账户名，如 amdincspecroot703，把默认禁用的账户 Guest 激活改成 Administrator，这样配置会大大提高黑客暴力拆解账户口令的难度和攻击成本，如图 3-38 所示。

图 3-38   Windows 账户配置示例

② 限制 Everyone 账户的权限，至少取消其写权限，如图 3-39 所示。

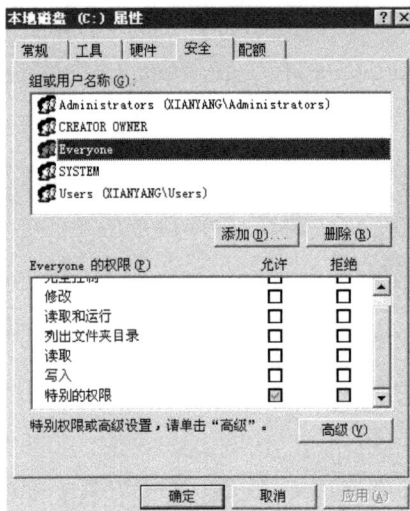

图 3-39   Windows 权限配置示例

③ 在系统中为系统管理员、安全管理员和审计管理员分别建立账户，并授予与其职责相匹配的系统权限，如图 3-40 所示。若每个角色的管理员存在多个，如多个安全管理员，为避免多个管理员共享同一账户，可建立安全管理组，授予该组权限，并使多个安全管理员账户属于该组。

图 3-40　Windows 管理员账户权限分离示例

【实施要点及说明】

在实施访问控制时需要关注以下几点。

① 重命名 Administrator 和 root 等超级管理账户，以限制其直接登录系统。

② 操作系统的账户和鉴别信息不要存储在配置文件中。

③ 系统中不要存放记录系统详细运维信息的文件，如服务器 IP 地址、登录方式、账户名和口令等。

④ 限制 cmd.exe 和 net.exe（Windows）、ps、vi、cat 和 ls 等命令的执行权限。这些命令的执行权限只对特定的用户开放。

⑤ 在系统运维人员调岗或离职后，需要及时删除相关账户。

⑥ 针对每个用户，只为其分配进行操作所需的最小权限，严禁多人共享账户。

3.4.3.3　安全审计

【安全要求】

第一级没有此方面的要求，第二级安全要求如下。

　　a）应启用安全审计功能，审计覆盖到每个用户，对重要的用户行为和重要安全事件进行审计。

　　b）审计记录应包括事件的日期和时间、用户、事件类型、事件是否成功及其他与审计相关的信息。

　　c）应对审计记录进行保护，定期备份，避免受到未预期的删除、修改或覆盖等。

【解读和说明】

　　本控制点对操作系统自身的安全审计提出了要求。安全审计是指对计算机网络环境下的有关活动或行为进行系统的、独立的检查验证、信息收集和分析评价，对审计信息的分析可以为计算机系统的脆弱性评估、责任认定、损失评估和系统恢复等提供关键性信息。

　　为了能够对服务器和终端进行安全审计，及时发现网络中潜在的网络攻击行为，需要配置并启用操作系统的审计功能，审计须覆盖每个用户，对重要的用户行为和重要安全事件进行审计。审计记录需要包括事件的日期、时间、用户、事件类型、事件是否成功及其他与审计相关的信息，以方便系统管理员分析和掌控网络访问行为，对重要安全事件进行取证溯源。

　　为保证审计数据的安全，需要采取安全措施对审计记录的完整性进行保护，定期进行场外备份以避免审计数据被删除、修改或覆盖等。

【相关安全产品或服务】

　　相关安全产品包括服务器和终端的操作系统安全审计功能、日志服务器和安全运维系统等相关设备或组件。

【安全建设要点及案例】

　　以 Windows Server 2016 为例，在组策略中配置启用审计策略，如审核策略更改、审核登录事件和审核账户登录事件等，如图 3-41 所示。

　　在"事件查看器（本地）"中，将"应用程序""系统""安全"属性中的日志大小修改为 20480KB（或更大），设置当达到最大的日志尺寸时的相应策略，如手动备份或归档，保证日志的保存时间不少于 6 个月，如图 3-42 所示。

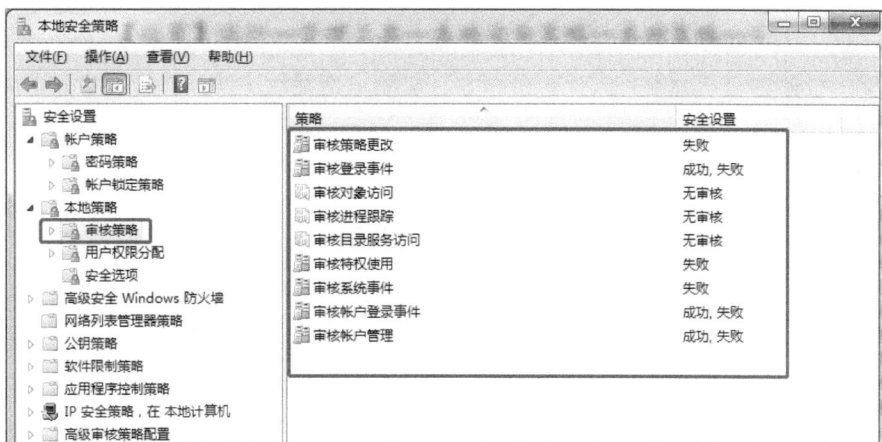

图 3-41 Windows 审计策略示例

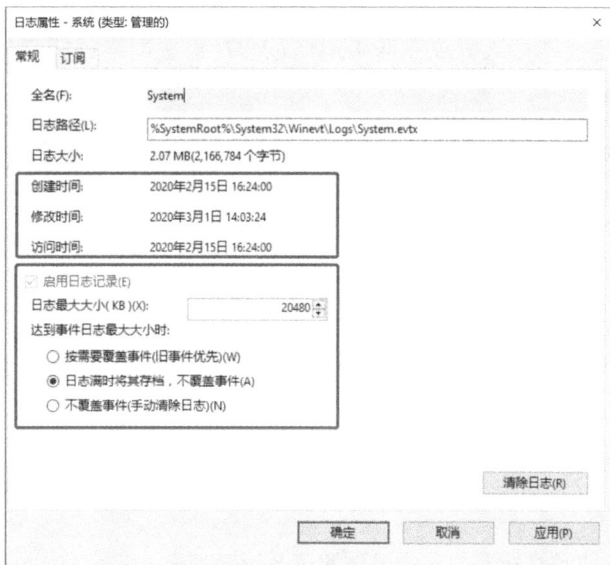

图 3-42 Windows 日志属性设置示例

【实施要点及说明】

在实施安全审计时需要关注以下几点。

① 在操作系统中开启安全审计策略，对所有用户的操作行为进行审计。相关人员需要根据实际需求配置适合的审计策略，不能影响操作系统和网络的正常运行。

② 需要按照实际需求设置审计范围。审计范围过大将导致审计数据过多，占用大量

存储空间；审计范围过小将会影响事件追踪溯源。

③ 在服务器和终端存有审计记录副本，需要定期关注服务器和终端存储空间的大小，避免因为审计数据影响服务器和终端的正常数据存储，并定期对审计数据进行备份和清理。

④ 审计管理员定期对审计数据进行审核，发现异常事件后及时处置。

3.4.3.4　入侵防范

【安全要求】

第一级、第二级安全要求如下。

a）应遵循最小安装原则，仅安装需要的组件和应用程序。

b）应关闭不需要的系统服务、默认共享和高危端口。

c）应通过设定终端接入方式或网络地址范围对通过网络进行管理的管理终端进行限制。

d）应提供数据有效性检验功能，保证通过人机接口输入或通过通信接口输入的内容符合系统设定要求。

e）应能发现可能存在的已知漏洞，并在经过充分测试评估后，及时修补漏洞。

【解读和说明】

入侵防范是用来识别威胁并做出应对的网络安全技术手段，也是保障服务器和终端自身及其上运行的业务应用系统安全的重要手段和措施，包括被动的安全加固和主动的入侵防御。其中，安全加固主要用于减少可能的入侵攻击面，入侵防御则聚焦于入侵行为的检测、响应和处置。

为了避免服务器和终端上的多余组件和多余程序带来的安全威胁，在对服务器和终端的操作系统进行安装和加固时，需要遵循最小安装原则，梳理和分析哪些是系统运行所需的最小环境，只安装服务器操作系统中的必需组件及操作系统中的必要应用程序。操作系统在默认安装时，会安装一些无用的且可能存在漏洞的组件或网络服务，如打印服务和FTP服务等，相关人员需要关闭不必要的操作系统网络服务或卸载相关组件，以及关闭不需要的默认共享或高危的端口（如445端口）。在云计算环境下，要求云计算服务供应商提供安全加固过的虚拟机模板。

如果是第二级等级保护对象，为了提高访问控制和入侵防范能力，需要限定管理终端的类型或网络地址范围，如 IP 地址白名单，以限制通过网络对服务器的访问，减少远程接入服务器管理的可能性，降低未知链接对服务器安全造成的威胁。

同时，为了防止攻击者利用操作系统存在的安全漏洞对其发起网络攻击，相关人员需要定期使用漏洞扫描系统进行漏洞扫描及渗透测试等工作，及时发现操作系统可能存在的安全漏洞，及时跟踪厂商发布的安全公告，进行充分的分析和风险评估，综合评价漏洞的等级和影响程度，及时更新补丁、修补高风险漏洞，保证操作系统安全平稳运行。

【相关安全产品或服务】

服务器和终端操作系统安全套件等相关设备或组件。安全服务包括漏洞扫描服务、操作系统加固和安全评估服务等。

【安全建设要点及案例】

以 Windows Server 2016 为例，需要关闭不必要的网络服务，对登录操作系统的管理终端进行 IP 地址限定，定期使用漏洞扫描系统对操作系统进行扫描发现漏洞并及时修补等。操作系统的入侵防范相关配置过程如下。

① 配置 Windows 防火墙安全策略或卸载相关组件，关闭不要的服务及端口，如 FTP 和 Telnet 等，如图 3-43 所示。

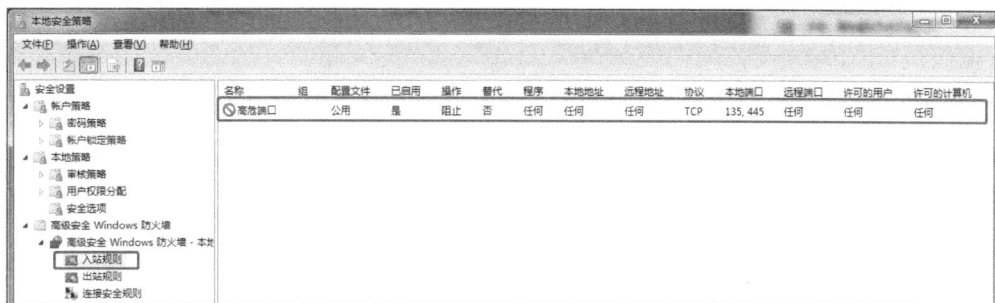

图 3-43　Windows 防火墙安全策略配置示例

② 关闭不需要的 Windows 系统服务，如图 3-44 所示。

③ 对服务器远程管理地址进行限制，通过配置 Windows 防火墙的入站规则来限制管理终端 IP 地址。

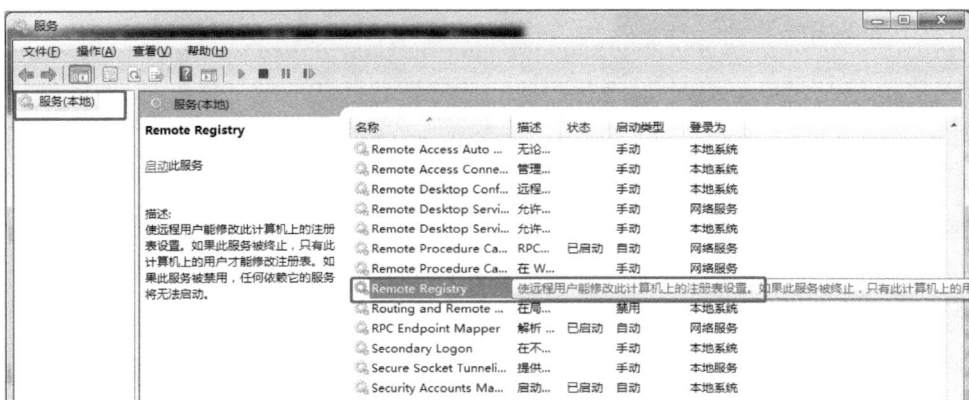

图 3-44　Windows 组件和服务示例

【实施要点及说明】

在实施入侵防范时需要关注以下几点。

① 对操作系统进行加固，关闭不需要的系统服务，删除不需要的组件。

② 对于多余的服务、端口和组件的界定，应以业务需要为原则。对于业务需要应开启，而又存在高风险漏洞的端口，可通过其他层面的安全措施予以补充加强，不应因噎废食，影响业务正常运行。

③ 定期（如每季度）对操作系统进行漏洞扫描，对发现的安全漏洞进行评估和修复，保证全网服务器和终端不存在高危漏洞。

④ 使用第三方管理系统进行统一管理时，需要保证管理中心可访问互联网云端漏洞库，实时更新漏洞信息。补丁更新需要占用大量的网络带宽资源，需要选择非用网高峰时段以免造成网络拥堵。

3.4.3.5　恶意代码防范

【安全要求】

第一级、第二级安全要求如下。

应安装防恶意代码软件或配置具有相应功能的软件，并定期进行升级和更新恶意代码库。

【解读和说明】

本控制点主要对服务器和终端提出恶意代码防范了要求。服务器和终端是网络中处理和产生数据的重要节点，也是非法入侵和病毒攻击的首选目标。为保证服务器和终端免受病毒和木马等入侵行为的损害，降低网络安全风险，需要安装网络版防病毒系统进行恶意代码防范，由此实现对入侵和病毒行为的的及时识别和有效阻断。

【相关安全产品或服务】

相关安全产品包括网络版防病毒系统等相关设备或组件。

【安全建设要点及案例】

某单位通过在安全管理中心部署网络版防病毒系统对服务器和终端操作系统（如 Windows 服务器和 Windows 终端）进行恶意代码防范，防病毒服务器定期更新病毒库并将其分发给防病毒客户端。相关单位需对防病毒客户端由防病毒服务器进行集中管理，包括病毒库更新、策略下发和病毒预警等。防病毒客户端发现病毒后将其隔离并上传到防病毒服务器中，防病毒客户端能够设置密码，防止被非法卸载，从而确保相关单位的 IT 环境安全可靠。

【实施要点及说明】

在实施恶意代码防范时需要关注以下几点。

①　防病毒服务器定期进行系统和病毒库的升级，防病毒客户端需要由防病毒服务器进行集中管理。

②　如果网络中部署了防病毒网关，则应与防病毒服务器异构部署。防病毒部署示意图，如图 3-45 所示。

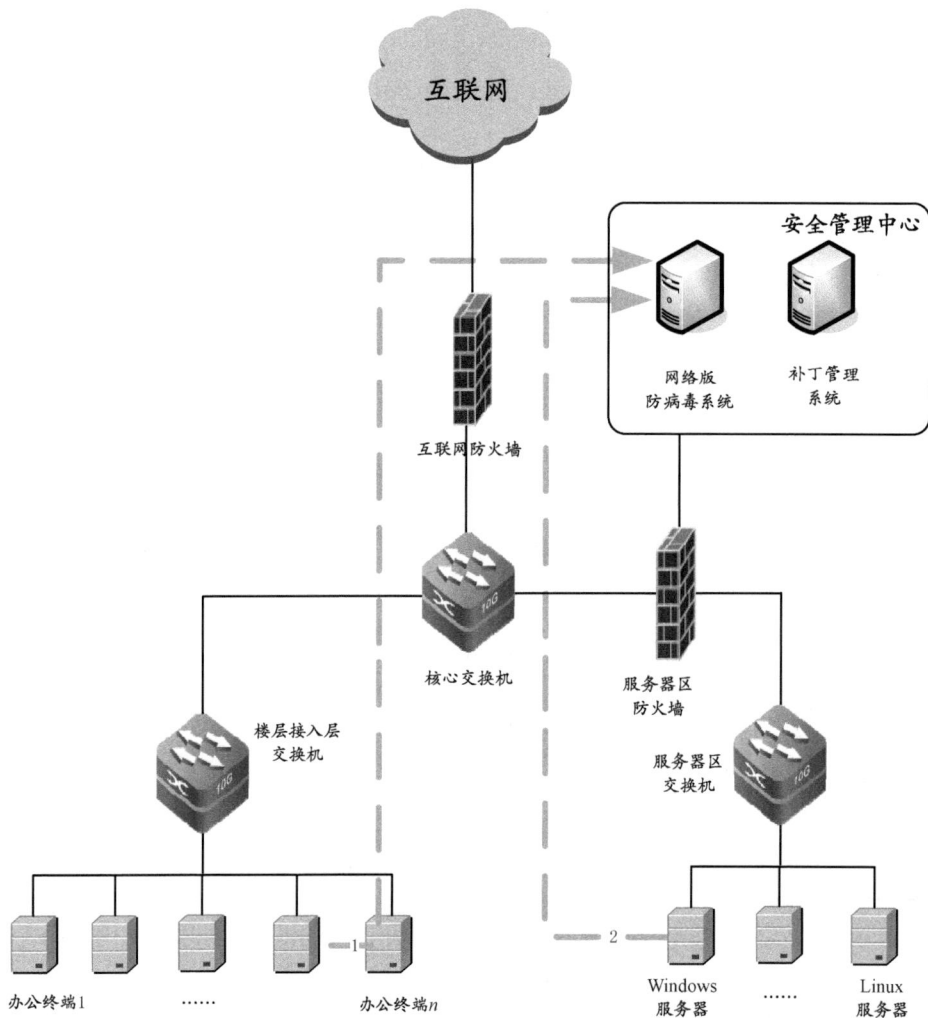

图 3-45　防病毒部署示意图

3.4.3.6　可信验证

【安全要求】

第一级、第二级安全要求如下。

a）可基于可信根对通信设备的系统引导程序、系统程序等进行可信验证，并在检测到其可信性受到破坏后进行报警。

b）可基于可信根对计算设备的系统引导程序、系统程序、重要配置参数和应用程序等进行可信验证，并在检测到其可信性受到破坏后进行报警，**并将验证结果形成审计记录送至安全管理中心。**

【解读和说明】

与安全通信网络的可信验证类同，在这里不再赘述。

【相关安全产品或服务】

相关安全产品包括 TCM 芯片、TPCM 芯片或板卡和 TSB 软件及支持内置可信计算的 PC、服务器和虚拟化计算平台等提供可信验证功能的计算设备或相关固件及组件。

【安全建设要点及案例】

可信管理系统由客户端和可信管理中心组成。客户端软件安装在服务器和终端内，采集服务器和终端引导程序、系统程序等系统启动过程中的静态信息，将采集数据实时发送至管理中心，接受管理中心的统一管理，包括策略接收、策略解析和策略配置。由管理中心对所有客户端进行集中的可信策略管理。

【实施要点及说明】

在实施可信验证时需要关注以下几点。

① 可信管理中心是确保系统配置完整可信的核心，以及确定用户操作权限、实施全程审计追踪的核心所在。需要保证可信管理中心的安全，如严格限制管理员登录方式，设置管理员口令复杂度和有效期等。

② 可信管理系统对服务器和终端的引导程序、系统程序、重要配置参数和应用程序等进行可信验证。针对服务器和终端的配置变化，相关人员需要及时调整可信管理系统的可信验证策略，避免出现误报或误判，影响程序的正常运行。

③ 可信软件基需要能够自动解释、配置管理中心的策略，依据不同的策略完成策略配置工作。

④ 可信软件基软件需能够与可信管理中心或其他安全管理中心进行通信，将可信验证的结果及安全风险及时上报至安全管理中心。

3.4.4 业务应用系统

3.4.4.1 身份鉴别

【安全要求】

第一级、第二级安全要求如下。

a）应对登录的用户进行身份标识和鉴别，身份标识具有唯一性，身份鉴别信息具有复杂度要求并定期更换。

b）应具有登录失败处理功能，应配置并启用结束会话、限制非法登录次数和当登录连接超时自动退出相关措施。

c）当进行远程管理时，应采取必要措施防止鉴别信息在网络传输过程中被窃听。

【解读和说明】

本控制点主要对业务应用系统提出了身份鉴别的安全防护要求，要求业务应用系统的身份鉴别能够有效防止攻击者假冒合法用户获得资源的访问权限，保证系统和数据的安全，以及授权访问者的合法利益。

为了防止非法用户越权访问业务应用系统，需要业务应用系统具备身份鉴别模块，对登录的用户进行身份标识。用户身份标识具有唯一性，采用账户口令和动态口令等相结合的方式进行身份鉴别，设置口令复杂度要求，如最小长度、组成元素种类和使用期限等，超过使用期限需更换口令。

为了避免业务应用系统的口令被暴力破解，业务应用系统登录模块需要具有登录失败处理功能。限制非法登录次数，当用户连续登录失败达到一定次数后，采取结束会话或锁定账户等措施，当用户登录后在指定时间内无操作则自动退出系统。

如果是第二级等级保护对象，为了防止鉴别信息在网络传输过程中被窃听，对业务应用系统进行远程管理时，需要使用 SSH、HTTPS 和 SSL VPN 等加密传输协议实现鉴别信息的保密传输。

【相关安全产品或服务】

相关安全产品包括业务应用系统的身份鉴别、登录失败处理和远程管理加密功能等需要单独开发的相关模块。

【安全建设要点及案例】

以某单位内部办公系统为例。该系统为 B/S 架构应用系统，用户打开浏览器，输入正确的账户名和口令，即可正常登录系统，如图 3-46 所示。

该系统需要配置最小口令长度、口令组成元素和口令有效期，如图 3-47 所示。

图 3-46　浏览器登录系统示例

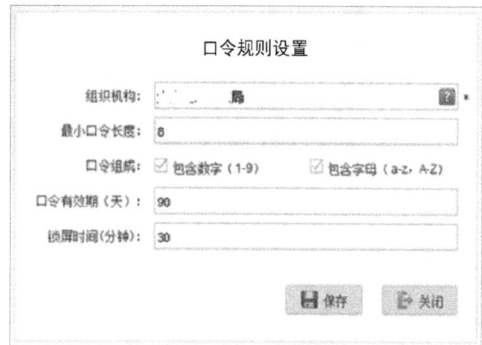

图 3-47　密码规则设置示例

当用户连续输入 5 次错误口令后，系统将用户账户锁定，需要由系统管理员进行解锁，如图 3-48 所示。

图 3-48　登录失败处理示例

申请 SSL 证书，并配置系统使用 HTTPS 端口，如图 3-49 所示。

图 3-49　传输加密示例

【实施要点及说明】

在实施身份鉴别时需要关注以下几点。

① 应用系统需要提供口令复杂度验证功能，要求口令长度在 8 个字符以上，至少包括大写字母、小写字母、数字和特殊字符中的三种，要求口令三个月更换一次。

② 在进行应用系统开发时，在设置初始口令功能处和修改口令功能处都需要对口令进行复杂度验证，如某些应用系统需要系统管理员设置初始口令，用户首次登录系统时，需要强制修改口令。

③ 业务应用系统需要提供登录失败处理功能，对用户的连续登录失败次数进行计数。当超出设置的次数阈值时，账户将被锁定一段时间或由系统管理员进行解锁或采用安全方式进行账户口令重置。

④ 用户访问应用系统时使用 HTTPS 协议。为提高业务应用系统性能，可以配置启用应用负载均衡器的 HTTPS 功能，同时需要具备 HTTPS 加速功能。

3.4.4.2　访问控制

【安全要求】

第一级、第二级安全要求如下。

a）应对登录的用户分配账户和权限。

b）应重命名或删除默认账户，修改默认账户的默认口令。

c）应及时删除或停用多余的、过期的账户，避免共享账户的存在。

d）应授予管理用户所需的最小权限，实现管理用户的权限分离。

【解读和说明】

本控制点主要对业务应用系统提出了访问控制要求。业务应用系统自身具备的或通过第三方产品实现的访问控制能力，主要包括用户权限管理和访问控制机制等。

为了防止非法或未授权的主体访问业务应用系统的相关资源，业务应用系统需要按照用户身份及其所归属的角色定义来限制用户对相关信息的访问，或控制其对某些业务功能的使用。

为了避免默认账户被暴力破解，需要重命名或删除业务应用系统的默认账户。如果不能重命名或删除默认账户，则需要修改默认账户的默认口令。

为了防止过期的、多余的账户被恶意利用进行越权操作，需要对业务应用系统账户进行生命周期管理。定期进行账户梳理，删除或停用多余的和过期的账户。实现业务应用系统账户与自然人一一对应，避免一旦出现事故后无法定位责任人。

如果是第二级等级保护对象，为了实现访问权限不被滥用，业务应用系统的账户需要分为业务账户和管理账户，管理账户又分为系统管理员账户、安全管理员账户和审计管理员账户，根据不同管理员的工作需要分配各账户完成任务的最小权限，授权指定人员按照访问控制策略进行用户访问权限的配置。

【相关安全产品或服务】

相关安全产品包括业务应用系统的授权管理功能等需要单独开发相关模块或第三方身份认证和授权管理系统等。

【安全建设要点及案例】

某单位业务应用系统通过自带的授权管理模块，实现了对访问权限的有效控制。业务应用系统在上线后重命名业务应用系统原有的默认账户，并修改默认账户的默认口令。

对业务应用系统中的账户进行生命周期管理。当有人员离职或调岗时，将离职或调岗的员工信息进行删除和调整，业务应用系统将同步删除员工对应的账户或调整相应的访问权限。

授权员工负责业务应用系统的访问权限配置，建立业务账户角色和管理账户角色。业务账户角色没有系统管理操作权限，管理账户角色没有业务操作权限。管理账户分为系统管理员账户、安全管理员账户和审计管理员账户。应根据用户的工作需要，为其分配对应角色的权限。

【实施要点及说明】

在实施访问控制时需要关注以下几点。

① 一般业务应用系统都是先建立角色，再给角色分配适当的权限。在建立账户并给各账户赋予适当的角色时，单位需要建立账户管理制度，对应用系统的账户进行生命周期管理，并定期梳理账户，及时删除多余的、过期的账户。

② 大部分业务应用系统是根据业务需求专门定制开发的，不存在默认账户的问题。使用商用软件或在成熟商用软件基础上开发的应用系统，存在默认账户，相关单位需重命名或删除默认账户（如无法重命名或删除默认账户，则需要修改默认账户的默认口令）。

3.4.4.3　安全审计

【安全要求】

第一级没有此方面的要求，第二级安全要求如下。

a）应启用安全审计功能，审计覆盖到每个用户，对重要的用户行为和重要安全事件进行审计。

b）审计记录应包括事件的日期和时间、用户、事件类型、事件是否成功及其他与审计相关的信息。

c）应对审计记录进行保护，定期备份，避免受到未预期的删除、修改或覆盖等。

【解读和说明】

本控制点主要对业务应用系统提出了日志审计的安全要求。相关单位对业务应用系统的运行情况及系统用户行为进行记录，分析审计信息，为计算机系统的脆弱性评估、责任认定、损失评估和系统恢复等提供关键性信息。

为了保证安全审计的有效性和完整性，业务应用系统需要具备并开启安全审计功能，相关人员在界面上能够看到审计记录，安全审计范围需要覆盖所有用户。审计内容需要包括用户的重要操作，如用户登录、用户退出、系统配置和重要业务操作等，并且对系统异常等安全事件进行审计。为了实现通过审计信息查找事件发生原因和发现问题的根源的功能，审计记录需要至少包括操作行为或事件的日期和时间、用户、事件类型和事件执行结果等信息。

为了保证分析事件时不会出现审计内容缺失的情况，相关人员需要定期对审计记录进行备份。依据《网络安全法》的相关规定，需要采取技术措施保证审计记录至少保存 6个月。

【相关安全产品或服务】

相关安全产品包括业务应用系统的安全审计功能等需要单独开发相关系统模块或提供安全审计功能的组件或安全产品。

【安全建设要点及案例】

某单位业务应用系统通过自带的安全审计模块，实现了对系统重要事件的记录和审计。业务应用系统的各功能模块在运行过程中，将用户的重要操作行为（如用户登录、用户退出、系统配置和重要业务操作等）的日期、时间、事件类型和结果等信息写入数据库对应的表中。系统界面中有日志审计功能入口，安全审计管理员能够通过日志审计功能查看、统计和分析业务应用系统的日志信息。

同时，业务应用系统通过安全审计模块接口，将产生的审计记录发送到综合安全审计系统中，实现对审计记录的综合分析和备份，进行集中的审计记录汇总和安全分析。

【实施要点及说明】

在实施安全审计时需要关注以下几点。

① 应用系统需要具备审计记录查询功能和统计界面，审计记录数据要清晰展示，让人能够直观地理解。审计记录中需要包含用户操作行为的执行结果，如成功或失败。

② 建议部署综合安全审计系统。业务应用系统通过接口将审计记录发送给综合安全审计系统，进行审计记录的集中分析和备份。采取技术措施保证日志审计的存储空间满足存储日志至少保留 6 个月的需求。

③ 应用系统没有审计查询停止功能和审计记录删除、覆盖的功能。

3.4.4.4　入侵防范

【安全要求】

第一级、第二级安全要求如下。

a）应遵循最小安装原则，仅安装需要的组件和应用程序。

b）应关闭不需要的系统服务、默认共享和高危端口。

c）应通过设定终端接入方式或网络地址范围对通过网络进行管理的管理终端进行限制。

d）应提供数据有效性检验功能，保证通过人机接口输入或通过通信接口输入的内容符合系统设定要求。

e）应能发现可能存在的已知漏洞，并在经过充分测试评估后，及时修补漏洞。

【解读和说明】

本控制点主要从最小安装原则、输入数据有效性检验和软件自身漏洞发现三个方面提出针对业务应用系统的入侵防范要求。为了避免多余的库文件和软件包等带来的安全风险，安装业务应用系统及其相关运行环境时，需要按照最小安装原则，仅安装必需的库文件、基础软件和应用软件包等。

如果是第二级等级保护对象，为了避免存在 SQL 注入漏洞和跨站脚本漏洞等注入型漏洞，在业务应用系统数据输入的人机接口或通信接口处，需要对数据长度、数据格式和文件格式等进行有效性验证，对输入的特殊字符和可执行文件等进行过滤，只允许内容符合系统设定要求的数据输入系统。

同时，为了防止存在安全漏洞的业务应用系统带"病"运行，相关人员需要对业务应用系统进行专项渗透测试和源代码安全审计，以发现可能存在的安全漏洞，并对发现的安全漏洞进行及时修补。

【相关安全产品或服务】

相关安全产品包括 Web 动态综合防护系统、Web 应用防火墙、Web 漏洞扫描系统和源代码安全审计工具等。

相关安全服务包括漏洞扫描服务、渗透测试服务和源代码安全审计服务等。

【安全建设要点及案例】

以某单位 B/S 架构的生产运行管理系统为例。在进行生产运行管理系统的建设过程中，通过规范代码安全编写、部署 Web 动态综合防护系统和源代码安全审计的方式，实现了防范入侵攻击的目标。

在开发系统前编制《代码安全编写规范》。开发人员根据此规范进行代码编写，在所有用户输入字符的接口处对特殊字符（如'、"、\、<、>、&、*、空格）进行转义处理或编码转换。在所有用户上传文件的接口处对上传文件的内容和类型进行严格地过滤及审核。由于系统为其他系统提供查询接口，所以，在接收查询数据接口处对特殊字符进行转义处理或编码转换。此外，在 Web 服务器前部署 Web 动态综合防护系统，对来自互联网的入侵行为进行检测和阻断。

在系统上线前，相关人员对所有源代码进行源代码安全审计，以发现源代码存在的安全漏洞，并对漏洞进行修补。在系统上线后的试运行阶段，对系统进行安全测试，以发现存在的安全漏洞并对漏洞进行修补。当生产运行管理系统因功能扩展等原因进行版本升级时，再次进行安全测试和源代码安全审计等工作。根据国家网络安全等级保护制度的相关要求，需要委托有资质的测评机构对生产运行管理系统进行等级测评，发现安全问题后进行及时整改。

【实施要点及说明】

在实施入侵防范时需要关注以下几点。

① 梳理开发业务应用系统过程中使用的输入接口类型，规范各类输入接口，保证这些接口对特殊字符进行转义处理或编码转换，对上传文件内容或类型进行过滤。

② 在系统开发前期编制《代码安全编写规范》，重点关注接口编制规范的编写。在软件开发工作开始前完成《代码安全编写规范》的编制并向开发人员发布和宣贯。

③ 相关人员发现可能存在的安全漏洞的方式包括源代码安全审计、渗透测试和漏洞扫描等，在实施时需要注意以下几点。

- 源代码安全审计从代码层面定位存在漏洞的错误代码，在业务应用系统上线前应进行源代码安全审计，审计的源代码范围要全面。
- 利用渗透测试发现安全漏洞有一定的随机性，不够全面。
- 使用应用级漏洞扫描系统和数据库扫描器对业务应用系统及其相关数据库进行漏洞扫描。
- 在使用源代码安全审计工具或漏洞扫描工具发现安全漏洞后，还需要进行人工确认和分析。

3.4.5　数据安全

数据安全包括鉴别数据、重要业务数据、重要审计数据、重要配置数据、重要视频数据和重要个人信息等的安全。数据的保护需要在不同设备或系统中实现：在网络设备、安全设备、服务器和终端中应实现鉴别数据、重要配置数据和重要审计数据等的安全保护；在业务应用系统中实现鉴别数据、重要业务数据、重要审计数据、重要配置数据和重要个人信息等的安全保护；在视频监控类系统中还要实现重要视频数据的安全保护。

3.4.5.1　数据完整性

【安全要求】

第一级、第二级安全要求如下。

应采用校验技术保证重要数据在传输过程中的完整性。

【解读和说明】

本控制点主要对重要数据在通信过程中的完整性提出了安全要求。需要使用校验码技术保证重要数据的完整性。为了防止重要数据在传输过程中被篡改，需要部署具备校验技术功能的相关设备或组件，保证重要数据的完整性。

【相关安全产品或服务】

相关安全产品包括提供校验技术功能的相关设备或组件。

【安全建设要点及案例】

以某单位 B/S 架构的互联网业务应用为例。其为外部用户提供互联网服务，用户通过互联网进行相关业务操作。为避免数据在传输过程中被篡改，在 Web 服务器前部署应用负载均衡器，启用应用负载均衡器的 HTTPS 功能，对传输数据的完整性进行保护，同时应用负载均衡器能够提供 HTTPS 加速功能，保证业务应用系统的性能。

【实施要点及说明】

在实施数据完整性时需要关注以下几点。

① 对业务应用系统所承载和处理的数据进行梳理，确认数据类型和数据的重要性，明确哪些数据需要保证其完整性。

② 保证数据传输过程中的数据完整性可以在网络层实现，也可以在应用层实现，可根据业务应用系统和网络实际情况加以选择。

3.4.5.2　数据备份恢复

【安全要求】

第一级、第二级安全要求如下。

a）应提供重要数据的本地数据备份与恢复功能。

b）应提供异地数据备份功能，利用通信网络将重要数据定时批量传送至备用场地。

【解读和说明】

本控制点主要对重要数据提出了备份要求。为了避免重要数据丢失，需要在本地对重要数据进行定期备份，配有备份及恢复策略。除了定期备份，相关人员还需要对重要数据定期进行恢复测试，用于检验备份数据的有效性。

如果是第二级等级保护对象，在进行本地数据备份的同时，还需要考虑由于不可控的因素（如火灾、海啸、地震、战争等）造成的本地数据与相关备份恢复手段彻底失效。相关单位需要开展数据异地备份恢复能力建设，建立异地备份场地，通过网络进行异地数据备份，当本地数据及其备份恢复能力失效时提供额外的保障。

【相关安全产品或服务】

相关安全产品包括数据备份系统等相关设备或组件。

【安全建设要点及案例】

以某政府数据中心为例。该数据中心需要对重要生产数据进行本地备份与恢复，通过部署数据存储管理软件和备份恢复软件实现对数据的本地数据备份与恢复。该数据中心建设了异地灾备中心，通过专用网络传输备份数据。

【实施要点及说明】

在实施数据备份恢复时需要关注以下几点。

① 建设本地备份与恢复系统时，需要根据重要数据的备份需求选择合适的技术与方案，包括备份的内容、备份的时间和备份的方式（增量、全量等），设定上述备份及恢复策略时，还需要考虑重要数据对 RPO（恢复点目标）、RTO（恢复时间目标）的量化要求。

② 在进行异地数据备份恢复能力建设时，需要注意保障传输链路的传输性能（包括冗余、带宽和时延等）和异地选址（位置、环境和距离等）。

3.4.5.3　剩余信息保护

【安全要求】

第一级没有此方面的要求，第二级安全要求如下。

应保证鉴别信息所在的存储空间被释放或重新分配前得到完全清除。

【解读和说明】

本控制点主要为了保证存储在硬盘、内存或缓冲区中的鉴别信息不被非授权访问。为了防止重要数据泄露，需要将用户的鉴别信息、文件和目录等资源所在的存储空间完全清除之后再释放或重新分配给其他用户。

鉴别信息包括账户口令、体征数据等。针对鉴别信息进行数据销毁包括两方面，一方面是清除系统登录窗口中留存的用户账户和口令等鉴别信息，另一方面是再次登录时需要清除存储空间内的登录信息并重新登录。

【相关安全产品或服务】

相关安全产品包括数据擦除软件等相关设备或组件及相关安全加固服务等。

【安全建设要点及案例】

以某单位系统开发为例。无论是 B/S 架构还是 C/S 架构的应用系统，用户名和口令都不在客户端保存。在业务应用系统上线后，通过加固服务关闭操作系统的浏览器登录信息记录功能，防止操作系统内存或存储的鉴别信息和敏感信息被非法访问。

【实施要点及说明】

在实施剩余信息保护时需要关注以下几点。

① 业务应用系统登录模块不需要"记住口令"的功能，不保存 cookie。业务应用系统运行过程中使用内存或存储空间时，要先完全清除内存或存储空间中的内容后再使用。

② 在服务器上不要保存包含鉴别信息（如包含数据库登录账户和口令）和敏感信息的文件。对操作系统进行安全配置，如 Linux 操作系统禁用 history 命令，Windows 操作系统启用安全选项中的"关机：清除虚拟内存页面文件"和"交互式登录：不显示上次登录"等。

3.4.5.4　个人信息保护

【安全要求】

第一级没有此方面的要求，第二级安全要求如下。

a）应仅采集和保存业务必需的用户个人信息。

b）应禁止未授权访问和非法使用用户个人信息。

【解读和说明】

本控制点主要对个人信息提出了安全保护要求。个人信息涉及多类敏感数据信息，包括姓名、身份证号、手机号和银行卡号等，需要在得到信息所属主体的知情和同意的情况下，才可以在限制范围内进行信息的收集、使用和披露。

业务应用系统（包括前端应用程序与后端数据库）在设计阶段需要结合业务实际情况，本着最小范围原则，只采集业务系统必需的个人信息，与业务无关的个人信息禁止被业务系统或其组件采集，同时制定保障个人信息安全的数据安全管理制度和流程。

业务应用系统需要对用户个人信息进行妥善保管与使用，可对存储个人信息的业务系统、文件数据和数据库数据进行数据级别的访问与权限控制及安全审计，必要时需要采用数据加密和数据脱敏等技术手段对个人信息数据进行保护，不得将用户个人信息在未授权的情况下交给其他机构或因内部其他事由进行使用或分析。

【相关安全产品或服务】

能够实现上述安全能力的安全产品包括安全数据库脱敏系统、数据库加密系统、数据库防火墙和数据库审计系统等相关设备或组件。

【安全建设要点及案例】

以某保险行业的保险系统为例。在开发保险系统的过程中，使用假数据或脱敏数据进行开发测试。保险销售人员在报销销售工作过程中仅采集和保存业务必需的投保人个人信息，让投保人通过手机 App 进行信息填写。业务应用系统通过部署数据库脱敏产品，根据脱敏规则对数据库中的个人敏感信息字段进行数据的变形，投保人的个人信息提交后，保险销售人员无法再查看投保人的详细信息，保险公司的后台核保等业务人员也无权限查看投保人的详细信息。在系统运行过程中运维人员只能看到加密后的个人信息。

【实施要点及说明】

在实施个人信息保护时需要关注以下几点。

① 在设计个人信息数据采集功能时，需要进行采集数据的梳理和分析，仅采集业务必需的个人信息，并在系统明显位置弹出采集信息的通告。

② 依据 GB/T 35273—2017《信息安全技术　个人信息安全规范》明确个人敏感信息范围，通过权限控制、数据加密、数据脱敏和安全审计等方式禁止未授权访问和非法使用用户个人信息。

③ 在业务应用系统开发过程中，使用假数据或脱敏数据进行开发测试。

3.5　安全管理中心

3.5.1　系统管理

【安全要求】

第一级没有此方面的要求，第二级安全要求如下。

a）应对系统管理员进行身份鉴别，只允许其通过特定的命令或操作界面进行系统管理操作，并对这些操作进行审计。

b）应通过系统管理员对系统的资源和运行进行配置、控制和管理，包括用户身份、系统资源配置、系统加载和启动、系统运行的异常处理、数据和设备的备份与恢复等。

【解读和说明】

本控制点主要对系统管理员自身及其职能进行了约束。为了实现系统管理功能，需要对系统管理员进行身份认证并严格限制系统管理员账户的管理权限，所有的系统管理操作仅由系统管理员完成。系统管理员的主要职责为对系统资源进行配置、控制和管理等，包括用户身份、系统资源配置、系统加载和启动、系统运行的异常处理、数据和设备的备份与恢复等。

所有系统管理员登录系统时都需要经过身份认证，以确保系统管理员账户没有被非法使用。同时，需要严格限制管理员的管理权限，仅授予管理员完成相关工作所需的最小权限，其管理权限、操作权限需要与审计管理员和安全管理员的管理权限、操作权限形成制约。

系统管理员只允许通过特定的命令（start up、shut down 等被授权的命令）或操作界面（如 HTTPS 等）进行系统管理操作。管理内容包括用户身份、系统资源配置、系统加载和启动、系统运行的异常处理、数据和设备的备份与恢复等。所有系统管理操作全部需要进行审计，审计系统需要提供存储、管理和查询等功能，审计记录需保存 6 个月以上。

【相关安全产品或服务】

相关安全产品包括堡垒机、安全运维管理平台和可信管理中心等提供系统管理功能的相关设备或组件。

【安全建设要点及案例】

堡垒机是目前使用最为广泛的系统管理方式。在实践运维工作中，堡垒机不但可以作为唯一入口进行统一运维，而且具备对运维操作输入/输出的记录功能，不仅能够详细记录用户的每一条字符命令操作，还能够对图形终端操作进行记录和识别。

以堡垒机单部署模式为例，堡垒机单机部署如图 3-50 所示。

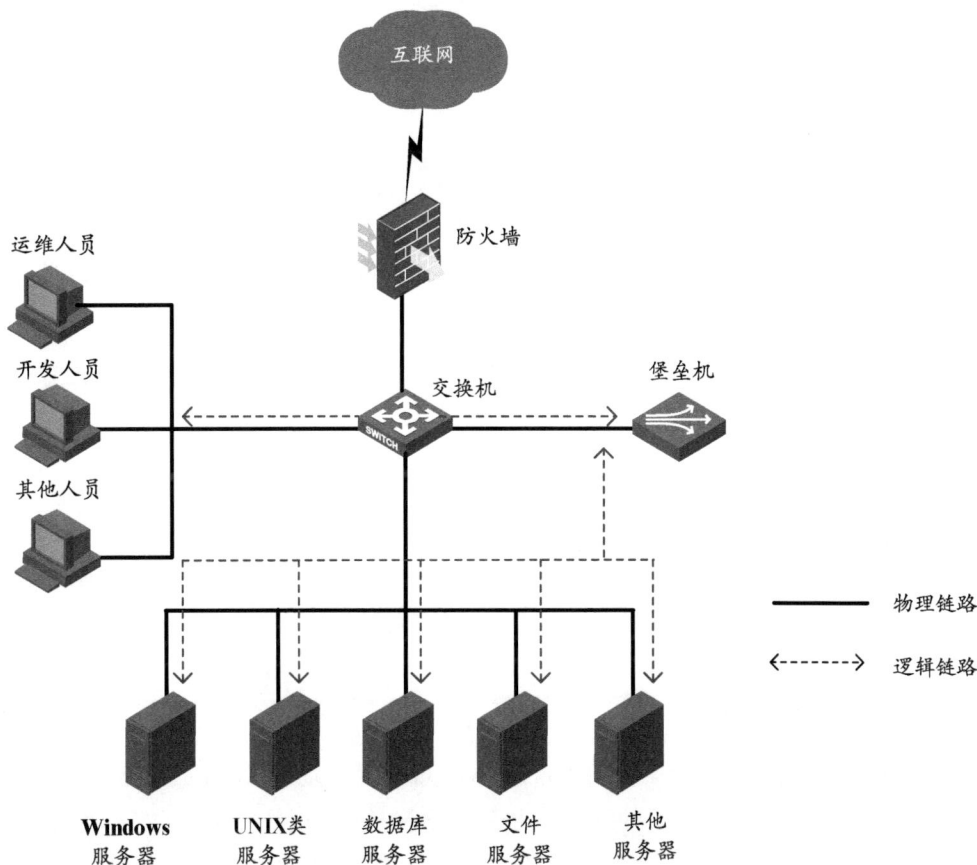

图 3-50　堡垒机单机部署示意图

【实施要点及说明】

在实施系统管理时需要关注以下几点。

① 严禁多个用户使用同一账户或一个用户使用多个账户，以防止当系统发生问题后由于多人共同使用共享账户导致无法精确定位恶意操作或误操作的具体责任人。

② 严格限制对系统管理平台的访问，限制维护人员对数据信息的访问能力及范围，以保证信息资源不被非法使用和访问。

③ 运维相关管理平台需要启用操作审计功能，针对敏感指令可以进行阻断响应或触发审核操作，对没有通过审核的敏感指令进行拦截。

④ 系统管理平台进行严格的权限和授权管理控制，以实现细粒度的命令级授权策略和基于最小权限原则，实现集中有序的运维操作管理。

3.5.2　审计管理

【安全要求】

第一级没有此方面的要求，第二级安全要求如下。

a）应对审计管理员进行身份鉴别，只允许其通过特定的命令或操作界面进行安全审计操作，并对这些操作进行审计。

b）应通过审计管理员对审计记录应进行分析，并根据分析结果进行处理，包括根据安全审计策略对审计记录进行存储、管理和查询等。

【解读和说明】

本控制点主要对审计管理员自身及其职能进行了约束。为了实现审计管理功能，需要对审计管理员进行身份认证并严格限制审计管理员账户的管理权限，所有的审计管理操作仅由审计管理员完成。审计管理员的主要职责是对系统的审计数据进行查询、统计和分析，对系统用户行为进行监测和报警，对发现的安全事件或违反安全策略的行为及时示警并采取必要的应对措施。

所有审计管理行为都需要经过身份认证，以确保审计管理员账户不会被非法使用。同时，需要严格限制审计管理员的管理权限，仅授予审计管理员完成相关工作所需的最小权限，其管理权限、操作权限需要与系统管理员和安全管理员的管理权限、操作权限形成制约。

所有审计管理操作需要仅由审计管理员完成。审计管理员仅被允许通过特定方式进行审计管理操作，如通过使用口令、证书等身份鉴别技术合法授权后，通过特定的命令（ssh）或操作界面（HTTPS）进行安全审计操作，对所有操作进行详细的审计记录。保证至少 6 个月全流量全操作日志可查询、有备份和完整性保护措施等。

【相关安全产品或服务】

相关安全产品包括堡垒机、安全运维管理平台和可信管理中心等提供系统管理功能的相关设备或组件。

【安全建设要点及案例】

与安全管理中心的系统管理类同，在这里不再赘述。

【实施要点及说明】

无。

3.6　安全管理制度

3.6.1　安全策略

【安全要求】

第一级没有此方面的要求，第二级安全要求如下。

应制定网络安全工作的总体方针和安全策略，阐明机构安全工作的总体目标、范围、原则和安全框架等。

【解读和说明】

网络安全工作的总体方针和安全策略在网络安全工作中起着重要的指导作用。作为网络安全工作的顶层文件，总体方针和安全策略需要阐明机构安全工作的总体目标、描述网络安全工作范围和原则、建立网络安全工作的安全框架等。

【安全建设要点及案例】

某单位依据国家政策法规，由网络安全主管部门牵头结合本企业业务工作提出总体方针和安全策略，形成《网络安全总体方针》，并得到企业管理层的认可。《网络安全总体方针》共四章十条，内容如下。

第一章　总则

第一条　依据

为加强和规范企业网络安全工作，提高整体安全防护水平，根据《中华人民共和国网络安全法》《网络安全等级保护条例》《国家关键信息基础设施安全保护条例》等法律、法规，制定本方针。

第二条　目的

本方针的目的是为本企业网络安全管理提供一个总体性架构文件，指导企业网络安全管理体系建设，以实现统一的安全策略管理，提升总体网络安全水平，保障业务系统安全可靠运行。

第三条　范围

本方针适用于总部门、专业公司和直属企事业单位、所属企业的网络安全管理。

第二章　方针、目标和原则

第四条　方针

网络安全工作坚持"安全第一、预防为主"的总体方针。

第五条　总体目标

确保网络和系统持续、稳定、可靠运行，保障网络数据的完整性、保密性、可用性。

第六条　总体原则

（一）统一管理、分级负责原则

（二）全员参与原则

（三）基于业务需求原则

（四）持续改进原则

（五）分等级保护原则

第三章　网络安全框架

第七条　安全管理框架

安全管理机构与职责、安全管理规定与制度、制定安全策略等。

第八条　安全技术框架

一个中心，三重防护体系，比如建立安全运行中心、内部安全评估体系、业务连续性计划策略、灾难备份恢复机制等。

第四章　附则

第九条　本方针由某某负责解释和修订。

第十条　本方针自印发之日起执行。

【相关安全产品或服务】

无。

【实施要点及说明】

总体方针和安全策略的制定需结合业务目标，与组织的战略方向相适应并形成可用文件，在单位内充分沟通并得到单位管理层的认可。

3.6.2　管理制度

【安全要求】

第一级、二级安全要求如下。

a）应对安全管理活动中的主要管理内容建立安全管理制度。

b）应对管理人员或操作人员执行的日常管理操作建立操作规程。

【解读和说明】

安全管理制度需要根据管理内容的不同分类建立。一般安全管理制度需覆盖机房安全管理、信息资产安全管理、设备维护安全管理、网络安全管理、系统安全管理、数据备份安全管理、人员安全管理、安全事件管理、应急预案安全管理等。

各类管理人员在进行第二级等级保护对象日常操作时（如系统开机、关机、备份数据、系统参数配置等），为保证操作准确规范，需根据相应的操作规程开展操作。

【相关安全产品或服务】

无。

【安全建设要点及案例】

某单位根据本单位网络安全管理的实际需求，建立各类管理制度和操作规程。安全管理制度内容覆盖物理、网络、主机系统、数据、应用、建设和运维等方面。操作规程则根据安全管理制度，围绕日常管理操作制定，包括系统维护手册和用户操作规程等。下面简要列出其中的部分文档名称。

（1）管理制度类文档

- 《网络安全管理制度》。

- 《机房安全管理制度》。

- 《信息资产安全管理制度》。

- 《移动存储介质管理制度》。

- 《设备管理制度》。

- 《信息系统安全监控管理制度》。

- 《信息系统变更管理制度》。

- 《信息安全事件报告和处置管理制度》。

- 《网络信息安全应急预案》。

- 《备份与恢复管理制度》。

- 《应急响应管理制度》。

- 《信息系统建设管理制度》。

- 《安全产品采购管理制度》。

- 《员工安全管理制度》。

- 《培训及教育管理制度》。

- 《第三方安全管理制度》。

- 《安全岗位人员管理办法》。

- 《技术维护服务供应商管理制度》。

- 《计算机病毒防治管理制度》。

（2）操作规程类文档

- 《路由器设备配置规范》。

- 《交换机设备配置规范》。

- 《防火墙设备配置规范》。

- 《Linux 配置规范》。

- 《账户与口令使用规范》。

- 《运维管理手册》。

- 《电子邮件使用规范》。

- 《系统数据备份与恢复管理手册》。

【实施要点及说明】

　　管理制度的覆盖面需要根据各单位实际管理需求确定。一般是根据所梳理出的安全管理工作种类，制定相应领域的安全管理制度。具体制定的管理制度个数和名称可因单位的文档管理要求而不同，但管理制度覆盖的内容需满足各项管理工作的开展。

3.6.3　制定和发布

【安全要求】

第一级没有此方面的要求，第二级安全要求如下。

a）应指定或授权专门的部门或人员负责安全管理制度的制定。

b）安全管理制度应通过正式、有效的方式发布，并进行版本控制。

【解读和说明】

安全管理制度的制定和发布是建立安全管理制度体系的第一个关键环节。通过正式和有效的方式发布安全管理制度，并进行版本控制，可以保证制度实施的严肃性、有效性和统一连贯性，从而有利于各项制度要求的落地实施。

【相关安全产品或服务】

无。

【安全建设要点及案例】

某集团单位安全管理制度的制定和发布根据安全管理制度的级别分别由不同的部门负责：总体方针和安全策略类文档由网络安全主管部门、信息管理部门负责制定，由办公厅统一编号并向全集团发布；安全管理制度、标准及规范由信息化标准委员会制定，由信息管理部门发布；操作规程和记录单则由各子公司自行制定并在其内部发布实施。每项制度的制定均有明确的责任单位及编写组，采用编写组组长责任制。在安全管理制度的制定过程中严格规范格式，并在安全管理制度修订的过程中对制度的版本进行规范化控制，保证制度的统一连贯性，制度通过领导审批后，按层级发布。

表 3-5 为该单位制度清单（XX 为单位、GL 为管理、GC 为规程）。

表 3-5　制度清单

类别	文件名称	编制部门	编号	版本号	修订号	编制日期	修订日期
管理制度类	《网络安全管理制度》	信息管理部	XX-GL-001	V1.0	0	2018 年 2 月	
	《机房安全管理制度》	数据中心	XX-GL-002	V1.0	0	2018 年 2 月	
	《信息资产安全管理制度》	系统运维部	XX-GL-003	V1.0	0	2018 年 11 月	

续表

类别	文件名称	编制部门	编号	版本号	修订号	编制日期	修订日期
管理制度类	《信息系统安全监控管理制度》	网络运行中心	XX-GL-004	V2.0	0	2018 年 11 月	
	《移动存储介质管理制度》	系统运维部	XX-GL-005	V1.0	0	2018 年 11 月	
	《设备管理制度》	系统运维部	XX-GL-006	V1.0	0	2018 年 11 月	
操作规程类	《账户与口令使用规范》	系统运维部	XX-GC-001	V1.0	0	2019 年 4 月	
	《Linux 服务器配置规范》	系统运维部	XX-GC-002	V1.0	0	2019 年 4 月	
	《运维管理手册》	系统运维部	XX-GC-003	V2.0	0	2019 年 4 月	
	《电子邮件使用规范》	系统运维部	XX-GC-004	V1.0	0	2019 年 4 月	

【实施要点及说明】

管理制度发布的方式需结合各单位实际的文档管理要求进行。正式有效的发布方式不局限于内部公文、网上发布和电子邮件等。无论采取哪种方式进行发布，均需得到文档管理最高部门的认可。

3.6.4　评审和修订

【安全要求】

第一级没有此方面的要求，第二级安全要求如下。

应定期对安全管理制度的合理性和适用性进行论证和审定，对存在不足或需要改进的安全管理制度进行修订。

【解读和说明】

安全管理制度制定和发布后，由于实施时间和环境等客观条件的变化可能会出现不适用于当下环境的情况，所以，需要从合理性和适用性等角度对其进行审定，对审定后发现存在不足或需要改进的安全管理制度，相关单位需组织专人进行修订。

【相关安全产品或服务】

无。

【安全建设要点及案例】

某单位对安全管理制度的评审和修订做出了详细要求，其管理制度评审和修订规定摘要如下。

---

　1. 目的

　　为了加强对本企业安全管理制度的管理，及时评审和修订本企业管理文件，确保其适宜性和有效性，特制定本规定。

　2. 适用范围

　　本规定适用于本集团管理文件中涉及的安全管理制度、标准、规范的评审和修订。

　3. 依据

　　3.1 国家行业的安全生产法律、法规和条例。

　　3.2 定期安全管理制度评审结果。

　　3.3 制度执行过程中，部门或员工提出的合理建议。

　4. 流程

　　4.1 信息管理部负责组织相关专家定期评审，并送达业务部门进行会签，征求修改意见。

　　4.2 信息管理部根据会签提出的修改意见，组织专人修订，形成审批稿。

　　4.3 审批稿经过企业网络安全领导小组审核批准后，才能发布实施。

　5. 周期

　　5.1 评审的频次：正常情况下，每年组织评审一次；出现重大变更时，可随时组织评审。

　　5.2 修订频次：正常情况下，每两年组织修订一次；出现重大变更时，可随时组织修订。

【实施要点及说明】

安全管理制度通常由网络安全主管部门组织专家及相关部门的人员定期开展评审和修订工作。评审周期可根据各单位实际管理要求设定（可按年度进行）。评审重点在于安全管理制度在各单位实际环境下实施的合理性和适用性，尤其是在出现重大变更（如组织变更、环境变更、管理要求变更）等情况下的合理性和适用性。根据审定后的意见修订制度，相关人员将修订后的安全管理制度上报管理层审批后正式发布。

3.7　安全管理机构

3.7.1　岗位设置

【安全要求】

第一级、第二级安全要求如下。

a）应设立网络安全工作的职能部门，设立安全主管、安全管理各个方面的负责人岗

位，并定义各负责人的职责。

b）应设立系统管理员、审计管理员和安全管理员等岗位，并**定义部门**及各个工作岗位的职责。

【解读和说明】

针对第二级等级保护对象，要设立专门的部门负责网络安全相关工作，并根据单位部门设置和分工的不同，明确具体工作的负责人。各类负责人可包括安全主管、安全运维负责人、安全管理负责人和机房安全负责人等。无论设置的负责人类别如何，均需要明确其相关的岗位职责。

根据系统运维工作需要，需设立系统管理员、网络管理员和安全管理员等岗位，负责系统账户口令管理、系统配置管理和网络日常维护、病毒查杀等工作，并对各个岗位的工作职责加以明确，使每个岗位的人员清楚各自的工作范围和具体内容。

【相关安全产品或服务】

无。

【安全建设要点及案例】

某公司为明确网络安全职能部门及相关负责人的职责，编写了《关于某公司网络安全工作组织机构及职责》。第一章介绍了该单位的组织机构，明确了网络安全职能部门是信息中心，负责该公司网络安全管理和维护工作，其部门负责人由信息中心主任担任，并明确了运行中心、开发中心和数据中心等各部门负责人及其相关职责，其中运行中心负责某公司系统日常运维工作，开发中心负责该公司系统的开发及应用的运维工作，数据中心负责该公司系统的基础运维设施及环境的运维工作。第二章介绍了相关岗位的岗位职责，明确了网络管理员、系统管理员、数据库管理员、安全管理员和审计管理员等的职责，如系统管理员负责系统的安全配置、账户管理和系统升级等，而网络管理员则侧重于对整个网络结构的安全和网络设备（包括安全设备）的正确配置等工作，并附有《信息安全岗位与人员对应关系表》，内容包括岗位、角色、所属部门、对应角色人员、联系方式和备注等。

【实施要点及说明】

无论是网络安全职能部门、各负责人还是各岗位，其职责均需要以纸质或电子文档的形式加以明确，而非口头或默认的形式。

3.7.2　人员配备

【安全要求】

第一级、第二级安全要求如下。

应配备一定数量的系统管理员、**审计管理员和安全管理员**等。

【解读和说明】

针对系统管理的不同方面，岗位人员可从系统管理、网络管理、审计管理、安全管理等方面进行配备。各岗位人员的配备数量需从单位实际人员配备情况和各岗位工作量等角度进行考虑，原则上需要保证各岗位的工作需求能够得到最低程度的满足。

【相关安全产品或服务】

无。

【安全建设要点及案例】

某集团公司根据工作需要，进行了部门内岗位人员的设置任命。由信息中心的主任担任安全主管，任命李某某担任安全管理员，任命王某担任网络管理员，任命肖某担任审计管理员，胡某某、刘某某和张某某担任系统管理员。对以上人员的任命以清单形式列出。

【实施要点及说明】

无。

3.7.3　授权和审批

【安全要求】

第一级、第二级安全要求如下。

a）应根据各个部门和岗位的职责明确授权审批事项、审批部门和批准人等。

b）应针对系统变更、重要操作、物理访问和系统接入等事项执行审批过程。

【解读和说明】

在网络安全工作中，需对与系统安全相关的关键操作和重要活动进行控制，保证关键操作和重要活动的实施是经过授权和批准的，从而确保所有操作安全可控。各部门和各岗位的职责不同，可能产生的需要审批的活动也不同，需明确这些事项的具体内容及范围、涉及的审批部门和审批人员。

在所明确的审批事项中，至少包括系统重大变更、重要设备操作、机房物理访问、第三方网络接入等。针对第二级等级保护对象，需对这些事项制定严格执行审批流程，所有审批环节完成后方可执行相应操作。

【相关安全产品或服务】

无。

【安全建设要点及案例】

某单位针对系统变更管理制度，对系统变更、重要操作、物理访问和系统接入等事项建立了相应的审批流程，并制定了审批表单，所有操作通过线上流程（ITSM）进行提交和操作，所有审批记录均保留在 ITSM 上，相关人员可查看相关申请事项、申请人、审批人及相应审批进度等。

【实施要点及说明】

各项审批事项的确定一般是根据不同管理内容进行分类的，可分散在各个安全管理制度中，如网络安全管理制度中一般明确了外部网络接入内部网络的审批流程。确定审批事项时，需要分别梳理各类管理制度中的相关管理活动。

3.7.4　沟通和合作

【安全要求】

第一级没有此方面的要求，第二级安全要求如下。

a）应加强各类管理人员、组织内部机构和网络安全管理部门之间的合作与沟通，定期召开协调会议，共同协作处理网络安全问题。

b）应加强与网络安全职能部门、各类供应商、业界专家及安全组织的合作与沟通。

c）应建立外联单位联系列表，包括外联单位名称、合作内容、联系人和联系方式等信息。

【解读和说明】

加强网络安全职能部门与内部相关部门（如业务部门和人事部门等）的沟通，主要是为了保证各项安全管理工作的横向关联和纵向畅通。网络安全管理工作不完全是网络安全职能部门的职责，更需要相关部门的共同配合。例如，在人员安全管理方面，需要网络安全职能部门与人事管理部门共同配合，完成员工的招录、离职等事项；在系统安全管理方面，需要网络安全职能部门与业务部门共同配合，完成对应用系统的整改加固等工作。

根据网络安全工作的需要，相关单位对外的相关部门可能涉及国家及各级网络安全主管部门、机构上级主管部门、各类产品、服务供应商和社会各类安全组织及行业专家等，因此，需要根据机构与各个外部单位的合作内容和需求确定恰当的沟通合作方式。

【相关安全产品或服务】

无。

【安全建设要点及案例】

某单位成立了主管网络安全管理的职能部门（信息管理综合办公室），由办公室组织每周召开网络安全会议，讨论系统运行情况及汇报在安全运维中发现的问题等，保留相关会议纪要和会议签到表，并通过单位内部即时通信软件和邮件与业务部门沟通相关问题。该部门每季度组织厂商及安全专家等召开网络安全工作讨论会，了解当时网络安全形势及可能发生的网络安全事件，由厂商和专家事后对系统运维团队开展培训与交流工作，并及时更新所有厂商、系统运维团队、公安及电信行业专家的联系列表。

【实施要点及说明】

在实施沟通和合作时需要关注以下几点。

① 建立内部沟通机制。可根据机构内部部门职责设置情况和管理模式选取不同的方式。采取的方式不局限于会议、内部通报和即时通信工具等。

② 建立与外部单位的沟通机制。有多种方式可供选择，如配合网络安全主管部门的检查工作、与供应商定期召开会议商讨系统存在的安全问题及聘请业界专家进行重要安全活动的评审咨询等。

3.7.5 审核和检查

【安全要求】

第一级没有此方面的要求，第二级安全要求如下。

应定期进行常规安全检查，检查内容包括系统日常运行、系统漏洞和数据备份等。

【解读和说明】

为保证网络安全方针和制度能够正确贯彻执行，及时发现现有安全措施的漏洞，持续改进和提升网络安全管理能力，相关人员需要定期按照安全审核和检查程序进行安全核查。

常规安全检查的主要特点是检查周期短、检查方式相对单一等。检查周期可设置为一周或一个月，可从系统日常运行状态检查、网络及系统漏洞扫描和数据备份有效性检查等方面进行。检查方式可以是人工检查和工具进行相结合的方式。

【相关安全产品或服务】

相关安全服务包括安全检查服务。

【安全建设要点及案例】

某单位运维处每天对基础设施环境进行巡检，形成巡检记录。巡检记录中包括机房物理环境（机房供配电、空调、温湿度控制和消防等）及设备运行状态（各类设施、设备和线路等）。每季度开展漏洞扫描工作，及时修复系统存在的漏洞及补丁。每天对系统重要数据进行增量备份、每周对系统重要数据进行全量备份。

【实施要点及说明】

常规安全检查可由机构网络安全职能部门和运维部门共同发起，根据各部门的职责确定各自安全检查的工作范围。

3.8　安全管理人员

3.8.1　人员录用

【安全要求】

第一级、第二级安全要求如下。

a）应指定或授权专门的部门或人员负责人员录用。

b）应对被录用人员的身份、安全背景、专业资格或资质等进行审查。

【解读和说明】

针对第二级等级保护对象的网络安全工作相关人员的招录，无论是长期聘用的员工，还是临时员工，相关人员都需要对应聘人员的身份、安全背景、专业资格或资质等进行审查。

【相关安全产品或服务】

无。

【安全建设要点及案例】

某单位设立人事部负责人员招录管理。对于网络安全工作相关人员的招录由具体用人部门负责对人员进行笔试、面试和技术能力评价，由人事部负责相关人员的背景调查和综合评价。

【实施要点及说明】

在进行人员录用时，相关人员需求部门需根据本部门对该岗位的专业需求，对该类人员的安全背景提出相应要求，并明确应聘人员的专业方面资质和能力要求，以此作为人事负责部门判断该人员是否胜任岗位工作的主要依据。

3.8.2　人员离岗

【安全要求】

第一级、第二级安全要求如下。

应及时终止离岗人员的所有访问权限，取回各种身份证件、钥匙、徽章等，以及机构提供的软硬件设备。

【解读和说明】

离岗人员的访问权限包括物理访问权限和逻辑访问权限。物理访问权限包含进出办公区域和机房区域时的证件或钥匙等。逻辑访问权限包含对应用系统的访问权限、操作系统管理权限、数据库管理系统的管理权限、一般的办公软件使用权限和邮件账户权限等。

【相关安全产品或服务】

无。

【安全建设要点及案例】

某单位要求所有人员在离岗时（含因退休、辞职、合同到期、解雇、岗位调动或其他原因而出现的人员调离情况），根据单位人事部门的离岗流转工单，分别由各责任部门负责回收身份证件、钥匙和软硬件设备等，由相关系统管理员终止其在系统内的所有访问权限。

【实施要点及说明】

人员调离或离岗时，一般需根据本单位离职/离岗流转单，分别对其所具有的权限和软硬件等资产进行收回。根据各部门职责不同，由相应部门分别完成系统权限、各类软硬件等资产的回收，确认完成所有的流转工作后，相关人员方可签字同意人员离岗。

3.8.3　安全意识教育和培训

【安全要求】

第一级、第二级安全要求如下。

应对各类人员进行安全意识教育和岗位技能培训，并告知相关的安全责任和惩戒措施。

【解读和说明】

安全意识教育和岗位技能培训是提高安全管理人员网络安全技术水平和管理水平及增加员工网络安全知识的重要手段之一。对各类人员的培训主要分为两类：安全意识培训和岗位技能培训。安全意识培训一般针对全体人员，主要从网络安全形势、近期安全事件分析、国家行业安全标准解读和本单位安全意识教育等方面开展。岗位技能培训则根据不同岗位需掌握的安全技能分别进行，培训工作以考核为结束标志。

【相关安全产品或服务】

相关安全服务为安全意识教育培训和各类安全技能培训服务。

【安全建设要点及案例】

某单位每年年初制订培训计划，明确各类岗位的培训周期、培训方式、培训内容和考核方式等相关内容，一般每半年组织一次全体人员的安全意识培训，对全员开展国家政策法规和单位安全管理制度宣贯等，组织系统管理员、安全管理员等岗位的相关人员外出参加定向技能培训。

【实施要点及说明】

安全意识培训可由本单位组织，采取线上或线下方式进行，或者聘请相关行业专家对本单位人员进行安全意识培训。相关安全责任和惩戒措施首先需要在相关管理制度中以单独的章节或条款加以明确，在安全意识教育培训中进行全员宣贯。

3.8.4　外部人员访问管理

【安全要求】

第一级、第二级安全要求如下。

a）应保证在外部人员访问受控区域前得到授权和审批。

b）应在外部人员物理访问受控区域前先提出书面申请，批准后由专人全程陪同，并登记备案。

c）应在外部人员接入受控网络访问系统前先提出书面申请，批准后由专人开设账户、分配权限，并登记备案。

d）外部人员离场后应及时清除其所有的访问权限。

【解读和说明】

对于外部人员的访问管理，主要从物理访问和逻辑访问两个方面进行。其中物理访问主要是指非本单位人员进出机房等重要场所的管理，根据各单位的管理特点，也可以是进入办公区域的访问管理；逻辑访问主要是指非本单位人员接入本单位网络并访问特定系统的管理。无论是物理访问管理还是逻辑访问管理，都需要按照事前申请和登记备案，事后及时清除访问权限的流程进行管理。

【相关安全产品或服务】

无。

【安全建设要点及案例】

某单位要求外部人员（含本单位不直接参与网络安全管理工作的人员，以及外包工作人员和其他外单位人员）访问受控区域（如机房、开发部门办公区和系统运维区等区域）时，必须提出书面申请，待申请批准后，由对应联络人全程陪同才能进入受控区域。外部人员要接入该单位网络时，也要进行书面申请和审批，而且只允许外部人员接入访客网络区域，访问授权仅在授权当日有效，其他网络区域禁止外部人员接入。

【实施要点及说明】

对于外部人员的访问系统权限或物理区域访问权限按照最小化要求设置，即外部人员仅可访问所能访问的。

3.9　安全建设管理

3.9.1　定级和备案

【安全要求】

第一级、第二级安全要求如下。

a）应以书面的形式说明保护对象的安全保护等级及确定等级的方法和理由。

b）应组织相关部门和有关安全技术专家对定级结果的合理性和正确性进行论证和审定。

c）应保证定级结果经过相关部门的批准。

d）应将备案材料报主管部门和相应公安机关备案。

【解读和说明】

根据 GB/T 22240—2020《信息安全技术　网络安全等级保护定级指南》，分别分析定级对象的业务信息安全保护等级和系统服务安全保护等级，初步确定定级对象的安全保护等级，并按照定级模板，编制《××信息系统安全等级保护定级报告》。

为保证初步定级结果的合理性和正确性，针对第二级以上定级对象，相关单位需组织行业专家和安全专家对定级结果进行论证和评审，并出具评审意见。

根据国家主管部门对备案工作的管理要求，针对第二级以上定级对象，相关单位需根据要求准备相应的备案材料，并将备案材料报主管部门和相应公安机关进行备案，备案通过后获取备案证明。

【相关安全产品或服务】

相关安全服务为等级保护对象定级梳理咨询服务。

【安全建设要点及案例】

在某单位系统建设初期，负责安全工作的职能部门组织相关人员对本单位的等级保护对象进行分析，确定定级对象。职能部门组织相关人员参照《网络安全等级保护管理办法》和《信息安全技术　网络安全等级保护等级指南》对各系统进行初步定级，其中第三级等级保护对象两个，第二级等级保护对象三个，并根据定级模板分别编写了各系统的定级报告初稿。

初步定级工作完成后，安全工作职能部门组织专家评审会议，邀请行业内专家和网络安全专家参会，各专家针对系统定级情况给出评审意见，一致同意定级结果。安全工作职能部门针对专家意见进行定级报告修订，并将修订后的定级报告上报行业主管部门。根据主管部门审批意见，安全工作职能部门进行定级调整或定级报告的修订，形成定级报告终稿。

在准备好相关定级备案材料（《信息系统安全等级保护备案表》及相关材料、《某某信息系统安全等级保护定级报告》、专家评审意见和主管部门评审意见等）后，将定级备案材料提交至该机构所在市公安机关网络安全主管部门审核，审核通过后获得相关系统的备案证明。

【实施要点及说明】

在实施定级和备案时需要关注以下几点。

① 等级保护对象的等级确定流程及定级方法需参照《信息安全技术　网络安全等级保护定级指南》的相关内容，并按照全国统一的《信息系统安全等级保护定级报告》（模板）编制定级报告。

② 备案地点的选择需根据国家网络安全职能部门的相关管理规定进行，具体可参考《信息安全等级保护备案细则》。

3.9.2　安全方案设计

【安全要求】

第一级、第二级安全要求如下。

a）应根据安全保护等级选择基本安全措施，依据风险分析的结果补充和调整安全措施。

b）应根据保护对象的安全保护等级进行安全方案设计。

c）应组织相关部门和有关安全专家对安全整体规划及其配套文件的合理性和正确性进行论证和审定，经过批准后才能正式实施。

【解读和说明】

按照"三同步"的原则，网络安全需要与信息化建设同步规划、同步建设和同步使用，在系统建设规划阶段需明确安全建设的目标和建设需求。其中，针对第一级等级保护对象，相关单位在选择安全措施时需考虑其安全保护等级，根据等级选择安全措施，并通过风险分析的方法进行调整和补充。

针对第二级等级保护对象，相关单位需要在系统设计方案中增加安全方案设计的内容。在等级保护对象的安全方案设计中需要根据其安全保护等级选择相应等级的技术措施和管理措施，并结合系统的特殊安全需求进行调整。

【相关安全产品或服务】

相关安全服务为系统安全建设方案和整改方案设计咨询服务。

【安全建设要点及案例】

某单位某部门新建业务系统，根据定级结果，此系统为第二级等级保护对象，根据等级保护第二级通用要求，选择相应的技术措施和管理措施，形成该系统的详细安全设计方案。

安全设计方案完成后，部门负责人组织相关部门和有关安全专家对安全设计方案的合理性和正确性进行论证、审定和批准。

【实施要点及说明】

在实施安全方案设计时需要关注以下几点。

① 对于新建等级保护对象，根据其安全保护等级选择相应等级的安全措施。若为已运行的等级保护对象，则根据测评结果补充和调整需采用的安全措施。

② 针对第二级以上等级保护对象，需在系统整体设计方案中设置单独章节描述其安全设计方案。方案内容需覆盖相应等级的技术要求和管理要求，明确各项要求的实现方式和手段。

3.9.3　产品采购和使用

【安全要求】

第一级、第二级安全要求如下。

a）应确保网络安全产品采购和使用符合国家的有关规定。

b）应确保密码产品与服务的采购和使用符合国家密码管理主管部门的要求。

【解读和说明】

不同时期国家对网络安全产品的管理要求不同，需要根据当前国家相关部门的管理要求采购和使用网络安全产品。

若第二级等级保护对象采用了密码产品或密码服务，则相关产品和服务的采购和使用流程也需满足国家密码管理部门对其的管理要求。

【相关安全产品或服务】

无。

【安全建设要点及案例】

某单位日常产品采购工作由物资采购处负责，并指定专人定期更新安全产品、密码产品及服务候选范围，以供单位采购部门进行选择。

网络安全部门根据安全设计方案提出采购需求，由物资采购处按照政府采购流程进行防火墙、IDS 和防病毒软件等安全产品的采购。待采购产品的候选名单需要从多个方面考虑，相关人员应先检查产品供应商提供的产品是否全部获得《计算机信息系统安全专用产品销售许可证》，密码产品是否符合国家密码管理部门的相关规定等。

【实施要点及说明】

无。

3.9.4 自行软件开发

【安全要求】

第一级没有此方面的要求，第二级安全要求如下。

a）应将开发环境与实际运行环境物理分开，测试数据和测试结果受到控制。

b）应保证在软件开发过程中对安全性进行测试，在软件安装前对可能存在的恶意代码进行检测。

【解读和说明】

在软件开发过程中，开发环境、开发人员行为控制、开发文档和代码管理及代码质量安全管理等都是影响开发安全的关键因素。其中，将开发环境和运行环境进行物理分开是首要因素。从物理场地的选择到网络环境的搭建都需物理分开。

软件开发过程中的安全测试对于保障软件代码安全来说是非常重要的手段。可能的安全测试方式包括黑盒测试、白盒测试和灰盒测试等。通过不同方式、多轮迭代进行测试，尽可能及时、全面地发现开发过程中存在的代码安全问题。对测试的数据和测试结果需设有人员访问的权限，保证测试工作的保密性。

【相关安全产品或服务】

相关安全产品或服务为源代码安全审计工具及相关审计服务、安全测试工具及相关服务等。

【安全建设要点及案例】

某单位计划进行统建系统的自开发。根据单位软件开发管理制度的要求，相关人员在独立的网络区域和办公区域进行系统开发，系统开发人员为专职人员，办公区域进出口设有视频监控和门禁系统，办公区域内设有视频监控，办公环境采用云桌面环境办公。

在开发过程中，测试人员按照安全组相关要求进行多轮安全测试、渗透测试和源代码审计等，测试结果和测试数据均在线上保存，并由文档管理员负责统一管理。

【实施要点及说明】

在软件开发过程中，需要根据软件开发的模式选择软件安全性测试的时机。针对传统瀑布式开发方式，需要在软件上线前进行软件安全性测试。针对敏捷式开发方式，则需在开发版本迭代过程中针对重大版本变更开展多次测试。

3.9.5　外包软件开发

【安全要求】

第一级没有此方面的要求，第二级安全要求如下。

a）应在软件交付前检测其中可能存在的恶意代码。

b）应保证开发单位提供软件设计文档和使用指南。

【解读和说明】

为保证外包软件代码的安全性，在交付前，相关人员需对外包软件进行恶意代码检测。一般通过专业的自动化代码安全检测工具进行扫描，然后由人工对扫描结果进行审核确认。

【相关安全产品或服务】

相关安全产品或服务为源代码安全审计工具及相关审计服务等。

【安全建设要点及案例】

某单位确定将某软件项目全部外包给某开发公司 A。A 公司按照该单位的需求开发完毕后，根据双方之前签订的服务协议，进行软件交付前的恶意代码检测，并提供代码安全检测报告。

外包软件供应商在软件交付前，根据服务协议提供了软件需求说明文档、概要设计文档、详细设计文档、用户手册等。

【实施要点及说明】

无。

3.9.6　工程实施

【安全要求】

第一级、第二级安全要求如下。

a）应指定或授权专门的部门或人员负责工程实施过程的管理。

b）应制定安全工程实施方案控制工程实施过程。

【解读和说明】

针对第二级等级保护对象的建设实施过程，需通过制定详细的工程实施方案，明确实施过程中的各方人员行为、实施进度计划和阶段产物等，在确保项目按照既定的实施进度进行的同时保证项目高质量完成。

【相关安全产品或服务】

无。

【安全建设要点及案例】

某单位指定专门的部门负责单位新建系统的工程实施，工程实施部门在执行该项目时，邀请使用部门、责任部门、网络安全服务供应商等共同讨论、制定本项目的工程实施方案，方案中明确了工程实施内容、计划进度、实施阶段、关键里程碑和质量控制等。

项目建设开始后，责任部门全程根据项目实施方案严格监督管理各方的实施过程。系统集成服务供应商严格按照工程实施方案执行项目，在项目实施过程中，按月出具月度实施报告和项目最终实施报告。

【实施要点及说明】

项目实施过程中需严格按照工程实施方案中的进度计划进行，如有变更，则需相关部门共同讨论确定后方可变更，并及时记录相关的变更内容和纠正措施。

3.9.7　测试验收

【安全要求】

第一级、第二级安全要求如下。

a）应进行安全性测试验收。

b）应制订测试验收方案，并依据测试验收方案实施测试验收，形成测试验收报告。

c）应进行上线前的安全性测试，并出具安全测试报告。

【解读和说明】

为保证系统建设工程按照既定安全设计方案及相关要求实施，并达到预期效果，相关人员在工程实施完成后、系统交付前进行安全性测试。测试范围涵盖该系统各个方面的安全（网络安全、操作系统安全、数据库管理系统安全和应用软件安全等）测试，测试手段包括上机配置核查、漏洞扫描和渗透测试等。

【相关安全产品或服务】

无。

【安全建设要点及案例】

某单位统建系统集成商申请进行系统验收工作，工程实施部门组织系统集成商、网络安全服务供应商和第三方测试机构召开会议，讨论制定测试验收方案，方案中明确规定了测试覆盖范围（含功能测试、性能测试和安全测试）、测试内容和测试方法、测试计划、责任部门和人员安排等。

针对安全测试，该单位聘请第三方测试机构进行安全测试，测试完成后出具安全测试报告。报告内容涵盖系统在网络层面、操作系统层面、数据库管理系统层面、应用软件层面等方面的测试结果。

【实施要点及说明】

在实施测试验收时需要关注以下几点。

① 针对系统的测试验收工作，需要系统集成商、第三方监理单位、系统建设负责部门、系统运维部门和业务部门等多方的参与，在得到所有相关方的认可和确认后，系统测试验收工作正式完成。

② 上线前的安全测试工作可由单位内部组织，也可聘请第三方单位进行。无论组织方式如何，安全测试均需覆盖系统的各个层面。

3.9.8　系统交付

【安全要求】

第一级、第二级安全要求如下。

a）应制定交付清单，并根据交付清单对所交接的设备、软件和文档等进行清点。

b）应对负责运行维护的技术人员进行相应的技能培训。

c）应提供建设过程文档和运行维护文档。

【解读和说明】

为了使系统运维人员更好地开展后续的运维工作，有必要对其开展相关的技能培训。培训的内容可从系统业务功能、系统构成和系统特性等方面进行。

第二级等级保护对象需具备相关的建设过程文档和运行维护文档。建设过程文档一般包括系统需求分析文档、系统设计文档（包括详细设计方案）、软件开发文档、测试文档等。运行维护文档一般包括系统资产清单、各类白皮书等。

【相关安全产品或服务】

无。

【安全建设要点及案例】

某单位系统建设责任部门完成了系统建设工作，准备将系统移交系统运维部门。进行系统交付时，系统集成商针对运维人员和用户进行了两次技能培训，技能培训主要从系统的整体架构、主要的安全实现手段和系统实现的主要业务功能等方面进行。

系统建设负责人按照单位交付管控流程及与系统集成商签订的协议，制定交付清单，清单中包括待交付的各类设备、软件、建设过程文档（含系统网络拓扑图及系统设计方案、实施方案、测试报告和验收报告等）和系统运维文档（含系统日常检查清单、系统资产清单等）等。交付时系统运维负责人按照交付清单进行清点。

【实施要点及说明】

系统交付工作涉及建设部门和运维部门，无论两个部门是否属于同一个单位，交付工作都需严格按照交付流程进行。在确保系统安全责任移交的同时，各类资产和文档同步移交，以保证系统真正进入运行维护阶段。

3.9.9　等级测评

【安全要求】

第一级没有此方面的要求，第二级安全要求如下。

a）应定期进行等级测评，发现不符合相应等级保护标准要求的及时整改。

b）应在发生重大变更或级别发生变化时进行等级测评。

c）应确保测评机构的选择符合国家有关规定。

【解读和说明】

针对第二级等级保护对象，需定期对其进行等级测评，及时发现系统存在的安全问题，并形成整改建议或方案。

当系统的安全保护级别发生变化、系统的网络结构和关键部位网络设备做了大幅度调整或者系统的业务领域做了重大变更时，无论该系统最近一次等级测评是何时开展的，都需要重新进行等级测评。

【相关安全产品或服务】

相关安全服务为等级测评服务。

【安全建设要点及案例】

某单位按照要求，每两年委托第三方测评机构对本单位第二级等级保护对象进行一次等级测评，并根据测评结果及时开展安全整改工作。

该单位某统建系统由于新技术的引入，其业务范围发生了很大的变化，应用系统功能有较大调整。系统所属部门组织会议，邀请单位网络安全职能部门的相关人员和内部专家参会，对系统级别进行再次评估定级，确认该系统的保护等级由原来的第二级调整为第三级。因此，在本年度重新聘请第三方测评机构对该系统按照第三级保护要求开展等级测评。

【实施要点及说明】

相关单位在选择第三方测评机构时，需要从国家信息安全等级保护工作协调小组办公室推荐的测评机构名单内进行选择，具体参见 www.djbh.net。

3.9.10　服务供应商选择

【安全要求】

第一级、第二级安全要求如下。

a）应确保服务供应商的选择符合国家的有关规定。

b）应与选定的服务供应商签订相关协议，**明确整个服务供应链各方需履行的网络安全相关义务**。

【解读和说明】

可能的服务供应商包括系统开发商、系统集成商、产品供应商、系统咨询商、系统监理商和安全测评商等。对各类供应商的选择需要遵从国家当前对该类服务供应商的管理要求和规定。

为确保各类服务供应商为第二级等级保护对象所提供的服务按照既定的协议要求开展，需要明确各方在整个服务过程中需遵循的网络安全要求（如数据保密要求、访问控制要求等）。

【相关安全产品或服务】

无。

【安全建设要点及案例】

某单位在系统建设过程中涉及的安全服务供应商包括产品供应商、系统集成商、安全咨询商和安全测评机构。对于这些安全服务供应商，相关单位分别按照国家对其管理资质的要求进行选择，如要求安全产品供应商提供安全产品销售许可证书，要求等级测评机构具有测评资质等，并将符合要求的服务供应商纳入候选名单。

安全服务供应商选定后，相关单位分别同各安全服务供应商签订相关协议。服务协议中明确了各方的权力、义务、后期的技术支持和服务承诺、在整个服务过程中需遵循的网络安全要求、违约责任等。

【实施要点及说明】

对于选定的服务供应商，相关单位需根据其服务内容的不同，明确其在整个服务过程中可能涉及的其他服务，各方均需遵循的网络安全要求，并在所签订的协议中加以明确。例如，软件开发商在开发过程中需对代码和开发文档采取相关保密措施；系统集成商需对集成过程中的各类软硬件厂商提出须遵循的安全要求（如系统的访问权限限定、系统配置审批等）。

3.10　安全运维管理

3.10.1　环境管理

【安全要求】

第一级、第二级安全要求如下。

a）应指定专门的部门或人员负责机房安全，对机房出入进行管理，定期对机房供配电、空调、温湿度控制、消防等设施进行维护管理。

b）应对机房的安全管理做出规定，包括物理访问、物品进出和环境安全等。

c）应不在重要区域接待来访人员，不随意放置含有敏感信息的纸档文件和移动介质等。

【解读和说明】

针对第二级等级保护对象的物理访问控制，需要根据机房区域划分情况，明确来访人员可以访问和不能访问的区域。在办公区域内，不将重要的、敏感的纸档文件或存储重要信息、敏感信息的移动介质放置在办公桌面或可以直接接触的地方，从而保证访问区域内文档和信息的保密性。

【相关安全产品或服务】

无。

【安全建设要点及案例】

某单位编制了机房管理制度，设立了机房管理部门和机房管理员岗位，由专人负责机房供配电、空调、温湿度控制和消防等设施的巡检与维护，各基础设施维护厂商定期进行设备维保，并形成报告。机房出入口设立保安并配备安检设备。

在机房内设立会客区、设备准备区、过渡区和重要设备放置区等。设备调试准备工作只能在设备准备区完成。所有人员禁止携带笔记本电脑等电子产品进入机房内的重要设备放置区。外部人员进入机房必须由相关接待人员全程陪同。机房内所有区域均布设了无死角的视频监控摄像头。

【实施要点及说明】

在实施环境管理时需要关注以下几点。

① 对机房的出入管理需要由单位相应的责任部门或责任人进行落实。对基础设施（如空调、供配电设备和消防设备等）的维护可由相应的设备维护厂商定期进行，并形成相应的维保报告。

② 在办公区域内，一般设置访客接待区，接待来访人员。该区域与内部人员办公区域进行隔离，使来访人员无法接触到办公区域内的资料和电脑。在机房内，可设置过渡区，来访人员如无进入核心区域的需求，可在过渡区内完成相关工作。

3.10.2　资产管理

【安全要求】

第一级没有此方面的要求，第二级安全要求如下。

应编制并保存与保护对象相关的资产清单，包括资产责任部门、重要程度和所处位置等内容。

【解读和说明】

等级保护对象涉及的资产包括硬件设备、软件、数据和文档（纸质文档和电子文档等）等。相关单位需对相关的资产建立资产清单，记录资产的基本信息、所处位置、责任部门或责任人等，便于对资产进行日常的管理和维护工作。

【相关安全产品或服务】

无。

【安全建设要点及案例】

某单位针对单位所属的各类硬件设备（如网络设备、安全设备、服务器设备、操作终端、存储设备和存储介质，以及供电和通信用线缆等）和软件产品（如操作系统、数据库管理系统和应用系统等）进行梳理，编制了资产清单，明确了资产责任部门、重要程度和所处位置等。

【实施要点及说明】

资产清单的建立可以采取手工记录的方式，也可采用专业的资产管理系统进行管理。

3.10.3　介质管理

【安全要求】

第一级、第二级安全要求如下。

a）应将介质存放在安全的环境中，对各类介质进行控制和保护，实行存储环境专人管理，并根据存档介质的目录清单定期盘点。

b）应对介质在物理传输过程中的人员选择、打包、交付等情况进行控制，并对介质的归档和查询等进行登记记录。

【解读和说明】

系统运行可能产生的介质类型包括纸介质、光介质和磁介质等。这里主要关注承载系统各类数据的备份介质。因介质所承载的数据对于系统运行非常重要，故对其存放环境有严格的要求。安全的介质存放环境需满足防潮、防水、防磁和防咬等条件。

对于第二级等级保护对象，当介质需要从一地运输到另一地时，需由专人负责，严格按照相关的流程进行登记、打包和交付等操作，保证传输过程的安全，将介质安全送达目的地。

【相关安全产品或服务】

无。

【安全建设要点及案例】

某单位在机房区域设立专用房间作为存储介质存放区，用于存放磁带、（从设备内拆卸的）硬盘、移动硬盘、U盘和光盘等，指派专人为介质管理员，负责介质的管理，详细记录日常工作中介质的归档和查询情况，并要求介质管理员每半年开展一次介质存储情况的盘点。制定了介质管理规范，明确了介质在物理传输过程中的人员选择、打包和交付等过程的控制要求。禁止将存有系统业务数据的存储介质带离机房。

【实施要点及说明】

存放介质的安全环境可为介质专用存储柜或专用存储房间。当系统在整个运行过程中没有产生需单独存放的备份介质时，此项要求可忽略。

3.10.4　设备维护管理

【安全要求】

第一级、第二级安全要求如下。

a）应对各种设备（包括备份和冗余设备）、线路等指定专门的部门或人员定期进行维护管理。

b）应对配套设施、软硬件维护管理做出规定，包括明确维护人员的责任、维修和服务的审批、维修过程的监督控制等。

【解读和说明】

无。

【相关安全产品或服务】

无。

【安全建设要点及案例】

某单位编制了设备设施和软硬件维护管理制度，设立了运维管理部门，设立网络管理员、系统管理员和数据管理员等岗位。各岗位配备专人负责运维设备和线路的巡检与维护，如网络设备、安全设备、服务器设备、终端设备、存储设备和存储介质，机房相关人员负责供电和通信线缆等的日常巡检与维护。

【实施要点及说明】

在实施设备维护管理时需要关注以下几点。

① 各类设备和线路的日常巡检工作由单位内相关人员完成。另外，需要委托各类设备、线路厂商和供应商定期进行巡检和维护，以保证各类设备的正常运行。

② 配套设施和软硬件维护方面的管理制度可单独制定，也可在不同的管理制度中分别明确相关设备和设施的维护要求。例如，在机房管理制度中可明确机房基础设施和通信线路等日常维护要求及相关人员将设备带离机房的相关要求；在资产管理制度中可明确各

类办公设备日常的维护要求。无论哪种制度，均需覆盖各类设备和设施的维护要求。

3.10.5　漏洞和风险管理

【安全要求】

第一级、第二级安全要求如下。

应采取必要的措施识别安全漏洞和隐患，对发现的安全漏洞和隐患及时进行修补或评估可能的影响后进行修补。

【解读和说明】

对漏洞进行管理，要求相关人员首先能够识别和发现系统中存在的安全漏洞和隐患。可通过单位内部自行发现或通过第三方推送相关漏洞信息或通过提供该类服务的其他方式发现。对于已发现的安全漏洞，相关人员需分析其是否会对目前系统的安全产生较大影响；其所带来的安全风险是否可以接受，若不能接受，则需制定相应的修补方案进行修补。

【相关安全产品或服务】

相关安全产品或服务为漏洞扫描工具或服务、等级测评和风险评估等服务。

【安全建设要点及案例】

某单位网络安全职能部门每周对单位内所有系统进行漏洞扫描，并形成漏洞扫描报告，将漏洞扫描报告分发到各系统责任部门。各部门对漏洞扫描报告中发现的安全漏洞和隐患进行分析评估后，通知安全管理员及时进行修补。

【实施要点及说明】

在人员能力和工具满足需求的情况下，可由本单位定期组织进行漏洞的扫描和发现工作，并随时跟踪业界相关漏洞的最新进展。若本单位不具备相应条件，则可定制相应的漏洞服务，由专业的第三方机构定期提供服务，并出具相关的工作报告。

3.10.6　网络和系统安全管理

【安全要求】

第一级、第二级安全要求如下。

a）应划分不同的管理员角色进行网络和系统的运维管理，明确各个角色的责任和权限。

b）应指定专门的部门或人员进行账户管理，对申请账户、建立账户、删除账户等进行控制。

c）应建立网络和系统安全管理制度，对安全策略、账户管理、配置管理、日志管理、日常操作、升级与打补丁、口令更新周期等方面做出规定。

d）应制定重要设备的配置和操作手册，依据手册对设备进行安全配置和优化配置等。

e）应详细记录运维操作日志，包括日常巡检工作、运行维护记录、参数的设置和修改等内容。

【解读和说明】

针对第二级等级保护对象的运维操作，为保证运维操作的规范性，在针对一些重要设备（如核心路由器、防火墙、数据库服务器等）进行配置时，相关人员需严格按照已制定的配置手册进行规范的操作。

【相关安全产品或服务】

无。

【安全建设要点及案例】

某单位依据国家相关标准规范，结合单位系统运维关注点，制定了《网络和系统安全管理规范》，规范中明确了安全策略、账户管理、配置管理、日志管理、日常操作、升级与打补丁和口令更新周期等。

该单位指定运维管理部负责网络和系统管理工作。运维管理部设网络管理员、系统管理员、数据库管理员、安全管理员、审计管理员、账户管理员和日志分析员等多个角色。单位岗位职责文件中明确了各个角色的责任和权限，其中账户管理员负责账户申请、建立和删除等工作，日志分析员负责日志、监测报警数据分析和统计等工作。

运维管理部组织相关人员，针对单位不同的网络设备、安全设备、操作系统和数据库系统等制定了配置和操作手册，要求各管理员依据手册对设备进行安全配置和优化配置，同时要求各管理员详细记录各类操作（如各类配置参数的设置和修改，每天的状态检查和运行维护记录等）。

【实施要点及说明】

网络和系统安全管理的相关要求可合起来形成一个管理制度，也可根据管理内容重要性的不同，单独制定不同的管理制度（如账户管理制度、网络安全管理制度等）。管理制度内容需覆盖网络和系统日常维护的相关内容。

3.10.7　恶意代码防范管理

【安全要求】

第一级、第二级安全要求如下。

a）应提高所有用户的防恶意代码意识，对外来计算机或存储设备接入系统前进行恶意代码检查等。

b）应对恶意代码防范要求做出规定，包括防恶意代码软件的授权使用、恶意代码库升级、恶意代码的定期查杀等。

c）应定期检查恶意代码库的升级情况，对截获的恶意代码进行及时分析处理。

【解读和说明】

对普通办公计算机用户，可通过恶意代码防范知识的培训，使其了解在日常操作过程中如何防范恶意代码，尤其是当外部存储设备接入本地计算机时，需先进行防病毒查杀，无问题后方可打开。对在网络系统中运行的设备，为保证其运行在安全、纯净的环境中，接入网络系统的外来设备均需经过系统恶意代码检测工具的检测，无问题后方可接入。

针对第二级等级保护对象，恶意代码库是否为最新的将直接关系到防范恶意代码的效果，因此，相关人员需定期检查代码库是否为最新版本，及时升级，并对软件所发现的可疑代码及时进行分析，采取处理措施。

【相关安全产品或服务】

无。

【安全建设要点及案例】

某单位安全管理职能部门根据单位《恶意代码防范管理制度》要求，定期组织防恶意代码宣贯活动，增强相关人员防恶意代码的意识，指定安全管理员定期进行病毒软件和特征库升级及防病毒产品授权情况的检查等。恶意代码防范管理制度具体如下。

第一条　由管理组负责防病毒产品的统一部署、防病毒客户端软件的安装，各部门使用的防病毒产品必须安装指定的防病毒客户端软件。

第二条　由安全管理员负责统一制定病毒扫描策略和病毒库升级策略。

第三条　由安全管理员定期对网络和系统进行病毒检查，对各部门计算机防病毒工作进行部署、监督和指导，并组织定期进行计算机防病毒工作的检查。

第四条　全体职员要高度重视计算机病毒防范工作，一旦发现计算机系统遭到病毒入侵，应立即向管理组反应，以便及时采取措施进行处理。

第五条　本管理制度中所指的"病毒"包括：普通计算机病毒、网络蠕虫、木马程序、"网络黑客程序"、"流氓软件"及"间谍软件"等。

第六条　外来计算机或存储设备接入系统前均需进行恶意代码检查。

……

【实施要点及说明】

各单位在定期开展的全员安全意识教育培训中，可加入对日常恶意代码防范的小知识，如外来 U 盘或移动硬盘需要先进行病毒查杀再打开。在单位邮箱中不随意打开来历不明的附件、链接等。

3.10.8　配置管理

【安全要求】

第一级没有此方面的要求，第二级安全要求如下。

应记录和保存基本配置信息，包括网络拓扑结构、各个设备安装的软件组件、软件组件的版本和补丁信息、各个设备或软件组件的配置参数等。

【解读和说明】

各类系统均是由网络设备、安全设备、服务器和终端等硬件及支撑这些硬件运行的系统软件和应用软件等构成的。相关人员需明确每类设备所安装软件的基本信息、补丁信息和配置信息等，以保证同类设备的软件、组件的一致性，进而保证系统运行的稳定性。

【相关安全产品或服务】

无。

【安全建设要点及案例】

某单位建立了一套运维管控平台，实现了线上设备管理、变更管理等。其中，设备管理模块可查询具体的网络设备、操作系统和数据库等设备信息，进入各个设备页面可看到其具体的版本和补丁信息、中间件及版本等内容。

【实施要点及说明】

基本配置信息的记录和保存，一般可通过专业的配置工具或设备管理工具实现。

3.10.9 密码管理

【安全要求】

第一级没有此方面的要求，第二级安全要求如下。

a）应遵循密码相关的国家标准和行业标准。

b）应使用国家密码管理主管部门认证核准的密码技术和产品。

【解读和说明】

系统中采用的密码产品或密码技术均需符合国家相关标准和行业标准，并遵从相关管理要求。

【相关安全产品或服务】

无。

【安全建设要点及案例】

某银行计划购置加密机实现对客户信息的加密，招标书中要求加密机供应商必须提供国家密码管理局颁发的《商用密码产品型号证书》。

【实施要点及说明】

相关单位在采购密码产品时，需采购具有相关产品的检测报告或密码产品型号证书的产品。

3.10.10 变更管理

【安全要求】

第一级没有此方面的要求，第二级安全要求如下。

应明确变更需求，变更前根据变更需求制定变更方案，变更方案经过评审、审批后方可实施。

【解读和说明】

对变更操作进行管理，首先要明确哪些操作或活动需纳入变更管理（并不是所有对系统的操作都需要进行变更管控）。一般的变更需求包括外部网络接入、重大网络结构调整、重要设备更换、设备基本配置信息更新和系统版本升级等。

【相关安全产品或服务】

无。

【安全建设要点及案例】

某单位制定了变更申报和审批控制规范等变更管理相关文档，同时根据其系统运行情况编制了变更分类表。

该单位某部门因业务范围调整，需变更部分数据库和服务器。在执行变更前，系统项目经理根据变更需求填写变更申请表，并将变更申请表提交部门领导进行审核。审核通过后，依据变更申报和审批控制规范及变更申请表实施变更，并填写变更记录表。在变更过程中由于数据库管理员操作失误，需中止变更，并依据变更失败恢复程序执行变更中止处理。变更分类表、变更申请单和变更记录表，如表 3-6、表 3-7 和表 3-8 所示。

表 3-6 变更分类表

范　畴	内　容
网络系统	网络系统构架（拓扑）变化 网络系统功能变化 网络设备内嵌操作和应用系统版本升级 网络设备配置变化 网络设备变化（设备更新和调配） ……
主机系统	主机系统硬件配置变化 操作系统构架变化 操作系统软件版本变化 操作系统配置变化 操作系统功能变化 操作系统服务对象变化 ……
应用系统	应用系统构架变化 应用系统软件版本变化 应用系统配置变化 应用系统功能变化 应用系统服务对象变化 ……

表 3-7　变更申请单

变更申请人	
变更申请单位	
变更申请时间	
变更对象	
变更需求	
变更原因	
变更内容	□操作系统变更 □中间件变更 □数据库变更 □账户及权限变更 □应用程序变更 □安全策略变更 □其他变更（备注中详细说明）
影响范围及时长	
测试环境测试结果	
变更级别	□标准 □重要
审核人意见	
审批人意见	
备注	

表 3-8　变更记录表

变更通知相关部门	□是 □否
变更过程记录	
变更结果	□成功 □失败（需注明失败原因） 失败原因：
备注	
变更操作人	
变更操作时间	

【实施要点及说明】

一般将变更需求、变更内容、变更操作、变更结果、相关部门审批等放在变更方案中统一描述，并按照变更前审批、变更中记录操作过程和变更结果、变更后确认等流程执行。

3.10.11　备份与恢复管理

【安全要求】

第一级、第二级安全要求如下。

a）应识别需要定期备份的重要业务信息、系统数据及软件系统等。

b）应规定备份信息的备份方式、备份频度、存储介质、保存期等。

c）应根据数据的重要性和数据对系统运行的影响，制定数据的备份策略和恢复策略、备份程序和恢复程序等。

【解读和说明】

数据备份是保障等级保护对象在发生数据丢失或被破坏时得以保障业务正常运行的重要措施。对于等级保护对象的重要业务信息、系统数据、配置信息和软件程序等，需要制定明确的数据备份策略、恢复策略及相关流程。

【相关安全产品或服务】

无。

【安全建设要点及案例】

某单位根据业务情况，对需进行定期备份的业务信息、系统数据及软件系统按照备份需求进行分类梳理，制定了本单位数据备份与恢复管理规定。其中，数据备份包括常规备份和非常规备份两种。数据的常规备份是指在指定时间进行的、具有固定备份内容和操作流程的数据备份。数据的非常规备份是指不定期进行的、具有特定备份目的的数据备份，如应用系统执行码备份、全系统备份、数据清档备份和特殊备份等。备份与恢复策略如下。

第一条　备份和恢复管理是指对××系统的重要业务数据和系统数据进行数据备份及备份数据的恢复进行管理。

第二条　由日常运维组数据库管理员负责对后台数据库中的业务数据进行备份，由网络管理员负责对网络配置文件进行备份，由系统管理员负责对服务器系统配置文件进行备份。

第四条　数据库中业务数据的备份方式、备份频度如下。

（一）××数据每个小时备份一次，异地、增量备份。

（二）××数据每天备份一次，异地、增量备份。

（三）××数据每个月备份一次，异地、增量备份。

（四）定期对业务数据进行离线备份，备份到本地磁盘。

第五条　不同类型数据的备份操作过程和参数设置按照相应的安全操作规程执行。

第六条　加强备份数据的恢复性管理，授权相关人员定期对备份数据进行恢复性测试，确保备份数据的可用性和完整性。

【实施要点及说明】

根据数据的重要性、数据对系统运行的影响程度及数据量的周期变化等因素，制定数据的备份策略和恢复策略、备份程序和恢复程序等管理要求。数据备份策略是根据数据性质的不同，选择不同的备份内容和备份方式等；数据恢复策略是指数据库在遭到各种攻击导致数据丢失时利用备份数据进行数据恢复的方法和操作步骤。

3.10.12　安全事件处置

【安全要求】

第一级、第二级安全要求如下。

a）应及时向安全管理部门报告所发现的安全弱点和可疑事件。

b）应明确安全事件的报告和处置流程，规定安全事件的现场处理、事件报告和后期恢复的管理职责。

c）应在安全事件报告和响应处理过程中，分析和鉴定事件产生的原因，收集证据，记录处理过程，总结经验教训。

【解读和说明】

在等级保护对象的运行过程中可能会发生很多安全事件，相关单位需要针对所有可能发生的安全事件进行分析，明确各类事件发生后的报告和处置流程及在事件处置过程中相关部门的管理职责（如网络安全部门的管理职责、系统运维部门的管理职责、业务部门的管理职责等）。

【相关安全产品或服务】

相关安全服务为应急响应服务等。

【安全建设要点及案例】

某单位成立了网络安全领导小组和应急领导小组协同处理单位安全事件。同时，依据国家相关标准规范，结合单位业务运行情况，制定了《信息安全事件分类分级规范》和《安全事件报告和处置管理制度》，明确了不同安全事件的报告、处置和响应流程，规定了安全事件的现场处理、事件报告和后期恢复的管理职责等。

该单位某次安全事件处置过程如下。

> 某业务部门业务人员无法登录业务系统，将情况上报至部门负责人，部门负责人根据单位相关规定，经初步分析后，上报至单位安全管理部安全管理员。
>
> 安全管理员经分析判断系统遭外部攻击，上报至部门负责人，并提交相应的报告或信息。
>
> 安全管理部门负责人组织应急小组召开会议，经讨论判断，确认此次安全事件为二级安全事件，立即上报应急领导小组。
>
> 应急领导小组进行最终判定后，安全管理部组织相关人员进行评估、分析，同时听取应急专家小组的处置建议，制定应急响应事件处置方案，并处置安全事件。
>
> 处置完毕，安全管理员对事故或故障的类型、严重程度、发生的原因、性质、产生的损失、责任人、经验教训等进行调查确认，形成书面报告。
>
> 安全管理员要将对事件的现象描述、处理方法及时整理成事故档案，以日期为索引专门存放。
>
> 在将事件的调查结果反馈给某业务部门后，某业务部门组织相关的人员进行学习和培训。

【实施要点及说明】

相关单位首先需明确安全弱点和可疑事件的报告流程和责任部门，其次通过内部宣贯、培训等方式增强全员安全意识，使员工能够正确认识可疑事件，以便正确、及时地进行报告。

3.10.13 应急预案管理

【安全要求】

第一级没有此方面的要求，第二级安全要求如下。

a）应制定重要事件的应急预案，包括应急处理流程、系统恢复流程等内容。

b）应定期对系统相关的人员进行应急预案培训，并进行应急预案的演练。

【解读和说明】

针对重要事件（如网站遭到不明恶意攻击、单位内网感染木马病毒和数据库遭到破坏等），需分析各类事件的应急手段和处置流程，形成不同事件的应急预案。

【相关安全产品或服务】

相关安全服务为应急响应服务等。

【安全建设要点及案例】

某大型银行设立了专门的部门、配置了相关人员负责相关应急预案的管理，制定了重要事件的专项预案，每年年初要求相关部门根据专项预案制订应急演练计划和应急培训计划，并要求按照培训计划对相关人员进行培训，根据演练计划进行演练，相关负责人实时跟踪演练执行结果。

【实施要点及说明】

一般情况下，应急演练的组织形式可分为桌面推演和实战演练。桌面推演主要是验证应急预案的有效性，促使相关人员明确应急预案中有关职责，掌握应急流程及应急操作，提高指挥决策和各方协同配合能力。实战演练则是检验和提高相关人员的临场指挥、应急处置和后勤保障能力。各单位可根据本单位实际工作需要，采取不同方式进行应急预案演练。

3.10.14　外包运维管理

【安全要求】

第一级没有此方面的要求，第二级安全要求如下。

a）应确保外包运维服务供应商的选择符合国家的有关规定。

b）应与选定的外包运维服务供应商签订相关的协议，明确约定外包运维的范围、工作内容。

【解读和说明】

相关单位虽然将与系统相关的运维工作外包，但并不意味着将安全责任外包。在发生安全事件时，外包运维方和被运维方均需承担相应的责任。为避免出现安全责任推诿的情况，需要在所签订的协议中明确外包运维方的工作内容、运维范围和所承担的安全责任等。

【相关安全产品或服务】

无。

【安全建设要点及案例】

某单位选择外包运维服务供应商时，要求参与竞标的运维服务供应商提供符合国家或行业管理要求的相关资质（信息技术服务管理体系认证证书、信息系统集成及服务资质证书和 ITSS 信息技术服务运行维护标准符合性证书等）。

外包运维服务供应商选定后，该单位与外包运维服务供应商签订了运维服务协议，在协议中明确了各自的权利、义务、后期的技术支持和服务承诺、违约责任等。

【实施要点及说明】

无。

第4章 第三级和第四级安全通用要求应用解读

本章主要针对第三级和第四级安全通用要求进行应用解读，包括解读和说明、相关安全产品或服务、安全建设要点及案例、实施要点及说明四个方面。其中，在第三级等级保护要求的基础上，以粗体字标识第四级增加或增强的要求。

解读和说明主要针对等级保护要求中需要特别解释的条款进一步细化说明。相关安全产品或服务对实现安全要求可能采用的产品或服务进行描述。安全建设要点及案例以实现安全要求为前提，具体描述某一场景下的实现手段，并特别指出第三级与第四级等级保护要求实现方式上的不同之处。实施要点及说明主要关注具体要求项在实现过程中的一般实现方式和需要注意的事项。

4.1 安全物理环境

4.1.1 物理位置选择

【安全要求】

第三级、第四级安全要求如下。

a）机房场地应选择在具有防震、防风和防雨等能力的建筑内。

b）机房场地应避免设在建筑物的顶层或地下室，否则应加强防水和防潮措施。

【解读和说明】

鉴于建筑物的顶层会出现雨水渗透的情况，以及建筑物的地下室容易积水和潮湿，机房场地一般不建议设在建筑物的顶层或地下室。若设在这两处之一，则需根据实际情况采取顶层防水防潮或防地下水渗漏等措施。

【相关安全产品或服务】

无。

【安全建设要点及案例】

某单位在进行数据中心机房建设时，考虑了位置选择的安全需求。第一，综合考虑设备、设施安装及承重改造等因素，将机房设在建筑物底层，但不是地下。第二，建筑主体同步考虑了安全建设要求，如耐火、抗震、防火和防止不均匀沉陷，建筑变形缝和伸缩缝不能穿过主机房等。第三，机房区域尽量不设置外窗，并对仅存的两个外窗采用双层固定式玻璃窗，同时安装外部遮阳装置。

【实施要点及说明】

在进行物理位置选择时需要关注以下几点。

① 对处于地震带上的地区，机房选址时需要格外关注其所在建筑物的防震等级。对多雨、潮湿地区，机房选址应更多关注建筑物的防水措施。

② 对于新建机房，在考虑机房选址时需要按照以上要求进行选择。对于已建机房，若目前所处位置为建筑物顶层或地下室，则需加强屋顶防水设施，或者采用挡水坝等方式防止雨水渗透或倒灌。

4.1.2　物理访问控制

【安全要求】

第三级、第四级安全要求如下。

a）机房出入口应配置电子门禁系统，控制、鉴别和记录进入的人员。

b）重要区域应配置第二道电子门禁系统，控制、鉴别和记录进入的人员。

【解读和说明】

针对第四级等级保护对象，除机房进出口的第一道门禁系统外，针对部署有核心服务器和防火墙等设备的机房重要区域，还需再单独设置第二道门禁系统，以便更严格地对该区域进行访问管理。

【相关安全产品或服务】

相关安全产品是电子门禁系统。

【安全建设要点及案例】

某数据中心机房在物理分区上分为值班区域、过渡区域、网络设备区域和核心服务器区域等。针对机房整体的物理访问控制，首先要在机房出入口设置出入口控制系统，根据不同的通行对象进出各受控区的安全管理要求，在出入口处对其所持有的凭证进行识别、查验，对其进出实施授权、实时控制和管理，以满足实际应用需求。

相关单位应在核心服务器区域配备二级出入口控制系统。当相关人员用一张允许通行的卡刷开机房第一道门时，刷卡人位于第一道门和第二道门之间的区域，这时系统会检测第一道门的状态，系统确认第一道门已经闭合，才允许持卡人刷开第二道门。如果系统确认第一道门没有闭合，那么即使卡被授权进入第二道门，刷卡时系统也会拒绝开启第二道门，有效地实现了对核心区域人员访问的控制。

【实施要点及说明】

明确机房重要区域的边界。在设置重要区域时，需要尽可能缩小其范围，并使其区别于其他区域。重要区域电子门禁系统的访问权限需要进行严格审批。

4.1.3　防盗窃和防破坏

【安全要求】

第三级、第四级安全要求如下。

a）应将设备或主要部件进行固定，并设置明显的不易除去的标识。

b）应将通信线缆铺设在隐蔽安全处。

c）应设置机房防盗报警系统或设置有专人值守的视频监控系统。

【解读和说明】

为防止设备或主要部件由于自然灾害或者人为因素遗失、跌落或损坏，需要使用类似螺钉和轧线等将其固定在机柜上。同时，为了方便机房设备的管理和维护，在设备和主要部件处设置明显的不易除去的标识（如设备资产标识和条形码标识等）。

通信线缆铺设在隐蔽安全处（如地下或者管道中），有利于保护通信线路不被破坏，也有利于机房的整洁、规范。

通过设置机房防盗报警系统或设置有专人值守的视频监控系统，加强日常维护巡检，既可监测异常情况，也可对事件进行追踪溯源。

【相关安全产品或服务】

相关产品包括智能布线系统、防盗报警系统和视频监控系统。

【安全建设要点及案例】

某数据中心针对机柜、上架设备和通信线缆提出如下安装要求。

① 机柜不宜直接安装在活动地板上。应按设备的底平面尺寸制作底座，底座直接与地面固定，机柜固定在底座上，然后铺设活动地板。

② 机柜内设备和部件的安装工序在机柜定位完毕并固定后进行，这样安装在机柜内的设备更加牢固。

③ 柜体及设备安装完毕需要做好标识，标识要统一、清晰和美观。设备安装完毕后，柜体进出线缆孔洞需要采用防火胶泥封堵。

④ 所有通信线缆均铺设在数据中心地下或专用桥架内，并分类捆扎。

⑤ 在安全防范系统中配备视频监控系统、入侵报警系统和出入口控制系统，三者之间具备联动控制功能。当出现紧急情况时，出入口控制系统能接受相关系统的联动控制信号，自动打开疏散通道。

⑥ 在实际建设过程中，按照以上要求进行设备安装和通信线缆安装，并设置了视频监控系统，机房即使遭到非法入侵，相关人员也能够及时发现。

【实施要点及说明】

在实施防盗窃和防破坏时需要关注以下几点。

① 设备标识通常设置于设备主视方向的醒目位置，避免设置在设备移动后可能遮盖标识的位置、容易被移动的物体遮盖处、影响设备正常操作的位置。

② 对于全封闭的机房，可根据机房整体面积在其中设置若干个摄像头，视频监控系统集中设置在总控中心内。对于有对外门窗的非封闭机房，尽量在对外出口处设置防盗报警系统，通过联动或短信等方式，使相关人员及时掌握机房的情况。

4.1.4　防雷击

【安全要求】

第三级、第四级安全要求如下。

a）应将各类机柜、设施和设备等通过接地系统安全接地。

b）应采取措施防止感应雷，例如设置防雷保安器或过压保护装置等。

【解读和说明】

配电系统的接地方式直接关系到人身安全、设备安全及设备的正常运行。从机房建设角度来看，接地装置的设置、接地系统的选择和等电位连接等都是防雷措施的一部分。因此，防雷系统与接地系统是一个相互影响的综合系统，二者密不可分。根据国家相关标准，防雷接地一般与交流工作接地、直流工作接地、安全保护接地共用一组接地装置，接地装置的接地电阻值按接入设备中要求的最小值确定。

目前，在智能大楼防雷系统设计中，一般设计了完整的避雷系统以避免直击雷带来的损害。机房系统安置在建筑物内，受建筑物防雷系统保护，直击雷击中计算机网络系统的可能性非常小，而防止感应雷则需格外关注。感应雷过电压、感应雷电流主要通过以下三个途径入侵计算机系统：通过交流电源线路入侵、通信线路入侵和接地系统入侵。因此，为防止感应雷，相关单位也可通过在电源线路上、通信线路上设置浪涌保护器和设置联合接地系统等方式实现。

【相关安全产品或服务】

相关安全产品包括接地系统、消弧线圈、避雷器和浪涌保护器。

【安全建设要点及案例】

某数据中心在设计机房的防雷系统和接地系统时，采用等电位联结方式，主机房设置等电位联结网格，网格四周设置等电位联结带，并通过等电位联结导体将等电位联结带就近与接地汇流排、各类金属管道、金属线槽和建筑物金属结构等进行连接。

针对接入机房的交流电源，在高压端安装防雷装置作为第一级保护，在低压端安装阀门式防雷装置作为第二级保护，在楼层配电箱中安装电源避雷箱作为第三级保护。另外，设计了综合布线系统以防止感应雷。

【实施要点及说明】

在实施防雷击时需要关注以下几点。

① 在进行接地系统防雷设计时，一般将交流接地与安全工作接地合二为一，与直流接地、防雷接地分别用三根接地引线引至大楼的地面总等电位箱，再将它们引至避雷地桩，形成综合接地网，从而形成等电位，避免发生雷电反击而损耗设备。在防雷接地必须设置单独接地装置时，其余三种接地宜共用一组接地装置，其接地电阻不应大于接入设备的最小电阻值，并应按照相应的防雷设计要求，采取雷电反击措施，使防雷接地和其他两种接

地间有一定的距离。

② 为了保护建筑物和建筑物内各网络设备不受雷电损害或使雷击损害降低，相关人员需要从整体防感应雷的角度来进行防雷方案的设计。在电源线路和通信线路等外接引入线路上安装防雷保护装置。由于机房 UPS 不间断电源设备是用于为机房内系统各用电设备提供稳定、可靠和高质量的用电环境唯一的重要设备，并且是由市电供电输入机房的主要途径，所以可在机房专用配电柜和 UPS 电源做两级电源线输入防雷保护。通信线路防雷主要指由户外引至户内的通信线路的防雷。若采用光纤传输，可以不进行保护，但光纤两端要接地。如不选用光纤，则需按信号线路种类选取相应的防雷保安器。

4.1.5　防火

【安全要求】

第三级、第四级安全要求如下。

a）机房应设置火灾自动消防系统，能够自动检测火情、自动报警，并自动灭火。

b）机房及相关的工作房间和辅助房应采用具有耐火等级的建筑材料。

c）应对机房划分区域进行管理，区域和区域之间设置隔离防火措施。

【解读和说明】

机房火灾一般属于带电物体引起的火灾。一级防火要求使用能达到电绝缘性能要求的灭火器灭火。机房灭火器通常选用气体灭火器，具体可选择手提式二氧化碳灭火器、手提式七氟丙烷灭火器等气体灭火器辅助灭火。

通过火灾探测器等显示火灾参数（如烟、温度、火焰辐射、气体浓度等），并自动产生火灾报警信号。火灾警报装置接收、显示和传递火灾报警信号，以声、光、影像等方式向报警区域发出火灾警报信号，当接收到火灾报警后，能够自动或手动启动相关消防设备。

对于机房、机房值班室和设备储藏室等各区域，均需要采用符合防火设计规范所要求的耐火等级的建筑材料。根据各区域的重要程度可选择相应的耐火等级建筑材料，或者统一采用最高级别的耐火等级建筑材料。

针对机房各区域的重要程度和使用功能不同，划分不同的区域并分别进行管理。各区域之间采用的隔离装置（如防火门、防火卷帘等）需具备防火功能。

【相关安全产品或服务】

相关安全产品包括消防灭火器、自动探测系统和消防系统。

【安全建设要点及案例】

某数据中心进行整体安全建设。其建筑物耐火等级不低于二级。数据中心与建筑内其他功能用房之间采用耐火极限不低于两小时的防火隔墙和不低于 1.5 小时的楼板隔开，隔墙上的开门采用甲级防火门。机房内重要设备和其他设备分区域放置，采用防火门进行区域隔离防火，防止火灾蔓延。

按照火灾自动报警系统设计规范配置火灾自动报警系统。主机房采用管网式气体灭火系统或细水雾灭火系统，同时设置两组独立的火灾探测器，且火灾报警系统与灭火系统、视频监控系统联动。设置气体灭火系统的主机房，配置专用空气呼吸器或氧气呼吸器。

数据中心设置室内消火栓系统和建筑灭火器，室内消火栓系统配置消防软管卷盘。

根据机房区域划分，将机房区域划分为核心设备区和普通设备区，两个区域通过防火卷帘进行分区防火控制。

【实施要点及说明】

在实施防火时需要关注以下几点。

① 气体灭火系统的使用要充分考虑到该类系统的特点，一般应用于规模比较小的机房，管道输送距离不宜过长。A 级数据中心的主机房宜设置气体灭火系统，也可设置细水雾灭火系统。当 A 级数据中心内的电子信息系统在其他数据中心内安装有承担相同功能的备份系统时，也可设置自动喷水灭火系统。

② B 级数据中心和 C 级数据中心的主机房宜设置气体灭火系统，也可设置细水雾灭火系统或自动喷水灭火系统。总控中心等长期有人工作的区域需要设置自动喷水灭火系统。

③ 机房气体灭火系统目前常用的是七氟丙烷灭火系统。七氟丙烷灭火系统有两种灭火方式，在机房灭火中可以采用有管网全淹没灭火方式和无管网全淹没灭火方式，相关人员可在具体工程中根据现场情况及资金预算，选择最适合的灭火方式。高压二氧化碳灭火系统虽然以二氧化碳作为灭火剂，但因为降温会对发热机器造成损坏，同时易导致人员缺氧而窒息，所以这种灭火系统不适用于长期有人工作的机房内。

4.1.6　防水和防潮

【安全要求】

第三级、第四级安全要求如下。

a）应采取措施防止雨水通过机房窗户、屋顶和墙壁渗透。

b）应采取措施防止机房内水蒸气结露和地下积水的转移与渗透。

c）应安装对水敏感的检测仪表或元件，对机房进行防水检测和报警。

【解读和说明】

机房有对外窗户的，需要加强对门窗的防水措施。若是与外界有直接墙体接触的，则需考虑对外墙体进行防水加固，防止雨水渗透。

相关单位同时要对墙体、地面和屋顶采取相应的保温措施，防止室内水气结露。

在机房可能漏水的设备附近，需安装专门的防水检测仪表，对机房进行防水检测和报警。

【相关安全产品或服务】

相关安全产品或服务包括外墙防水、机房门窗防水和漏水检测及报警装置。

【安全建设要点及案例】

某数据中心的防水工作是机房建设及日常运营管理的重要内容，主要防护措施是在机房外围隔断墙、幕墙边缘和机房区高架地板处、沿走廊处地板处设置适当高度的挡水墙，在专用空调设备的四周设置 150mm 高的挡水坝，在挡水坝内设置防反溢排水地漏，对挡水坝内的地面及挡水坝做防水处理，空调给水和排水主管道设置于走廊并做防结露保温处理。

数据中心屋面防水找坡采用结构找坡和内排水方式排水，屋面一级防水等级，防水材料为一道卷材防水层、一道涂料防水层和细石混凝土保护层。外墙按规范要求做好保温防水工艺处理。主机房地面与其他区域相邻的屋顶和空调新风管道均采用 15mm～20mm 的橡塑板做好保温处理。

在数据中心主机房、辅助工作间、工作用房和配套动力用房（如配电间、发电机房等）等区域部署了独立监控系统，多区域发生故障或漏水时可同时对多个区域的漏水或系统故障进行报警。

【实施要点及说明】

根据机房漏水隐患分布（暖气系统、空调系统和上下水管等）情况部署漏水监控报警系统。漏水检测系统可以和其他智能监控系统一起被集成到统一的监控系统中进行集中监控。

4.1.7　防静电

【安全要求】

第三级、第四级安全要求如下。

a）应采用防静电地板或地面并采用必要的接地防静电措施。

b）应采取措施防止静电的产生，例如采用静电消除器、佩戴防静电手环等。

【解读和说明】

为规避静电产生的危害，机房需铺设防静电地板或地面，并采用设备所在机柜接地的方式防止静电所带来的对设备不利的影响。

【相关安全产品或服务】

相关安全产品包括静电接地网和人体静电释放器等。

【安全建设要点及案例】

某数据中心在建设使用过程中，针对机房防静电，采取的措施如下。

① 接地与屏蔽。接地是最基本的防静电措施。应建设合规的设备接地和电磁屏蔽系统，有效释放人体和物体移动产生的静电电荷，避免信息设备受电磁干扰与损害。

② 机房地板。主机房和装有电子信息设备的辅助区的防静电活动地板系统，保证从地板表面到接地系统的电阻在 $10 5 \Omega \sim 10 8 \Omega$ 之间。

③ 机房办公设施。机房所用办公桌椅和物品柜要求选用产生静电少或不产生静电的材料制造，材料表面电阻值应低于 $10 9 \Omega$。

④ 工作人员着装。出入机房的工作人员的服装和鞋应选用低阻值材料制作，以免产生静电。

⑤ 控制机房温湿度。控制湿度是避免产生静电的重要手段。应通过机房专用空气调节系统和湿度控制设备保证机房相对湿度保持在规定范围内。

⑥ 使用静电消除剂和静电消除器。在机房入口处设置静电消除器消除人体携带的静电，在静电易产生处喷洒静电消除剂，通过导电溶剂降低接地阻值。

【实施要点及说明】

在实施防静电时需要关注以下几点。

① 主机房和辅助区中不使用防静电活动地板的房间，可铺设防静电地面，其静电耗散性能需要长期稳定，且不起灰尘。

② 辅助区内的工作台面宜采用导静电或静电耗散材料，其静电性能指标需要符合电子工程防静电设计规范的有关规定。

③ 北方（尤其是北方的冬季）空气相对干燥，进出机房的人员需进行防静电穿戴或使用静电消除器等保证将静电消除。

4.1.8　温湿度控制

【安全要求】

第三级、第四级安全要求如下。

应设置温湿度自动调节设施，使机房温湿度的变化在设备运行所允许的范围之内。

【解读和说明】

通过温湿度调节设施可以精密调节机房内空气温度、湿度和洁净度，消除 IT 设备和配套设施运行时发出的热量，使机房温湿度的变化在设备运行所允许的范围之内。机房内的温湿度范围与机房类别相关（机房分为 A 类机房、B 类机房和 C 类机房），机房的类别不同，温湿度的范围要求不同。

【相关安全产品或服务】

相关安全产品是机房精密空调系统。

【安全建设要点及案例】

某数据中心在主机房与其他房间分别设置精密空调系统。其精密空调系统按照如表 4-1 的要求设计和运行。

表 4-1　精密空调系统环境要求

项　　目	环 境 要 求	说　　明
冷通道或机柜进风区域的温度	18℃～27℃	不得结露
冷通道或机柜进风区域的相对湿度和露点温度	露点温度 5.5℃～15℃，同时相对湿度不大于60%	

续表

项　目	环境要求	说　明
主机房环境温度和相对湿度（停机时）	5℃~45℃，8%~80%，同时露点温度不大于 27℃	
主机房和辅助区温度变化率	使用磁带驱动时<5℃/h 使用磁盘驱动时<20℃/h	不得结露
辅助区温度、相对湿度（开机时）	18℃~27℃、35%~75%	
辅助区温度、相对湿度（停机时）	5℃~35℃、20%~80%	
不间断电源系统电池室温度	20℃~30℃	
主机房空气粒子浓度	少于 17600000 粒	每立方米空气中大于或等于 0.5μm 的悬浮粒子数

【实施要点及说明】

在进行温湿度控制时需要关注以下几点。

① 不同类别的机房对温湿度的要求不同，机房设备开机和停机的要求也不同，不同区域中同一机房的温湿度的要求也不同。因此，相关人员需要分别考虑不同情况下的机房温湿度在可接受范围之内。

② 机房专用空调和行间制冷空调需要采用出风温度控制。空调需要带有通信接口，通信协议需要满足监控系统的要求，监控的主要参数需要接入监控系统。主机房内的湿度可由机房专用空调和行间制冷空调进行控制，也可由其他加湿器进行调节。空调系统无备份设备时，单台空调制冷设备的制冷能力需要留有 15%~20%的余量。

4.1.9　电力供应

【安全要求】

第三级、第四级安全要求如下。

a）应在机房供电线路上配置稳压器和过电压防护设备。

b）应提供短期的备用电力供应，至少满足设备在断电情况下的正常运行要求。

c）应设置冗余或并行的电力电缆线路为计算机系统供电。

d）应提供应急供电设施。

【解读和说明】

机房供电系统涉及变压器、发电机、配电柜、防雷器、转换开关、UPS、断路器和机柜 PDU 等。供电线路上的稳压器和过电压防护设备是确保供电安全和控制电源质量的重要设备。通过供电线路上的稳压器和过电压防护设备可以将波动较大和不合电器设备要求的电源电压稳定在设定值范围内，使各种电路或电器设备能在额定工作电压下正常工作。

UPS 等后备电源系统承担着关键负载的短期备用电力供应，当出现市电断电等电网故障时，在短期时间内不间断地为关键负载提供电能。

针对第四级等级保护对象的关键基础设施和重要系统设备的供电，需设置柴油发电机组作为备用电源。

【相关安全产品或服务】

相关安全产品是 UPS 供电系统和备用发电设备等。

【安全建设要点及案例】

某数据中心机房要求按照表 4-2 设计和建设供电系统。

表 4-2　供电系统技术要求

项　　目	技 术 要 求			备　　注
	A 类机房	B 类机房	C 类机房	
电气技术				
供电电源	需要由双重电源供电	宜由双重电源供电	两回线路供电	—
供电网络中独立于正常电源的专用馈电线路	可作为备用电源	—	—	—
变压器	2N	N+1	N	A 类机房也可采用其他避免单点故障的系统配置
后备柴油发电机系统	(N+X)冗余 (X=1~N)	N+1，当供电电源只有一路时需设置后备柴油发电机系经	不间断电源系统的供电时间满足信息存储要求时，可不设置柴油发电机	—
后备柴油发电机的基本容量	包括不间断电源系统的基本容量、空调和制冷设备的基本容量	—	—	—
柴油发电机燃料存储量	满足 12 小时用油	—	—	①当外部供油的时间有保障时，燃料存储量仅需大于外部供油时间。②防止柴油微生物滋生

续表

项　目	技 术 要 求			备　注
	A 类机房	B 类机房	C 类机房	
电气技术				
不间断电源系统配置	2N 或 $M(N+1)$(M=2,3,4,$\cdots$)	$N+1$	N	$N{\leqslant}4$
	一路$(N+1)$UPS 和一路市电供电	—	—	—
	可以 2N，也可以$(N+1)$	—	—	—
不间断电源系统自动转换旁路	需要		—	—
不间断电源系统手动维修旁路	需要		—	—
不间断电源系统最少备用时间	15 分钟（柴油发电机作为后备电源时）	7 分钟（柴油发电机作为后备电源时）	根据实际需要确定	—
空调系统配电	双路电源（其中至少一路为应急电源），末端切换。采用放射式配电系统	双路电源，末端切换。采用放射式配电系统	采用放射式配电系统	—
变配电所物理隔离	容错配置的变配电设备需要分别布置在不同的物理隔间内	—	—	—

【实施要点及说明】

在实施电力供应时需要关注以下几点。

① 为提高计算机设备供配电系统的可靠性，一般由不间断电源系统 UPS 供电，同时满足稳压要求。UPS 在工作状态下的负载不超过额定负载的 60%。

② 接入机房配电箱柜的市电电路需要双路引入，或者由不同的变电站引入。

③ 柴油发电机等应急供电装置可租赁或购买。当 UPS 等短期供电设施无法满足要求时，启用应急供电装置。在启动应急供电装置前，相关人员需明确机房内哪些重要设备优先采用及其正常工作的电能需求，以减少系统因断电造成的损失。

4.1.10 电磁防护

【安全要求】

第三级、第四级安全要求如下。

a）电源线和通信线缆应隔离铺设，避免互相干扰。

b）应对关键设备**或关键区域**实施电磁屏蔽。

【解读和说明】

为避免交流供电电缆与弱电信号铜缆产生耦合电磁干扰，需要将二者尽量分开走线，如需平行走线，则两条电缆间需保持一定的间距。

为避免关键设备上的数据被嗅探，需要采用屏蔽机柜或屏蔽室等设施，对关键设备实施电磁屏蔽，保证关键数据的安全。若关键设备所占机柜较多，则可对此关键区域实施电磁屏蔽。

【相关安全产品或服务】

相关安全产品是综合布线、屏蔽机柜和屏蔽室。

【安全建设要点及案例】

某数据中心进行综合布线时，要求铜缆与电力电缆或配电母线槽之间的最小间距符合表 4-3 中的规定。

表 4-3 机房综合布线技术要求

机柜容量（kVA）	铜缆与电力电缆的铺设关系	铜缆与配电母线槽的铺设关系	最小间距（mm）
≤5	铜缆与电力电缆平行铺设	—	300
	有一方在金属线槽或钢管中铺设，或者使用屏蔽铜缆	铜缆与配电母线槽平行铺设	150
	双方各自在金属线槽或钢管中铺设，或者使用屏蔽铜缆	铜缆在金属线槽或钢管中铺设，或者使用屏蔽铜缆	80
>5	铜缆与电力电缆平行铺设	—	600
	有一方在金属线槽或钢管中铺设，或者使用屏蔽铜缆	铜缆与配电母线槽平行铺设	300
	双方各自在金属线槽或钢管中铺设，或者使用屏蔽铜缆	铜缆在金属线槽或钢管中铺设，或者使用屏蔽铜缆	150

该数据中心为处理涉及企业商业信息的关键服务器设置了电磁屏蔽柜，电磁屏蔽的性

能指标符合国家现行相关标准。

【实施要点及说明】

设有电磁屏蔽室的机房要求建筑结构需要满足屏蔽结构对荷载的要求。电磁屏蔽机柜、电磁屏蔽门、滤波器、波导管和截止波导通风窗等电磁屏蔽件，其性能指标不低于电磁屏蔽室的性能要求。

4.2　安全通信网络

4.2.1　网络架构

【安全要求】

第三级、第四级安全要求如下。

a）应保证网络设备的业务处理能力满足业务高峰期需要。

b）应保证网络各个部分的带宽满足业务高峰期需要。

c）应划分不同的网络区域，并按照方便管理和控制的原则为各网络区域分配地址。

d）应避免将重要网络区域部署在边界处，重要网络区域与其他网络区域之间应采取可靠的技术隔离手段。

e）应提供通信线路、关键网络设备和关键计算设备的硬件冗余，保证系统的可用性。

f）应按照业务服务的重要程度分配带宽，优先保障重要业务。

【解读和说明】

本控制点涉及如何根据业务应用系统的特点构建网络基础架构。相关人员在规划基础网络时要关注网络资源分布和网络架构是否合理。只有在网络架构合理和保证业务连续性的基础上，才能在其上实现各种技术功能，达到纵深防护的目的。

为了保证业务服务的连续性，相关单位需要保证网络各个部分的带宽满足业务需要，尤其是满足业务高峰期的需要。如果存在带宽无法满足业务高峰期需要的情况，则需要在相关设备上进行带宽配置，保证关键业务应用的带宽需求。

为了保证业务服务的连续性，在网络带宽设计确认后，相关人员需要确保网络设备和安全设备处理能力与带宽相匹配。为保证主要网络设备和安全设备的处理能力能够满足业务需要，相关单位需要部署如综合网管系统等相关系统持续监测设备资源占用情况（如CPU 和内存使用情况），确保设备的业务处理能力存在冗余空间。

相关单位需要根据系统重要性、部门架构和区域边界等合理规划不同的网络区域。通过在主要网络设备上进行 VLAN 划分，实现网络区域划分及 IP 地址分配。不同 VLAN 内的报文在传输时是相互隔离的，即一个 VLAN 内的用户不能和其他 VLAN 内的用户直接通信。如果不同 VLAN 间的用户需要进行通信，则需要通过防火墙、路由器或三层路由交换机等设备实现。

为防止来自外部网络的直接攻击，重要区域应避免部署在网络边界处、直接连接外部网络。同时，重要区域与系统边界之间需要设置缓冲区，在重要区域前端需要部署可靠的边界防护设备并配置启用安全策略进行访问控制。为避免网络设备或通信线路出现故障而引发通信中断，需要采用冗余技术设计网络拓扑架构，以确保在通信线路或设备出现故障时提供备用方案，有效增强网络的可靠性。

如果是第四级等级保护对象，为了保障重要业务的可用性，需要对带宽进行分配，对业务服务的重要程度进行分级，根据优先级进行带宽的分级保障。根据不同应用对网络品质的不同要求，相关人员需要根据用户的要求分配和调度带宽资源，为不同的数据流提供不同的优先级，优先处理实时性强且重要的数据报文，为实时性不强的普通数据报文提供较低的处理优先级，网络拥塞时甚至可以将其丢弃。通过配置 QoS 的网络环境，可以提高网络性能的可预知性，并能够有效地分配网络带宽，更加合理地利用网络资源。

【相关安全产品或服务】

相关安全产品包括路由器、交换机、防火墙、无线接入安全网关、UTM 安全网关、综合网管系统、流量控制系统和链路负载均衡器等提供网络通信功能和带宽控制功能的相关设备或组件。

【安全建设要点及案例】

案例 1 某大型企业网络架构设计

以某大型企业网络架构为例。按照纵深防御的原则，通过对整网进行安全区域划分，实现网络架构优化和网络安全。根据实际业务需求和安全需求将网络划分为不同的网络区域，包括互联网接入区、核心交换区、DMZ 区、安全管理中心、内部服务器区、无线办公接入区、办公终端区和工控系统大区等，不同安全区域之间通过网闸、防火墙和无线安全接入网关等设备进行逻辑隔离。网络架构部署如图 4-1 所示。

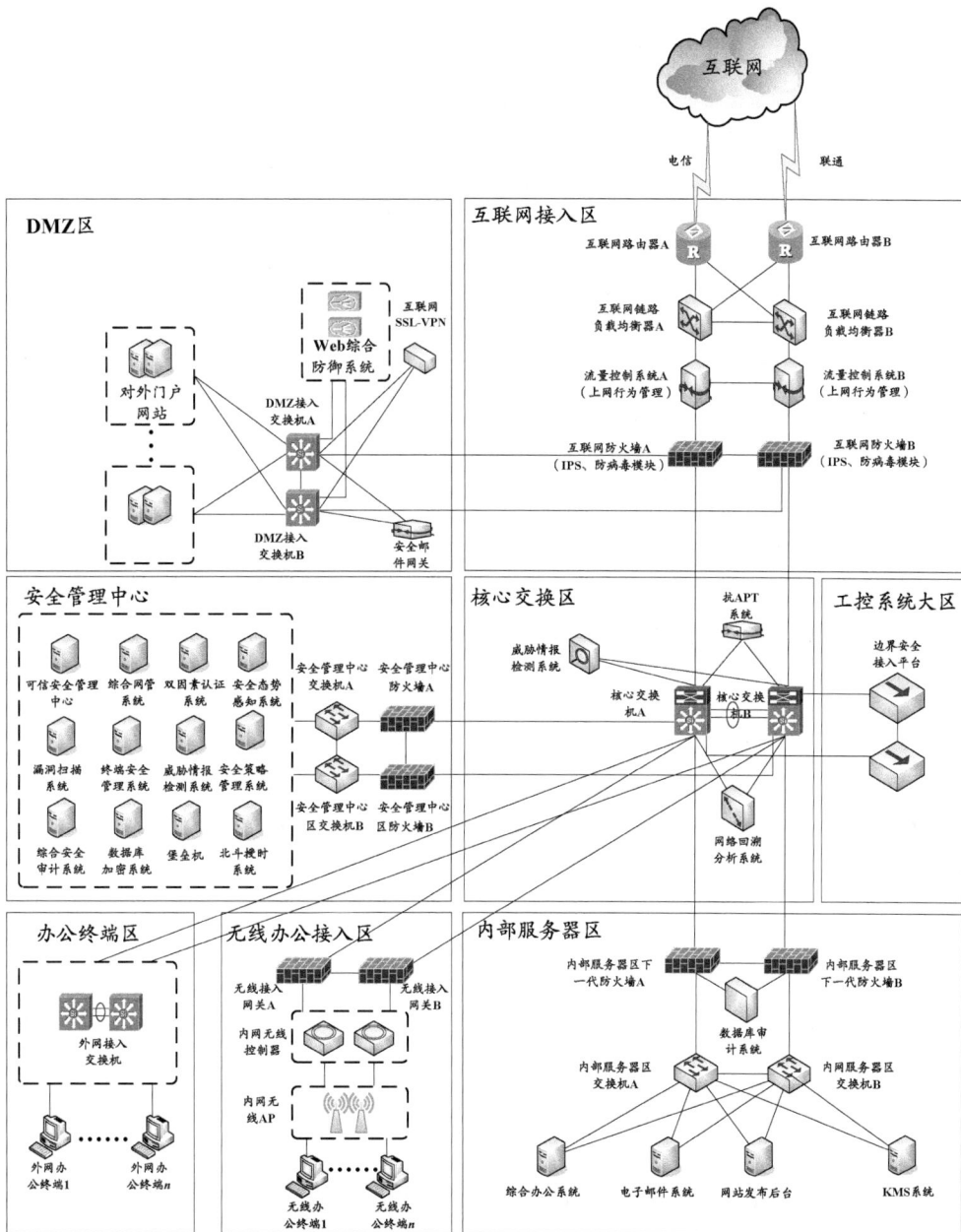

图 4-1　某大型企业网络架构部署示意图

如果是第四级等级保护对象，则需要在互联网出口配置流量管理设备、在网络拥堵时优先保障重要业务所需带宽。

安全区域划分如表 4-4 所示。

表 4-4　网络区域划分

网络区域名称	功 能 说 明
互联网接入区	提供全网互联网接入
DMZ 区	提供对外门户网站展示和邮件通信等
核心交换区	提供全网的数据核心交换，进行威胁情报检测、网络回溯分析和网络审计等
安全管理中心	提供全网系统管理、审计管理和安全管理等集中管理，包括全网监测、日志搜集分析、漏洞扫描和终端安全管理等
内部服务器区	用于部署内部业务应用系统
无线办公接入区	为所有无线用户提供接入
办公终端区	为所有办公终端提供接入，通过 VLAN 隔离不同属性的用户
工控系统大区	部署工业控制系统，使用网闸进行隔离

案例 2　某政府部门视频会议保障应用

某政府部门采用互联网实现省市县三级机构视频会议系统的互联互通，需要保证各级机构之间的视频会议服务质量，同时需要保证传输过程的保密性和完整性。网络架构部署如图 4-2 所示。

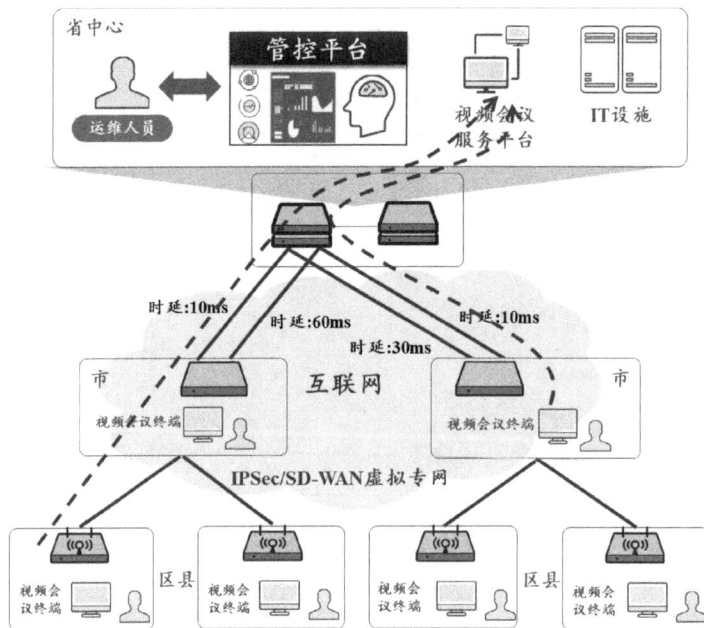

图 4-2　视频会议系统部署示意图

各级机构通过部署支持 QoS 功能的 IPSec VPN 网关或 SD-WAN 网关，组建一个基于互联网的 IPSec 或 SD-WAN 虚拟专网。省级中心部署了管控平台，对省级中心及各级机构部署的 IPSec VPN 网关或 SD-WAN 网关进行统一的集中管理，重要节点部署两台设备互为主备，保障网络的高可用性。

通过 IPSec VPN 网关或 SD-WAN 网关提供的 QoS 功能，将视频会议业务设置为高优先级，对视频会议业务数据进行识别并保证其带宽。在资源有限的情况下，优先保障视频会议的业务传输。

【实施要点及说明】

在实施网络架构优化时需要关注以下几点。

① 需要部署综合网管系统持续监测包括但不限于网络设备的系统资源占用率不超过70%，如设备的 CPU 和内存利用率等。

② 需要部署综合网管系统或相关软件持续监测网络中各链路带宽占用率不超过70%，重点监测互联网接入带宽、总部和分支机构之间数据专线的带宽占用率。

③ 对于实时性要求比较高、数据非常敏感的系统（如工业控制系统和重要政务系统等），按照行业需求和实际安全需求部署网闸或边界安全接入平台进行隔离，在特定应用场景下需要进行物理隔离。

④ 针对某些可靠性比较高的系统（如证券交易系统等），需要两条或多条通信链路，如电信和联通各一条。典型互联网接入部分的冗余部署是双链路、双路由器、双链路负载均衡器、双防火墙和双核心交换机等。

⑤ 为实现第四级等级保护要求中按照业务服务的重要程度分配带宽的要求，优先保障重要业务，适当选择路由器、交换机、流量控制设备或组件实现对带宽的控制，也可以通过相关安全设备，如防火墙，对带宽进行控制。

⑥ 对整网架构的安全域进行划分时需要考虑以下因素。

● 业务系统逻辑和应用的关联性。

● 业务系统对外连接：对外业务、系统支撑和内部管理。

● 安全要求相似性：可用性、保密性和完整性的要求。

● 威胁相似性：威胁来源、威胁方式和强度。

- 资产价值相近性：重要与非重要资产分离。

- 现有网络结构的状况：现有网络结构、地域和机房等。

- 参照现有的管理部门职权进行划分。

⑦ 在网络架构优化部署时需要遵循以下原则。

- 业务保障原则。在保证网络安全的同时更要保障网络承载业务的正常、高效运行。

- 等级保护原则。对不同等级的保护对象区分对待。

- 结构简化原则。安全域划分的目的是进行区域边界隔离，但同时简单的网络结构便于设计防护体系。因此，全域划分并不是粒度越细越好，安全域数量过多、过杂可能导致安全域的管理过于复杂、实际操作过于困难。

- 纵深防护原则。安全域划分的主要对象是网络，但是围绕安全域的防护，相关人员需要考虑在各个层次上的纵深防护和立体防守，包括物理链路、网络、主机系统、数据库系统和应用系统等层次。同时，在部署安全域防护体系的时候，要综合运用身份鉴别、访问控制、安全审计、链路冗余和内容检测等各种安全功能实现协防。

4.2.2　通信传输

【安全要求】

第三级、第四级安全要求如下。

a）应采用密码技术保证通信过程中数据的完整性。

b）应采用密码技术保证通信过程中数据的保密性。

c）应在通信前基于密码技术对通信的双方进行验证或认证。

d）应基于硬件密码模块对重要通信过程进行密码运算和密钥管理。

【解读和说明】

本控制点涉及的通信传输包括外部通信传输和内部通信传输。外部通信传输主要指单位网络边界之外的远程数据通信，如互联网链路、数据专线和移动办公接入等。内部通信传输主要指通过局域网连接的系统内部各模块间的通信，如设备登录和系统间相互访问等。

外部通信网络的安全防护主要通过虚拟专用网（如 IPSec VPN 和 SSL VPN 安全网关）

和通信线路加密（如链路加密机）等安全机制实现。内部安全通信的安全防护主要通过部署相关安全产品或应用软件实现，基于密码技术实现 HTTPS 和 SSH 等的安全访问，保证通信过程中数据的完整性和保密性。

第四级安全要求在第三级安全要求的基础上，增加了在通信前基于密码技术对通信的双方进行验证或认证，以及基于硬件密码模块对重要通信过程进行密码运算和密钥管理的要求。

在通信前基于密码技术对通信的双方进行验证或认证，主要采用非对称算法实现。主流的非对称算法主要有 RSA 和 SM2，其中 SM2 是我国自主研发并经密码主管部门认可的密码算法。目前市场上的主要产品与服务均采用基于 RSA 或 SM2 算法的数字证书方式实现对双方身份的验证或认证。采用 PKI 公钥基础设施对密钥和证书的产生、管理、存储、分发和撤销等功能进行统一管理。

采用硬件密码模块进行密码运算和密钥管理的优势是具有独立的计算环境和存储环境。硬件密码模块密钥的生成是由硬件物理噪声源芯片分别产生随机数并经异或运算作为输出的随机数进行运算或使用，无法通过猜测其种子值破坏随机数的安全性。物理噪声源芯片越多且产生的随机数的长度足够长，分别产生随机数并经异或运算作为输出的随机数的随机性就越强。

【相关安全产品或服务】

相关安全产品包括 PKI/CA 系统、IPsec VPN 安全网关、SSL VPN 安全网关、加密卡和加密机等提供密码技术功能的相关设备或组件。

【安全建设要点及案例】

本控制点在保证通信数据完整性和保密性基础上增加了基于密码技术对通信的双方进行验证或认证及基于硬件密码模块进行密码运算和密钥管理。

以对通信双方进行认证为例。通信双向认证的应用场景一般在应用系统层面实现，具体实现过程和步骤如下所述。

（1）双向认证流程

① 客户端发起建立 HTTPS 的连接请求，将 SSL 协议版本的信息发送给服务器端。

② 服务器端将本机的公钥证书（server.crt）发送给客户端。

③ 客户端读取公钥证书（server.crt）并取出了服务端公钥。

④ 客户端将客户端公钥证书（client.crt）发送给服务器端。

⑤ 服务器端解密客户端公钥证书并拿到客户端公钥。

⑥ 客户端发送自己支持的加密方案给服务器端。

⑦ 服务器端根据自身和客户端所具备的能力，选择一个双方都能接受的加密方案，使用客户端的公钥加密后将加密方案发送给客户端。

⑧ 客户端使用自己的私钥解密加密方案，生成一个随机数 R，使用服务器公钥加密后传给服务器端。

⑨ 服务端用自己的私钥进行解密，得到了密钥 R。

⑩ 服务端和客户端在后续通信过程中使用密钥 R 进行通信。

双向认证示意图，如图 4-3 所示。

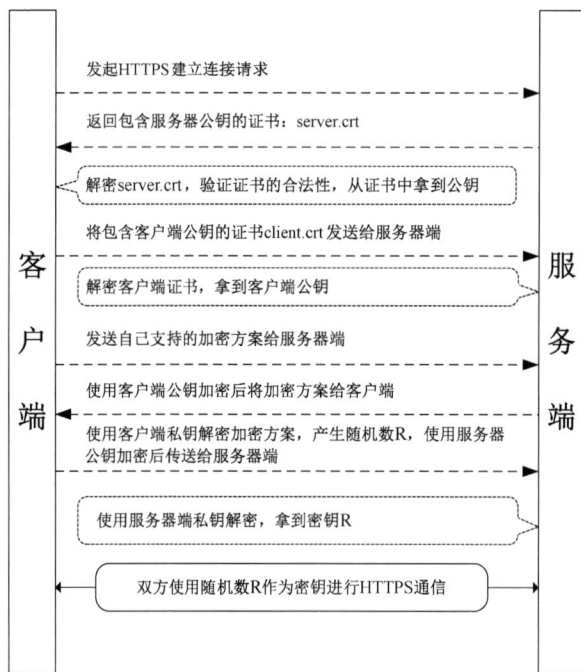

图 4-3　双向认证示意图

（2）服务器端配置启用双向认证 HTTPS 服务

以 Nginx Server 配置为例。将服务器端的两个证书文件（server.crt 和 server.key）和客

户端的公钥证书文件（client.crt）的路径配置到 Nginx 服务器节点配置中，并且把 SSL_
VERIFY_CLIENT 参数设置为 on。配置完成后执行-s reload，重新加载，生效后就能实现
双向认证的 HTTPS 服务。具体配置示例如下所示。

```
server {
    listen           443 ssl;
    server_name      www.yourdomain.com;
    ssl              on;
    ssl_certificate      /data/sslKey/server.crt;      #server 公钥证书
    ssl_certificate_key  /data/sslKey/server.key;      #server 私钥
    ssl_client_certificate /data/sslKey/client.crt;    #客户端公钥证书
    ssl_verify_client on;                              #开启客户端证书验证
    location / {
        root   html;
        index  index.html index.htm;
    }
}
```

【实施要点及说明】

在实施通信传输时需要关注以下几点。

① 相关单位可在网络层面保证通信过程中数据的完整性和保密性。例如，对于某些
业务应用系统来说，不对互联网用户提供服务，只对内部用户（包括通过数据专线访问的
分支机构用户）提供业务访问和操作等，需要部署 IPSec VPN 安全网关、SSL VPN 安全网
关或带 VPN 功能的防火墙等设备保证通信过程中数据的完整性和保密性。

② 相关单位还可在应用层面保证通信过程中数据的完整性和保密性。例如，对于某
些业务应用系统来说，只对互联网用户提供业务访问和操作等，不对内部用户提供服务，
针对这种应用场景需要在应用系统层面保证数据的保密性和完整性。

③ 在选择算法时需要选择国家密码管理局认可的密码算法，如 SM1、SM2、SM3 和
SM4 等，不允许单纯使用 MD5、SHA-0、SHA-1、RSA 1024 和 DES 等不安全的算法，应
根据实际安全需求（待加密数据量和加密速度要求等）选择适当的密码算法。

④ 在采购和使用密码产品时，需要选择具有国家密码管理局颁发的《商用密码产品
型号证书》的密码产品，即密码算法、密码协议或者密钥管理的部件或者设备均通过了国
家密码主管部门的核准。

⑤ 当相关人员远程管理设备时需要使用 SSH、HTTPS 或 VPN 隧道等技术措施。

⑥ Web 应用系统需要使用 HTTPS 协议，TLS 版本不低于 1.2 版本。

⑦ 第四级系统需要部署硬件加密卡或硬件加密机实现加密数据的通信传输。

4.2.3　可信验证

【安全要求】

第三级、第四级安全要求如下。

可基于可信根对通信设备的系统引导程序、系统程序、重要配置参数和通信应用程序等进行可信验证，**并在应用程序的所有执行环节进行动态可信验证**，在检测到其可信性受到破坏后进行报警，将验证结果形成审计记录送至安全管理中心，**并进行动态关联感知**。

【解读和说明】

本控制点主要涉及可信验证问题。与第三级"可信验证"的要求相比，第四级可信验证要求对系统的可信验证能力提出了更高要求，主要表现在以下两个方面。

① 在动态可信验证阶段，区别于第三级要求对应用程序的"关键执行环节"进行动态可信验证，第四级要求对应用程序的"所有执行环节"进行动态可信验证。对应用程序的关键执行环节进行动态可信验证，是指根据安全策略，仅对被认为是应用程序关键执行环节（如对文件、密码设备、数据库表等重要资源的系统调用行为及业务自定义的重要操作等）进行的操作触发动态可信验证机制，对这种关键行为进行动态可信验证。而在第四级中，"所有执行环节"是指针对通信网络的指定应用程序所发出的所有系统调用行为都会触发动态可信验证机制，因此，需要对系统调用行为和执行环节进行动态可信验证（对应用程序的行为度量是不间断的）。

② 增加了对动态关联感知的能力要求。在第四级要求中，对于验证结果，除了需"将验证结果形成审计记录送至安全管理中心"，还增加了"并进行动态关联感知"的要求。在第四级安全通信网络中，该要求项的重点在于可信系统与安全管理中心或安全态势感知平台等管理平台的协同联动，可信验证的结果可作为安全管理中心的数据支撑和威胁情报信息，对于通信设备的可信验证结果需要基于 TCM 进行签名以保证验证结果的完整性和不可否认性。加强可信管理系统和其他管理平台及态势感知平台的协同联动，将可信验证结果上传至安全管理中心或安全态势感知平台等，与可信管理系统联动并经过关联分析，最终感知网内的可信安全状态。

可信计算从理论上避免了因系统内生脆弱性导致的应用侧安全问题，如安全漏洞等。限于可信计算技术和相关产品的更新，标准要求为"可"实现，属于加强措施，具体建设工作可视实际需求选择是否采用可信计算技术。

【相关安全产品或服务】

相关安全产品包括 TCM 芯片、TPCM 芯片或板卡和 TSB 软件及支持内置可信计算的路由器、交换机和 VPN 安全网关等提供可信验证功能的安全通信网络设备或相关固件及组件。

【安全建设要点及案例】

TPCM 作为可信根是依据 TPCM 和 TCM 标准进行设计的，通常内置并集成 TCM 可信密码模块。TCM 密码模块采用国产密码算法 SM2、SM3 或 SM4 等，依据 TCM 国家标准提供密码服务和密钥的管理体系，以支撑可信计算身份认证、状态度量和保密存储过程中的密码服务。

网络通信设备在部署可信根 TPCM 时，根据不同场景可选择 CPU 内置式 TPCM 和外置式 TPCM（插卡、插卡及修改主板）两种部署模式实现可信验证。可信验证功能主要依赖 TPCM（内置 TCM 模块）和可信软件基，其产品具有多种形态，可适用于不同的场景和平台。

针对可信验证技术的实际部署有以下两种情况。

（1）已有系统可信改造

对于已有系统的存量网络通信设备通常采用外置模式植入 TPCM 可信根，同时根据不同的操作系统环境（如 Linux、嵌入式和实时等操作系统）选择与其匹配的可信软件基软件，通过硬件可信根和可信软件基软件共同构建可信。

外置式可信根主要有两种实现方式。

① 板载。修改主板同时通过 PCI-E、PCI-E 和 SPI 或 M.2 等接口与主板连接，通过修改主板时序电路使 TPCM 能够先于 CPU 运行。同时，基于可信定义 SPI、PCI-E，可信定义四位引脚，以及 M.2 可信定义接口改造等，使得 TPCM 能够读取 BIOS 等信息，实现主动度量功能，完成启动信任链的建立。板载中可使用模组形态的 TPCM 模块用于嵌入式设备，如打印机、交换机和摄像头等。

② 采用标准的 PCI-E 或 M.2。不需要修改主板，只通过 PCI-E 或 M.2 与主板连接，进行数据传送，利用 PCI-E 协议的 DMA 机制进行内存度量，这种方式的信任链起点会在 BIOS 之后。

（2）新建系统可信构建

新建场景的网络通信设备多采用 CPU 内置 TPCM 可信根或外接 TPCM 插卡的方式构建可信，以外接 TPCM 插卡的方式构建可信与已有系统可信改造相同。CPU 内置 TPCM 的可信构建方式，通常适用于国产自主通信网络设备，基于多核 CPU 架构采用 CPU 中的一个核、几个核或内置芯片作为 TPCM 的计算单元，将 TPCM 挂接到内总线上，TPCM 可以通过内总线获取数据访问和安全控制的能力，并且针对 CPU 的多核架构建立资源隔离和交互机制，构建有隔离保障的 TPCM 单独使用的内存和非易失性存储形成可信专用计算资源。

此外，在设备操作系统中，应根据不同操作系统环境（如 Linux、嵌入式和实时等操作系统），部署与之匹配的可信软件基软件版本。

以可信管理系统为例，可信管理系统在实施可信验证时的具体过程如下。

① 设备需要启动可信功能，包含启动策略和启动基准值。其中启动策略是采集各启动阶段的基准值，包括 BIOS、OS Loader、OS Kernel 的基准值，采集后的基准值会上传至管理中心进行存储，在重启时需要进行匹配验证。设备可信功能的启动配置如图 4-4 所示。

图 4-4　可信功能的启动配置示例

启动基准值将启动时扫描的白名单作为启动的凭证，如图 4-5 所示。

图 4-5　启动基准值示例

②　执行程序可信验证策略时下发基准值到相应终端，更新终端被管理中心采集到的散列值，如图 4-6 所示。

图 4-6　下发基准值示例

相关人员可以查看配置策略的详细信息，如图 4-7 所示。

图 4-7　查看配置策略的详细信息示例

③ 采集需要执行程序的预期值，在可信验证中的静态可信验证过程中使用。上传本地软件包到管理中心进行白名单扫描，软件包支持的格式有.rpm、.deb 和 tar.gz，管理中心识别上传的软件包及对应的应用程序，自动采集软件包的预期值，如图 4-8、图 4-9 所示。

图 4-8　上传和导入软件包示例

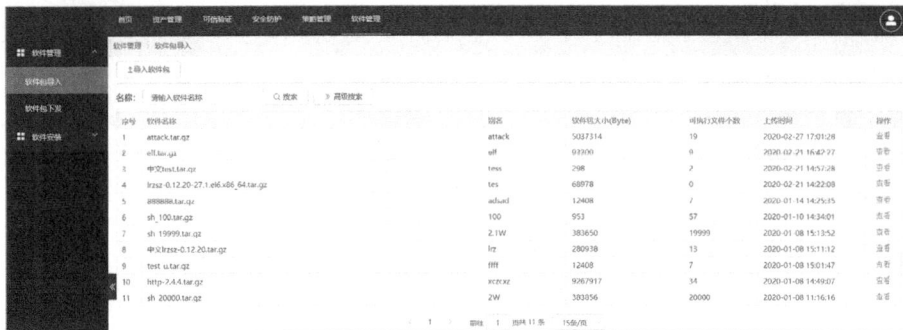

图 4-9　查看软件详细信息示例

④ 动态度量策略下发相应终端，包括对系统度量、内核代码和中断向量表的动态度量，生成动态日志。动态度量策略下发相应终端如图 4-10 所示。

图 4-10　动态度量策略下发示例

⑤ 可信连接是对可信计算节点应用的扩展，也是计算节点设备接入网络的控制机制。在节点设备接入网络之前，相关人员应对节点设备的可信状态进行度量，如果度量结果满足网络接入安全策略的要求，则允许节点设备接入网络，否则将节点连接到指定的隔离区域，对其进行安全性修补和升级。可信网络控制策略的配置如图 4-11、图 4-12 所示。

图 4-11　可信网络配置示例 1

图 4-12　可信网络配置示例 2

【实施要点及说明】

在实施可信验证时需要关注以下几点。

① 需要采集系统启动阶段和运行阶段所有的可执行代码的预期值，明确关键配置的文件位置，将预期值下发至 TPCM 和可信软件基中，在可信产品安装部署过程中会自动采集计算节点中的可执行代码的预期值，形成已有策略。

② 需要对系统的引导程序、系统程序、重要配置参数和应用程序等进行静态可信验证和动态可信验证，相关人员要根据设备的配置变化及时调整可信管理系统的可信验证策略，避免出现误报或误判，影响程序的正常运行。

③ 需要配置动态度量策略及业务程序所依赖的函数库、系统调用表等信息，针对环境不安全情况的发生，配置对应的控制机制和控制方式等。

④ 要配置关键行为（如 fork、exec、open 和 write 等系统调用行为，或设置对某指定文件的 write 行为为关键行为）的触发条件，当触发该系统调用行为并满足条件时进行动态度量。

⑤ 可信软件基软件需要能够自动解释、配置管理中心的策略，依据不同的策略完成策略配置工作。

⑥ 可信软件基软件需能够与可信管理中心或其他安全管理中心进行通信和协同联动，在检测到其可信性受到破坏后进行报警，并将验证结果形成审计记录送至安全管理中心。

⑦ 应加强可信管理系统与其他安全管理平台及态势感知平台的协同联动，将可信验

证结果上传至安全管理中心或安全态势感知平台等，与可信管理系统联动并经过动态关联分析，最终感知网内的可信安全状态。

4.3　安全区域边界

4.3.1　边界防护

【安全要求】

第三级、第四级安全要求如下。

a）应保证跨越边界的访问和数据流通过边界设备提供的受控接口进行通信。

b）应能够对非授权设备私自联到内部网络的行为进行检查或限制。

c）应能够对内部用户非授权联到外部网络的行为进行检查或限制。

d）应限制无线网络的使用，保证无线网络通过受控的边界设备接入内部网络。

e）应能够在发现非授权设备私自联到内部网络的行为或内部用户非授权联到外部网络的行为时，对其进行有效阻断。

f）应采用可信验证机制对接入到网络中的设备进行可信验证，保证接入网络的设备真实可信。

【解读和说明】

本控制点主要对区域边界提出了安全防护要求，在网络中要求对跨越边界的数据通信进行控制，包括有线方式和无线方式的网络通信。

为了保证跨越边界的访问和数据流通过边界防护设备提供的受控接口进行通信，相关单位需要在关键网络边界处部署边界安全接入平台、网闸和防火墙等提供访问控制功能的设备或组件，设置指定的设备物理端口进行跨越边界的网络通信，同时需要配置并启用相关安全策略。相关单位需要采用或部署其他技术手段（如无线网络定位设备等）核查或测试验证是否不存在其他未受控端口进行跨越边界的网络通信的情况。

为了能够对非授权设备私自联到内部网络的行为进行检查或限制，如外部人员的笔记本电脑未经允许私自接入内部网络等，需要采用网络准入控制和 IP-MAC 绑定等技术措施防止非授权设备接入内部网络。同时，要求排查网络中所有路由器和交换机等相关设备未使用端口是否均已关闭。

为了能够对内部用户非授权联到外部网络的行为进行检查或限制，如内部用户私自连接共享 Wi-Fi 上网、在服务器插 3G/4G/5G 上网卡连接互联网等，需采用终端管控技术防止内部用户的非法外联行为，内部用户需要按照预定的授权进行外部网络连接。

如果是第四级等级保护对象，需要采取技术措施发现非授权设备接入内网和内部用户非法外联的行为，对其进行限制或有效阻断。

由于无线网络的网络攻击面比较广，也面临很多安全风险，所以，内部无线网络需要采用独立组网的方式连接有线网络，保证无线网络通过受控的边界设备接入内部网络。相关单位需要对通过无线网络接入的设备进行认证和授权，并部署如无线接入安全网关等设备进行控制和管理。

在边界防护中，相关单位尤其需要高度关注对哑终端的安全管理，如自动柜员机、打印机、IP 摄像头和门禁等。在实际工作中很多单位忽视对哑终端的安全管理，哑终端的安全防护也是最为薄弱的，黑客恰恰利用这一点有针对性地对哑终端发起网络攻击，攻击入侵的成功率比较高。相关单位采取的技术措施需要具备对哑终端的安全管理能力，对通过哑终端接入内部网络的异常行为进行检测并有效阻断。

如果是第四级等级保护对象，为了确保设备采用可信验证机制接入网络，个人终端需要通过终端管理系统进行验证，其他设备可通过可信认证系统进行认证。

【相关安全产品或服务】

相关安全产品包括边界安全接入平台、网闸、防火墙、终端准入控制系统（含哑终端准入控制）、终端管理系统（含哑终端安全管理）、无线接入安全网关和可信认证系统等提供访问控制功能的相关设备或组件。

【安全建设要点及案例】

在某大型企业如图 4-13 所示网络中，内外网边界和重要安全域间是边界防护的重点。通过在互联网边界部署具备入侵防范功能（IPS）和防病毒模块的防火墙实现互联网边界保护，同时实现网络层的网络攻击入侵防范和恶意代码防范。在内部服务器区部署下一代防火墙用以实现基于应用协议和应用内容的访问控制。在工控系统大区部署网闸实现禁止带通用协议的网络通信。在安全管理中心部署防火墙用以保障安全管理中心边界与其他网络之间的边界安全。通过在无线办公接入区边界部署无线安全接入网关或无线入侵防御系统等，保障无线网络边界与其他网络之间的边界安全。网络中所有防火墙和网闸通过设置指定的设备物理端口实现跨越边界的网络通信，配置并启用相关安全策略。

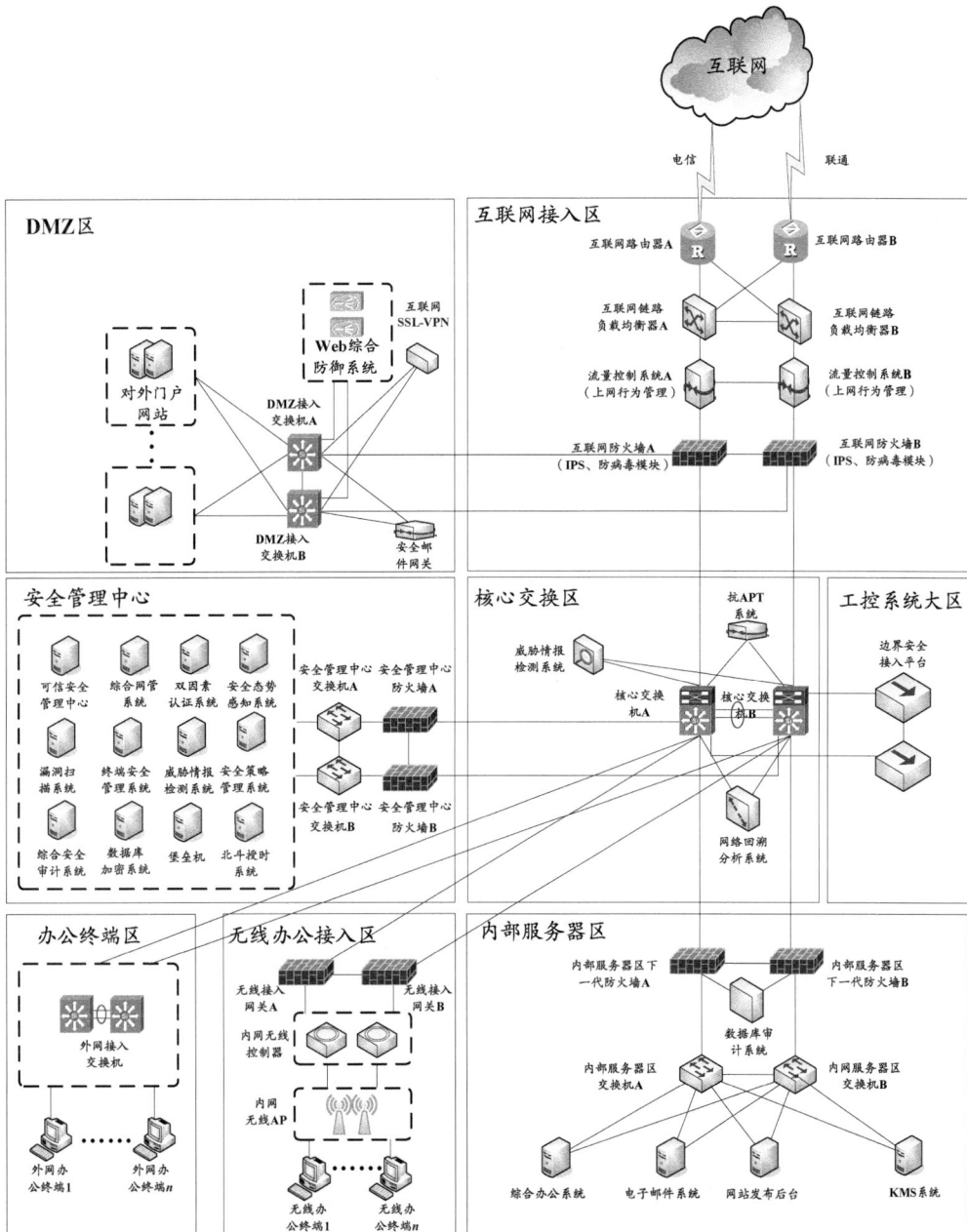

图 4-13　边界防护部署示意图

【实施要点及说明】

在实施边界防护时需关注以下几点。

① 边界防护典型场景中需要考虑到不同的网络边界类型，如内网与外部互联网边界、内部不同级别系统边界、无线网络和有线网络及终端接入区边界等，在实施保护时需要结合不同的边界类型采用不同的边界防护设备。

② 在部署网闸和防火墙等设备进行边界防护时，将边界设备的受控端口设置在指定的安全区域中。当数据包不匹配任何安全策略时，设备需要按照默认设置对数据包进行阻断或丢弃。

③ 在服务器区边界需要部署下一代防火墙，实现基于应用协议和应用内容的访问控制。

④ 在特定业务应用系统或应用场景中（如工业控制系统和重要政务系统等）需要部署网闸或边界安全接入平台实现禁止带通用协议通过的访问控制。

⑤ 无线网络单独组网，通过无线接入安全网关统一接入有线网络。

⑥ 需要实现对哑终端（如自动柜员机、打印机、IP 摄像头和门禁等）的安全管理。

⑦ 终端管理系统或网络准入系统需要具备以下技术机制。

● 具备用户接入管理功能，支持多种认证方式如 MAC、802.1x 和 Portal 等，通过多种身份认证方式确认终端用户的合法性。

● 具备检查终端安全总体情况的功能，如终端安全漏洞和杀毒软件的安装及病毒库的更新等情况。

● 具备多种安全策略功能用以控制终端用户的网络访问权限。

● 具备网络非法外联功能，不允许内部终端未经授权连接外部网络。

● 尤其需要具备对哑终端的准入控制功能或安全管理功能。

4.3.2　访问控制

【安全要求】

第三级、第四级安全要求如下。

a）应在网络边界或区域之间根据访问控制策略设置访问控制规则，默认情况下除允许通信外受控接口拒绝所有通信。

　　b）应删除多余或无效的访问控制规则，优化访问控制列表，并保证访问控制规则数量最小化。

　　c）应对源地址、目的地址、源端口、目的端口和协议等进行检查，以允许/拒绝数据包进出。

　　d）应能根据会话状态信息为进出数据流提供明确的允许/拒绝访问的能力。

**　　e）应在网络边界通过通信协议转化或通信协议隔离等方式进行数据交换。**

【解读和说明】

　　本控制点主要对网络边界或区域边界的访问控制提出了要求。通过在关键网络边界处部署访问控制设备，指定受控物理端口进行网络通信，配置并启用安全策略，实现网络边界的访问控制。

　　为保证访问控制设备的安全规则有效且严谨，访问控制策略的最后一条必须是拒绝所有通信，仅开放业务需要的服务端口访问规则，禁止配置网络通信全通规则。同时，不同访问控制策略之间的逻辑关系及排列顺序合理化，访问控制规则之间不存在相互冲突、重叠或包含的情况，保证访问控制策略数量最小化。

　　为保证访问控制设备根据业务访问的实际安全需求实现端口级的访问控制机制，需要在访问控制规则中设定源地址、目的地址、源端口、目的端口和协议等相关配置参数。例如，提供 Web 服务 HTTP、HTTPS 的 TCP 80 端口、TCP 443 端口，提供远程连接 SSH 服务的 TCP 22 端口，提供文件传输 FTP 服务的 TCP 21 端口，提供邮件发送 SMTP 服务的 TCP 25 端口，提供邮件接收 POP3 服务的 TCP 110 端口，提供域名 DNS 服务的 UDP 53 端口，提供关系型数据库 Oracle 服务的 TCP 1521 端口，提供 SQL Server 服务的 TCP/UDP 1433 端口，提供 MySQL 服务的 TCP/UDP 3306 端口，提供非关系型数据库 MongoDB 服务的 TCP 27017 端口，提供 Redis 服务的 TCP 6379 端口，提供远程日志存储 Syslog 服务的 UDP 514 端口等。

　　在实现端口级访问控制细粒度的基础上，为了实现更好的访问控制能力，需要访问控制设备具备基于会话认证的功能，为进出网络通信会话提供明确的允许或拒绝访问控制的能力。通过访问控制设备的会话状态检测表来追踪连接会话状态，结合前后数据包的关系进行综合判断，决定是否允许该数据包通过，通过连接状态进行更迅速、更安全的数据包过滤。

　　如果是第三级等级保护对象，为了保障对业务流量的有效监测，访问控制设备需要对进出网络的数据所包含的内容及协议进行管控，实现基于应用协议和应用内容的访问控制，如对即时通信流量、视频流量、Web 服务、FTP 服务及相关业务流量等进行识别与控制。

如果是第四级等级保护对象，为了在特定应用场景中实现安全的数据交换，需要在关键网络边界处部署网闸或边界安全接入平台等实现禁止带通用协议进行数据通信。

【相关安全产品或服务】

相关安全产品包括边界安全接入平台、网闸、防火墙和无线接入安全网关等提供访问控制功能的相关设备或组件。

【安全建设要点及案例】

在某大型企业如图 4-14 所示网络中，在互联网边界、内部服务器区和安全管理中心边界部署防火墙，通过设置指定的设备物理端口实现跨越边界的网络通信，通过在防火墙中配置并启用相关安全策略，在安全策略中通过配置源地址、目的地址、源端口、目的端口和协议等相关参数，保证安全策略的细粒度，实现边界访问控制功能。通过在工控系统大区部署边界安全接入平台实现禁止带通用协议通过的访问控制，在内部服务器区边界部署下一代防火墙，以实现基于应用协议和应用内容的访问控制，在无线办公接入区部署无线安全接入网关，以实现无线终端的访问控制。

【实施要点及说明】

在实施访问控制时需要关注以下几点。

① 无论防火墙等设备是否具备内置隐含的拒绝所有通信的安全策略，安全策略的最后均需手工增加一条拒绝所有通信的安全策略。

② 访问控制设备在配置过程中严禁配置全通访问控制规则，优化访问控制列表，删除多余的或无效的访问控制规则，做到访问控制规则数量最小化，提高网络性能和设备资源利用率。

③ 根据业务应用系统的实际访问控制需求，对网络进行分区域的安全访问策略配置。

④ 针对某些特定应用场景，如工业控制系统或重要政务系统等，需要部署网闸或边界安全接入平台实现跨域安全数据交换。

⑤ 针对面向互联网提供服务的第四级等级保护对象，如互联网金融交易系统等，不需要部署网闸或边界安全接入平台进行安全隔离。

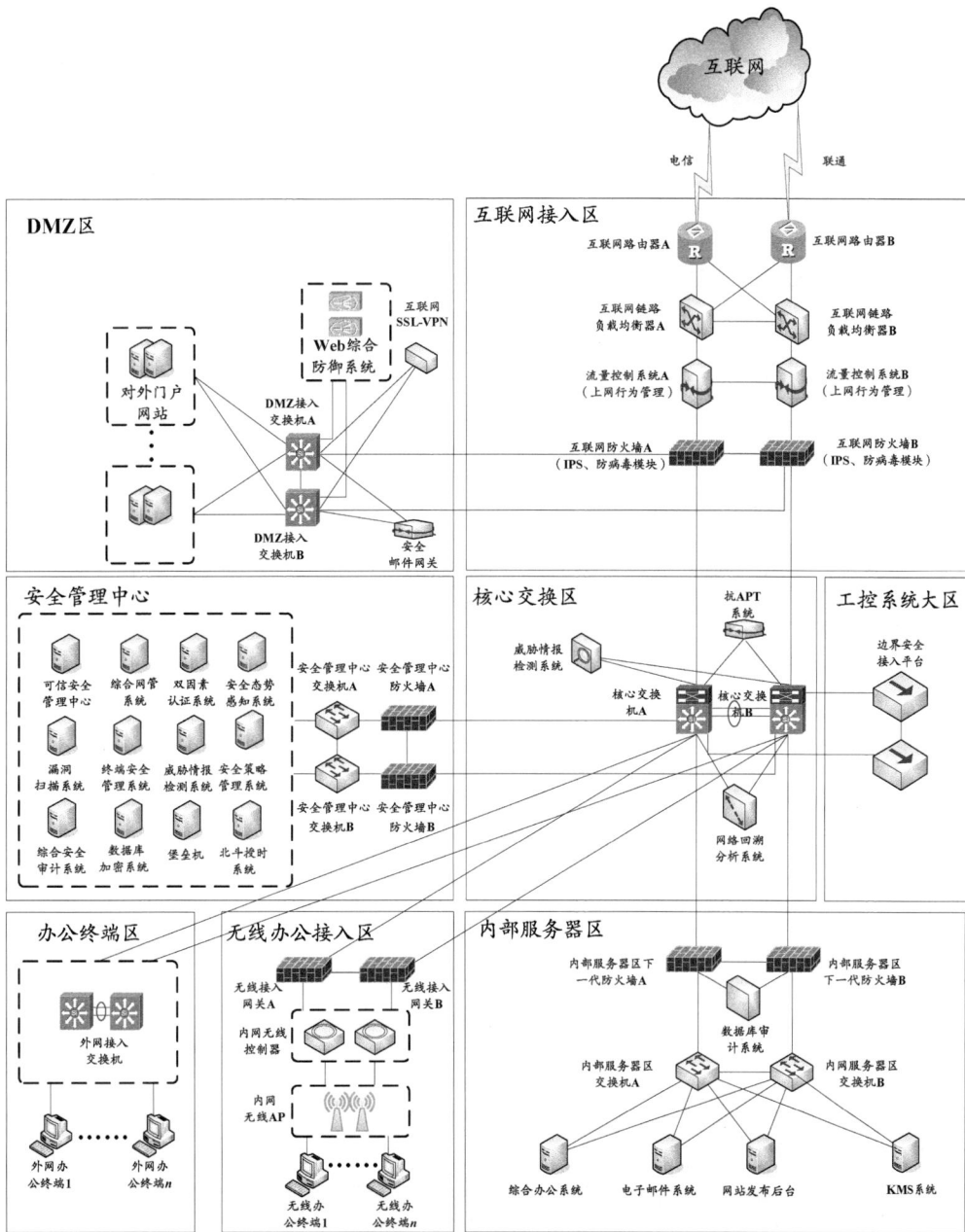

图 4-14　访问控制部署示意图

4.3.3　入侵防范

【安全要求】

第三级、第四级安全要求如下。

a）应在关键网络节点处检测、防止或限制从外部发起的网络攻击行为。

b）应在关键网络节点处检测、防止或限制从内部发起的网络攻击行为。

c）应采取技术措施对网络行为进行分析，实现对网络攻击特别是新型网络攻击行为的分析。

d）当检测到攻击行为时，记录攻击源 IP、攻击类型、攻击目标、攻击事件，在发生严重入侵事件时提供报警。

【解读和说明】

本控制点主要对区域边界的入侵防范提出了要求。为了提高整网的入侵防范能力，需要在网络关键边界处实施双向攻击行为的检测并采取限制措施，在关键网络节点处，如互联网核心交换机、DMZ 区核心交换机和内部服务器区核心交换机等，部署网络回溯分析系统、威胁情报检测系统、网络攻击阻断系统、抗 APT 攻击系统、抗 DDoS 攻击系统、安全态势感知系统或入侵保护系统等相关设备或组件，以发现潜在的攻击行为，如端口扫描、强力攻击、木马后门攻击、拒绝服务攻击、缓冲区溢出攻击、IP 碎片攻击和网络蠕虫攻击等。当检测到攻击行为时，需要对攻击源 IP、攻击类型、攻击目标和攻击时间等信息进行日志记录，通过日志记录可以对攻击行为进行审计分析。当发生严重入侵事件时，需要能够及时向有关人员（如安全管理员和系统管理员等）报警，报警方式包括短信、邮件、手机 App 联动和声光控制等。

【相关安全产品或服务】

相关安全产品包括网络回溯分析系统、威胁情报检测系统、网络攻击阻断系统、抗 APT 攻击系统、抗 DDoS 攻击系统、安全态势感知系统和入侵保护系统等相关设备或组件。

【安全建设要点及案例】

以全流量网络回溯分析系统和威胁情报检测系统为例。

案例 1　网络回溯分析系统

如图 4-15 所示，网络回溯分析系统以旁路方式部署在核心交换机上，将全流量安全分析系统的数据采集口与核心交换机镜像端口相连，数据采集口无须配置 IP 地址。系统管理口连接安全管理中心中的交换机，配置安全管理中心相应的 IP 地址，安全管理员通过安全管理中心中的终端登录系统，进行网络回溯分析，监测和管理设备。

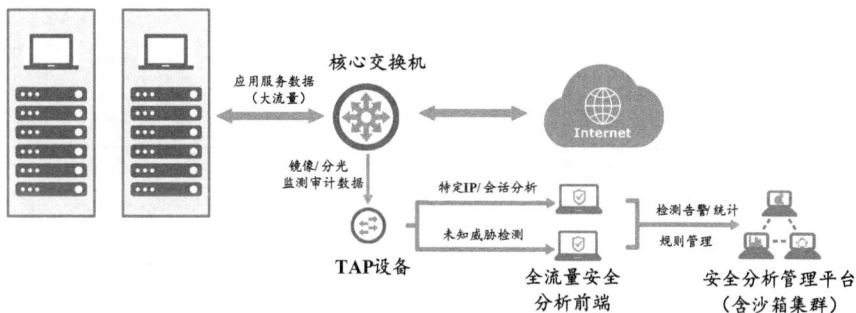

图 4-15　网络回溯分析系统部署示意图

在关键网络节点处部署网络回溯分析系统，通过网络回溯分析系统中的网络全流量数据包捕捉、网络回溯安全分析和沙箱安全分析等功能实现对网络攻击行为和高级未知威胁行为的深度检测和分析，尤其是对恶意文件、未知样本等行为特征的检测和分析。全流量网络回溯分析系统典型功能实现过程如下所述。

①　通过网络回溯分析系统的全网络流量抓取功能实现对全网网络流量的全捕捉、存储和分析。数据包捕捉示意图，如图 4-16 所示。

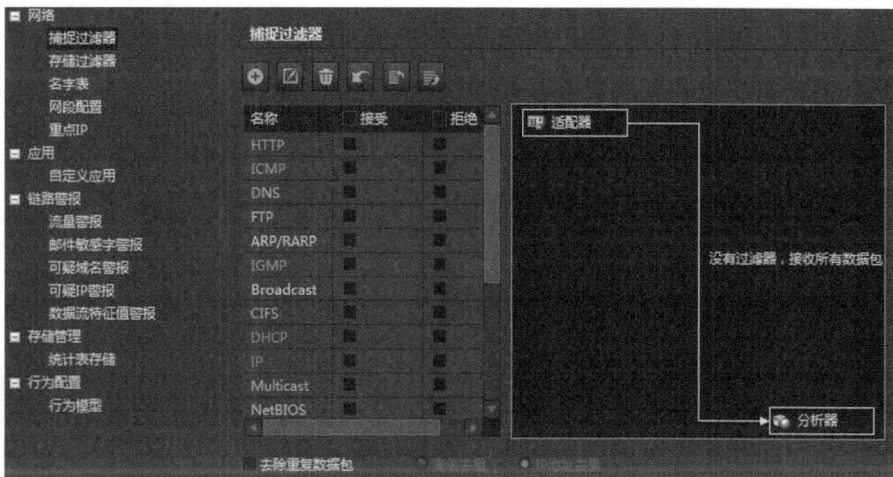

图 4-16　数据包捕捉示例

② 通过基于 IP 地址、域名、流量特征值、DNS 解析记录和行为建模等进行深度攻击行为的回溯检测和分析，网络回溯分析示意图如图 4-17 所示。

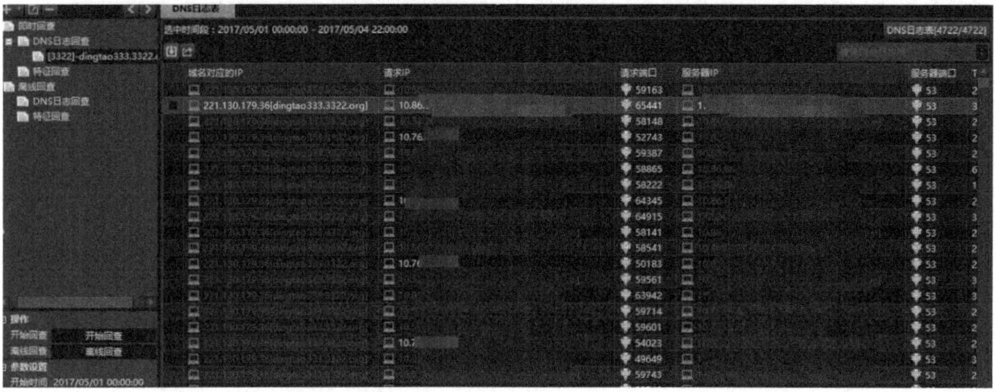

图 4-17　网络回溯分析示例

③ 通过沙箱技术对样本的运行过程和系统运行环境的变化进行监控，如注册表、进程、网络和系统动作等的变化，如图 4-18 所示。

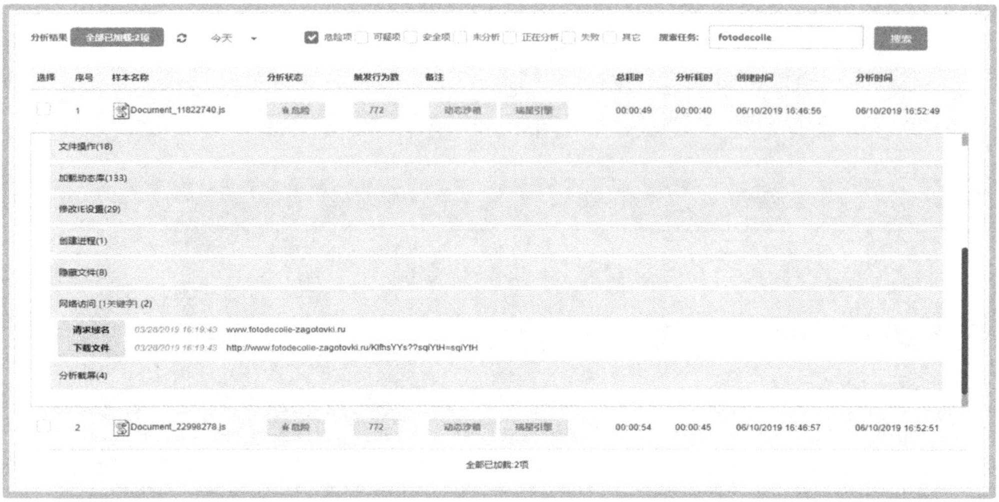

图 4-18　沙箱分析示例

案例 2　威胁情报检测系统

如图 4-19 所示，威胁情报检测系统以旁路方式部署在核心交换机上，通过交换机端口镜像或分光等方式将出站和入站双向网络流量及内网横向流量接入威胁情报检测系统，利用威胁情报、签名规则、机器学习模型和虚拟沙箱等检测技术，能够全面发现外对内攻击、内对外失陷、内对内渗透等已知的、未知的和新型攻击行为。

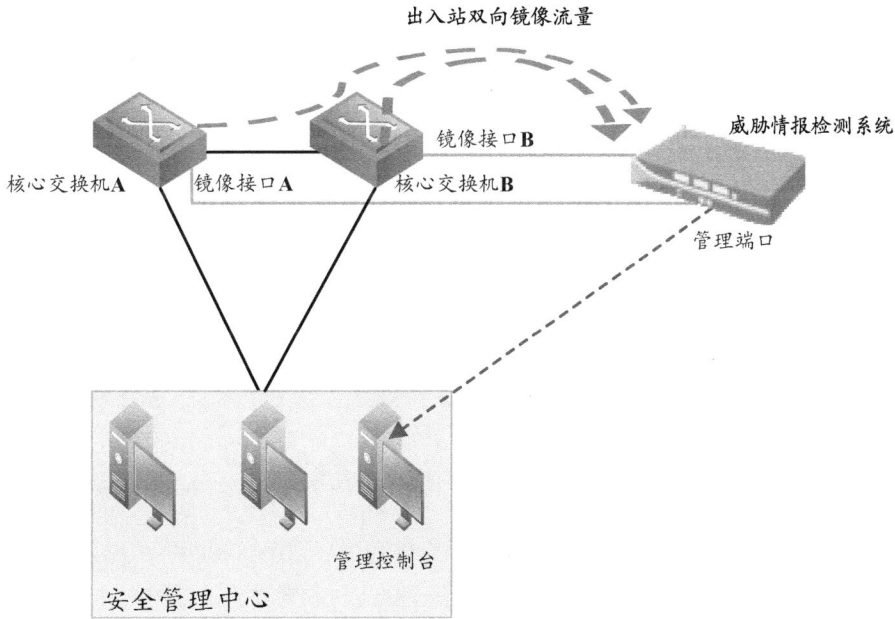

图 4-19　威胁情报检测系统部署示意图

威胁情报检测系统典型功能实现过程如下所述。

① 在关键网络节点处部署威胁情报检测系统能够对外部网络发起的攻击行为进行检测和告警，如图 4-20 所示。

图 4-20　外对内攻击行为检测与告警示例

② 在关键网络节点处部署威胁情报检测系统能够从内部网络发起针对外部攻击行为的检测和告警，提供攻击团伙的背景信息、攻击行为、感染主机和处置建议等相关信息，如图 4-21 所示。

图 4-21　内对外攻击行为检测与告警示例

③ 在关键网络节点处部署威胁情报检测系统能够对内网区域间横向网络攻击进行检测和分析，提供攻击者的背景信息、攻击行为、感染主机和处置建议等相关信息，如图 4-22 所示。

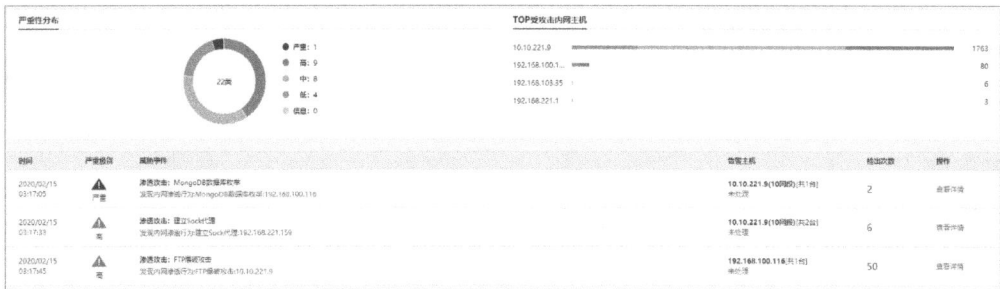

图 4-22　内对内渗透行为检测与告警示例

④ 结合告警数据与威胁情报对攻击者的攻击资产、攻击特征、攻击工具、活跃度、攻击水平和攻击手法等进行分析，实现对黑客的画像，如图 4-23 所示。

图 4-23　黑客画像功能示例

【实施要点及说明】

在实施入侵防范时需要关注以下几点。

① 在关键网络节点处部署相关系统或设备实现入侵防范，关键网络节点包括互联网核心交换机、DMZ 区核心交换机、内部服务器核心交换机、分支机构接入区核心交换机和工控系统大区核心交换机等。

② 从外到内的入侵防范是传统思路，从目前网络安全形势出发，由于内部人员有意或无意发起的网络攻击事件越来越多，所以需要实施双向攻击行为的检测和分析，重点防止以"僵木蠕"为代表的内部肉机及内部人员发起的网络攻击。

③ 相关单位通过部署网络回溯分析系统、威胁情报检测系统、Web 攻击溯源系统、抗 APT 攻击系统和安全态势感知系统等实现对新型网络攻击行为的检测和分析。

④ 网络攻击对抗实质是人与人之间的对抗，所以需加强相关单位网络安全人员对渗透攻击、攻击防御和检测分析的技能。

4.3.4　恶意代码和垃圾邮件防范

【安全要求】

第三级、第四级安全要求如下。

a）应在关键网络节点处对恶意代码进行检测和清除，并维护恶意代码防护机制的升级和更新。

b）应在关键网络节点处对垃圾邮件进行检测和防护，并维护垃圾邮件防护机制的升级和更新。

【解读和说明】

本控制点主要对区域边界的恶意代码防范和垃圾邮件防范提出了要求，恶意代码防范的关键网络节点根据业务系统的数据流转确定，有害邮件防范的关键网络节点根据邮件系统的数据流转确定。

为了实现恶意代码防范，需要在关键网络边界处（如互联网边界和服务器域边界等）部署防恶意代码安全产品或组件，启用有效的安全防护策略，对恶意代码进行检测和清除。防恶意代码产品包括防病毒网关和具备防病毒模块的下一代防火墙等安全产品。

为了实现垃圾邮件和有害邮件的防范，相关单位需要在关键网络节点处部署邮件安全产品或相关组件，启用有效的安全防护策略，不但要对在网络中传播的垃圾邮件进行检测和拦截，更重要的是要对邮件中含有的恶意代码、鱼叉攻击等进行有效检测和防御。邮件安全产品包括针对邮件的抗 APT 系统、邮件安全网关和具有反垃圾邮件功能的下一代防火墙等安全产品。

【相关安全产品或服务】

与恶意代码防范相关的安全产品包括防病毒网关、具备防病毒模块的下一代防火墙等提供恶意代码防范功能的相关设备或组件。与有害邮件防范相关的安全产品包括针对邮件的抗 APT 系统、邮件安全网关和具有反垃圾邮件模块的下一代防火墙等提供有害邮件防护功能的相关设备或组件。

【安全建设要点及案例】

在某大型企业如图 4-24 所示网络中，通过在互联网接入区部署带防病毒模块的防火墙对恶意代码进行检测和清除，在网络层面上实现对恶意代码的防范。在防火墙中配置相关系统策略，定期升级防病毒模块系统软件和病毒库。

通过在 DMZ 区部署邮件安全网关对垃圾邮件和含恶意代码的邮件进行检测和清除，将邮件服务器迁移至内部服务器区。在域名解析商处更改原邮件服务器的 MX 记录，将 MX 记录指向邮件安全网关公网 IP 地址，对进出网络的邮件进行检测和分析，在邮件安全网关中配置相关系统策略,定期升级邮件安全网关规则库、防恶意代码模块系统软件及病毒库等。

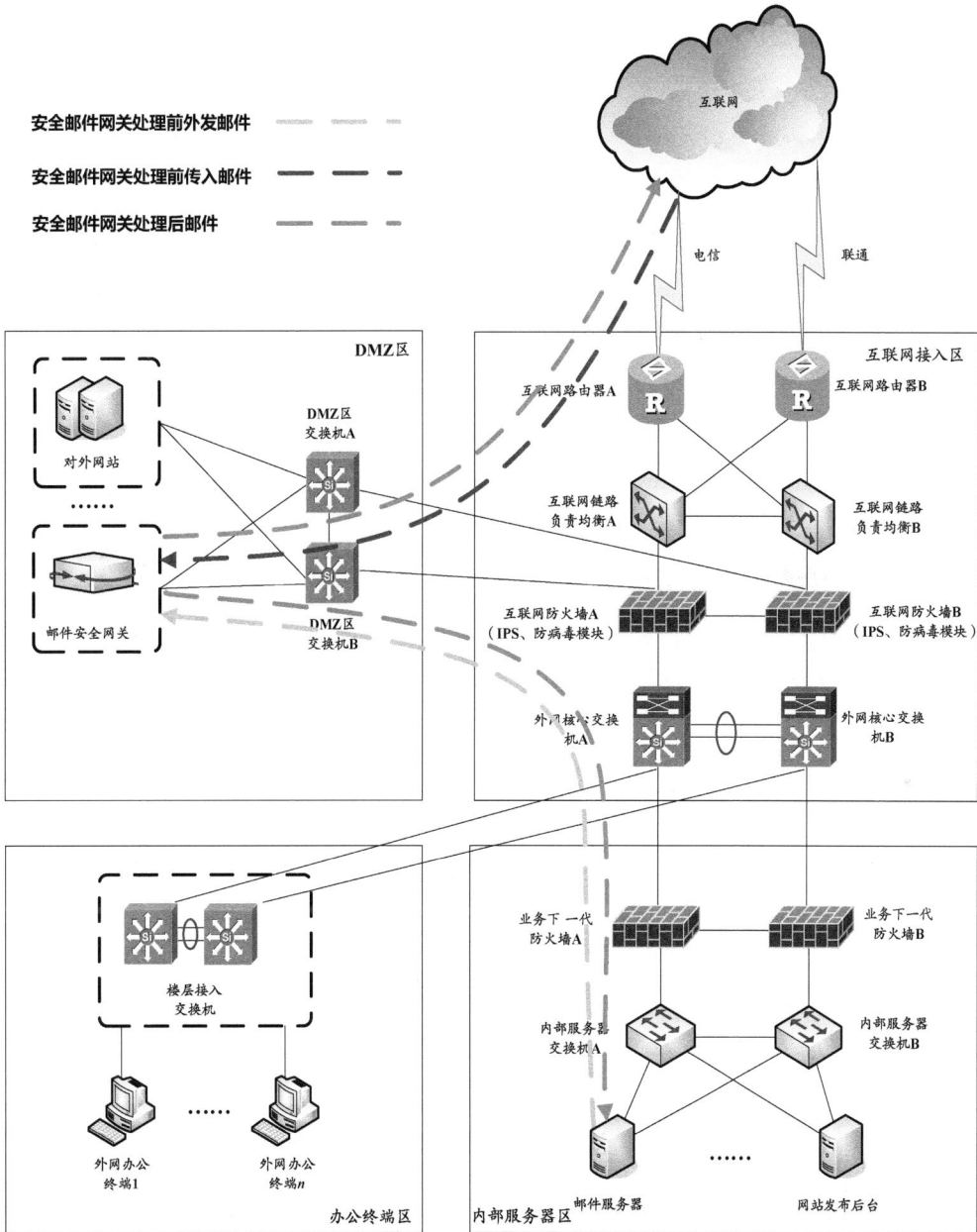

图 4-24 邮件安全网关部署示意图

【实施要点及说明】

在进行恶意代码和垃圾邮件防范时需要关注以下几点。

① 对网络性能要求不高的系统，如单位办公网络，需要部署防病毒网关等产品进行恶意代码的检测和清除。对实时性和可靠性要求比较高的系统，不建议部署防病毒网关等产品，因为会对系统的网络性能造成影响。

② 防病毒网关支持 HTTP、FTP、SMTP、POP3、IMAP4 和 NNTP 等协议，根据单位实际安全需求和网络实际情况选择相应的过滤协议。

③ 邮件安全网关的部署需要在域名解析商处更改邮件系统的 MX 记录，设置 MX 记录的优先级，将从外部传入的邮件优先传输给邮件安全网关，邮件安全网关处理之后再将其传输给邮件服务器。强烈建议对从内部外发的邮件同样进行检测和分析。

④ 邮件安全网关需要具备防范 SMTP 攻击、垃圾邮件防护、邮件含有恶意代码检测和邮件鱼叉攻击检测等功能。

⑤ 保证防病毒网关和邮件安全网关的系统软件、规则库和病毒库等能够及时升级和更新。

4.3.5　安全审计

【安全要求】

第三级、第四级安全要求如下。

a）应在网络边界、重要网络节点进行安全审计，审计覆盖到每个用户，对重要的用户行为和重要安全事件进行审计。

b）审计记录应包括事件的日期和事件、用户、事件类型、事件是否成功及其他与审计相关的信息。

c）应对审计记录进行保护、定期备份、避免受到未预期的删除、修改或覆盖等。

【解读和说明】

本控制点主要对区域边界的安全审计提出了要求。安全审计要覆盖每个用户，对重要的用户行为和重要安全事件进行审计。为了对重要用户行为和重要安全事件进行审计，相关单位需要部署相关系统，如网络审计系统、数据库审计系统或安全综合审计系统等，启用重要网络节点相关设备或软件的日志功能，将系统审计记录同时存储在本地和综合安全审计系统中等。

审计记录的内容是否全面将直接影响审计的有效性。审计记录内容需要记录事件的时间、类型、用户、事件类型、事件是否成功等必要信息。审计记录能够帮助管理人员及时了解系统运行状况、发现网络攻击行为，因此需要对审计记录实施技术层面和管理层面的保护，防止未授权修改、删除和破坏。相关单位可以设置专用的综合审计系统（或日志服务器）接收设备发送出的审计记录。非授权用户（审计员除外）无权删除本地和综合审计系统中的审计记录。按照《网络安全法》的相关要求，安全审计记录至少留存 6 个月。

【相关安全产品或服务】

相关安全产品包括安全管理中心、综合安全审计系统、网络审计系统和数据库审计等相关设备或组件。

【安全建设要点及案例】

在某大型企业如图 4-25 所示的网络中，采用适度集中架构在企业总部数据中心部署统一的信息安全运行中心进行安全事件和风险的分析、管理和展示，在各区域中心和中小型下属企业部署数据采集引擎。在大型下属企业中，部署一套完整的安全运行中心，并将处理后的有效数据上传到总部信息安全运行中心。总部信息安全运行中心可以对大型下属企业的信息安全运行中心进行管理。

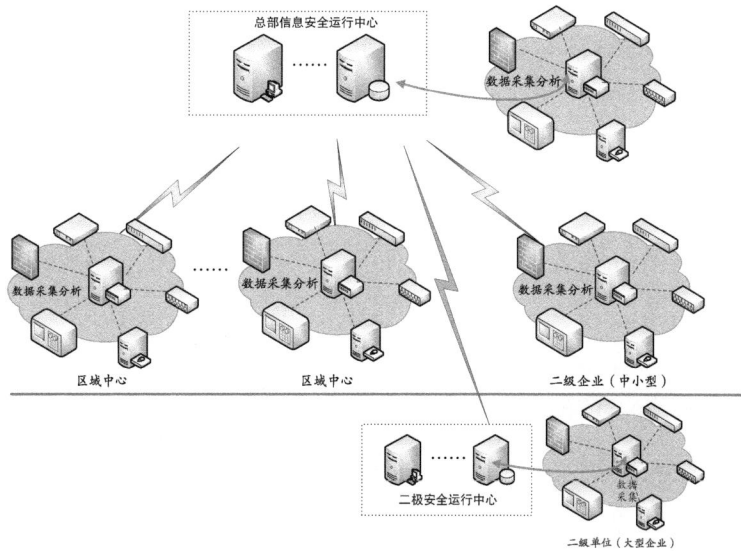

图 4-25　分布式安全运行中心部署示意图

【实施要点及说明】

在实施安全审计时需要关注以下几点。

① 需要特别注意在第四级业务系统的环境中，禁止远程用户的访问行为。

② 需要在多个网络关键节点部署日志收集器，要求做到全面的用户审计及针对重要行为和安全事件的审计。

③ 网络安全审计系统要遵循集中管控中的时钟同步要求，配置时钟同步功能，实现多源审计记录的精确关联和综合分析。

4.3.6　可信验证

【安全要求】

第三级、第四级安全要求如下。

可基于可信根对边界设备的系统引导程序、系统程序、重要配置参数和边界防护应用程序等进行可信验证，**并在应用程序的所有执行环节进行动态可信验证**，在检测到其可信性受到破坏后进行报警，将验证结果形成审计记录送至安全管理中心，**并进行动态关联感知**。

【解读和说明】

安全区域边界的可信验证与安全通信网络的可信验证类同，在这里不再赘述。二者主要区别在于系统引导程序、系统程序、重要配置参数和边界防护应用程序不相同，尤其是在进行动态可信验证时需要在边界防护应用程序的所有执行环节中进行。

【相关安全产品或服务】

相关安全产品包括 TCM 芯片、TPCM 芯片或板卡和 TSB 软件及支持内置可信计算的网闸、防火墙和路由器等提供可信验证功能的计算设备或相关固件及组件。

【安全建设要点及案例】

与安全通信网络的可信验证类同，在这里不再赘述。

【实施要点及说明】

与安全通信网络的可信验证类同，在这里不再赘述。

4.4　安全计算环境

4.4.1　网络设备

4.4.1.1　身份鉴别

【安全要求】

第三级、第四级安全要求如下。

a）应对登录的用户进行身份标识和鉴别，身份标识具有唯一性，身份鉴别信息具有复杂度要求并定期更换。

b）应具有登录失败处理功能，应配置并启用结束会话、限制非法登录次数和当登录连接超时自动退出等相关措施。

c）当进行远程管理时，应采取必要措施防止鉴别信息在网络传输过程中被窃听。

d）应采用口令、密码技术、生物技术等两种或两种以上组合的鉴别技术对用户进行身份鉴别，且其中一种鉴别技术至少应使用密码技术来实现。

【解读和说明】

本控制点对网络设备的身份鉴别能力提出了要求。网络设备需要有合理的身份鉴别机制，并对身份鉴别机制采取了安全保护措施。

为了落实只有合法用户才能登录网络设备的要求并采取相应的处理措施，需要对登录的用户进行身份标识，用户身份标识具有唯一性，不能存在用户身份标识重复和冲突等情况。口令设置的复杂度要求，如口令的长度和组成元素种类、使用期限等，超过使用期限需更换口令。

为了防止口令被暴力破解及权限滥用，网络设备需要具有登录失败的处理功能，如结束会话、限制非法登录次数和登录连接超时自动退出等相关功能，设备运行管理人员需要配置并启用相应功能。

为了防止账户和口令在远程管理中被嗅探导致鉴别信息泄漏，对设备进行远程管理时禁止使用明文传输的 Telnet 和 HTTP 服务等，需要采用 SSH、HTTPS 和 SFTP 等对鉴别信息进行加密传输的方式。

由于设备或系统自身的身份鉴别功能相对比较薄弱，为了提高设备或系统的安全性，对于第三级及以上等级保护对象需要采用口令、密码技术、生物技术等两种或两种以上组合的鉴别技术对用户进行身份鉴别，且其中一种鉴别技术至少需要使用密码技术来实现。为满足组合鉴别技术的要求，需要部署如双因素或多因素身份认证系统等对网络设备进行强身份鉴别，双因素认证系统或多因素认证系统需要使用密码技术实现相应功能。

在实际系统运维工作过程中，可采用堡垒机实现设备和系统的远程管理，多数情况下堡垒机仅可以为其自身提供双因素认证能力，不能为除其自身之外的其他设备和系统提供双因素认证功能，这种应用场景是不符合等级保护标准中强身份认证的要求的。

【相关安全产品或服务】

相关安全产品包括网络设备（包括虚拟网络设备）的自身功能模块。若网络设备自身功能模块不能满足的，需要通过第三方安全产品实现，如双因素认证系统或多因素认证系统等提供强身份鉴别功能的相关设备或组件。

【安全建设要点及案例】

以某厂商的路由器为例，通过设置路由器口令复杂度、登录失败处理、连接超时和加密远程管理来保证路由器自身的安全。路由器的相关应用场景配置示例如下所述。

① 需要配置设备登录口令复杂度，如图 4-26 所示。

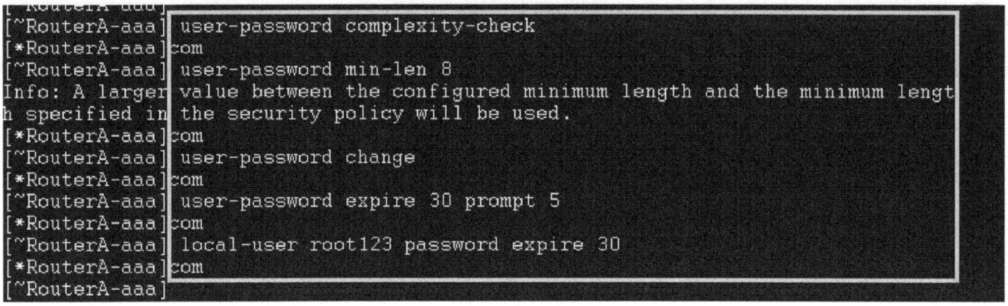

```
[~RouterA-aaa] user-password complexity-check
[*RouterA-aaa]com
[~RouterA-aaa] user-password min-len 8
Info: A larger value between the configured minimum length and the minimum lengt
h specified in the security policy will be used.
[*RouterA-aaa]com
[~RouterA-aaa] user-password change
[*RouterA-aaa]com
[~RouterA-aaa] user-password expire 30 prompt 5
[*RouterA-aaa]com
[~RouterA-aaa] local-user root123 password expire 30
[*RouterA-aaa]com
[~RouterA-aaa]
```

图 4-26　口令复杂度策略配置示例

② 需要配置登录失败处理功能和超时自动退出功能，如图 4-27 所示。

```
[~RouterA]aaa
[~RouterA-aaa]local-user root123 state block fail-times 3 interval 5
[*RouterA-aaa]com
[~RouterA-aaa]user-interface vty 0 4
[~RouterA-ui-vty0-4]idle-timeout 5
[*RouterA-ui-vty0-4]com
[~RouterA-ui-vty0-4]user-interface con 0
[~RouterA-ui-console0]idle-timeout 5
[*RouterA-ui-console0]com
[~RouterA-ui-console0]
```

图 4-27 登录失败及登录超时处理配置示例

③ 对设备进行远程管理时，必须使用 SSH、HTTPS 和 VPN 等加密措施，如图 4-28 所示。

```
[~RouterA]rsa local-key-pair create
The key name will be:Host
% RSA keys defined for Host_Host already exist.
Confirm to replace them? Please select [Y/N]:y
The range of public key size is (2048, 3072).
NOTE: Key pair generation will take a short while.
Please input the modulus [default = 3072]:3072
[*RouterA]com
[~RouterA]dsa local-key-pair create
Info: The key name will be: Host_DSA
Info: The DSA host key named Host_Host already exist.
Warning: Do you want to replace it? Please select [Y/N]:y
Info: The key modulus can be any one of the following : 2048.
Info: Key pair generation will take a short while.
Info: Generating keys...
Info: Succeeded in creating the DSA host keys.
[*RouterA]com
[~RouterA]user-interface vty 0 4
[~RouterA-ui-vty0-4]protocol inbound ssh
[*RouterA-ui-vty0-4]com
[~RouterA-ui-vty0-4]
```

图 4-28 SSH 协议配置示例

网络设备自身不提供双因素认证功能的，可以通过第三方的双因素系统或多因素认证系统等方式提供。

【实施要点及说明】

在实施身份鉴别时需要关注以下几点。

① 管理员首次登陆时要强制用户修改默认口令。

② 需要配置设备登录口令复杂度，如至少要求口令最小长度为 8 个字符，包含大小写字母、数字和特殊符号等元素，每种元素 1～2 个，口令有效期为 90 天左右。

③ 需要配置登录失败处理功能和超时自动退出功能，如用户连续登录失败 3 次则禁止登录 30 分钟，连续 15 分钟设备无数据输入/输出，自动断开登录连接。

④ 需要配置设备使用 SSH、HTTPS 或 VPN 等加密措施进行远程管理，防止鉴别信息被嗅探。

⑤ 针对网络设备、安全设备、操作系统、重要应用系统和其他系统的管理账户和重要业务账户需要使用双因子或多因子进行身份鉴别，其中一种鉴别技术必须采用国家密码主管部门认可的密码技术或产品，如账户口令和 OTP 动态口令牌、账户口令和 USB Key 等组合方式。

⑥ 使用密码技术实现双因素认证或多因素认证时，建议采用硬件加密卡或加密机，也可以使用软件加密算法。

4.4.1.2　访问控制

【安全要求】

第三级、第四级安全要求如下。

a）应对登录的用户分配账户和权限。

b）应重命名或删除默认账户，修改默认账户的默认口令。

c）应及时删除或停用多余的、过期的账户，避免共享账户的存在。

d）应授予管理用户所需的最小权限，实现管理用户的权限分离。

e）应由授权主体配置访问控制策略，访问控制策略规定主体对客体的访问规则。

f）访问控制的粒度应达到主体为用户级或进程级，客体为文件、数据库表级。

g）应对主体、客体设置安全标记，并依据安全标记和强制访问控制规则确定主体对客体的访问。

【解读和说明】

本控制点需要网络设备自身提供或通过第三方产品实现相应的访问控制能力，主要包括用户权限管理、访问控制机制和主客体安全标记等。访问控制的主要任务是确保系统资源不被非法使用和访问，访问控制的目的在于通过限制用户对特定资源的访问保护系统资源。网络设备中的每个资源和运行配置都需要有访问权限，这些访问权限决定了谁能访问和如何访问这些资源及运行配置。对于网络设备中的资源和运行配置，则需要严格控制其访问权限，从而加强网络设备自身的安全性。

网络设备在初始化安装时需要为用户分配账户和权限，禁用或限制匿名账户和默认账户的访问权限，需要重命名或删除默认账户，修改默认账户的默认口令。对于多余的和长期不用的账户应及时删除或停用，定期对无用账户进行清理。管理员用户与账户之间必须一一对应，不能存在共享账户（即一个账户多人或多部门使用，一旦出现事故不便定位追责）。

为了实现权限分离和权限相互制约，需要对管理员进行角色划分。每个管理员的权限是其工作任务所需的最小权限，如负责审计的管理员只有查询和读取审计记录的权限，安全管理员只有对安全策略进行配置管理的权限。

如果是第四级等级保护对象，为了实现强制访问控制，需要授权主体（如管理用户）负责配置访问控制策略，规定主体对客体的访问规则。访问控制策略的控制粒度达到主体为用户级或进程级，客体为文件目录、记录、程序和数据库表级等。同时需要对重要主体和客体进行安全标记，依据安全标记控制主体对客体的访问。

【相关安全产品或服务】

相关安全产品包括网络设备（包括虚拟网络设备）的自身功能模块。若网络设备自身功能模块不能满足的，需要通过第三方安全产品实现，如身份验证和授权管理系统等提供访问控制功能的相关设备或组件。

【安全建设要点及案例】

以某厂商的路由器为例，通过分配账户和权限、修改默认账户口令、删除多余账户及授予最小管理权限等保证路由器自身的安全。路由器的相关应用场景配置示例如下所述。

① 设备在初始化安装后，需要删除或重命名默认账户，修改默认账户的默认口令，如图 4-29 所示。

② 需要删除、停用多余的和过期的账户，如离职人员账户、测试账户和临时账户等，如图 4-30 所示。

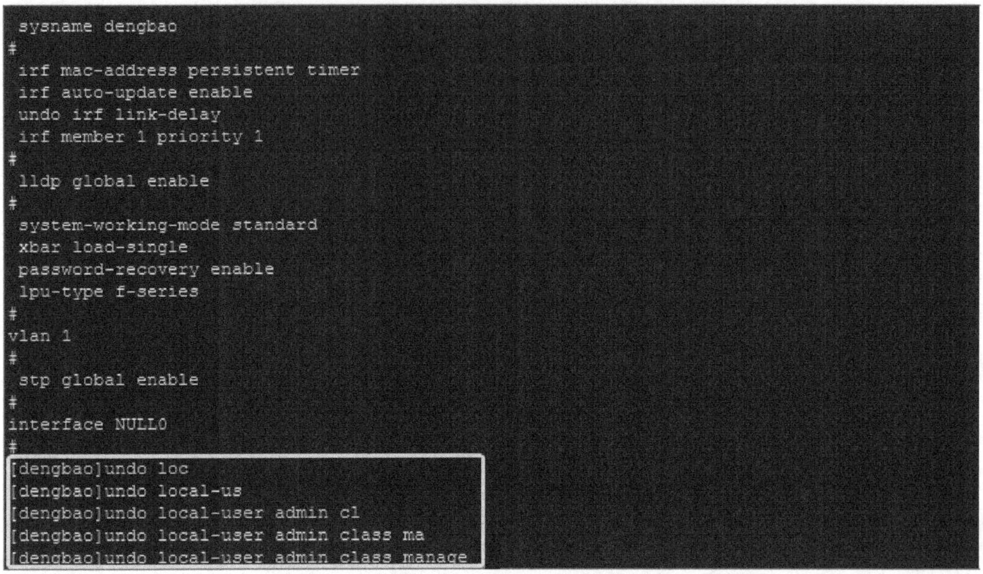

```
sysname dengbao
#
irf mac-address persistent timer
irf auto-update enable
undo irf link-delay
irf member 1 priority 1
#
lldp global enable
#
system-working-mode standard
xbar load-single
password-recovery enable
lpu-type f-series
#
vlan 1
#
stp global enable
#
interface NULL0
#
[dengbao]undo loc
[dengbao]undo local-us
[dengbao]undo local-user admin cl
[dengbao]undo local-user admin class ma
[dengbao]undo local-user admin class manage
```

图 4-29　默认账户删除示例

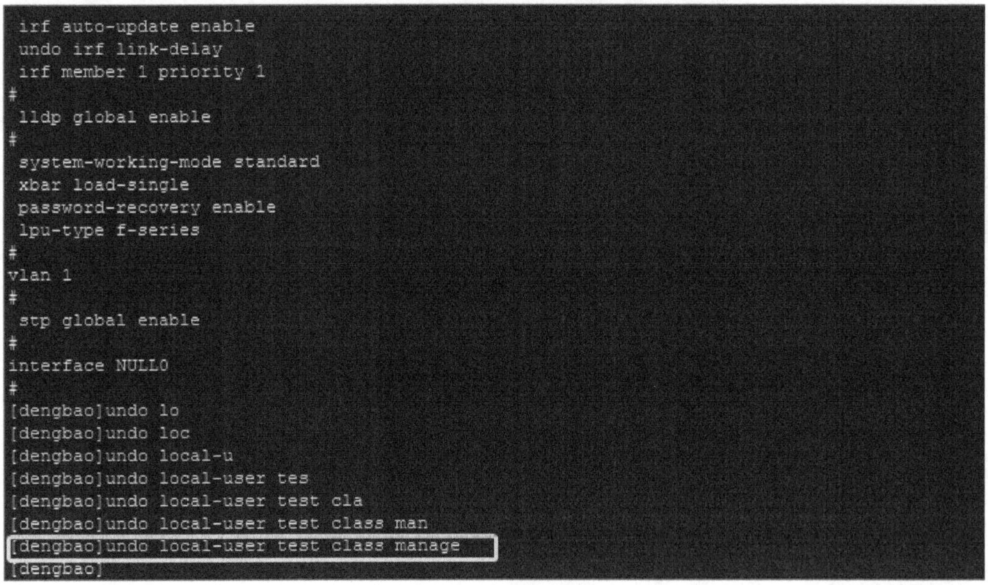

```
irf auto-update enable
undo irf link-delay
irf member 1 priority 1
#
lldp global enable
#
system-working-mode standard
xbar load-single
password-recovery enable
lpu-type f-series
#
vlan 1
#
stp global enable
#
interface NULL0
#
[dengbao]undo lo
[dengbao]undo loc
[dengbao]undo local-u
[dengbao]undo local-user tes
[dengbao]undo local-user test cla
[dengbao]undo local-user test class man
[dengbao]undo local-user test class manage
[dengbao]
```

图 4-30　多余账户删除示例

③ 需要建立系统管理员、安全管理员和审计管理员等角色，实现用户权限分离，账户权限不允许超过操作范围，如图 4-31 所示。

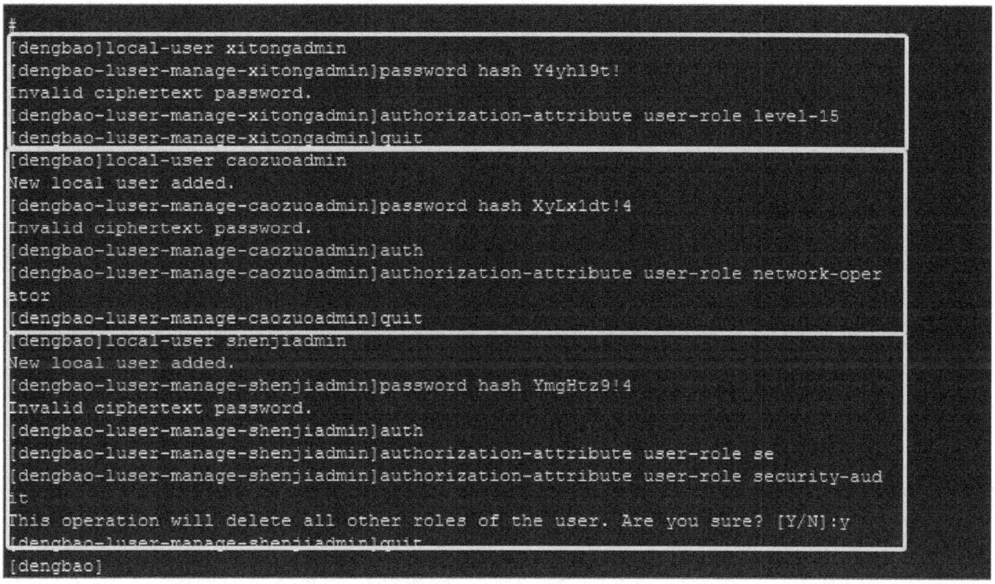

图 4-31　不同管理员账户及权限配置示例

【实施要点及说明】

在实施访问控制时需要关注以下几点。

① 需要重命名默认账户及修改默认口令。这里需要特别注意一点，某些特定设备在删除默认账户前需要创建新的超级管理员账户。

② 设备的账户和鉴别信息不要存储在配置文件中。

③ 在网络运维人员调岗或离职后，需要及时删除相关账户。

④ 针对每个用户，只为其分配进行操作所需的最小权限，严禁多人共享账户。

⑤ 在运维终端中不要存放记录设备详细运维信息的文件，如设备 IP 地址、登录方式及账户名和口令等。

4.4.1.3　安全审计

【安全要求】

第三级、第四级安全要求如下。

a）应启用安全审计功能，审计覆盖到每个用户，对重要的用户行为和重要安全事件进行审计。

b）审计记录应包括事件的日期和时间、事件类型、**主体标识**、**客体标识**和结果等。

c）应对审计记录进行保护，定期备份，避免受到未预期的删除、修改或覆盖等。

d）应对审计进程进行保护，防止未经授权的中断。

【解读和说明】

本控制点对网络设备自身的安全审计功能提出了要求。安全审计是指对计算机网络环境下的有关活动或行为进行系统的、独立的检查验证、信息收集和分析评价，对审计信息的分析可以为计算机系统的脆弱性评估、责任认定、损失评估和系统恢复等提供关键性信息。

为了能够对全网进行安全综合审计，及时发现网络中潜在的网络攻击行为，需要收集网络设备、安全设备、操作系统、数据库系统和应用系统等的日志信息进行综合分析。因此，网络设备在运行过程中需要启用安全审计功能，审计须覆盖每个用户，对重要的用户行为和重要安全事件进行审计。审计记录需要包括事件的日期、时间、用户、事件类型、事件是否成功及其他与审计相关的信息，以方便审计管理员分析和掌控网络访问行为，对重要安全事件进行取证溯源。

为保证审计数据的安全，需要采取安全措施对审计记录的完整性进行保护，定期进行场外备份以避免审计数据被删除、修改或覆盖等。

【相关安全产品或服务】

相关安全产品包括网络设备（包括虚拟网络设备）的自身功能模块。若网络设备的自身功能模块不能满足的，需要通过第三方安全产品实现，如综合安全审计系统等提供安全审计功能的相关设备或组件。

【安全建设要点及案例】

以某厂商的路由器为例，通过设置路由器启用日志记录功能，配置路由器本地缓存空间，不但将路由器日志在本地缓存，而且将路由器日志以 SNMP/TRAP 方式发送到综合安全审计系统中进行关联和综合分析。路由器的安全审计配置过程如下。

① 需要开启路由器中的日志记录功能，如图 4-32 所示。

② 需要将路由器中产生的日志记录发送到综合安全审计系统中并进行关联和综合分析，同时也能够实现对路由器的日志记录进行备份，防止审计记录被修改和删除，如图 4-33 所示。

```
 lpu-type f-series
#
vlan 1
#
 stp global enable
#
interface NULL0
#
[dengbao]info-center enable
Information center is enabled.
[dengbao]dis logbuffer
Log buffer: Enabled
Max buffer size: 1024
Actual buffer size: 512
Dropped messages: 0
Overwritten messages: 0
Current messages: 100
%Mar  2 10:41:45:468 2020 dengbao SYSLOG/6/SYSLOG_RESTART: System restarted --
H3C Comware Software.
%Mar  2 10:41:54:966 2020 dengbao STP/6/STP_ENABLE: STP is now enabled on the device.
%Mar  2 10:41:55:263 2020 dengbao SHELL/4/SHELL_CMD_MATCHFAIL: -User=-IPAddr=; Command und
o access-limit enable                                              in view isp-s
ystem failed to be matched.
%Mar  2 10:41:55:313 2020 dengbao IFNET/3/PHY_UPDOWN: Physical state on the interface M-Gi
gabitEthernet0/0/0 changed to up.
```

图 4-32　审计记录查看示例

```
 irf mac-address persistent timer
 irf auto-update enable
 undo irf link-delay
 irf member 1 priority 1
#
 lldp global enable
#
 system-working-mode standard
 xbar load-single
 password-recovery enable
 lpu-type f-series
#
vlan 1
#
 stp global enable
#
interface NULL0
#
[dengbao]info-center enable
Information center is enabled.
[dengbao]info-center loghost 192.168.10.7
[dengbao]undo info-center source default loghost
[dengbao]info-center loghost 192.168.10.7 facility local4
[dengbao]
[dengbao]
```

图 4-33　远程日志服务器配置示例

【实施要点及说明】

在实施安全审计时需要关注以下几点。

① 在配置网络设备启用日志记录功能时，需要根据设备和网络的实际运行情况配置

本地缓存。

② 需要启用网络设备向综合安全审计系统发送日志功能，以 SYSLOG 协议或 SNMP Trap 方式发送到综合安全审计系统或其他平台中。

③ 通过综合安全审计系统或其他系统对审计记录进行备份，防止审计记录被修改和删除，同时保证审计记录的存储期限满足法律法规的相关要求。

④ 网络设备的日志种类需要包括系统日志、操作日志、安全日志、应用控制日志和 NAT 日志等。

⑤ 对于存储于网络设备中的日志，若占用磁盘空间过多可能对设备的正常运行造成影响，因此需要配置日志自动删除功能。

⑥ 网络设备需要遵循集中管控要求，配置时钟同步功能，实现综合审计系统多源审计记录的关联和综合分析。

⑦ 配置网络设备采用适当的日志级别，一般默认级别是 3。选择日志级别过高，如级别为 7，可能会产生大量日志记录，对各个方面产生重大影响。日志具体分级如下。

- emergencies 0 LOG_EMERG：系统不可用。
- alerts 1 LOG_ALERT：在端口下是需要立即操作的。
- critical 2 LOG_CRIT：路由器上存在一个关键状态。
- errors 3 LOG_ERR：路由器上存在一个错误状态。
- warnings 4 LOG_WARNING：路由器上存在一个警告状态。
- notifications 5 LOG_NOTICE：路由器上发生了一个平常的但重要的事件。
- informational 6 LOG_INFO：路由器上发生了一个信息事件。
- debugging 7 LOG_DEBUG：来自 debug 命令的输出。

4.4.1.4　入侵防范

【安全要求】

第三级、第四级安全要求如下。

a）应遵循最小安装的原则，仅安装需要的组件和应用程序。

b）应关闭不需要的系统服务、默认共享和高危端口。

c）应通过设定终端接入方式或网络地址范围对通过网络进行管理的管理终端进行限制。

d）应提供数据有效性检验功能，保证通过人机接口输入或通过通信接口输入的内容符合系统设定要求。

e）应能发现可能存在的已知漏洞，并在经过充分测试评估后，及时修补漏洞。

f）应能够检测到对重要节点进行入侵的行为，并在发生严重入侵事件时提供报警。

【解读和说明】

本控制点对网络设备的入侵防范能力提出了要求。由于网络设备存在默认配置，可能会开启一些不必要的网络服务，给网络设备自身带来一些安全风险，所以，需要关闭非必要的网络服务及非必要的高危端口。同时，对登录网络设备的管理终端进行 IP 地址限定，强烈建议使用带外管理方式进行设备远程管理。

为防止攻击者利用网络设备存在的安全漏洞对其发起网络攻击，相关人员需要定期使用漏洞扫描系统进行漏洞扫描及渗透测试等工作，及时发现网络设备可能存在的安全漏洞，与设备供应商积极沟通，进行充分的分析和风险评估，综合评价漏洞的等级和影响程度，及时将漏洞扫描系统更新到最新版本并修补高风险漏洞，保证网络设备安全平稳运行。

【相关安全产品或服务】

相关安全产品包括网络设备（包括虚拟网络设备）的自身功能模块、综合安全审计系统、安全态势感知系统和漏洞扫描系统等相关设备或组件。

【安全建设要点及案例】

以某厂商的路由器为例，需要配置路由器关闭不必要的网络服务，对登录路由器的管理终端进行 IP 地址限定，将路由器的日志记录发送到综合审计系统中，以监测入侵行为等，这些配置有利于增强路由器自身的安全性。路由器的入侵防范相关配置过程如下。

① 需要关闭网络设备不必要的网络服务（如 FTP 和 Telnet 等），如图 4-34 所示。

② 需要对登录网络设备的终端进行 IP 地址限定，如限制源地址为 192.168.47.9/24 的设备可以访问，禁止此地址段外的其他终端进行访问，如图 4-35 所示。

```
 irf mac-address persistent timer
 irf auto-update enable
 undo irf link-delay
 irf member 1 priority 1
#
 lldp global enable
#
 system-working-mode standard
 xbar load-single
 password-recovery enable
 lpu-type f-series
vlan 1
#
 stp global enable
#
interface NULL0
#
[dengbao]undo ftp ser
[dengbao]undo ftp server en
[dengbao]undo ftp server enable
[dengbao]undo telnet ser
[dengbao]undo telnet server en
[dengbao]undo telnet server enable
[dengbao]
```

图 4-34　FTP 和 Telnet 服务关闭示例

```
#
 system-working-mode standard
 xbar load-single
 password-recovery enable
 lpu-type f-series
vlan 1
#
 stp global enable
#
interface NULL0
#
[dengbao]acl advanced 3001
[dengbao-acl-ipv4-adv-3001]rule 0 permit tcp source 192.168.47.9 0 destination 1
92.168.10.23 0 destination-port eq 443
[dengbao-acl-ipv4-adv-3001]rule 5 permit tcp source 192.168.47.9 0.0.0.255 desti
nation 192.168.10.23 0.0.0.0 destination-port eq 443
[dengbao-acl-ipv4-adv-3001]rule 1000 deny tcp destination any
[dengbao-acl-ipv4-adv-3001]quit
[dengbao]
[dengbao]ssh server acl 3001
[dengbao]'
          ^
% Unrecognized command found at '^' position.
[dengbao]
```

图 4-35　远程管理源地址限制配置示例

【实施要点及说明】

在实施入侵防范时需要关注以下几点。

① 关闭网络设备不必要的系统服务、默认共享和高危端口，可以有效降低系统遭受攻击的可能性，如路由器需要关闭 FTP 和 Telnet 等不必要的服务。

② 需要选择厂商推荐的网络设备系统版本保证网络安全平稳运行。

③ 需要时刻关注厂商官方发布的网络设备的安全漏洞和系统缺陷，经过充分评估和测试后，及时进行系统更新。

④ 需要定期（如每季度）对网络设备进行漏洞扫描，对发现的安全漏洞进行评估和修复。

4.4.1.5　可信验证

【安全要求】

第三级、第四级安全要求如下。

可基于可信根对计算设备的系统引导程序、系统程序、重要配置参数和应用程序等进行可信验证，**并在应用程序的所有执行环节进行动态可信验证**，在检测到其可信性受到破坏后进行报警，将验证结果形成审计记录送至安全管理中心，**并进行动态关联感知**。

【解读和说明】

安全计算环境的可信验证与安全通信网络的可信验证类同，在这里不再赘述。二者主要区别在于系统引导程序、系统程序、重要配置参数和应用程序不相同，尤其是在进行动态可信验证时需要在网络计算设备应用程序的所有执行环节进行。

【相关安全产品或服务】

相关安全产品包括 TCM 芯片、TPCM 芯片或板卡和 TSB 软件及支持内置可信计算的路由器、交换机和 VPN 安全网关等提供可信验证功能的网络计算设备或相关固件及组件。

【安全建设要点及案例】

与安全通信网络的可信验证类同，在这里不再赘述。

【实施要点及说明】

与安全通信网络的可信验证类同，在这里不再赘述。

4.4.2　安全设备

4.4.2.1　身份鉴别

【安全要求】

第三级、第四级安全要求如下。

a）应对登录的用户进行身份标识和鉴别，身份标识具有唯一性，身份鉴别信息具有复杂度要求并定期更换。

b）应具有登录失败处理功能，应配置并启用结束会话、限制非法登录次数和当登录连接超时自动退出等相关措施。

c）当进行远程管理时，应采取必要措施防止鉴别信息在网络传输过程中被窃听。

d）应采用口令、密码技术、生物技术等两种或两种以上组合的鉴别技术对用户进行身份鉴别，且其中一种鉴别技术至少应使用密码技术来实现。

【解读和说明】

本控制点对安全设备的身份鉴别能力提出了要求。安全设备需要有合理的身份鉴别机制，并对身份鉴别机制采取了安全保护措施。

为了落实只有合法用户才能登录安全设备的要求并采取相应的处理措施，需要对登录的用户进行身份标识，用户身份标识具有唯一性，不能存在不同用户身份标识重复和冲突等情况。口令设置要有复杂度要求，如口令的长度、组成元素种类和使用期限等，超过使用期限需更换口令。

为了防止口令被暴力破解及权限滥用，安全设备需要具有登录失败的处理功能，如结束会话、限制非法登录次数和登录连接超时自动退出等相关功能，设备运行管理人员需要配置并启用相应功能。

为了防止账户和口令在远程管理中被嗅探导致鉴别信息泄漏，对设备进行远程管理时禁止使用明文传输的 Telnet 和 HTTP 服务等，需要采用 SSH、HTTPS 和 SFTP 等对鉴别信息进行加密传输的方式。

由于设备或系统自身的身份鉴别功能相对比较薄弱，为了提高设备和系统的安全性，对于第三级及以上等级保护对象需要采用口令、密码技术、生物技术等两种或两种以上组合的鉴别技术对用户进行身份鉴别，且其中一种鉴别技术至少需要使用密码技术来实现。

为满足组合鉴别技术的要求，需要部署如双因素或多因素身份认证系统等对安全设备进行强身份鉴别，双因素或多因素身份认证系统需要使用密码技术实现相应功能。

在实际系统运维工作过程中，可采用堡垒机实现对设备和系统的远程管理，多数情况下堡垒机仅可以为其自身提供双因素认证，不能为除其自身之外的其他设备和系统提供双因素认证功能，这种应用场景是不符合等级保护对象中强身份认证的要求的。

【相关安全产品或服务】

安全设备（包括虚拟安全设备）的自身功能模块。若安全设备不能满足身份鉴别需要，需要通过第三方安全产品实现，如双因素认证系统或多因素认证系统等提供强身份鉴别功能的相关设备或组件。

【安全建设要点及案例】

以某厂商的防火墙为例，通过设置防火墙口令复杂度、登录失败处理和连接超时来保证防火墙自身的安全。防火墙的相关应用场景配置示例如下所述。

① 需要配置口令长度。口令至少包含 8 个字符。相关人员第一次登录时需要修改默认口令。口令至少包含以下字符中的三种：<A-Z>、<a-z>、<0-9>和特殊字符（如$、#、%），口令不能包含两个以上连续相同的字符，且口令不能与用户名或者用户名的倒序相同，如图 4-36 所示。

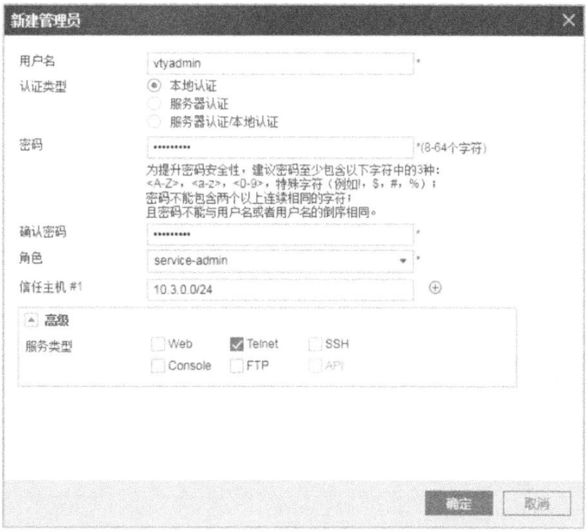

图 4-36　安全设备口令复杂度策略

② 需要配置管理员口令的有效期。管理员登录口令的有效期，从口令最后一次修改的时间算起。如果超过密码的有效期，管理员在登录设备时必须修改口令，否则无法登录。具体配置示例如图 4-37 所示。

```
<sysname> system-view
[sysname] aaa
[sysname-aaa] manager-user password valid-days 80
```

图 4-37　安全设备口令有效期配置示例

③ 配置登录参数，具体如下所述。

● 配置登录连接时效，防止权限滥用，如将使用 Web 登录超时的时间设为 60 秒。

● 配置本地用户的连续认证失败次数上限，限制用户认证失败次数为 3 次。

● 配置锁定用户的自动解锁时间，当用户因超过最大连续认证失败次数而被锁定之后，系统将在一段时间之后自动为该用户解锁。

安全设备登录时效、失败次数和锁定时长配置示例如图 4-38 所示。

Web服务超时时间	60	<1-1440>分钟
Web最大在线管理员数	20	<1-200>
连续登录失败次数	3	<1-5>次
锁定时长	30	<1-60>分钟
密码最小长度	8	<8-16>

图 4-38　安全设备登录时效、失败次数和锁定时长配置示例

④ 对设备进行远程管理时候必须使用 SSH、HTTPS 和 VPN 等加密措施，如使用 SSH登录设备的配置示例如图 4-39 所示。

▲ SSH配置		
STelnet服务 (包括IPv4和IPv6)	✓启用	
SFTP服务 (包括IPv4和IPv6)	✓启用	
SSH服务端口 (包括IPv4和IPv6)	22	<1025-55535>默认值: 22
认证次数	3	<1-5>次
认证超时时间	60	<1-120>秒
密钥生成时间间隔	0	<0-24>小时
终端用户登录级别	0	<0-15>

图 4-39　安全设备 SSH 配置示例

以某厂商的 SSL VPN 安全网关使用双因素系统进行身份鉴别为例。用户在登录过程中，除使用账户和口令外，还需要 OTP 动态口令牌、手机 App 口令牌和 USB Key 数字证书等，SSl VPN 安全网关相关应用场景配置示例如下所述。

① 在用户登录 SSL VPN 设备时需要填写账户、口令和动态口令，如图 4-40 所示。

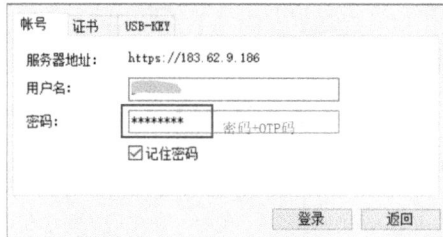

图 4-40　SSL VPN 登录界面示例

② 用户从手机 App 或 OTP 动态口令牌获取动态口令，如图 4-41 所示。

图 4-41　手机 App 动态口令示例

③ 用户输入正确的账户、口令和动态口令，成功登录 SSL VPN 设备。

【实施要点及说明】

在实施身份鉴别时需要关注以下几点。

① 管理员首次登陆时需要强制用户修改默认口令。

② 需要配置设备登录口令复杂度，如至少要求口令最小长度为 8 个字符，包含大小写字母、数字和特殊符号等元素，每种元素 1~2 个，口令有效期为 90 天。

③ 需要配置登录失败处理功能和超时自动退出功能，如用户连续登录失败 3 次则禁止登录 30 分钟；连续 15 分钟设备无数据输入/输出，自动断开登录连接。

④ 需要配置设备使用 SSH、HTTPS 或 VPN 等加密措施进行远程管理，防止鉴别信息被嗅探。

⑤ 针对网络设备、安全设备、操作系统、重要应用系统和其他系统的管理账户和重要业务账户需要使用双因子或多因子进行身份鉴别，其中一种鉴别技术必须采用国家密码主管部门认可的密码技术或产品，如账户口令和 OTP 动态口令牌、账户口令和 USB Key 等组合方式。

⑥ 采用密码技术实现双因素认证或多因素认证时建议采用硬件加密卡或加密机，也可以使用软件加密算法。

4.4.2.2　访问控制

【安全要求】

第三级、第四级安全要求如下。

a）应对登录的用户分配账户和权限。

b）应重命名或删除默认账户，修改默认账户的默认口令。

c）应及时删除或停用多余的、过期的账户，避免共享账户的存在。

d）应授予管理用户所需的最小权限，实现管理用户的权限分离。

e）应由授权主体配置访问控制策略，访问控制策略规定主体对客体的访问规则。

f）访问控制的粒度应达到主体为用户级或进程级，客体为文件、数据库表级。

g）应对主体、客体设置安全标记，并依据安全标记和强制访问控制规则确定主体对客体的访问。

【解读和说明】

本控制点需要安全设备自身提供或通过第三方产品实现相应的访问控制能力，主要包括用户权限管理、访问控制机制和主客体安全标记等。访问控制的主要任务是确保系统资源不被非法使用和访问，访问控制的目的在于通过限制用户对特定资源的访问来保护系统资源。安全设备中的每个资源和运行配置都需要有访问权限，这些访问权限决定了谁能访问和如何访问这些资源及运行配置，从而加强安全设备自身的安全性。

安全设备在初始化安装时需要为用户分配账户和权限，禁用或限制匿名账户和默认账户的访问权限，需要重命名或删除默认账户，修改默认账户的默认口令。对于多余的和长期不用的账户要及时删除或停用，定期对无用账户进行清理。管理员用户与账户之间必须一一对应，不能存在共享账户（即一个账户多人或多部门使用，一旦出现事故不便定位追责）。

为了实现权限分离和权限相互制约，需要对管理用户进行角色划分。每个管理用户的权限是其工作任务所需的最小权限，如负责审计的用户只有查询和读取审计记录的权限，安全管理账户只有对安全策略进行配置管理的权限。

如果是第四级等级保护对象，为了实现强制访问控制，需要授权主体（如管理用户）负责配置访问控制策略，规定主体对客体的访问规则。访问控制策略的控制粒度达到主体为用户级或进程级，客体为文件目录、记录、程序和数据库表级等。同时需要对重要主体和客体进行安全标记，依据安全标记控制主体对客体的访问。

【相关安全产品或服务】

相关安全产品包括安全设备（包括虚拟安全设备）的自身功能模块。若安全设备不能满足访问控制需要，则需要通过第三方安全产品实现，如身份验证和授权管理系统和堡垒机等提供访问控制功能的相关设备或组件。

【安全建设要点及案例】

以某厂商的防火墙为例，通过分配账户和权限、修改默认账户口令、删除多余账户及授予最小管理权限等保证防火墙自身的安全。防火墙的相关应用场景配置示例如下所述。

① 在建立用户时，需要为不同的管理员分配不同的角色，如系统管理员、配置管理员和审计管理员等角色，实现用户权限分离，如图 4-42 所示。

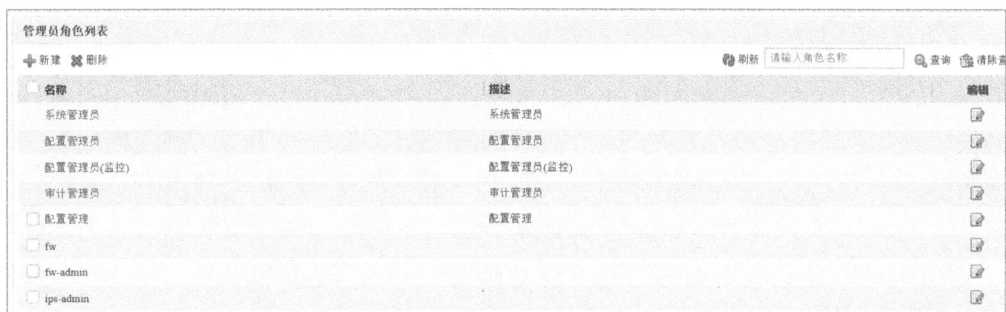

图 4-42　安全设备不同管理员配置

② 设备在初始化安装后需要删除或重命名默认账户，如图 4-43 所示。

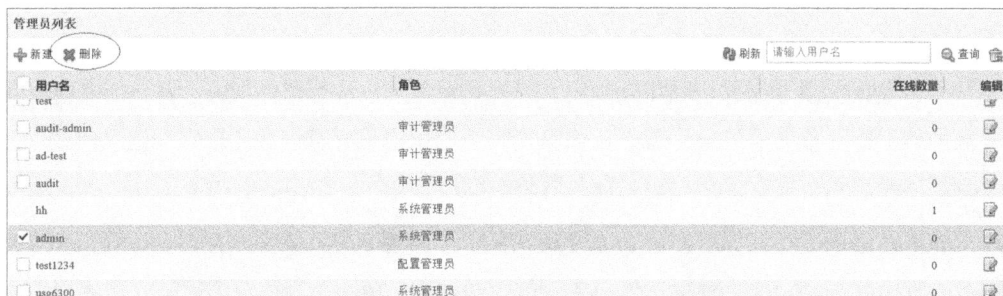

图 4-43　删除安全设备默认账户

③ 需要修改默认账户的默认口令，如图 4-44 所示。

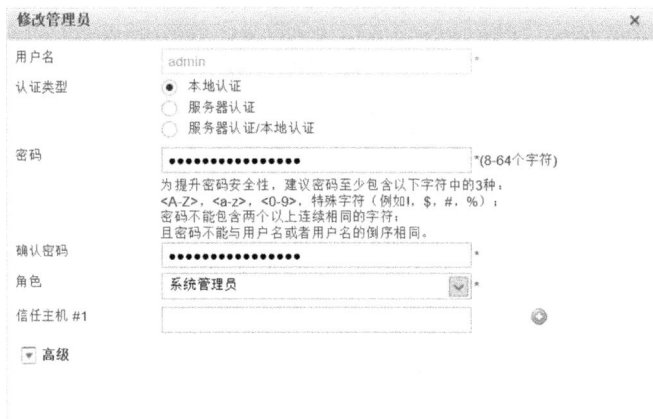

图 4-44　修改安全设备账户默认口令

④ 需要删除、停用多余的和过期的账户，如离职人员账户、测试账户和临时账户等，如图 4-45 所示。

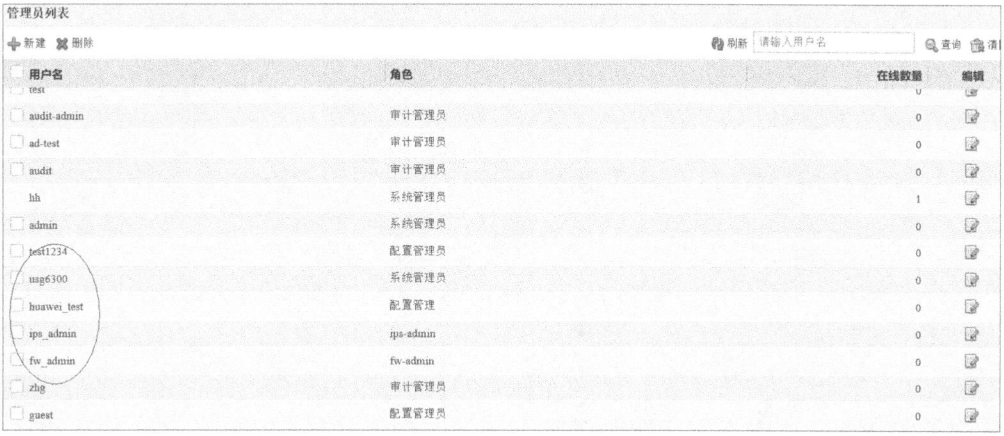

图 4-45　删除安全设备多余账户

⑤ 需要配置用户权限，不允许其权限超过操作范围，如图 4-46 所示。

图 4-46　安全设备不同用户权限配置

⑥ 需要配置用户对配置和文件的读写权限，明确其访问权限，如图 4-47 所示。

图 4-47　安全设备用户对配置和文件的规则配置

【实施要点及说明】

在实施访问控制时需要关注以下几点。

① 需要重命名默认账户及修改默认口令。这里需要特别注意一点，某些特定设备在删除默认账户前需要创建新的超级管理员账户。

② 设备的账户和鉴别信息不要明文存储在配置文件中。

③ 在网络运维人员调岗或离职后，需要及时删除相关账户。

④ 为每个登录用户分配独立账号及权限，每个登录用户的权限是其进行操作所需的最小权限，严禁多人共享账户。

⑤ 在运维终端中不要存放记录设备详细运维信息的文件，如设备 IP 地址、登录方式及账户名和口令等。

4.4.2.3　安全审计

【安全要求】

第三级、第四级安全要求如下。

　　a）应启用安全审计功能，审计覆盖到每个用户，对重要的用户行为和重要安全事件进行审计。

　　b）审计记录应包括事件的日期和时间、事件类型、**主体标识**、**客体标识**和结果等。

　　c）应对审计记录进行保护，定期备份，避免受到未预期的删除、修改或覆盖等。

　　d）应对审计进程进行保护，防止未经授权的中断。

【解读和说明】

　　本控制点对安全设备自身的安全审计功能提出了要求。安全审计是指对计算机网络环境下的有关活动或行为进行系统的、独立的检查验证、信息收集和分析评价，对审计信息的分析可以为计算机系统的脆弱性评估、责任认定、损失评估和系统恢复等提供关键性信息。

　　为了能够对全网进行安全综合审计，及时发现网络中潜在的网络攻击行为，需要收集网络设备、安全设备、操作系统、数据库系统和应用系统等的日志信息进行综合分析。因此，在安全设备运行过程中需要启用安全审计功能，审计须覆盖每个用户，对重要的用户行为和重要安全事件进行审计。审计记录需要包括事件的日期、时间、用户、事件类型、事件是否成功及其他与审计相关的信息，以方便审计管理员分析和掌控网络访问行为，对重要安全事件进行取证溯源。

　　为保证审计数据的安全，需要采取安全措施对审计记录的完整性进行保护，定期进行场外备份以避免审计数据被删除、修改或覆盖等。

【相关安全产品或服务】

　　相关安全产品包括安全设备（包括虚拟安全设备）的自身功能模块。若安全设备不能满足安全审计需要，需要通过第三方安全产品实现，如综合安全审计系统等提供安全审计功能的相关设备或组件。

【安全建设要点及案例】

　　以某厂商的防火墙为例，通过设置防火墙启用日志记录功能，配置防火墙本地缓存空间，将防火墙日志进行本地缓存，或者防火墙以 SNMP/TRAP 方式发送到日志服务器中进行存储。防火墙的安全审计配置过程如下。

　　① 需要开启防火墙中的日志记录功能，系统记录各种日志包括操作日志、流量日志、威胁日志、URL 日志和内容日志等，如图 4-48 所示。

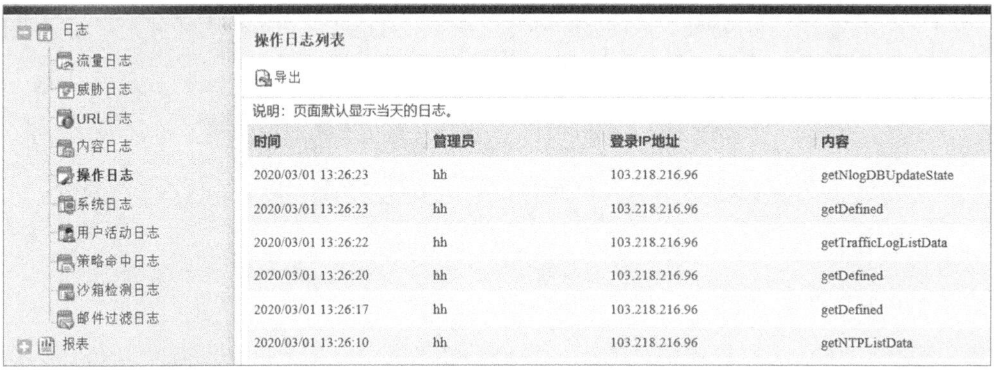

图 4-48　安全设备日志记录示例

② 需要将防火墙中产生的日志记录发送到综合安全审计系统中并进行关联和综合分析，同时能够实现对防火墙的日志记录进行备份，防止审计记录被修改和删除，如图 4-49 所示。

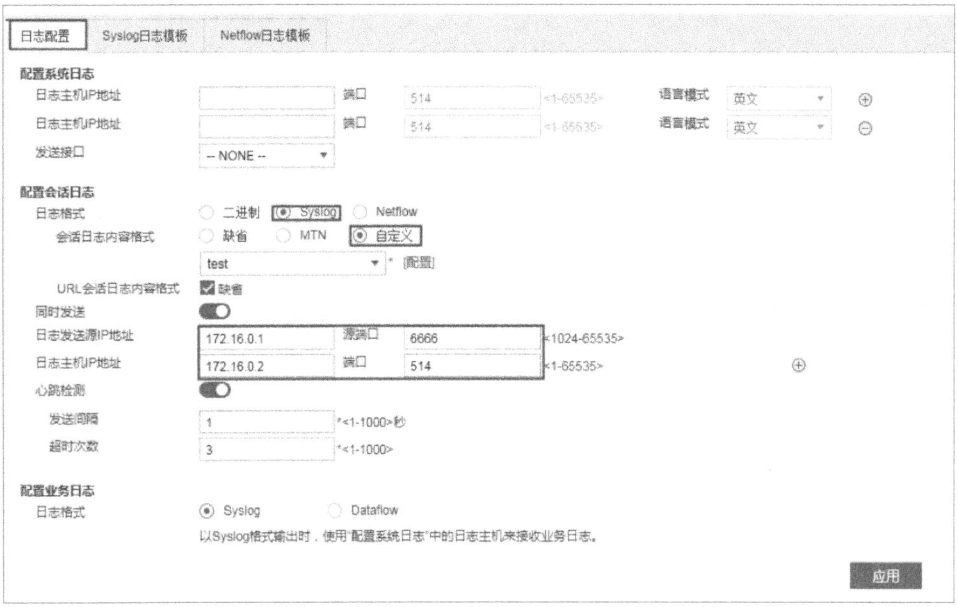

图 4-49　安全设备日志发送至集中日志系统

③ 需要配置管理员对日志模块的权限，防止用户未经授权访问日志模块，如图 4-50 所示。

图 4-50　安全设备配置管理员对日志模块的权限示例

【实施要点及说明】

在实施安全审计时需要关注以下几点。

① 需要启用安全设备向综合安全审计系统发送日志功能，以 SYSLOG 协议或 SNMP Trap 方式发送到综合安全审计系统或其他系统中。

② 通过综合安全审计系统对审计记录进行备份，防止审计记录被修改和删除，同时保证审计记录的存储期限符合法律法规的相关要求。

③ 安全设备的日志种类需要包括系统日志、操作日志、安全日志、应用控制日志和 NAT 日志等。

④ 对于存储于安全设备中的日志，若占用磁盘空间过多可能对设备的正常运行产生影响，因此需要配置日志自动删除功能。

⑤ 对审计记录和审计进程进行保护，系统管理员和安全管理员不具备有关闭日志功能的权限。

⑥ 安全设备需要遵循集中管控的要求，配置时钟同步功能，实现综合审计系统多源审计记录的关联和综合分析。

4.4.2.4　入侵防范

【安全要求】

第三级、第四级安全要求如下。

a）应遵循最小安装的原则，仅安装需要的组件和应用程序。

b）应关闭不需要的系统服务、默认共享和高危端口。

c）应通过设定终端接入方式或网络地址范围对通过网络进行管理的管理终端进行限制。

d）应提供数据有效性检验功能，保证通过人机接口输入或通过通信接口输入的内容符合系统设定要求。

e）应能发现可能存在的已知漏洞，并在经过充分测试评估后，及时修补漏洞。

f）应能够检测到对重要节点进行入侵的行为，并在发生严重入侵事件时提供报警。

【解读和说明】

本控制点对安全设备的入侵防范能力提出了要求。由于安全设备存在默认配置，可能会开启一些不必要的网络服务，给安全设备自身带来一些安全风险，所以，需要关闭非必要的网络服务及非必要的高危端口。同时，对登录安全设备的管理终端进行 IP 地址限定，强烈建议使用带外管理方式进行设备远程管理。

为防止攻击者利用安全设备存在的安全漏洞对其发起网络攻击，相关人员需要定期使用漏洞扫描系统进行漏洞扫描及渗透测试等工作，及时发现安全设备可能存在的安全漏洞，与设备供应商积极沟通，进行充分分析和风险评估，综合评价漏洞的等级和影响程度，及时将漏洞扫描系统更新到最新版本并修补高风险漏洞，保证安全设备安全平稳运行。

【相关安全产品或服务】

相关安全产品包括安全设备（包括虚拟安全设备）的自身功能模块。若安全设备不能满足入侵防范需要，则需要通过第三方安全产品实现，如安全态势感知系统和漏洞扫描系统等相关设备或组件。

【安全建设要点及案例】

以某厂商的防火墙为例，需要配置防火墙关闭不必要的网络服务，对登录防火墙的管理终端进行 IP 地址限定等，通过配置，增强防火墙自身的安全性。防火墙的入侵防范相关配置过程如下。

① 以关闭安全设备的不必要的网络服务为例，如 FTP 和 Telnet 服务等，如图 4-51 所示。

图 4-51　关闭安全设备不必要的网络服务

② 对登录防火墙的终端进行 IP 地址限定，如源地址为 192.168.10.10 的设备可以访问，禁止此地址段外的终端访问，如图 4-52 所示。

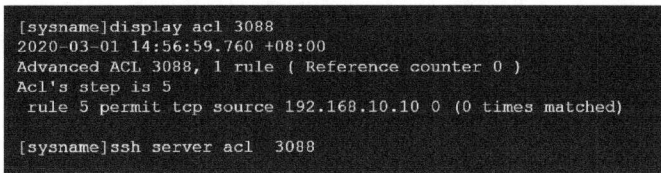

图 4-52　安全设备限制访问 IP 地址配置示例

③ 针对人机接口输入的数据进行有效性验证，保证输入内容符合系统要求，如图 4-53 所示。

图 4-53　安全设备人机接口有效性验证示例

④ 部署漏洞扫描设备对安全设备进行周期性扫描，如图 4-54 所示。

图 4-54　对安全设备进行漏洞扫描示例

【实施要点及说明】

在实施入侵防范时需要关注以下几点。

① 需要关闭安全设备不必要的系统服务、默认共享和高危端口，可以有效降低系统遭受攻击的可能性，如防火墙应关闭 FTP 和 Telnet 等不必要的服务。

② 需要选择厂商推荐的安全设备系统版本保证网络安全平稳运行。

③ 时刻关注厂商官方发布的安全设备的安全漏洞和系统缺陷，经过充分评估和测试后，及时进行系统更新。

④ 需要定期（如每季度）对安全设备进行漏洞扫描，对发现的安全漏洞进行评估和修复。

4.4.2.5　可信验证

【安全要求】

第三级、第四级安全要求如下。

可基于可信根对计算设备的系统引导程序、系统程序、重要配置参数和应用程序等进行可信验证，**并在应用程序的所有执行环节进行动态可信验证**，在检测到其可信性受到破坏后进行报警，将验证结果形成审计记录送至安全管理中心，**并进行动态关联感知**。

【解读和说明】

计算环境的可信验证与安全通信网络的可信验证类同，在这里不再赘述。二者主要区别在于系统引导程序、系统程序、重要配置参数和应用程序不相同，尤其是在进行动态可信验证时需要在安全计算设备应用程序的所有执行环节进行。

【相关安全产品或服务】

TCM 芯片、TPCM 芯片或板卡和 TSB 软件及支持内置可信计算的网闸、防火墙、VPN安全网关、入侵检测及入侵防御设备等提供可信验证功能的安全计算设备或相关固件及组件。

【安全建设要点及案例】

与安全通信网络的可信验证类同，在这里不再赘述。

【实施要点及说明】

与安全通信网络的可信验证类同，在这里不再赘述。

4.4.3　服务器和终端

4.4.3.1　身份鉴别

【安全要求】

第三级、第四级安全要求如下。

a）应对登录的用户进行身份标识和鉴别，身份标识具有唯一性，身份鉴别信息具有复杂度要求并定期更换。

b）应具有登录失败处理功能，应配置并启用结束会话、限制非法登录次数和当登录连接超时自动退出相关措施。

c）当进行远程管理时，应采取必要措施防止鉴别信息在网络传输过程中被窃听。

d）应采用口令、密码技术、生物技术等两种或两种以上组合的鉴别技术对用户进行身份鉴别，且其中一种鉴别技术至少应使用密码技术来实现。

【解读和说明】

本控制点主要对服务器、终端的身份鉴别能力提出了要求。在服务器和终端中要求对登录用户的身份进行有效的身份鉴别，防止攻击者假冒合法用户获得资源的访问权限，保证系统和数据的安全及授权访问者的合法利益。

为了落实只有合法用户才能登录操作系统的要求并采取相应的处理措施，所有服务器和终端要求具备身份鉴别能力，需要对登录的用户进行身份标识，用户身份标识具有唯一性（如账户不能重复和 UID 不能重复），在进行身份鉴别防护时必须配置和启用操作系统的口令复杂度策略（物联网和工控终端等设备进行安全设计时需要设计口令复杂度模块），如口令的长度、组成元素种类和使用期限等，超过使用期限需更换口令。

为了防止口令被暴力及权限滥用，操作系统需要具有登录失败的处理功能。操作系统需要在合理范围内具备登录失败判定及处置能力，既能保证正常登录，又能防止恶意攻击，如在用户登录失败达到一定次数后进行登录锁定。同时，需要启用根据时间切断系统连接会话的能力，以保证系统会话不被恶意使用。

为了防止账户和口令在远程管理中被嗅探导致鉴别信息泄漏，对操作系统进行远程管理时禁止使用明文传输的 Telnet 和 HTTP 服务等，需要采用 SSH、HTTPS、SFTP 等对鉴别信息进行加密传输的方式。

由于设备或系统自身的身份鉴别功能相对比较薄弱，为了提高设备和系统的安全性，对于第三级及以上等级保护对象需要采用口令、密码技术、生物技术等两种或两种以上组合的鉴别技术对用户进行身份鉴别，且其中一种鉴别技术至少需要使用密码技术来实现。为满足组合鉴别技术的要求，需要部署如双因素或多因素身份认证系统等对服务器终端进行强身份鉴别，双因素或多因素身份认证系统需要使用密码技术实现相应功能。

在实际系统运维工作过程中，可采用堡垒机进行设备和系统的远程管理。多数情况下堡垒机仅可以为其自身提供双因素认证，不能为除其自身之外的其他设备和系统提供双因素认证功能（这种应用场景是不符合等级保护标准中强身份认证的要求的）。

【相关安全产品或服务】

服务器和终端等设备的身份鉴别、登录失败处理和远程管理加密功能主要依靠操作系统自身实现。

两种或两种以上鉴别方式一般可通过第三方 PKI/CA 系统、双因素认证系统或多因素认证系统等相关设备或组件实现。

【安全建设要点及案例】

某单位通过部署基于密码技术的双因素认证系统，实现了对 Windows 和 Linux 操作系统用户的两种身份鉴别方式。使用 OTP 动态口令牌进行强身份认证，需要注意的是动态口令一般一分钟变换一次，且需要所有设备配置 NTP 并与可靠时钟源进行同步。

以 Windows 10 双因素登录认证过程为例。如果用户使用 Windows AD 进行账户集中管理和身份认证，Windows 客户机的双因素认证组件可以通过 Windows AD 进行无感知分发，如果用户未使用 Windows AD 进行账户集中管理和身份认证，用户在 Windows 客户机上可以手动安装双因素认证组件，相关应用场景配置示例如下所述。

① 用户正常打开计算机，系统显示登录界面，用户输入账户和口令，如图 4-55 所示。

图 4-55　Windows 登录界面

② 打开用于双因素认证的手机 App 或者 OTP 动态口令牌，用户从手机 App 或 OTP 动态口令牌中获取动态口令，如图 4-56、图 4-57 所示。

图 4-56　手机 App 动态口令示例　　　　　图 4-57　OTP 动态口令牌示例

③ 将手机 App 或 OTP 动态口令牌中显示的动态口令填写至 OTP 码登录框中，如图 4-58 所示。

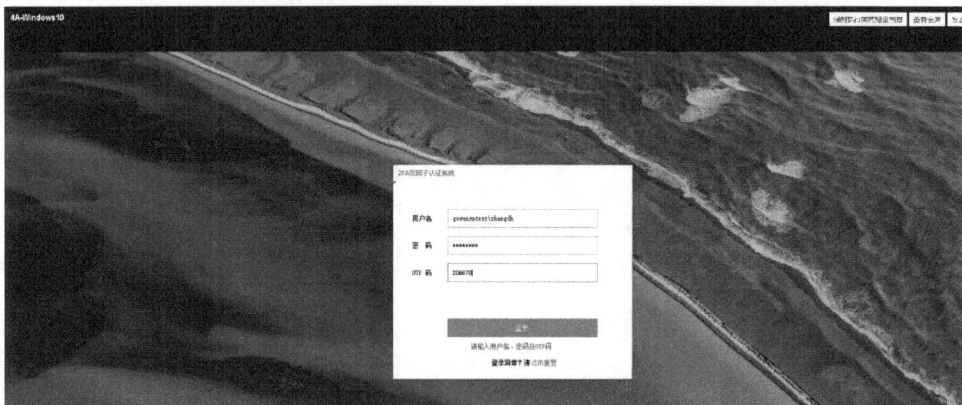

图 4-58　Windows 用户登录界面示例

④ 用户正常登录 Windows 系统或终端，如图 4-59 所示。

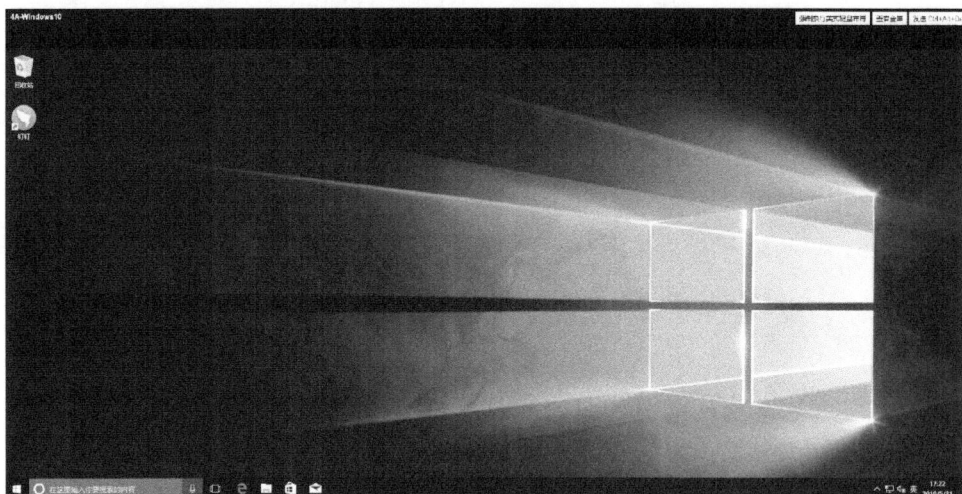

图 4-59　Windows 系统登录成功

以 Linux 系统双因素登录认证过程为例。安装 Linux 系统的客户机需要安装双因素认证组件，可以通过脚本或者自动化运维系统分发，相关应用场景配置示例如下所述。

① 打开用于双因素认证的手机 App 客户端（或者 OTP 动态口令牌），如图 4-60 所示。

图 4-60　手机 App 动态口令示例

② 用户打开 SSH 客户端访问服务器，填写账户和口令，并在口令后面直接加上动态口令，如图 4-61 所示。

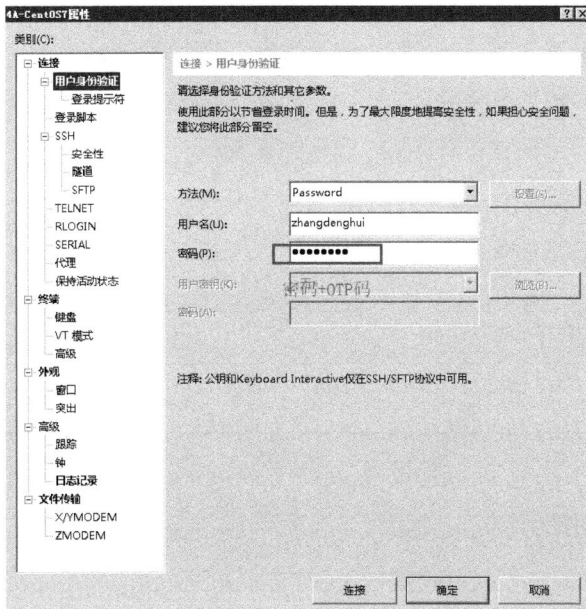

图 4-61　Linux 运维工具用户登录

③ 用户成功登录 Linux 系统，如图 4-62 所示。

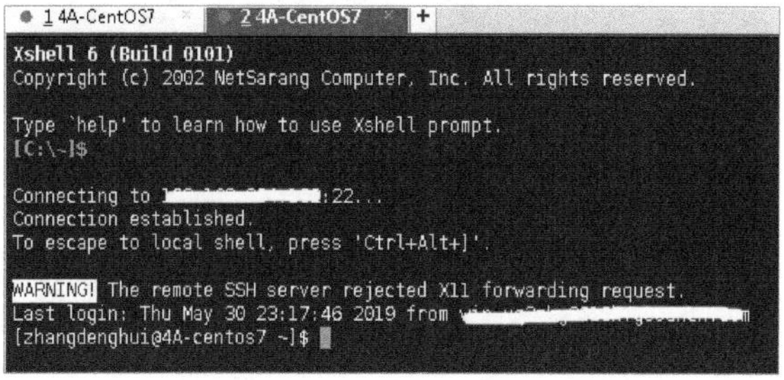

图 4-62　Linux 系统登录成功

【实施要点及说明】

在实施身份鉴别时需要关注以下几点。

① 需要配置设备登录口令的长度、复杂度和有效期策略，如要求口令最小长度为 8 个字符，包含大小写字母、数字和特殊符号等元素中的至少三种，每种元素 1~2 个，口令有效期不超过 180 天。部分产品还支持增强版的口令复杂度检查功能，如口令不能与用户名存在重复字符串、不能位于口令字典中等。

② 需要配置登录失败处理功能，如用户连续登录失败 3 次则禁止登录 30 分钟。连接超时自动退出功能包括本地登录超时自动注销和远程连接超时自动断开两方面，均需要配置。例如，本地登录或远程会话连续 30 分钟无键盘鼠标操作或数据输入/输出，则自动断开，用户重新登录或连接时，需重新进行身份鉴别。

③ 需要配置设备使用 SSH、HTTPS、加密微软远程桌面或和 VPN 等加密措施进行远程管理，防止鉴别信息被嗅探。

④ 针对网络设备、安全设备、操作系统、重要应用系统、其他系统的管理账户和重要业务账户需要使用双因子或多因子进行身份鉴别，其中一种鉴别技术必须采用国家密码主管部门认可的密码技术或产品，如账户口令和 OTP 动态口令牌、账户口令和 USB Key 等组合方式。

⑤ 采用密码技术实现双因素认证或多因素认证时需要采用硬件加密卡或加密机。

4.4.3.2　访问控制

【安全要求】

第三级、第四级安全要求如下。

a）应对登录的用户分配账户和权限。

b）应重命名或删除默认账户，修改默认账户的默认口令。

c）应及时删除或停用多余的、过期的账户，避免共享账户的存在。

d）应授予管理用户所需的最小权限，实现管理用户的权限分离。

e）应由授权主体配置访问控制策略，访问控制策略规定主体对客体的访问规则。

f）访问控制的粒度应达到主体为用户级或进程级，客体为文件、数据库表级。

g）应对主体、客体设置安全标记，并依据安全标记和强制访问控制规则确定主体对客体的访问。

【解读和说明】

本控制点主要对服务器和终端自身所具备或通过第三方产品实现的访问控制能力提出了安全要求，主要包括用户权限管理、访问控制机制和主客体安全标记等。

为了保证服务器和终端具备合理的、有效的账户权限分配机制和模块（尤其是目前越来越多的物联网终端和工控终端），相关单位需要合理设置访问权限的策略和规则，如对操作系统的访问策略、对文件的访问策略、对注册表的访问策略及对重要敏感信息的访问控制策略等。

为了防止恶意攻击者对服务器和终端进行暴力破解或提权攻击，尤其是对默认账户的暴力破解，相关人员需要重命名或删除默认账户并修改默认账户的默认口令。为了防止过期的、多余的账户被恶意利用而进行提权攻击，相关人员需要对服务器和终端的账户进行生命周期管理，通过技术措施和管理手段保证账户的有效性，删除和停用过期的、多余的账户，同时保证账户和自然人一一对应关系。

为了实现权限分离、权限相互制约及防止越权操作，相关人员需要对管理用户进行角色划分，每个管理用户的权限是其工作任务所需的最小权限。例如，一般可将管理用户划分为系统管理员、安全管理员和审计管理员，其中系统管理员拥有除安全管理员和审计管理员外的所有权限，安全管理员负责账户权限管理和系统安全配置，审计管理员具有审计策略配置、审计记录查询配置、备份等权限。

如果是第四级等级保护对象，为了实现访问控制粒度和对于关键信息的访问权限控制，需要由授权主体（如管理用户）负责配置访问控制策略，规定主体对客体的访问规则。访问控制策略的控制粒度达到主体为用户级或进程级，客体为文件、数据库表级。对主体和客体进行安全标记，并依据安全标记控制主体对客体的访问。在基于强制访问控制系统的服务器和终端中，采用基于安全标记的强制访问控制规则，在这种情况下只有具有相同安全等级标签的主体才能访问客体的信息资源，或使用终端加固软件对主体和客体进行安全加固。

【相关安全产品或服务】

相关安全产品包括设备操作系统的访问控制功能模块、统一数字身份管理平台、账户和授权管理系统、单点登录系统及终端加固软件等相关设备或组件等。

【安全建设要点及案例】

以 Windows Server 2016 为例，相关应用场景配置示例如下所述。

① Windows Server 2016 操作系统在初始化安装后，需要重命名默认账户和修改默认账户的默认口令。可以将默认管理账户 Administrator 改成指定的账户名，如 amdincspecroot703，把默认禁用的账户 Guest 激活，改成 Administrator，这样配置会大大提高黑客暴力破解账户口令的难度和攻击成本，如图 4-63 所示。

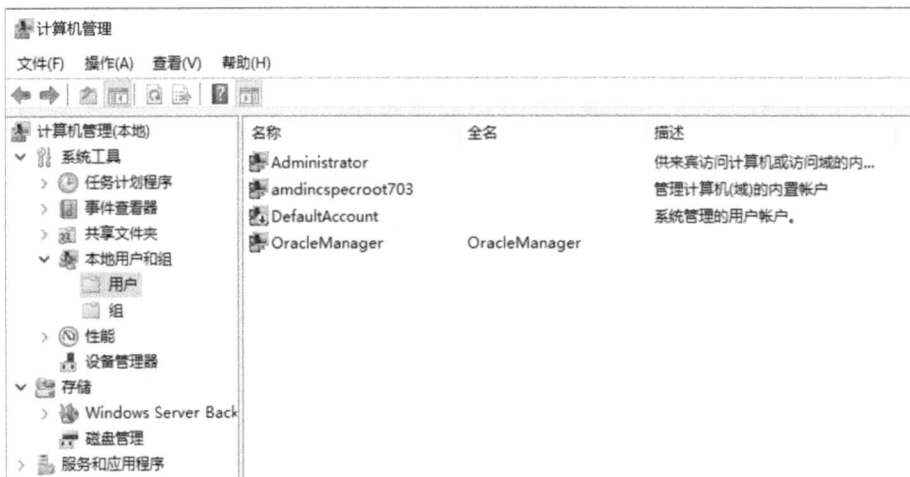

图 4-63　Windows 账户配置

② 限制 Everyone 账户的权限，至少取消其的写权限，如图 4-64 所示。

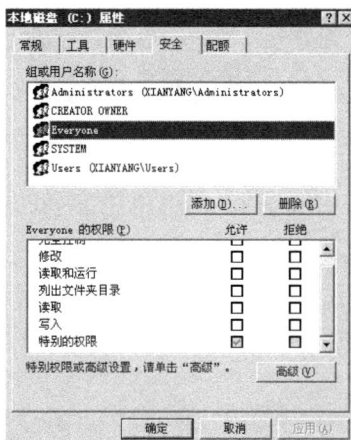

图 4-64　Windows 权限配置

③ 在系统中为系统管理员、安全管理员和审计管理员分别建立账户，并授予与其职责相匹配的系统权限。若每个角色的管理员存在多个，如多个安全管理员，为避免多个管理员共享同一账户，可建立安全管理组，授予该组权限，并使多个安全管理员账户属于该组。

图 4-65　Windows 管理员账户权限分离

以 CentOS Linux 7.0 为例，相关应用场景配置示例如下所述。

① 初始化安装 CentOS Linux 7.0 操作系统后，重命名默认账户，修改默认账户的默认口令。可以把默认管理账户 root 改成指定的账户名，如 amdincspecroot703，并禁止通过 root 直接远程登录，这样配置会大大提高黑客暴力破解账户口令的难度和攻击成本，如图 4-66 所示。

```
[amdincspecroot703@localhost ~]# cat /etc/passwd | grep amdincspecroot703
amdincspecroot703: x: 0: 0: root: /root: /bin/bash
[amdincspecroot703@localhost ~]# cat /etc/ssh/sshd_config | grep PermitRootLogin
PermitRootLogin no
# the setting of "PermitRootLogin without- password".
```

图 4-66　CentOS 账户权限加固示例

② 在系统中为系统管理员、安全管理员和审计管理员分别建立账户，并授予与其职责相匹配的系统权限。若每个角色的管理员存在多个，如多个安全管理员，为避免多个管理员共享同一账户，可建立安全管理组，授予该组权限，并使多个安全管理员账户属于该组，如图 4-67、图 4-68 所示。

```
[amdincspecroot703@localhost ~]# cat /etc/passwd | grep admin
sysadmin: x: 1001: 1001: : /home/sysadmin: /bin/bash
secadmin: x: 1002: 1002: : /home/secadmin: /bin/bash
audadmin: x: 1003: 1003: : /home/audadmin: /bin/bash
```

图 4-67　CentOS 为不同角色管理员新建独立账户示例

```
## Allow root to run any commands anywhere
root    ALL=(ALL)       ALL

amdincspecroot703 ALL=(ALL)     ALL

sysadmin ALL=(ALL)  NOPASSWD: ALL,!/sbin/service auditd stop,!/sbin/service rsysl
og stop,!/sbin/visudo,!/bin/chmod,!/bin/chmod,!/bin/chgrp

secadmin ALL=(ALL)  NOPASSWD: /usr/sbin/visudo, /bin/chown, /bin/chmod, /bin/chgr
p, /usr/bin/passwd,/usr/sbin/userdel, /usr/sbin/usermod

audadmin ALL=(ALL)  NOPASSWD: /sbin/aureport,/usr/sbin/auditctl,/sbin/ausearch
```

图 4-68　CentOS 实现不同角色管理员权限分离示例

另外，可以通过部署操作系统，加固系统对系统账户和系统资源进行安全标记以实现强制访问控制，如图 4-69 所示。

图 4-69　操作系统加固配置示例

【实施要点及说明】

在实施访问控制时需要关注以下几点。

① 重命名 Administrator 和 root 等超级管理账户，以限制其直接登录系统。

② 操作系统的账户和鉴别信息不要存储在配置文件中。

③ 系统中不要存放记录系统详细运维信息的文件，如服务器 IP 地址、登录方式、账户名和口令等。

④ 限制 cmd.exe 和 net.exe（Windows）、ps、vi、cat 和 ls 等命令的执行权限。这些权限只为特定的用户开放。

⑤ 在系统运维人员调岗或离职后，需要及时删除相关账户。

⑥ 针对每个用户，只为其分配进行操作所需的最小权限，严禁多人共享账户。

4.4.3.3　安全审计

【安全要求】

第三级、第四级安全要求如下。

a）应启用安全审计功能，审计覆盖到每个用户，对重要的用户行为和重要安全事件进行审计。

b）审计记录应包括事件的日期和时间、事件类型、**主体标识**、**客体标识**和结果等。

c）应对审计记录进行保护，定期备份，避免受到未预期的删除、修改或覆盖等。

d）应对审计进程进行保护，防止未经授权的中断。

【解读和说明】

本控制点对操作系统自身的安全审计功能提出了要求。安全审计是指对计算机网络环境下的有关活动或行为进行系统的、独立的检查验证、信息收集和分析评价，对审计信息的分析可以为计算机系统的脆弱性评估、责任认定、损失评估和系统恢复等提供关键性信息。

为了能够对全网进行安全综合审计，及时发现网络中潜在的网络攻击行为，需要收集网络设备、安全设备、操作系统、数据库系统和应用系统等的日志信息进行综合分析。因此，在操作系统运行过程中需要启用安全审计功能，审计须覆盖每个用户，对重要的用户行为和重要安全事件进行审计。审计记录需要包括事件的日期、时间、用户、事件类型、事件是否成功及其他与审计相关的信息，以方便审计管理员分析和掌控网络访问行为，对重要的安全事件进行取证溯源。

为保证审计数据的安全，相关人员需要采取安全措施对审计记录进行完整性保护，定期进行场外备份以避免审计数据被删除、修改或覆盖等。此外，审计进程也可能由于软硬件错误等原因而崩溃，因此需要加强对审计进程的保护，防止未经授权的中断。

【相关安全产品或服务】

相关安全产品和服务包括服务器和终端的操作系统安全审计功能、综合安全审计系统、日志服务器和安全运维系统等相关设备或组件。

【安全建设要点及案例】

以 Windows Server 2016 为例，在组策略中配置启用审核策略，如审核策略更改、审核登录事件和审核账户登录事件等，如图 4-70 所示。

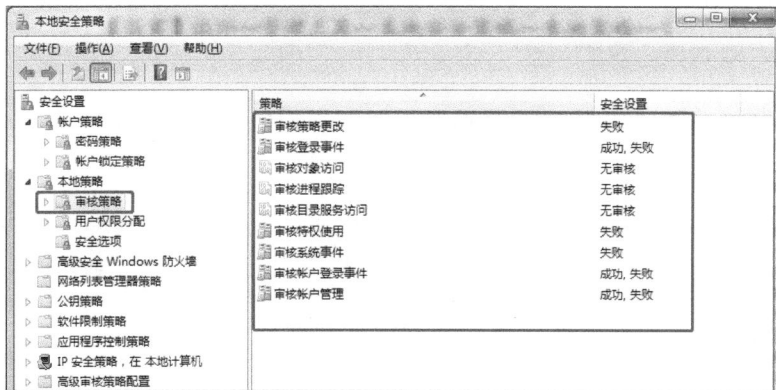

图 4-70　Windows 审核策略

在"事件查看器（本地）"中，将"应用程序""系统""安全"属性中的日志大小修改为 20480KB（或更大），设置当达到最大的日志尺寸时的相应策略，如手动备份或归档，保证日志的保存时间不少于 6 个月。Windows 日志属性设置示意图如图 4-71 所示。

用特定方式（如安装 Snare 软件等）把审计记录传输到综合安全审计系统中，通过综合安全审计系统的日志信息接收、日志信息解析、日志信息标准化、过滤处理、聚合处理和关联引擎等进行综合分析和事件预警，如图 4-71、图 4-72 所示。

图 4-71　Windows 日志属性设置

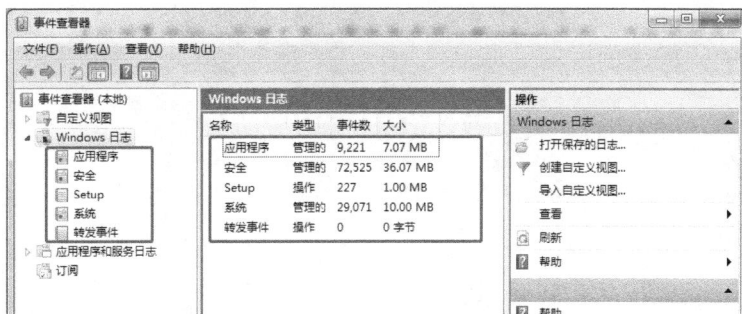

图 4-72　Windows 事件查看器

以 CentOS Linux 7.0 为例，相关应用场景配置示例如下所述。

① 开启 CentOS 的日志服务和审计服务，如图 4-73、图 4-74 所示。

图 4-73　CentOS SYSLog 服务运行示例

```
[amdincspecroot703@localhost ~]# service auditd status
Redirecting to /bin/systemctl status auditd.service
● auditd.service - Security Auditing Service
   Loaded: loaded (/usr/lib/systemd/system/auditd.service; enabled; vendor preset: enabled)
   Active: active (running) since 四 2020-03-05 12:45:47 CST; 3h 20min ago
     Docs: man:auditd(8)
           https://github.com/linux-audit/audit-documentation
  Process: 819 ExecStartPost=/sbin/augenrules --load (code=exited, status=0/SUCCESS)
  Process: 807 ExecStart=/sbin/auditd (code=exited, status=0/SUCCESS)
 Main PID: 810 (auditd)
    Tasks: 5
   CGroup: /system.slice/auditd.service
           ├─810 /sbin/auditd
           ├─812 /sbin/audispd
           └─814 /usr/sbin/sedispatch
```

图 4-74　CentOS Audit 服务运行示例

② 配置 CentOS 对系统关键文件的监控及日志模式和日志所占内存大小等策略，保证日志的保存时间不少于 6 个月，如图 4-75 所示。

```
[amdincspecroot703@localhost ~]# cat /etc/audit/rules.d/audit.rules
## First rule - delete all
-D

## Increase the buffers to survive stress events.
## Make this bigger for busy systems
-b 8192

## Set failure mode to syslog
-f 1

-w /etc/group    -p  wa
-w /etc/passwd   -p  wa
-w /etc/shadow
-w /etc/sudoers  -p  wa
-w /etc/init.d   -p  wa
-w /etc/hosts    -p  wa
-w /etc/sysconfig/
-w /etc/ssh/sshd_config  -p  wa
-w /usr/bin/     -p  wa
-w /etc/sbin/    -p  wa

audittctl -a exit,always -F arch=b32 -S execve
audittctl -a exit,always -F arch=b64 -S execve
```

图 4-75　CentOS 关键系统文件监控示例

③ 配置 CentOS 审计相关日志文件的访问权限不大于 600，包括但不限于 messages、secure、audit.log 和 boot.log 等日志文件，如图 4-76 所示。

```
[amdincspecroot703@localhost ~]# ls -la /var/log/audit/audit.log
-rw-------. 1 amdincspecroot703 root 648126 3月   5 16:53 /var/log/audit/audit.log
[amdincspecroot703@localhost ~]# ls -la /var/log/messages
-rw-------. 1 amdincspecroot703 root 1236464 3月   5 16:53 /var/log/messages
[amdincspecroot703@localhost ~]# ls -la /var/log/secure
-rw-------. 1 amdincspecroot703 root 16943 3月   5 16:53 /var/log/secure
[amdincspecroot703@localhost ~]# ls -la /var/log/boot.log
-rw-------. 1 amdincspecroot703 root 54587 3月   5 12:45 /var/log/boot.log
```

图 4-76　CentOS 系统日志文件访问权限示例

④ 配置 CentOS 的日志服务器,相关人员需要将本机日志发送至综合安全审计系统进行日志存储和综合分析等,在文件/etc/rsyslog.conf 中配置服务器 IP 和端口,如图 4-77 所示。

```
#*.*  @@remote-host:514
*.*  @@192.168.17.128:514
#### end of the forwarding rule ###
```

图 4-77　CentOS 日志服务器 IP 和端口配置示例

【实施要点及说明】

在实施安全审计时需要关注以下几点。

① 在操作系统中开启安全审计策略,对所有用户的操作行为进行审计。相关人员需要根据实际需求配置适合的审计策略,不能影响操作系统和网络的正常运行。

② 相关人员需要按照实际需求设置审计范围。审计范围过大将导致审计数据过多,占用大量存储空间;审计范围过小将会影响事件追踪溯源。

③ 在服务器和终端存有审计记录副本,需要定期关注服务器和终端的存储空间的大小,避免因为审计数据过多影响服务器和终端的正常数据存储,并定期对审计数据进行备份和清理。

④ 安全管理员需要定期对审计数据进行审核,发现异常事件后及时处置。

⑤ 操作系统需要遵循集中管控要求,配置时钟同步功能,实现综合审计系统多源审计记录的关联和综合分析。

4.4.3.4　入侵防范

【安全要求】

第三级、第四级安全要求如下。

a)应遵循最小安装原则,仅安装需要的组件和应用程序。

b)应关闭不需要的系统服务、默认共享和高危端口。

c)应通过设定终端接入方式或网络地址范围对通过网络进行管理的管理终端进行限制。

d)应提供数据有效性检验功能,保证通过人机接口输入或通过通信接口输入的内容符合系统设定要求。

e）应能发现可能存在的已知漏洞，并在经过充分测试评估后，及时修补漏洞。

f）应能够检测到对重要节点进行入侵的行为，并在发生严重入侵事件时提供报警。

【解读和说明】

入侵防范是用来识别威胁并做出应对的网络安全技术手段，也是保障服务器和终端自身及其上运行的业务应用系统安全的重要手段和措施，包括被动的安全加固和主动的入侵防御。其中，安全加固主要用于减少可能的入侵攻击面，入侵防御则聚焦于入侵行为的检测、响应和处置。

为了避免服务器和终端上的多余组件和多余程序带来的安全威胁，在对服务器和终端的操作系统进行安装和加固时，需要遵循最小安装原则，梳理和分析哪些是系统运行所需的最小环境，只安装服务器操作系统必需的组件及操作系统中必要的应用程序。操作系统在默认安装时，会安装一些无用的且可能存在漏洞的组件或网络服务，如打印服务和 FTP 服务等，相关人员需要关闭不必要的操作系统网络服务或卸载相关组件，以及关闭不需要的默认共享或高危的端口（如 445 端口）。在云计算环境下，要求云计算服务供应商提供安全加固过的虚拟机模板。

为提高安全访问控制能力，相关人员需要通过限定管理终端的类型或网络地址范围（如 IP 白名单）等方式限制通过网络对服务器的访问，减少远程接入服务器管理的可能性，降低未知链接对服务器安全造成的威胁。

为了防止攻击者利用操作系统存在的安全漏洞对其发起网络攻击，相关人员需要定期使用漏洞扫描系统进行漏洞扫描及渗透测试等工作，及时发现操作系统可能存在的安全漏洞，及时跟踪厂商发布的安全公告，进行充分的分析和风险评估，综合评价漏洞的等级和影响程度，及时更新补丁、修补高风险漏洞，保证操作系统安全平稳运行。

为防止服务器和终端感染木马或病毒影响全网服务器和终端正常运行，相关人员需要在操作系统中部署有效的防恶意代码技术措施，同时服务器和终端需要能够检测到上述行为并及时报警。

【相关安全产品或服务】

相关安全产品服务器和终端操作系统安全加固系统、终端安全管理系统和防病毒系统等相关设备或组件。安全服务包括漏洞扫描服务、操作系统加固和安全评估服务等。

【安全建设要点及案例】

以 Windows Server 2016 为例，相关单位需要关闭不必要的网络服务，对登录操作系统的管理终端进行 IP 地址限定，定期使用漏洞扫描系统对操作系统进行扫描发现漏洞并及时修补等。操作系统的入侵防范相关配置过程如下。

① 配置 Windows 防火墙安全策略或卸载相关组件来关闭不要的服务及端口，如 FTP 和 Telnet 等，如图 4-78 所示。

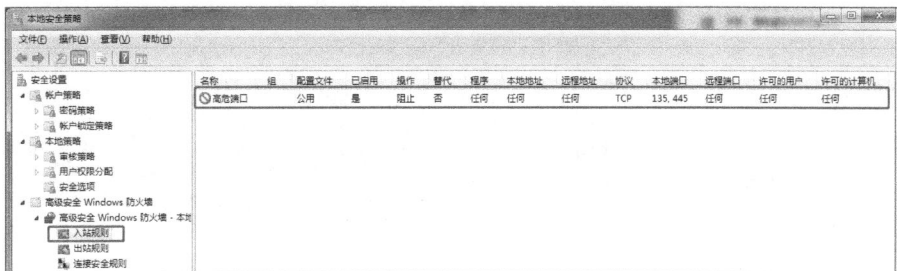

图 4-78　Windows 防火墙安全策略配置

② 通过系统组件和服务关闭不必要的系统服务，如图 4-79 所示。

图 4-79　Windows 组件和服务

③ 对服务器远程管理地址进行限制，通过配置 Windows 防火墙的入站规则来限制管理终端 IP。

以 CentOS Linux 7.0 为例，相关单位需要关闭不必要的网络服务，对登录操作系统的管理终端进行 IP 地址限定，定期使用漏洞扫描系统对操作系统进行扫描发现漏洞并及时修补等。操作系统的入侵防范相关配置过程如下。

① 根据业务系统实际需求确保系统中未开启不必要的网络服务和端口，如存在不必要的网络服务和端口，相关人员需要将其关闭或卸载多余的服务，如图 4-80 所示。

```
[amdincspecroot703@localhost ~]# netstat -anp
Active Internet connections (servers and established)
Proto Recv-Q Send-Q Local Address        Foreign Address     State    PID/Program name
tcp       0      0 127.0.0.1:631        0.0.0.0:*           LISTEN   1195/cupsd
tcp       0      0 127.0.0.1:25         0.0.0.0:*           LISTEN   1543/master
tcp       0      0 0.0.0.0:111          0.0.0.0:*           LISTEN   1/systemd
tcp       0      0 192.168.122.1:53     0.0.0.0:*           LISTEN   1685/dnsmasq
tcp       0      0 0.0.0.0:22           0.0.0.0:*           LISTEN   1198/sshd
tcp6      0      0 ::1:631              :::*                LISTEN   1195/cupsd
tcp6      0      0 ::1:25               :::*                LISTEN   1543/master
tcp6      0      0 :::111               :::*                LISTEN   1/systemd
tcp6      0      0 :::22                :::*                LISTEN   1198/sshd
udp       0      0 0.0.0.0:1013         0.0.0.0:*                    842/rpcbind
udp       0      0 0.0.0.0:52336        0.0.0.0:*                    918/avahi-daemon:
udp       0      0 0.0.0.0:5353         0.0.0.0:*                    918/avahi-daemon:
udp       0      0 192.168.122.1:53     0.0.0.0:*                    1685/dnsmasq
udp       0      0 0.0.0.0:67           0.0.0.0:*                    1685/dnsmasq
udp       0      0 0.0.0.0:111          0.0.0.0:*                    1/systemd
udp6      0      0 :::1013              :::*                         842/rpcbind
udp6      0      0 :::111               :::*                         1/systemd
```

图 4-80　CentOS 运行网络服务和端口示例

② 配置并启用 CentOS 主机防火墙，在主机防火墙中配置必要的安全策略，如仅开放业务和运维必须的 80（HTTP）、443（HTTPS）和 22（SSH）等端口，如图 4-81、图 4-82 所示。

```
[amdincspecroot703@localhost ~]# systemctl status firewalld
● firewalld.service - firewalld - dynamic firewall daemon
   Loaded: loaded (/usr/lib/systemd/system/firewalld.service; enabled; vendor preset: enabled)
   Active: active (running) since 四 2020-03-05 12:45:50 CST; 5h 13min ago
     Docs: man:firewalld(1)
 Main PID: 939 (firewalld)
    Tasks: 2
   CGroup: /system.slice/firewalld.service
           └─939 /usr/bin/python2 -Es /usr/sbin/firewalld --nofork --nopid

3月 05 12:45:49 localhost.localdomain systemd[1]: Starting firewalld - dynamic firewall daemon...
3月 05 12:45:50 localhost.localdomain systemd[1]: Started firewalld - dynamic firewall daemon.
[amdincspecroot703@localhost ~]# firewall-cmd --state
running
```

图 4-81　CentOS 主机防火墙服务运行示例

```
[amdincspecroot703@localhost ~]# firewall-cmd --list-all
public
  target: default
  icmp-block-inversion: no
  interfaces:
  sources:
  services: dhcpv6-client ssh
  ports: 80/tcp 443/tcp 22/tcp
  protocols:
  masquerade: no
  forward-ports:
  source-ports:
  icmp-blocks:
  rich rules:
```

图 4-82　CentOS 主机防火墙开放端口配置示例

③ 在 CentOS 配置文件 hosts.allow 中设置仅允许指定的 IP 进行远程登录，如图 4-83
所示。

图 4-83　CentOS hosts.allow 文件内容示例

【实施要点及说明】

在实施入侵防范时需要关注以下几点。

① 对操作系统进行加固，关闭不必要的系统服务，删除不需要的组件。

② 对于多余的服务、端口和组件的界定，应以业务需要为原则。由于业务需要，应开
启但又存在高风险漏洞的端口，可通过其他层面的安全措施予以补充加强，不应因噎废食，
影响业务的正常运行。

③ 定期（如每季度）对操作系统进行漏洞扫描，对发现的安全漏洞进行评估和修复，
保证全网服务器和终端不存在高危漏洞。

④ 使用第三方管理系统进行统一管理时，需要保证管理中心可访问互联网云端病毒
库和补丁库，实时更新病毒库和漏洞信息。如果管理中心部署在隔离网中，则可通过光盘
方式定期将病毒库和补丁库导入管理中心进行升级。补丁更新需要占用大量的网络带宽资
源，需要选择非用网高峰时段以免造成网络拥堵。

⑤ 对于操作系统来说，需要建立主动免疫可信验证机制识别和防范入侵行为和病毒。

4.4.3.5　恶意代码防范

【安全要求】

第三级、第四级安全要求如下。

a）应采用免受恶意代码攻击的技术措施或主动免疫可信验证机制及时识别入侵和病
毒行为，并将其有效阻断。

b）应采用主动免疫可信验证机制及时识别入侵和病毒行为，并将其有效阻断。

【解读和说明】

本控制点主要对服务器和终端提出了恶意代码防范要求。服务器和终端是网络中处理和产生数据的重要节点，也是木马入侵和病毒攻击的首选目标。

为保证服务器和终端免受病毒和木马等入侵行为的损害，降低网络安全风险，必须采用主动免疫可信验证机制或安装防恶意代码产品（仅限第三级等级保护对象可以选择使用）进行恶意代码防范。主动免疫可信验证机制是指在硬件可信根 TPCM 的支撑下，对在计算节点上的所有可执行代码在执行前需进行可信验证，计算可信执行代码的散列值与基准值的比对结果，从而对未知的执行代码进行控制。另外，可信验证的动态验证通过周期性或关键行为的触发对业务的执行环境进行可信验证，一旦发现业务的执行环境遭到破坏，如系统调用表、中断表和 SYSCALL 等内存关键数据被篡改等，就会触发控制机制对破坏业务环境的行为进行有效阻断，由此实现对木马入侵和病毒攻击的及时识别和有效阻断。

【相关安全产品或服务】

相关安全产品包括防恶意代码产品、TCM 芯片、TPCM 芯片或板卡和 TSB 软件及支持内置可信计算的 PC、服务器和虚拟化计算平台等提供主动免疫可信验证机制功能计算设备或相关固件及组件。

【安全建设要点及案例】

根据计算设备的不同应用场景，选择不同产品形态的硬件可信根 TPCM。针对新建系统场景可以选择硬件可信根 TPCM 中的 CPU 内置方式。针对存量设备可以选择独立芯片板载或集成到板卡上，如 PCIE、M.2、模组等形式的外置式 TPCM。可信软件需要根据设备的不同操作系统进行选择，如 Windows 系列、Linux 系统、UNIX 系统、Android 和嵌入式等操作系统场景。

以主动免疫可信管理系统为例，主动免疫可信管理系统在实施恶意代码防范时的步骤如下。

① 基于主动免疫可信验证机制实现恶意代码防范，包括白名单模板和白名单策略两个功能模块。基于白名单控制机制，需要对系统进行一次整个根的扫描，对二进制文件、可执行文件做散列值记录，并将其保存于白名单库中。内核模块根据白名单库对程序执行进行控制。当检测到执行程序的启动时，内核模块首先提取启动程序的散列值，然后与白

名单库中的散列值进行比对，如果白名单库中存在该记录，则允许其执行，反之则拒绝程序执行。

②　针对 Windows 系统要求上传本地软件包到管理中心，软件包支持的格式有.exe和.msi 等，并扫描相应软件包白名单策略，将要执行的程序导入，如图 4-84 所示。

图 4-84　导入终端软件包

选择要上传的程序，如图 4-85 所示。

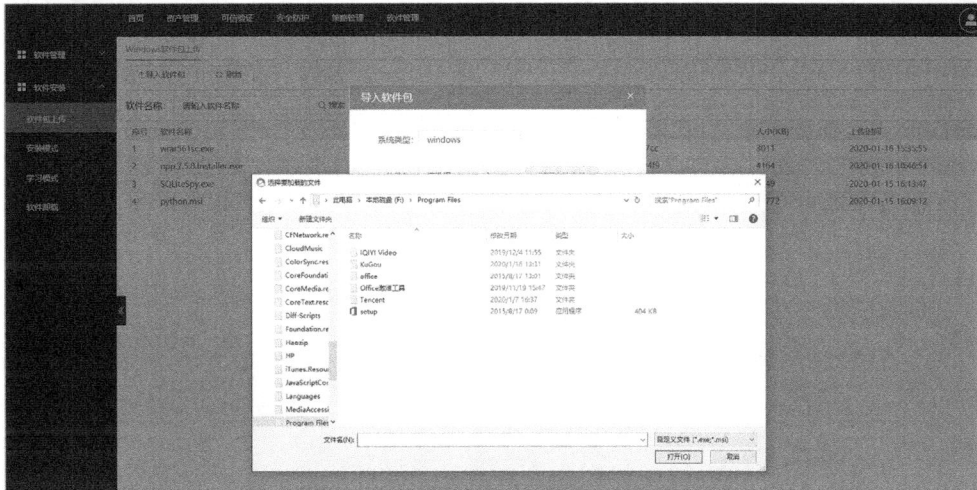

图 4-85　选择本地文件

③　针对 Linux 系统要求上传本地软件包到管理中心进行白名单扫描，软件包支持的格式有.rpm、.deb 和 tar.gz 等，管理中心识别上传的软件包及对应的应用程序，如图 4-86、图 4-87 所示。

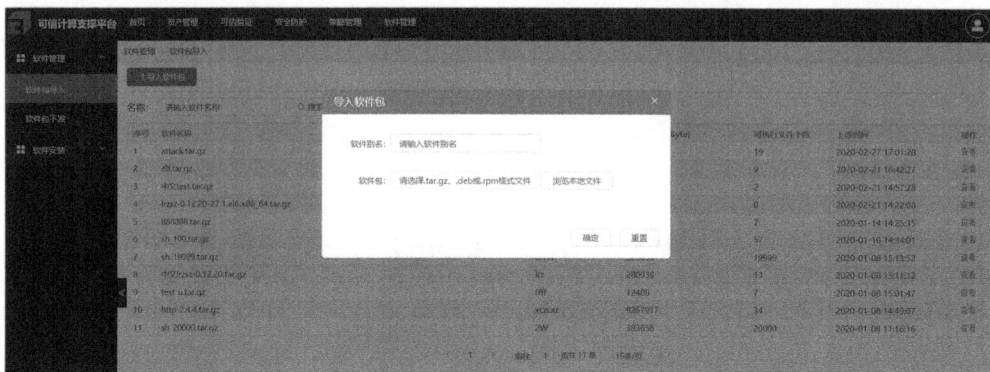

图 4-86 上传和导入软件包

图 4-87 查看模板信息

【实施要点及说明】

在实施恶意代码防范时需要关注以下几点。

① 采用主动免疫可信验证机制时，应根据业务及系统环境配置可信验证策略。例如，在计算节点上的所有可执行代码在执行前需进行可信验证，计算可信执行代码的散列值与基准值的比对结果，从而对未知的执行代码进行控制。

② 通过周期性或关键行为的触发对业务的执行环境进行动态可信验证，及时发现破坏业务执行环境的行为并触发控制机制对破坏业务执行环境的行为进行阻断，由此实现对入侵和病毒行为的及时识别和有效阻断。

4.4.3.6　可信验证

【安全要求】

第三级、第四级安全要求如下。

可基于可信根对计算设备的系统引导程序、系统程序、重要配置参数和应用程序等进行可信验证，**并在应用程序的所有执行环节进行动态可信验证**，在检测到其可信性受到破坏后进行报警，将验证结果形成审计记录送至安全管理中心，**并进行动态关联感知**。

【解读和说明】

安全计算环境的可信验证与安全通信网络的可信验证类同，在这里不再赘述。二者主要区别在于系统引导程序、系统程序、重要配置参数和应用程序不相同，尤其是在进行动态可信验证时需要在计算设备应用程序的所有执行环节进行。

【相关安全产品或服务】

相关安全产品包括 TCM 芯片、TPCM 芯片或板卡和 TSB 软件及支持内置可信计算的 PC、服务器和虚拟化计算平台等提供可信验证功能的计算设备或相关固件及组件。

【安全建设要点及案例】

以某用户部署的可信管理系统为例。可信管理系统由客户端和可信管理中心组成，在网内 PC 终端、服务器、前置机、工作站等终端节点部署 TPCM 和可信软件基组件。

可信软件基软件部署于服务器和终端的操作系统层，是软件层的核心机制，能够动态解析可信策略，截获系统和应用行为，依据相关策略在 TPCM 的支撑下进行可信验证。可信软件基软件主要实现截获、控制功能，内嵌在计算体系操作系统中，常以内核模块形式存在，为终端提供运行时对系统、应用、安全机制的重要度量，并提供安全防护功能。

可信软件基作为客户端软件形态，采集系统启动和执行过程中的信息，将采集到的数据、日志、报告、报警信息等实时发送至可信管理中心，并接受可信管理中心的统一管理，包括策略接收、策略解析和策略配置。

可信管理系统部署示意图如图 4-88 所示。

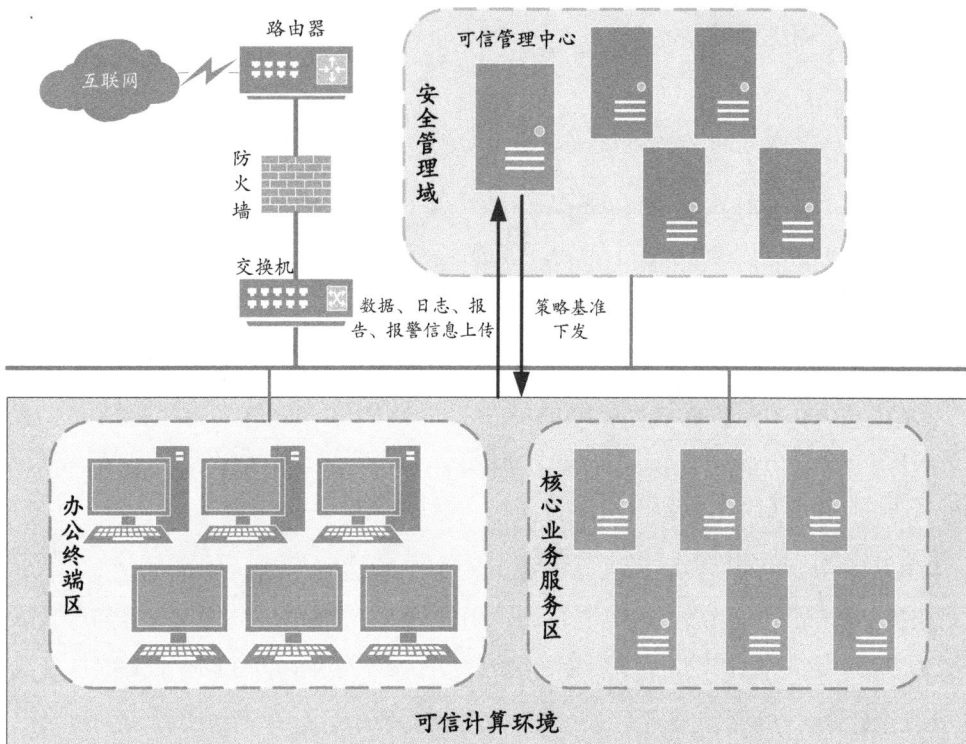

图 4-88　可信管理系统部署示意图

可信安全管理中心需具备对可信软件基、TPCM 的策略、基准值和日志进行统一管理的功能，同时应基于可信数据的服务平台提供可信状态评估，支撑可信链接；基于可信日志数据进行数据分析挖掘，呈现可信态势；提供可信服务以增强可信计算节点的免疫能力，包括信任管理、关联感知等。

【实施要点及说明】

在实施可信验证时需要关注以下几点。

① 可信管理中心是确保系统配置完整可信及执行安全性的核心，是确定用户操作权限、实施全程审计追踪的核心所在。因此，相关单位需要通过多种措施保证可信管理中心的安全，如严格限制管理员的登录方式，设置管理员口令复杂度和有效期等。

② 可信管理系统对服务器和终端的引导程序、系统程序、重要配置参数和应用程序等进行静态和动态可信验证。根据服务器和终端的配置变化，需要及时调整可信管理系统的可信验证策略，避免出现误报或误判，影响程序的正常运行。

③ 可信管理系统需要配置动态度量策略及业务程序所依赖的函数库、系统调用表等，针对环境不安全情况的发生，配置应对的控制机制和方式等。

④ 可信管理中心需要配置关键行为（如 fork、exec、open 和 write 等系统调用行为，或设置对某指定文件的 write 行为）的触发条件，当相关人员进行系统调用并满足条件时，可信管理中心需对其行为进行动态度量。

⑤ 可信软件基软件需要能够自动解释、配置可信管理中心中的策略，依据不同的策略完成策略配置工作。

⑥ 终端的可信软件基软件需能够与可信管理中心或其他安全管理中心进行通信和协同联动，在检测到其可信性受到破坏后进行报警，并将验证结果形成审计记录送至安全管理中心。

⑦ 明确指定需要进行可信验证的应用程序，可信管理系统将对其所有执行行为进行可信度量验证。

4.4.4　业务应用系统

4.4.4.1　身份鉴别

【安全要求】

第三级、第四级安全要求如下。

a）应对登录的用户进行身份标识和鉴别，身份标识具有唯一性，身份鉴别信息具有复杂度要求并定期更换。

b）应具有登录失败处理功能，应配置并启用结束会话、限制非法登录次数和当登录连接超时自动退出相关措施。

c）当进行远程管理时，应采取必要措施防止鉴别信息在网络传输过程中被窃听。

d）应采用口令、密码技术、生物技术等两种或两种以上组合的鉴别技术对用户进行身份鉴别，且其中一种鉴别技术至少应使用密码技术来实现。

【解读和说明】

本控制点主要对业务应用系统的身份鉴别能力提出了要求。本控制点要求业务应用系统的身份鉴别功能能够有效防止攻击者假冒合法用户获得资源的访问权限，保证系统和数据的安全，以及授权访问者的合法利益。

为了防止非法用户越权访问业务应用系统，业务应用系统需要具备身份鉴别模块，对登录系统的用户进行身份标识。用户身份标识具有唯一性，综合使用账户口令和动态口令等进行身份鉴别，设置口令复杂度要求，如口令的长度、组成元素种类和使用期限等，超过使用期限需更换口令。

为了避免业务应用系统的口令被暴力破解，业务应用系统登录模块需要具有登录失败处理功能。限制非法登录次数，当用户连续登录失败达到一定次数后，采取结束会话或锁定账户等措施，当用户登录系统后在限定时间内无操作，则自动退出系统。

为了防止鉴别信息在网络传输过程中被窃听，对业务应用系统进行远程管理时，需要使用 SSH、HTTPS 和 SSL VPN 等加密传输协议实现鉴别信息在传输过程中的保密。

由于业务应用系统自身的身份鉴别功能相对比较薄弱，为了提高其安全性，对于第三级及以上涉及业务应用系统的管理账户和重要业务账户需要采用口令、密码技术、生物技术等两种或两种以上组合的鉴别技术对用户进行身份鉴别，且其中至少有一种鉴别技术是密码技术。为满足组合鉴别技术的要求，需要部署如 PKI/CA、双因素身份认证系统或多因素身份认证系统等对业务应用系统进行强身份鉴别，双因素或多因素认证系统需要使用密码技术实现相应功能。

【相关安全产品或服务】

相关安全产品包括业务应用系统的身份鉴别、登录失败处理和远程管理加密等需要单独开发的相关模块。

两种或两种以上鉴别方式一般可通过第三方 PKI/CA 系统、双因素身份认证系统或多因素认证系统等相关设备或组件实现。

【安全建设要点及案例】

以某证券公司网上交易系统为例。该系统主要为客户提供网上证券交易服务。证券交易系统的访问入口有 B/S、C/S、Android 和 iOS。这些登录入口如果没有多因素身份认证机制的保护，容易遭受撞库、字典攻击等黑客攻击。一旦客户的交易账户和口令泄露，很可能造成资金损失，后果非常严重。为了满足国家监管部门对证券公司的要求，该证券公司需要进一步增强登录认证的安全性。

该证券公司采用双因素身份认证系统，交易用户在登录时除了输入账户和口令，还需要使用 App 动态令牌或 OTP 动态口令牌进行二次认证。使用双因素身份认证系统登录系统过程如下。

① 用户使用浏览器登录 B/S 架构的证券交易系统，输入正确的账户和口令，如图 4-89 所示。

图 4-89　账户和口令认证登录示例

② 用户输入正确的账户和口令后，证券交易系统会弹出相应界面，要求用户输入动态口令，如图 4-90 所示。

图 4-90　二次认证示例

③ 用户输入手机 App 中显示的动态口令，进入证券交易系统。

【实施要点及说明】

在实施身份鉴别时需要关注以下几点。

① 业务应用系统需要提供口令复杂度验证功能，要求口令长度至少为 8 个字符，至少包括大写字母、小写字母、数字和特殊字符这四种元素中的三种，口令三个月要更换一次。

② 在进行业务应用系统开发时，在设置初始口令功能和修改口令功能时都需要对口令进行复杂度验证，如某些应用系统需要系统管理员设置初始口令，用户首次登录系统时，强制要求其修改口令。

③ 用户访问应用系统时使用 HTTPS 协议，为提高业务应用系统的性能，可以配置启用应用负载均衡器的 HTTPS 功能，同时也需要具备 HTTPS 加速功能。

④ 业务应用系统需要提供登录失败处理功能，对用户的连续登录失败次数进行计数。当超出设置的次数阈值时，账户将被锁定一段时间或由系统管理员进行解锁或采用安全方式进行账户口令重置。

⑤ 对业务应用系统的管理账户和重要业务账户进行双因素身份认证或多因素身份认证时，使用的密码产品必须具有国家密码管理局的商用密码产品型号证书。

4.4.4.2　访问控制

【安全要求】

第三级、第四级安全要求如下。

a）应对登录的用户分配账户和权限。

b）应重命名或删除默认账户，修改默认账户的默认口令。

c）应及时删除或停用多余的、过期的账户，避免共享账户的存在。

d）应授予管理用户所需的最小权限，实现管理用户的权限分离。

e）应由授权主体配置访问控制策略，访问控制策略规定主体对客体的访问规则。

f）访问控制的粒度应达到主体为用户级或进程级，客体为文件、数据库表级。

g）应对主体、客体设置安全标记，并依据安全标记和强制访问控制规则确定主体对客体的访问。

【解读和说明】

本控制点主要对业务应用系统提出了访问控制要求。业务应用系统自身具备的或通过第三方产品实现的访问控制能力，主要包括用户权限管理、访问控制机制和主客体安全标记等。

为了防止非法或未授权的主体访问业务应用系统的相关资源，业务应用系统需要按照用户身份及其所归属的角色定义限制用户对相关信息的访问，或控制其对某些业务功能的使用。

为了避免默认账户被暴力破解，需要重命名或删除业务应用系统的默认账户。如果不能重命名或删除默认账户，则需要修改默认账户的默认口令。

为了防止过期的、多余的账户被人恶意利用进行越权操作，相关人员需要对业务应用系统账户进行生命周期管理。定期进行账户梳理，删除或停用多余的和过期的账户，实现业务应用系统账户与自然人一一对应，避免一旦出现事故后无法确定责任人。

业务应用系统的账户分为业务账户和管理账户，管理账户又分为系统管理员账户、安全管理员账户和审计管理员账户，相关单位根据不同角色的工作需要，给予其所需的最小权限，授权指定人员按照访问控制策略进行用户访问权限的配置。

如果是第四级等级保护对象，业务应用系统需要实现基于安全标记的强制访问控制，用户（或其他主体）与文件（或其他客体）都设置了相应的安全标记，在每次访问发生时，系统检测安全标记以便确定此用户是否具有访问该客体的权限。

【相关安全产品或服务】

相关安全产品包括业务应用系统的授权管理功能等需要单独开发的相关模块或第三方身份认证和授权管理系统等。

【安全建设要点及案例】

某单位业务应用系统通过自带的授权管理模块，实现了对访问权限的有效控制。业务应用系统在上线后重命名业务应用系统中原有的默认账户，并修改默认账户的默认口令。授权员工负责业务应用系统的访问权限配置，建立了业务账户角色和管理账户角色。业务账户角色没有系统管理操作权限，管理账户角色没有业务操作权限。管理账户分为系统管理员账户、安全管理员账户和审计管理员账户。应根据不同角色的工作需要，给予其所需的最小权限。相关人员需要对业务应用系统中的账户进行生命周期管理，当有人员离职或调岗时，将离职或调岗的员工信息进行删除和调整，业务应用系统将同步删除员工对应的账户或调整相应的访问权限。

【实施要点及说明】

在实施访问控制时需要关注以下几点。

① 一般是先建立角色，再给角色分配适当的权限。相关单位需要建立账户管理制度，

对业务应用系统的账户进行生命周期管理。相关单位需要建立访问控制策略，由内部在职人员负责访问控制权限的配置。

② 大部分业务应用系统是根据业务需求专门定制开发的，不存在默认账户的问题。使用商用软件或在成熟商用软件基础上开发的应用系统，存在默认账户，需重命名或删除默认账户（如无法重命名或删除默认账户，则需要修改默认账户的默认口令）。

③ 有关键信息资源的业务应用系统需要建立强制访问控制机制，以控制关键信息资源的访问。

4.4.4.3　安全审计

【安全要求】

第三级、第四级安全要求如下。

a）应启用安全审计功能，审计覆盖到每个用户，对重要的用户行为和重要安全事件进行审计。

b）审计记录应包括事件的日期和时间、事件类型、**主体标识**、**客体标识**和结果等。

c）应对审计记录进行保护，定期备份，避免受到未预期的删除、修改或覆盖等。

d）应对审计进程进行保护，防止未经授权的中断。

【解读和说明】

本控制点主要对业务应用系统提出了日志审计的要求。相关单位要对业务应用系统的运行情况及系统用户行为进行记录，分析审计信息，为计算机系统的脆弱性评估、责任认定、损失评估和系统恢复等提供关键性信息。

为了保证安全审计的有效性和完整性，业务应用系统需要具备并开启安全审计功能，相关人员在界面上能够看到审计记录，安全审计范围需要覆盖所有用户。审计内容需要包括用户的重要操作，如用户登录、用户退出、系统配置和重要业务操作等，并且对系统异常等安全事件进行审计。为了实现通过审计信息查找事件发生原因和发现问题根源的功能，审计记录需要至少包括操作行为或事件的日期和时间、事件类型、主体标识、客体标识和事件执行结果等信息。

为了保证不会出现审计内容缺失的情况，相关人员需要定期对审计记录进行备份。依据《网络安全法》的相关规定，相关单位需要采取技术措施保证审计记录至少保存 6 个月。

业务应用系统需要具备针对审计功能的权限管理功能，非安全审计人员不得对审计行为及进程进行中断。

【相关安全产品或服务】

相关安全产品包括业务应用系统的安全审计功能等单独开发的相关模块或综合安全审计系统等提供安全审计功能的设备或组件。

【安全建设要点及案例】

某单位业务应用系统通过自带的安全审计模块，实现了对系统重要事件的记录和审计。业务应用系统的各功能模块在运行过程中，将用户重要操作行为（如用户登录、用户退出、系统配置和重要业务操作等）的时间、事件类型、主体标识、客体标识和结果等信息写入数据库对应的表格中。界面中有日志审计功能，审计管理员能够通过日志审计功能查看、统计和分析业务应用系统的日志信息。

业务应用系统通过安全审计模块接口，将产生的审计记录发送到综合安全审计系统中，实现对审计记录的综合分析和备份，进行集中的审计记录汇总和安全分析。只有审计管理员可以查询应用系统的审计日志，且审计功能不能停止。

业务应用系统审计功能如图 4-91 所示。

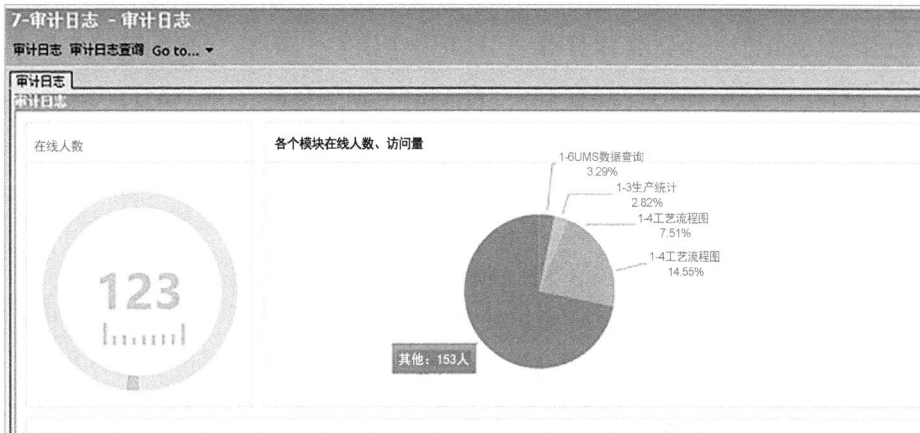

图 4-91　应用系统审计分析功能示例

【实施要点及说明】

在实施安全审计时需要关注以下几点。

①　业务应用系统需要具备审计记录查询和统计界面，审计记录数据要清晰展示，让人能够直观地理解。审计记录中需要包含用户操作行为的执行结果，如成功或失败。

②　部署综合安全审计系统。业务应用系统通过接口将审计记录发送给综合安全审计系统，进行审计记录的集中分析和备份，相关单位采取技术措施保证审计记录至少保存 6 个月。

③　应用系统不该具有审计查询停止功能和审计记录删除、覆盖的功能。

4.4.4.4　入侵防范

【安全要求】

第三级、第四级安全要求如下。

a）应遵循最小安装原则，仅安装需要的组件和应用程序。

b）应关闭不需要的系统服务、默认共享和高危端口。

c）应通过设定终端接入方式或网络地址范围对通过网络进行管理的管理终端进行限制。

d）应提供数据有效性检验功能，保证通过人机接口输入或通过通信接口输入的内容符合系统设定要求。

e）应能发现可能存在的已知漏洞，并在经过充分测试评估后，及时修补漏洞。

f）应能够检测到对重要节点进行入侵的行为，并在发生严重入侵事件时提供报警。

【解读和说明】

本控制点主要从最小安装原则、输入数据有效性检验和软件自身漏洞的发现三个方面提出了针对业务应用系统的入侵防范要求。

为了避免多余的库文件和软件包等带来的安全风险，安装业务应用系统及其相关运行环境时，需要按照最小安装原则，仅安装必需的库文件、基础软件和应用软件包等。

为了防止存在 SQL 注入漏洞和跨站脚本漏洞等注入型漏洞，在业务应用系统数据输入的人机接口或通信接口处，需要对数据长度、数据格式和文件格式等进行有效性验证，对输入的特殊字符和可执行文件等进行过滤，只允许内容符合系统要求的数据输入。

为了防止存在安全漏洞的业务应用系统带"病"运行，需要对业务应用系统进行专项渗透测试和源代码安全审计，发现可能存在的安全漏洞，对发现的安全漏洞进行及时修补。

【相关安全产品或服务】

相关安全产品包括 Web 动态综合防护系统、Web 应用防火墙、Web 漏洞扫描系统和源代码安全审计工具等。

相关安全服务包括漏洞扫描服务、渗透测试服务和源代码安全审计服务等。

【安全建设要点及案例】

以某单位 B/S 架构的生产运行管理系统为例。在进行生产运行管理系统的建设过程中，通过规范代码安全编写、部署 Web 动态综合防护系统和源代码安全审计的方式，实现了防范入侵攻击的目标。

在进行系统开发前编制《代码安全编写规范》。开发人员按此规范进行代码编写，在所有用户输入字符的接口处对特殊字符（如'、"、\、<>、&、*、空格）进行转义处理或编码转换。在所有用户上传文件的接口处对上传文件的内容和类型进行严格地过滤及审核。由于系统为其他系统提供查询接口，所以，在接收查询数据接口处对特殊字符进行转义处理或编码转换。此外，在 Web 服务器前部署 Web 动态综合防护系统，对来自互联网的入侵行为进行检测和阻断。

在系统上线前，相关人员要对所有源代码进行源代码安全审计，若发现源代码存在安全漏洞，则需及时对漏洞进行修补。上线后，在试运行阶段对系统进行渗透测试，发现存在的安全漏洞并及时对漏洞进行修补。当生产运行管理系统因功能扩展等原因进行版本升级时再次进行渗透测试、源代码安全审计和安全评估等工作。针对第三级及以上等级保护对象，每年需要委托有资质的测评机构针对生产运行管理系统进行等级测评，发现安全问题后及时进行建设整改。

【实施要点及说明】

在实施入侵防范时需要关注以下几点。

① 梳理开发业务应用系统过程中使用的输入接口类型，规范各类输入接口，保证这些接口对特殊字符进行转义处理或编码转换，对上传文件的内容或类型进行过滤。

② 在进行系统开发前编制《代码安全编写规范》，重点关注接口规范的编制。在软件开发工作开始前完成《代码安全编写规范》并向开发人员发布和宣贯。

③ 发现业务应用系统可能存在的安全漏洞的方式包括源代码安全审计、渗透测试和漏洞扫描等。在寻找业务应用系统存在的漏洞时需要注意以下几点。

- 源代码安全审计从代码层面定位存在漏洞的错误代码，在业务应用系统上线前进行源代码安全审计时，源代码审计的范围要全面。

- 通过渗透测试发现安全漏洞有一定的随机性，不够全面。

- 使用应用级漏洞扫描系统和数据库扫描器对业务应用系统及其相关数据库进行漏洞扫描。

- 使用源代码安全审计工具或漏洞扫描工具发现安全漏洞后，还需要进行人工确认和分析。

4.4.5　数据安全

数据安全包括鉴别数据、重要业务数据、重要审计数据、重要配置数据、重要视频数据和重要个人信息等的安全。数据的保护需要在不同设备或系统中实现：在网络设备、安全设备、服务器和终端上应实现鉴别数据、重要配置数据和重要审计数据等的安全保护；在业务应用系统中实现鉴别数据、重要业务数据、重要审计数据、重要配置数据和重要个人信息等的安全保护；视频监控类系统还要实现重要视频数据的安全保护。

4.4.5.1　数据完整性

【安全要求】

第三级、第四级安全要求如下。

a）应采用密码技术保证重要数据在传输过程中的完整性，包括但不限于鉴别数据、重要业务数据、重要审计数据、重要配置数据、重要视频数据和重要个人信息等。

b）应采用密码技术保证重要数据在存储过程中的完整性，包括但不限于鉴别数据、重要业务数据、重要审计数据、重要配置数据、重要视频数据和重要个人信息等。

c）在可能涉及法律责任认定的应用中，应采用密码技术提供数据原发证据和数据接收证据，实现数据原发行为的抗抵赖和数据接收行为的抗抵赖。

【解读和说明】

本控制点主要对重要数据在通信过程和存储过程中的完整性提出了安全要求。相关单位需要使用密码技术保证数据的完整性。

为了防止重要数据在传输和存储过程中遭篡改，相关人员需要使用密码技术保证重要数据的完整性。第三级和第四级等级保护要求强化了第三级和第四级等级保护对象使用密码技术保证重要数据在传输过程和存储过程中的完整性，即数据在传输和存储过程中如果被非授权地篡改，要求相关人员能够及时发现。

如果是第四级等级保护对象，为了避免电子数据交换引起的法律纠纷及实现抗抵赖，对于一些涉及法律责任认定的业务应用（如电子交易系统等）需要采用密码技术实现抗抵赖，如数字签名技术等。

【相关安全产品或服务】

相关安全产品包括数据库加密系统、加密卡、加密机、数据防泄露系统、IPSec VPN 安全网关、SSL VPN 安全网关和 PKI/CA 系统等相关设备或组件。

【安全建设要点及案例】

以某银行的 B/S 架构的互联网业务应用为例。该互联网业务应用为外部用户提供互联网服务，使用数据库存储重要业务数据，用户通过互联网进行相关业务操作。为避免数据在传输过程中被篡改，该银行在 Web 服务器前部署应用负载均衡器，启用应用负载均衡器的 HTTPS 功能，对传输的数据进行完整性保护，同时，应用负载均衡器能够提供 HTTPS 加速功能，保证业务应用系统的性能。为保证数据存储的完整性，该银行部署数据库加密系统，对关键字段采用密码技术进行完整性保护，业务应用系统每次读取和写入数据时需进行完整性检测。在进行电子交易时，用户使用个人数字证书进行签名。

【实施要点及说明】

在保护数据完整性时需要关注以下几点。

① 对业务应用系统所承载和处理的数据进行梳理，确认数据类型和数据的重要性，明确哪些数据需要保证其完整性。

② 保证数据传输过程中的完整性，可以在网络层面实现，也可以在应用层面实现，相关单位可根据业务应用系统和网络实际情况进行选择。

③ 保证数据存储过程中的完整性，可以在应用层面通过编码实现。如果业务应用系统的性能较低，当业务发生变更时需要修改源代码，也可以通过部署数据库加密系统实现，如果业务应用系统的性能较高，当业务发生变更时不需要修改源代码。

④ 在选择密码产品时要求选择国家密码管理局认定的国产密码算法，如 SM1、SM2、SM3 和 SM4 等。在选择加密产品时需要选择具有国家密码主管部门认可的密码产品。

4.4.5.2　数据保密性

【安全要求】

第三级、第四级安全要求如下。

a）应采用密码技术保证重要数据在传输过程中的保密性，包括但不限于鉴别数据、重要业务数据和重要个人信息等。

b）应采用密码技术保证重要数据在存储过程中的保密性，包括但不限于鉴别数据、重要业务数据和重要个人信息等。

【解读和说明】

本控制点主要对重要数据在通信过程和存储过程中的保密性提出了安全要求。保密数据的范围需要根据系统承载的数据类型和数据的重要程度确定，数据类型包括鉴别类数据、重要业务数据和重要个人信息等。鉴别类数据主要指的是账户口令和体征数据等。重要业务数据需要根据被保护对象承载的业务数据确定。重要个人信息包括姓名、身份证号码、手机号码和家庭住址等可以识别特定自然人的信息。

为了防止重要数据在传输和存储过程中遭泄露，需要使用密码技术保证数据的保密性。第三和第四级等级保护要求强化了第三级和第四级等级保护对象使用密码技术保证重要数据在传输过程和存储过程的保密性，虽然攻击者可以获得数据，但是数据已经变成了不可读的密文，经过分析也得不到实际的数据信息。

【相关安全产品或服务】

相关安全产品包括数据库加密系统、加密卡、加密机、数据防泄露系统、IPSec VPN安全网关、SSL VPN 安全网关和 PKI/CA 系统等相关设备或组件。

【安全建设要点及案例】

以民航旅客系统为例，其为用户提供互联网购票服务，使用数据库存储业务数据，用户通过互联网进行购票操作。为避免通信数据被窃取，航空公司在 Web 服务器前部署应用负载均衡器，启用应用负载均衡器的 HTTPS 功能，对传输的数据进行加密。同时，应用负载均衡器能够提供 HTTPS 加速功能，保证业务应用系统的性能。

民航旅客系统中存储了乘客的姓名、身份证号、手机号和行程等信息。为保证个人信息安全，航空公司部署了数据库加密系统，对关键字段采用密码技术进行加密保护，系统运维人员登录数据库也只能看到加密后的密文信息。

【实施要点及说明】

在实施数据保密性时需要关注以下几点。

① 对业务应用系统所承载和处理的数据进行梳理，确认数据类型和数据的重要性，明确哪些数据需要保密。

② 保证数据传输过程中的保密性可以在网络层面实现，也可以在应用层面实现。相关单位可根据业务应用系统和网络的实际情况进行选择。

③ 如重要数据存储在数据库中，相关人员可以对重要数据字段进行加密后存储。如果重要数据以文件的形式存储，那么相关人员可以将重要数据先加密再"写入"文件，也可以将重要数据"写入"文件后，再对文件进行整体加密。

④ 在选择加密算法时要求选择国家密码管理局认定的国产密码算法，如 SM1、SM2、SM3 和 SM4 等。在选择加密产品时需要选择具有国家密码管理局的商用密码产品型号证书的加密产品。

⑤ 不允许单纯使用 MD5、SHA-0、SHA-1 和 DES 等不安全算法。相关人员需要根据加密数据的特点（待加密数据量和加密速度要求等）选择适当的加密算法。

4.4.5.3　数据备份恢复

【安全要求】

第三级、第四级安全要求如下。

a）应提供重要数据的本地数据备份与恢复功能。

b）应提供异地实时备份功能，利用通信网络将重要数据实时备份至备份场地。

c）应提供重要数据处理系统的热冗余，保证系统的高可用性。

d）应建立异地灾备中心，提供业务应用的实时切换。

【解读和说明】

本控制点主要对重要数据提出了备份要求，对业务应用提出了高可用性要求。

为了避免重要数据丢失，相关人员需要在本地对重要数据进行定期备份，相关系统中应配有备份及恢复策略。除了定期备份，相关人员还需要对重要数据进行定期的恢复测试，用于检验备份数据的有效性。

在进行本地数据备份的同时，相关人员还需要考虑由于不可控因素（如火灾、海啸、地震、战争等）造成的本地数据与相关备份恢复手段彻底失效。相关单位需要开展数据异地备份恢复能力建设，建立异地备份场地，通过网络实时进行异地数据备份，当本地数据及其备份恢复能力失效时，为重要数据提供额外保障。

为保证应用系统的高可用性，确保系统在发生故障时仍能够提供相关服务，不影响业务应用正常运行，相关单位需要部署数据库集群以实现数据处理系统热冗余，部署应用负载均衡器实现应用系统的热冗余。

如果是第四级等级保护对象，为避免不可控因素（如火灾、海啸、地震、战争等）造成同一地区的系统故障，相关单位需要建立异地灾备中心，一旦某地区的系统发生故障，异地灾备中心能够实现业务应用的实时切换。

【相关安全产品或服务】

相关安全产品包括数据备份系统和高可用性产品（如应用负载均衡器、数据库和操作系统集群软件）等相关设备或组件。

【安全建设要点及案例】

以某金融行业的数据中心为例。该数据中心需要对重要数据进行本地备份与恢复，通过部署数据存储管理软件和备份恢复软件实现本地数据备份与恢复。该数据中心建设了异地灾备中心，通过高速专用网络实时传输备份数据和业务应用双活。

该数据中心采用两地三中心的网络架构，实现数据级和应用级的异地灾备机制。不仅主数据中心支撑核心业务的重要数据处理系统实现了热冗余，而且传输链路、网络设备、安全设备和数据库端也都实现了冗余，并通过防火墙的 HA 功能和数据库的集群功能完成链路和设备及系统的故障切换。

【实施要点及说明】

在实施数据备份恢复时需要关注以下几点。

① 建设本地备份与恢复系统时，需要根据重要数据的备份需求选择适当的技术与方案，包括备份的内容、备份的时间和备份的方式（增量、全量等）。相关人员制定上述备份及恢复策略时，还需要考虑重要数据对 RPO（恢复点目标）、RTO（恢复时间目标）的量化要求。

② 在进行异地数据备份恢复能力建设时，需要注意保障传输链路的传输性能（包括冗余、带宽和时延等）和异地选址（位置环境和距离等）。

③ 相关人员在进行冗余设计时需要注意网络链路及设备系统的切换时间、网络是否生成环路等问题，并且定期执行失效切换测试。在进行失效切换测试时，相关人员需要考虑是否实现了应用系统的数据恢复点目标和系统恢复时间目标。

4.4.5.4　剩余信息保护

【安全要求】

第三级、第四级安全要求如下。

a）应保证鉴别信息所在的存储空间被释放或重新分配前得到完全清除。

b）应保证存有敏感数据的存储空间被释放或重新分配前得到完全清除。

【解读和说明】

本控制点主要为了保证存储在硬盘、内存或缓冲区中的鉴别信息和敏感信息不被非授权访问。为了防止重要数据泄露，需要将用户的鉴别信息、文件和目录等资源所在的存储空间完全清除之后再释放或将其重新分配给其他用户，同时需要对存有敏感数据的介质进行定点物理销毁，存储介质不能随意丢弃。

鉴别类信息包括账户口令、体征数据等。针对鉴别类信息进行数据销毁有两个层面。一是清除系统登录窗口中留存的用户账户和口令等鉴别信息，用户再次登录系统时需要重新填写账户和口令。二是存储介质上通过文件和数据库存储的数据信息，针对存储介质上的数据信息需要进行严格的数据擦除工作后再进行存储资源的再分配或物理损毁处理。

针对敏感数据，在不同行业中有不同的范畴，但一般包括个人信息、与业务相关数据等。针对存储上述数据的存储介质，需要进行严格的数据擦除工作后再进行存储资源的再分配或物理损毁处理。

【相关安全产品或服务】

相关安全产品包括数据擦除软件、硬盘粉碎机等相关设备或组件。相关服务包括安全加固服务等。

【安全建设要点及案例】

以某单位系统开发为例。在进行系统开发前要求编制《代码安全编写规范》，规范在代码编写中内存空间或存储空间使用完后要全写"1"覆盖，申请内存或存储空间后要先全写"1"再使用。存储过重要数据的硬盘在重新分配给其他用户前，需要使用数据擦除软件对其进行垃圾数据重写。业务应用系统上线后，通过加固服务关闭操作系统的浏览器登录信息记录功能，防止操作系统内存或存储的鉴别类信息和敏感信息被非法访问。

【实施要点及说明】

在实施剩余信息保护时需要关注以下几点。

① 业务应用系统登录模块不需要"记住口令"的功能，不保存 cookie。在业务应用系统运行过程中使用内存或存储空间时，要先完全清除存储内容后再使用。

② 在服务器上不要保存包含鉴别类信息（如包含数据库登录账户和口令）和敏感信息的文件。对操作系统进行安全配置，如 Linux 操作系统禁用 history 命令，Windows 操作系统启用安全选项中的"关机：清除虚拟内存页面文件"和"交互式登录：不显示上次登录"等。

③ 需要根据存储介质所存储数据的敏感程度及是否会被重复利用等，对其进行反复的垃圾数据重写两次以上，确保尝试恢复失败后再将其分配给其他用户。针对不再使用的存储介质可以使用专用的物理销毁方式将其彻底损毁。

4.4.5.5　个人信息保护

【安全要求】

第三级、第四级安全要求如下。

a）应仅采集和保存业务必需的用户个人信息。

b）应禁止未授权访问和非法使用用户个人信息。

【解读和说明】

本控制点主要对个人信息的安全保护提出了要求。个人信息涉及多类敏感数据信息，包括姓名、身份证号、手机号和银行卡号等，相关单位需要在得到信息所属人主体的知情和同意的情况下，才可以在限制范围内进行信息的收集、使用和披露。

业务应用系统（包括前端应用程序与后端数据库）在设计阶段需要结合业务实际情况，本着最小范围原则，只采集业务系统必要的个人信息，与业务无关的个人信息禁止被业务系统或其组件采集，同时制定保障个人信息安全的数据安全管理制度和流程。

业务应用系统需要对用户个人信息进行妥善保管与使用，相关单位可对存储个人信息的业务系统、文件数据和数据库数据进行数据级别的访问与权限控制及安全审计，必要时需要采用数据加密和数据脱敏等技术手段对个人信息进行保护，不得将用户个人信息在未授权的情况下交给其他机构或由于内部其他事由进行使用或分析。

【相关安全产品或服务】

　　能够实现上述安全能力的安全产品包括安全数据库脱敏系统、数据库加密系统、数据库防火墙和数据库审计系统等相关设备或组件。

【安全建设要点及案例】

　　以某保险行业的保险系统为例。相关单位在开发保险系统的过程中，需使用假数据或脱敏数据进行开发测试。保险销售人员在报销、销售工作过程中仅采集和保存业务必需的投保人个人信息，让投保人通过手机 App 进行信息填写。业务应用系统通过部署数据库脱敏产品，根据数据脱敏规则对数据库中的个人敏感信息字段进行数据变形，投保人的详细信息提交后，保险销售人员无法再查看投保人的详细信息，保险公司的后台核保等业务人员也无权限查看投保人的详细信息。在系统运维过程中，运维人员只能看到加密后的个人信息。

【实施要点及说明】

　　在实施个人信息保护时需要关注以下几点。

　　① 在进行个人信息数据采集功能设计时，需要进行采集数据的梳理和分析，仅采集业务必需的个人信息，并在系统明显位置弹出采集信息的通告。

　　② 依据 GB/T 35273—2017《信息安全技术　个人信息安全规范》明确个人敏感信息范围，通过权限控制、数据加密、数据脱敏和安全审计等方式禁止未授权访问和非法使用个人信息。

　　③ 在业务应用系统开发过程中，使用假数据或脱敏数据进行开发测试。

4.5　安全管理中心

4.5.1　系统管理

【安全要求】

第三级、第四级安全要求如下。

　　a）应对系统管理员进行身份鉴别，只允许其通过特定的命令或操作界面进行系统管理操作，并对这些操作进行审计。

b）应通过系统管理员对系统的资源和运行进行配置、控制和管理，包括用户身份、系统资源配置、系统加载和启动、系统运行的异常处理、数据和设备的备份与恢复等。

【解读和说明】

本控制点主要对系统管理员自身及其职能进行了约束。为了实现系统管理功能，需要对系统管理员进行身份认证并严格限制系统管理员账户的管理权限，所有系统管理操作仅由系统管理员完成。系统管理员的主要职责是对系统资源进行配置、控制和管理等，包括用户身份、系统资源配置、系统加载和启动、系统运行的异常处理、数据和设备的备份与恢复等。

所有系统管理员进行系统登录时都需要经过身份认证，以确保系统管理员账户不会被非法使用。同时，需要严格限制管理员的管理权限，仅给予管理员完成相关工作所需的最小权限，其管理权限、操作权限需要与审计管理员和安全管理员的管理权限、操作权限形成制约。

系统管理员只允许通过特定的命令（start up、shut down 等被授权的命令）或操作界面（如 HTTPS 等）进行系统管理操作。管理内容包括用户身份、系统资源配置、系统加载和启动、系统运行的异常处理、数据和设备的备份与恢复等。所有系统管理操作全部需要进行审计，审计措施需要提供存储、管理和查询等功能，相关审计记录需保存至少 6 个月。

【相关安全产品或服务】

相关安全产品包括安全管理中心、综合安全审计系统、安全运维管理平台和可信管理中心等提供系统管理功能的相关设备或组件。

【安全建设要点及案例】

堡垒机是目前使用最为广泛的系统管理方式。在实际运维工作中，堡垒机不但可以作为唯一入口进行统一运维，而且具备对运维操作输入/输出的记录功能，不仅能够详细记录用户的每一条字符命令，还能够对图形终端操作进行记录和识别。

以堡垒机双机部署模式为例。两台堡垒机设备互为主备，提供配置数据和审计记录定期自动同步等功能。当主机出现故障时服务自动切换至备机。堡垒机双机热备部署如图 4-92 所示。

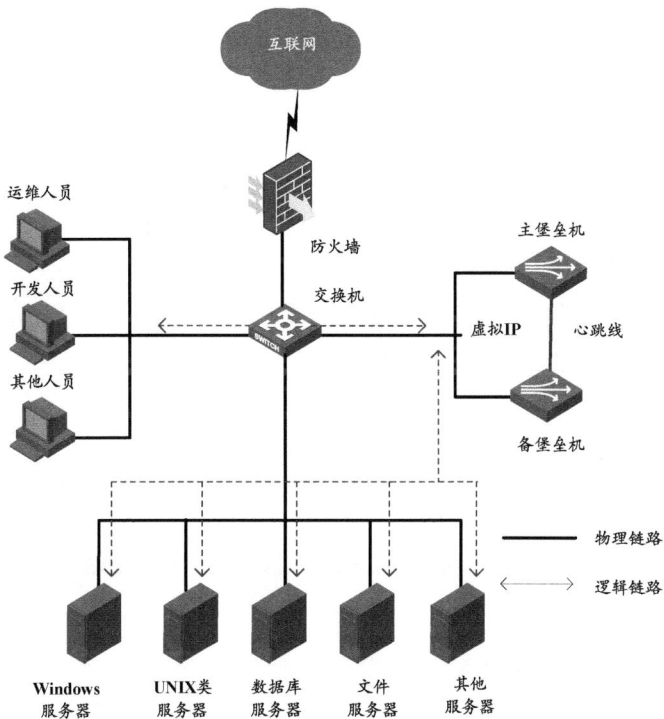

图 4-92　堡垒机双机热备部署示意图

【实施要点及说明】

在实施系统管理时需要关注以下几点。

① 严禁多个用户使用一个账户或一个用户使用多个账户，以防止当系统发生问题后由于多人共享账户，无法精确定位恶意操作或误操作的具体责任人。

② 严格限制人员对系统管理平台的访问，限制维护人员对数据信息的访问能力及范围，保证信息资源不被非法使用和访问。

③ 系统管理平台启用操作审计功能，针对敏感指令进行阻断响应或触发审核操作，对没有通过审核的敏感指令进行拦截。

④ 严禁仅使用口令登录系统管理平台，在执行主机重启、口令修改、会话创建、快照回滚和磁盘更换等重要操作时，需要使用双因素身份鉴别，确保访问者身份的合法性。

⑤ 系统管理平台进行严格权限和授权管理控制，以实现细粒度的命令级授权策略，并基于最小权限原则，实现集中有序的运维操作管理。

4.5.2　审计管理

【安全要求】

第三级、第四级安全要求如下。

a）应对审计管理员进行身份鉴别，只允许其通过特定的命令或操作界面进行安全审计操作，并对这些操作进行审计。

b）应通过审计管理员对审计记录应进行分析，并根据分析结果进行处理，包括根据安全审计策略对审计记录进行存储、管理和查询等。

【解读和说明】

本控制点主要针对审计管理员自身及其职能进行了约束。为了实现审计管理功能，需要对审计管理员进行身份认证并严格限制审计管理员账户的管理权限，所有的审计管理操作仅由审计管理员完成。审计管理员主要职责是对系统的审计数据进行查询、统计和分析，对系统用户行为进行监测和报警，对发现的安全事件或违反安全策略的行为及时告警并采取必要的应对措施。

所有审计管理行为都需要经过身份认证，以确保审计管理员账户没有被非法使用。同时需要严格限制审计管理员的管理权限，仅授予审计管理员完成相关工作所需的最小权限，其管理权限、操作权限需要与系统管理员和安全管理员的管理权限、操作权限形成制约。

所有审计管理操作仅由审计管理员完成。审计管理员仅允许通过特定方式进行审计管理操作，如通过使用口令、证书等身份鉴别技术进行合法授权后，通过特定的命令（SSH）或操作界面（HTTPS）进行安全审计操作，对所有操作进行详细记录。保证至少6个月的全流量、全操作日志可查询；保证审计记录有备份并有完整性保护措施等。

【相关安全产品或服务】

相关安全产品包括安全管理中心、综合安全审计系统、安全运维管理平台和可信管理中心等提供系统管理功能的相关设备或组件。

【安全建设要点及案例】

以综合安全审计系统为例。相关单位通过部署综合安全审计系统实现日志的集中采集，对大量分散设备的异构日志进行统一管理、集中存储、审计分析和快速查询等，提供事件追责依据和业务运行环境的安全分析，在发现违反安全策略的事件时，进行实时告警和记录等。采集器可视用户需求部署在任何网络可覆盖区域，如图 4-93 所示。

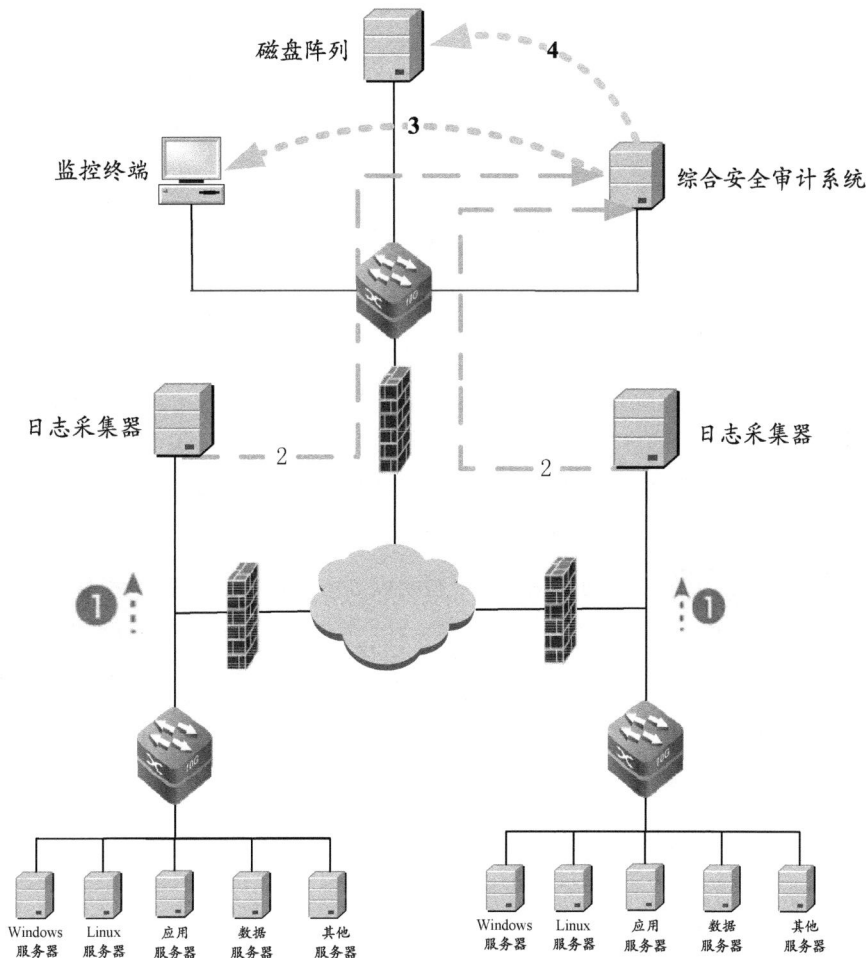

图 4-93 综合安全审计系统部署示意图

【实施要点及说明】

在实施审计管理时需要关注以下几点。

① 为保证审计操作的精确性，需保证系统中所有设备的时钟和系统的时钟一致。

② 采用分布式部署综合安全审计系统时，要对分支节点的日志收集器上传日志量所占用带宽进行精确计算。不能占用过多的网络带宽资源，否则会影响业务系统的正常运行。

4.5.3　安全管理

【安全要求】

第三级、第四级安全要求如下。

a）应对安全管理员进行身份鉴别，只允许其通过特定的命令或操作界面进行安全管理操作，并对这些操作进行审计。

b）应通过安全管理员对系统中的安全策略进行配置，包括安全参数的设置，主体、客体进行统一安全标记，对主体进行授权，配置可信验证策略等。

【解读和说明】

本控制点主要对安全管理员自身及其职能进行了约束。为了实现安全管理功能，需要对安全管理员进行身份认证并严格限制安全管理员账户的管理权限，所有安全管理操作仅由安全管理员完成。安全管理员的主要职责是对系统的安全策略和安全配置进行统一管理，并对相关安全事件进行集中检测、分析和管理。

所有安全管理行为都需要经过身份认证，以确保安全管理员账户没有被非法使用。同时应严格限制安全管理员的管理权限，仅授予安全管理员完成相关工作所需的最小权限，其管理权限、操作权限应与系统管理员和审计管理员的管理权限、操作权限形成相互制约。

所有安全管理操作应仅由安全管理员完成，安全管理员只允许通过特定命令（SSH）或操作界面（HTTPS）进行安全管理操作，并对所有操作进行详细的记录。

针对提供集中安全管理功能的系统，要求对安全管理员进行授权，通过安全管理员对安全管理中心进行安全监测，对各安全设备进行策略配置，其中安全参数的设置包括对主体和客体进行统一安全标记、对主体进行授权并为其配置可信策略等。

配置可信验证策略，即对计算环境、通信网络和区域边界中计算节点的可信验证功能进行策略配置。可信验证由可信根和可信软件基共同完成，所以策略配置涉及可信根的策略配置和可信软件基的策略配置，从而实现在管理中心侧由安全管理员进行系统可信验证策略的配置和统一管理。安全管理中心也是计算节点，其应该具备由可信根支撑的可信验证功能。

【相关安全产品或服务】

相关安全产品包括安全管理中心、综合安全审计系统、安全运维管理平台和可信管理中心等提供系统管理功能及可信验证配置功能的相关设备或组件。

【安全建设要点及案例】

与系统管理和审计管理的安全建设要点及案例类同，在这里不再赘述。

【实施要点及说明】

无。

4.5.4　集中管控

【安全要求】

第三级、第四级安全要求如下。

a）应划分出特定的管理区域，对分布在网络中的安全设备或安全组件进行管控。

b）应能够建立一条安全的信息传输路径，对网络中的安全设备或安全组件进行管理。

c）应对网络链路、安全设备、网络设备和服务器等的运行状况进行集中监测。

d）应对分散在各个设备上的审计数据进行收集汇总和集中分析，并保证审计记录的留存时间符合法律法规要求。

e）应对安全策略、恶意代码、补丁升级等安全相关事项进行集中管理。

f）应能对网络中发生的各类安全事件进行识别、报警和分析。

g）应保证系统范围内的时间由唯一确定的时钟产生，以保证各种数据的管理和分析在时间上的一致性。

【解读和说明】

本控制点主要明确了安全管理中心在集中管控方面需要具备的安全能力。相关单位需要通过集中管控措施实现对全网中所有设备或组件的管控，要求相关人员对网络链路、安全设备、网络设备和服务器等设备的运行情况进行集中监测；要求相关人员采集、汇总、存储各类型设备中的审计数据，并保证审计记录的留存时间符合相关法律法规的要求；要求相关人员对安全策略、恶意代码、补丁升级等安全相关事项进行集中管理，能够对网络中发生的各类安全事件进行识别、报警和分析。

为了实现相关单位对全网中所有设备或组件进行集中管控，需要在网络中划分独立的网络区域，用于部署集中管控设备或组件。集中管控措施包括集中监控系统、集中身份认证系统、集中审计系统和集中安全策略管理系统等。

为了保障网络中数据传输的安全性，需要采用带外管理、独立管理 VLAN 和加密的远程访问等安全方式对设备或安全组件进行集中管理。

为了保障业务系统的正常运行，需要在网络中部署具备运行状态监测功能的系统或设备，如综合网管系统等，对网络链路、网络设备、安全设备、服务器和应用系统的运行状态进行集中实时监控。

为了发现网络中潜在的安全风险，相关单位需要部署集中安全管理平台，对基础网络平台及其上运行的各类型设备的审计记录进行收集和存储，同时需要接收来自其他安全管理系统的处理结果或预警信息，实现综合安全分析、事件预警和安全态势感知等。对基础网络平台范围内的各类安全事件进行实时的识别和分析，通过声、光、短信和邮件等方式进行实时报警。安全事件包括有害程序事件、网络攻击事件、信息破坏事件和设备设施故障等。每种分类还包含了具体的安全事件。例如，有害程序事件包括病毒、蠕虫和木马等；网络攻击事件包括僵尸网络、混合攻击、网页内嵌恶意代码、拒绝服务攻击、后门攻击、漏洞攻击、网络扫描窃听和钓鱼等；信息破坏事件包括网络干扰、信息篡改、身份假冒、窃取信息和信息丢失等；软硬件故障及衍生出的新型网络安全事件等。审计记录的存储时间需要符合相关法律法规的要求，目前，《网络安全法》规定审计记录的保存时间不少于 6 个月。

在安全管理中心部署各类或统一的集中安全策略管理平台，实现对各类型设备或系统安全策略的统一管理，包括防火墙、入侵防御系统（IPS）和应用防火墙（WAF）等；实现对恶意代码防范软件及病毒库的统一升级；实现对各类型系统或设备的补丁升级进行集中管理，包括操作系统及其系统组件等。

为了保证全网设备或系统时钟一致，建议部署统一时钟源，如 GPS 授时、北斗授时或可靠的网络时钟源等，所有设备或系统配置 NTP 时钟同步服务实现时间同步。时间同步技术使数据产生与处理系统的所有节点具有统一的标准时间，使系统中的各种消息、事件、节点和数据等具备逻辑性、协调性及可追溯性。

【相关安全产品或服务】

相关安全产品包括安全态势感知平台、安全策略集中管控平台、综合网管系统、综合安全审计系统、可信安全管理中心、网络版防病毒系统、补丁升级管理系统、NTP 时钟同步服务器、IT 配置管理系统和安全运维审计系统等提供集中管控功能的相关设备或组件。

【安全建设要点及案例】

在某大型企业如图 4-94 所示的网络中，为实现对网络中所有设备和组件进行集中安全管控，在网络中单独划分专用的安全管理区域，部署各类安全管理平台，包括安全态势感知平台、安全策略管理系统、综合网管系统、综合安全审计系统、可信安全管理中心和终端安全管理系统等，最终实现集中管理、集中监控、集中审计和集中策略等安全管理。例如，通过部署安全态势感知平台实现全网总体安全态势，通过部署综合网管系统实现对所有设备、系统和链路的运行状态进行监控，通过安全策略管理系统对各类安全设备的策略进行集中统一管理等。

【实施要点及说明】

在实施集中管控时需要关注以下几点。

① 单独划分专门的安全管理区域。网络安全域的划分是网络安全防护工作的基础，安全管理中心作为实现网络安全策略统一配置、管理和维护工作中重要的组成部分，需要划分单独的安全管理区域，为安全管理区域设立独立的子网，分配固定的 IP 地址段。

② 系统运维人员使用的运维终端禁止访问互联网，在特殊情况下可通过代理设备访问互联网，运维终端实现专人专用。

③ 对于分布在网络中的各类安全设备或系统，需要分配专门的 IP 地址段用于运维管理，此地址段及相关路由器需要与业务网络相对独立。关闭网络中各类安全设备或系统的非管理端口的管理功能，仅限定运维管理区域的运维终端进行管理。采用 B/S 架构的设备或系统需要通过 HTTPS 协议进行远程管理，采用 CLI 架构的设备或系统须通过 SSH、SFTP 或 FTPS（FTP over SSL）等协议进行远程管理，采用 C/S 架构的设备或系统需通过 SSL 协议进行加密。在远程管理（如分支机构等）安全设备或系统时，无论是通过互联网还是通过数据专线进行远程管理，都需要部署 SSL VPN 安全网关或 IPSec VPN 安全网关以建立安全的信息传输路径。

④ 对通信链路可靠性要求比较高的网络，需要通过部署通信链路监测系统或相关组件对其可靠性及性能进行持续性监控。

⑤ 需要通过部署如综合安全审计系统等，对各类设备及系统的日志进行集中收集，选择适当日志记录收集方式及日志级别，否则有可能产生大量无用的日志记录，占用过多的存储资源，不利于进行有效的、精确的安全审计、事件预警和综合分析。常见的方式及协议有以下几种。

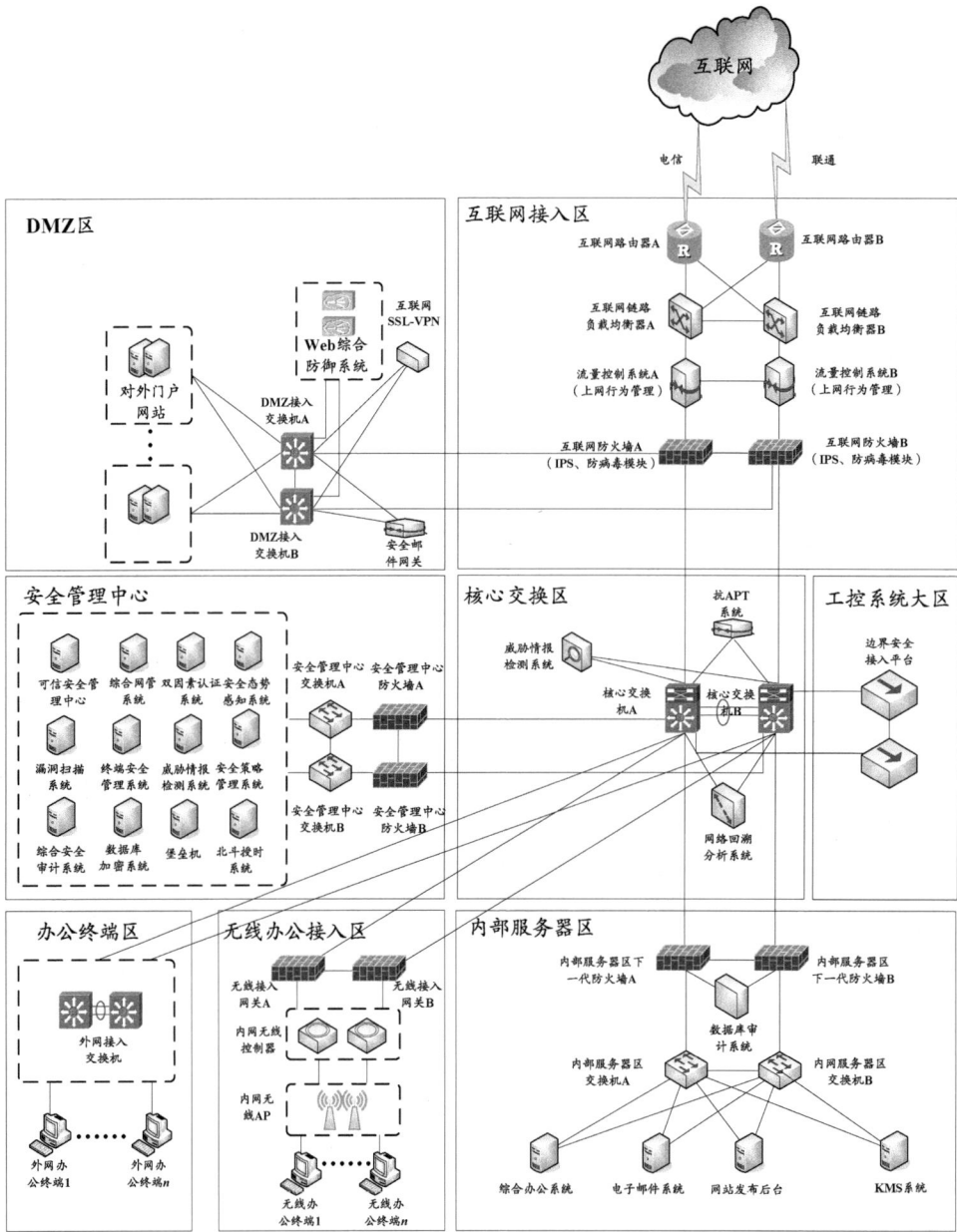

图 4-94 安全管理区域部署示意图

- SYSLOG，常用于防火墙、Linux 系统和 UNIX 服务器等。

- ODBC/JDBC，常用于数据库系统。

- SNMP/SNMP Trap，常用于路由器、交换机和防火墙等。
- WebServices，常用基于 HTTP 协议的业务应用系统。
- EventLog，常用于 Windows 系统。
- 对于不支持通用协议的设备需要定制开发特定的审计传输接口。
- 其他厂商内部专用协议。

⑥ 第四级增加了对统一时钟源的要求。时钟一致性不仅是实现综合安全审计的需求，也是某些特定应用场景的业务需求，如工业控制系统需要利用精确的时钟源控制指令下发。相关单位需要采用原子钟、GPS 授时、北斗授时或互联网等获得准确的时间。

4.6　安全管理制度

4.6.1　安全策略

【安全要求】

第三级、第四级安全要求如下。

应制定网络安全工作的总体方针和安全策略，阐明机构安全工作的总体目标、范围、原则和安全框架等。

【解读和说明】

网络安全工作的总体方针和安全策略在网络安全工作中起着指导作用。作为网络安全工作的顶层文件，总体方针和安全策略需要阐明机构安全工作的总体目标、描述网络安全工作范围和原则，建立网络安全工作的安全框架等。

【安全建设要点及案例】

某单位依据国家政策、法规，由网络安全主管部门牵头结合本企业业务实际提出总体方针和安全策略，形成《网络安全总体方针》，并得到了企业管理层的认可。

《网络安全总体方针》共四章十条，其内容如下。

第一章　总则

第一条　依据

为加强和规范企业网络安全工作，提高整体安全防护水平，根据《中华人民共和国网络安全法》《网络安全等级保护条例》《国家关键信息基础设施安全保护条例》等法律、法规，制定本方针。

第二条　目的

本方针的目的是为本企业网络安全管理提供一个总体性架构文件，指导企业网络安全管理体系建设，以实现统一的安全策略管理，提升总体网络安全水平，保障业务系统安全可靠地运行。

第三条　范围

本方针适用于总部部门、专业公司和直属企事业单位、所属企业的网络安全管理。

第二章　方针、目标和原则

第四条　方针

网络安全工作坚持"安全第一、预防为主"的总体方针。

第五条　总体目标

确保网络和系统持续地、稳定地、可靠地运行，保障网络数据的完整性、保密性、可用性。

第六条　总体原则

（一）统一管理、分级负责原则

（二）全员参与原则

（三）基于业务需求原则

（四）持续改进原则

（五）分等级保护原则

第三章　网络安全框架

第七条　安全管理框架

安全管理机构与职责、安全管理规定与制度、制定安全策略等。

第八条　安全技术框架

一个中心，三重防护，如建立安全运行中心、内部安全评估体系、业务连续性计划策略、灾难备份恢复机制等。

第四章　附则

第九条　本方针由某某负责解释和修订。

第十条　本方针自印发之日起执行。

【相关安全产品或服务】

无。

【实施要点及说明】

总体方针和安全策略的制定需要结合业务目标，与组织的战略方向相适应且相关人员需保证形成的文件可用，针对文件的条款在单位内部充分沟通并得到单位管理层的认可。

4.6.2　管理制度

【安全要求】

第三级、第四级安全要求如下。

a）应对安全管理活动中的各类管理内容建立安全管理制度。

b）应对管理人员或操作人员执行的日常管理操作建立操作规程。

c）应形成由安全策略、管理制度、操作规程、记录表单等构成的全面的安全管理制度体系。

【解读和说明】

安全管理制度体系文件需要以总体方针和安全策略为指导，从管理制度、操作规程和记录表单等方面分别制定相关规范，全面覆盖各类安全管理活动、安全管理人员和操作人员，形成健全完善的网络安全管理制度体系。

安全管理制度需要根据管理内容的不同分类建立。一般安全管理制度需覆盖机房安全管理、信息资产安全管理、设备维护安全管理、网络安全管理、系统安全管理、数据备份安全管理、人员安全管理、安全事件管理、应急预案安全管理等。

各类管理人员在进行系统日常操作时（如系统开机、关机、备份数据、系统参数配置等），为保证相关操作准确、规范，需根据相应的操作规程进行操作。

【相关安全产品或服务】

无。

【安全建设要点及案例】

某单位在网络安全总体方针的指导下，根据本单位网络安全管理实际需求，建立分级安全管理制度体系（如图 4-95）。该管理制度体系包括管理制度类、操作规程类和记录表单类等三级文档。安全管理制度内容覆盖物理、网络、主机系统、数据、应用、建设和运维等方面。操作规程类则根据安全管理制度，围绕日常管理操作制定操作规程，包括系统维护手册和用户操作规程等。记录表单类主要包括操作规程中规定的一些记录文档。

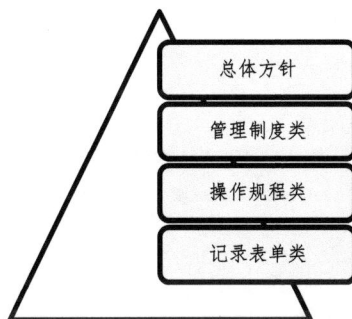

图 4-95　安全管理体系示意图

下面简要列出部分文档名称。

（1）管理制度类文档

- 《网络安全管理制度》。
- 《机房安全管理制度》。
- 《信息资产安全管理制度》。
- 《移动存储介质管理制度》。
- 《设备管理制度》。
- 《信息系统安全监控管理制度》。
- 《信息系统变更管理制度》。
- 《信息安全事件报告和处置管理制度》。
- 《网络信息安全应急预案》。
- 《备份与恢复管理制度》。
- 《应急响应管理制度》。
- 《信息系统建设管理制度》。
- 《安全产品采购管理制度》。
- 《员工安全管理制度》。
- 《培训及教育管理制度》。
- 《第三方安全管理制度》。
- 《安全岗位人员管理办法》。
- 《技术维护服务供应商管理制度》。
- 《计算机病毒防治管理制度》。

（2）操作规程类文档

- 《路由器设备配置规范》。
- 《交换机设备配置规范》。
- 《防火墙设备配置规范》。

- 《Linux 配置规范》。

- 《账户与口令使用规范》。

- 《运维管理手册》。

- 《电子邮件使用规范》。

- 《系统数据备份与恢复管理手册》。

（3）记录表单类文档

- 《信息资产登记表》。

- 《信息系统变更登记表》。

- 《日常网络安全监测记录表》。

- 《机房出入登记表》。

【实施要点及说明】

在实施管理制度时需要关注以下几点。

① 管理制度体系文件各层需要保持全面性、一致性和关联性。各下层文件均为上层文件的具体体现，如各类管理制度要求为总体安全策略的具体体现，操作手册和规范为管理制度要求的具体体现，记录表单则为管理制度要求的具体体现。

② 管理制度的覆盖面需要根据各单位实际的管理需求而定。一般是根据所梳理出的安全管理工作种类，制定相应领域的安全管理制度。具体制定的管理制度个数和名称可因单位的文档管理要求不同而不同，但管理制度覆盖的内容需满足各项管理工作的开展。

4.6.3　制定和发布

【安全要求】

第三级、第四级安全要求如下。

a）应指定或授权专门的部门或人员负责安全管理制度的制定。

b）安全管理制度应通过正式、有效的方式发布，并进行版本控制。

【解读和说明】

规范管理制度的制定和发布是建立安全管理制度体系的第一个关键环节。通过正式和有效的方式发布管理制度并进行版本控制，是为了保证制度实施的严肃性、有效性和统一连贯性，从而有利于制度的落地实施。

【相关安全产品或服务】

无。

【安全建设要点及案例】

某集团单位安全管理制度的制定和发布根据安全管理制度的级别分别由不同的部门负责：总体方针和安全策略类文档由网络安全主管部门、信息管理部、负责制定，由办公厅统一编号并向集团内部发布；安全管理制度、标准及规范由信息化标准委员会制定，由信息管理部门发布；操作规程和记录单则由各子公司自行制定并内部发布实施。每项制度的制定均有明确的责任单位及编写组，采用编写组长责任制。安全管理制度制定过程中严格规范格式，并在修订的过程中对制度的版本进行规范化控制，保证制度的统一连贯性，制度通过领导审批后，按层级发布。

该单位制度清单（XX 为单位、GL 为管理、GC 为规程），如表 4-5 所示。

表 4-5　制度清单

类别	文件名称	编制部门	编号	版本号	修订号	编制日期	修订日期
管理制度类	《网络安全管理制度》	信息管理部	XX-GL-001	V1.0	0	2018 年 2 月	
	《机房安全管理制度》	数据中心	XX-GL-002	V1.0	0	2018 年 2 月	
	《信息资产安全管理制度》	系统运维部	XX-GL-003	V1.0	0	2018 年 11 月	
	《信息系统安全监控管理制度》	网络运行中心	XX-GL-004	V2.0	0	2018 年 11 月	
	《移动存储介质管理制度》	系统运维部	XX-GL-005	V1.0	0	2018 年 11 月	
	《设备管理制度》	系统运维部	XX-GL-006	V1.0	0	2018 年 11 月	
操作规程类	《账户与口令使用规范》	系统运维部	XX-GC-001	V1.0	0	2019 年 4 月	
	《LINUX 服务器配置规范》	系统运维部	XX-GC-002	V1.0	0	2019 年 4 月	
	《运维管理手册》	系统运维部	XX-GC-003	V2.0	0	2019 年 4 月	
	《电子邮件使用规范》	系统运维部	XX-GC-004	V1.0	0	2019 年 4 月	

【实施要点及说明】

管理制度发布的方式需结合各单位实际的文档管理要求进行。正式有效的发布方式不局限于内部公文、网上发布和电子邮件等方式。无论采取哪种方式进行发布，均需得到文档管理最高部门的认可。

4.6.4　评审和修订

【安全要求】

第三级、第四级安全要求如下。

应定期对安全管理制度的合理性和适用性进行论证和审定，对存在不足或需要改进的安全管理制度进行修订。

【解读和说明】

安全管理制度制定和发布后，由于实施时间和环境等客观条件的变化可能会产生不适于当下环境的情况，所以，需要从合理性和适用性等角度对安全管理制度进行审定，对审定后发现存在不足或需要改进的安全管理制度组织专人进行修订。

【相关安全产品或服务】

无。

【安全建设要点及案例】

某单位对安全管理制度的评审和修订做出了详细要求，其管理制度评审和修订规定摘要如下。

---

1. 目的

为了加强对本企业安全管理制度的管理，及时评审和修订本企业管理文件，确保其适宜性和有效性，特制定本规定。

2. 适用范围

本规定适用于本集团管理文件中涉及的安全管理制度、标准、规范的评审和修订。

3. 依据

3.1 国家行业的安全生产法律、法规和条例。

3.2 定期安全管理制度评审结果。

3.3 制度执行过程中，部门或员工提出的合理建议。

4. 流程

4.1 信息管理部负责组织相关专家定期评审，并送达业务部门进行会签，征求修改意见。

4.2 信息管理部根据会签提出的修改意见，组织专人修订，形成审批稿。

> 4.3 审批稿经过企业网络安全领导小组审核批准后，才能发布实施。
>
> 5．周期
>
> 　　5.1 评审的频次：正常情况下，每年组织评审一次；出现重大变更时，可随时组织评审。
>
> 　　5.2 修订频次：正常情况下，每两年组织修订一次；出现重大变更时，可随时组织修订。

【实施要点及说明】

通常由网络安全主管单位组织专家及相关部门人员定期开展安全管理制度的评审和修订工作。评审周期可根据各单位实际管理要求设定。评审重点在于评估管理制度在各单位实际环境下实施的合理性和适用性，尤其是当发生重大变更（如组织变更、环境变更、管理要求变更）等情况时，安全管理制度的合理性和适用性。根据审定后的意见修订安全管理制度，上报管理层审批后正式发布。

4.7　安全管理机构

4.7.1　岗位设置

【安全要求】

第三级、第四级安全要求如下。

a）应成立指导和管理网络安全工作的委员会或领导小组，其最高领导由单位主管领导担任或授权。

b）应设立网络安全工作的职能部门，设立安全主管、安全管理各个方面的负责人岗位，并定义各负责人的职责。

c）应设立系统管理员、审计管理员和安全管理员等岗位，并定义部门及各个工作岗位的职责。

【解读和说明】

对于第三级及以上的等级保护对象，需要形成由决策层、管理层和执行层组成的组织架构。

决策层的网络安全领导小组或委员会，主要负责对网络安全工作的决策和指导，其负责人需要由单位最高领导授权或委任的人员担任。

管理层主要由网络安全职能部门及相关负责人构成。根据单位部门设置和分工的不同，各类负责人可包括安全主管、安全运维负责人、安全管理负责人和机房安全负责人等，无论设置的负责人类别如何，均需要明确其相关的岗位职责。

执行层主要包括各类岗位人员。根据系统运维工作需要，相关单位需设立系统管理员、网络管理员和安全管理员等岗位，负责系统账户及口令管理、系统配置管理和网络日常维护、病毒查杀等工作，并对各个岗位的工作职责加以明确，使每个岗位的人员清楚各自的工作范围和具体内容。

【相关安全产品或服务】

无。

【安全建设要点及案例】

某集团公司成立了指导和管理网络安全工作的领导小组，并有正式的授权和任命文件《关于成立某公司成立网络安全领导小组的文件》，文件中明确公司副总裁担任领导小组的组长，信息中心的主管领导担任领导小组的副组长，信息中心、运行中心、开发中心和数据中心等各部门的各负责人为领导小组成员。

在成立领导小组的文件后有一个附件《关于某公司网络安全工作组织机构及职责》。附件第一章内容为组织机构：领导小组下设机构是信息中心，负责某公司网络安全管理和维护工作，其部门负责人由信息中心主任担任；明确了运行中心、开发中心和数据中心等各部门负责人及其相关职责，其中运行中心负责某公司系统日常运维工作，开发中心负责某公司系统的开发及应用的运维工作，数据中心负责某公司系统的基础运维设施及环境的运维工作。附件第二章内容为岗位职责：明确了网络管理员、系统管理员、数据库管理员、安全管理员和审计管理员的相关职责，如系统管理员负责系统的安全配置、账户管理和系统升级等；网络管理员侧重于对整个网络结构的安全和网络设备（包括安全设备）的正确配置等工作；附有《信息安全岗位与人员对应关系表》，内容包括岗位、角色、所属部门、对应角色人员、联系方式和备注等。

【实施要点及说明】

无论是网络安全领导小组还是职能部门、各负责人还是各岗位人员，其职责均需要以纸质或电子文档的方式加以明确。

4.7.2　人员配备

【安全要求】

第三级、第四级安全要求如下。

a）应配备一定数量的系统管理员、审计管理员和安全管理员等。

b）应配备专职安全管理员，不可兼任。

c）关键事务岗位应配备多人共同管理。

【解读和说明】

安全管理员的主要职责是负责单位系统的网络安全，如防病毒管理、安全检查和漏洞扫描分析等，不能同时担任其他主要岗位职责。

针对第四级等级保护对象，为保证关键岗位的工作职责得到实施和完全满足，同时考虑该岗位的重要性，避免工作风险过度集中，要求对已定义好的关键岗位需要实行多人共岗管理。

【相关安全产品或服务】

无。

【安全建设要点及案例】

某集团公司根据工作需要，进行了部门内岗位人员的任命。由信息中心的主任担任安全主管，任命专职人员（李某某）担任安全管理员，王某担任网络管理员，肖某担任审计管理员，胡某某、刘某某和张某某担任系统管理员，其中胡某某和张某某为超级管理员角色，二人互为 AB 岗位。对以上人员的任命以清单方式列出。

【实施要点及说明】

在人员配备方面需要关注以下几点。

① 各岗位人员需要根据本单位网络安全工作管理模式和具体工作量进行配置，原则上需要保证各个岗位的工作需求得到满足。

② 各单位根据本单位的实际需求和工作特性，对所有的工作岗位进行梳理和分析，明确各岗位的重要程度，从而筛选出可能的关键岗位，避免出现无关键岗位和全部都是关键岗位的两极现象。

4.7.3　授权和审批

【安全要求】

第三级、第四级安全要求如下。

a）应根据各个部门和岗位的职责明确授权审批事项、审批部门和批准人等。

b）应针对系统变更、重要操作、物理访问和系统接入等事项建立审批程序，按照审批程序执行审批过程，对重要活动建立逐级审批制度。

c）应定期审查审批事项，及时更新需授权和审批的项目、审批部门和审批人等信息。

【解读和说明】

在网络安全工作中，相关单位需对与系统安全相关的关键操作和重要活动进行控制，保证关键操作和重要活动的实施是经过授权和批准的，从而确保所有操作安全可控。各部门和各岗位的职责不同，可能需要审批的活动就不同。相关单位需明确这些事项的具体内容及范围，涉及的审批部门和审批人员。

在所明确的审批事项中，至少应包括系统重大变更、重要设备操作、机房物理访问、第三方网络接入等。针对这些事项需要严格执行审批流程，所有审批环节完成后，相关人员方可执行相应操作。当重要的操作需要审批时，除了同级别的部门或人员进行审批，还需上一个级别的部门或人员进行再次审批，审批后，相关人员方可进行相关操作。

需要授权审批的事项一旦明确下来，并不是一成不变的，而是要随着审批管理要求的变化和相关部门职能的调整等及时更新的。

【相关安全产品或服务】

无。

【安全建设要点及案例】

某单位建立了系统变更管理制度，针对系统变更、重要操作、物理访问和系统接入等事项建立了相应的审批流程，并制定了审批表单，所有操作通过线上流程（ITSM）进行审批，所有审批记录均保留在 ITSM 上，相关人员可查看相关申请事项、申请人、审批人及相应审批进度等。网络安全职能部门每半年进行一次审批活动的审核，以确保审批流程符合当下的管理要求。

【实施要点及说明】

在实施授权和审批时需要关注以下几点。

① 各项审批事项的确定一般是根据不同管理方面的内容进行分类的，可分散在各个安全管理制度中，如网络安全管理制度中一般明确了外部网络接入内部网络的审批流程。

② 对重要活动建立逐级审批制度，首先需要相关单位明确哪些活动为重要活动，重要活动一般包括系统变更、重要操作、物理访问和系统接入等。

4.7.4 沟通和合作

【安全要求】

第三级、第四级安全要求如下。

a）应加强各类管理人员、组织内部机构和网络安全管理部门之间的合作与沟通，定期召开协调会议，共同协作处理网络安全问题。

b）应加强与网络安全职能部门、各类供应商、业界专家及安全组织的合作与沟通。

c）应建立外联单位联系列表，包括外联单位名称、合作内容、联系人和联系方式等信息。

【解读和说明】

加强网络安全职能部门与内部相关部门（如业务部门和人事部门等）的沟通，主要是为了保证各项安全管理工作的横向关联和纵向畅通。网络安全管理工作不完全是网络安全职能部门的职责，更需要相关部门的共同配合。例如：在人员安全管理方面，需要网络安全职能部门与人事管理部门共同配合，完成员工的招录、离职等事项；在系统安全管理方面，需要网络安全职能部门与业务部门共同配合，完成对应用系统的整改、加固等工作。

根据网络安全工作的需要，单位对外的相关部门可能涉及国家及各级网络安全主管部门、机构上级主管部门、各类产品、服务供应商和社会各类安全组织及行业专家等，双方需要根据机构与各个外部单位的合作内容和需求确定恰当的沟通合作方式。

【相关安全产品或服务】

无。

【安全建设要点及案例】

某单位成立了网络安全管理的职能部门（信息管理综合办公室），由该部门每周组织召开网络安全会议，讨论系统运行情况及汇报在安全运维过程中发现的问题等，保留相关会议纪要和会议签到表，并通过单位内部即时通信软件和邮件与业务部门沟通相关问题。该部门每季度组织厂商及安全专家等召开网络安全工作讨论会，了解当时网络安全形势及可能发生的网络安全事件，由厂商和专家事后对系统运维团队开展培训与交流工作，并及时更新所有厂商、系统运维团队、公安及电信行业专家的联系列表。

【实施要点及说明】

在实施沟通和合作时需要关注以下几点。

① 建立内部沟通机制。相关单位可根据内部部门职责设置情况和管理模式选取不同的沟通方式。可采取的沟通方式不局限于会议、内部通报和即时通信工具等。

② 建立与外部单位的沟通机制。例如，配合网络安全主管部门的检查工作、与供应商定期召开会议商讨系统存在的安全问题及聘请业界专家进行重要安全活动的评审等。

4.7.5　审核和检查

【安全要求】

第三级、第四级安全要求如下。

a）应定期进行常规安全检查，检查内容包括系统日常运行、系统漏洞和数据备份等。

b）应定期进行全面安全检查，检查内容包括现有安全技术措施的有效性、安全配置与安全策略的一致性、安全管理制度的执行情况等。

c）应制定安全检查表格实施安全检查，汇总安全检查数据，形成安全检查报告，并对安全检查结果进行通报。

【解读和说明】

为保证网络安全方针和制度能够得到贯彻执行，及时发现现有安全措施的漏洞，持续改进和提升网络安全管理能力，相关人员需要定期按照安全审核和检查程序进行安全核查。

常规安全检查的主要特点是检查周期短、检查内容分重点和检查方式相对单一等。检查周期可设置为一周或一个月。检查内容可从系统日常运行状态检查、网络及系统漏洞扫描和数据备份有效性检查等方面进行。检查方式可以是人工检查和利用工具进行相结合。

全面安全检查不同于常规安全检查，主要是检查内容较之更为全面，完全覆盖安全技术措施和安全管理措施，检查目的是验证现有的技术措施和管理要求是否得到了正确落实，是否符合当前系统的安全需求。

【相关安全产品或服务】

相关安全服务包括安全检查服务。

【安全建设要点及案例】

某单位运维部门每天对基础设施环境进行巡检，形成巡检记录。巡检记录中包括机房物理环境（机房供配电、空调、温湿度控制和消防等）及设备运行状态（各类设施、设备和线路等）。相关人员每季度开展漏洞扫描工作，及时修复系统存在的漏洞并下载补丁，每天对系统重要数据进行增量备份，每周对系统重要数据进行全量备份。

相关单位信息安全管理部门制定了安全检查表，每年至少对系统进行一次全面安全检查，检查内容包括网络安全基础设施（网络架构安全、网络使用的各种硬件设备和软件等、网络内部数据信息、机房环境安全、核心网络设备和系统安全配置等）、安全技术防护措施（应用安全配置、数据备份与恢复、IP 管理、补丁管理、防病毒管理和入侵检测管理等）、安全组织管理情况（安全组织管理制度、信息安全培训情况、信息安全通报机制和安全制度执行情况等）。相关人员将所有检查结果形成记录，汇总成《安全检查报告》，将发现的问题及时梳理上报，开会讨论整改措施，并在事后进行验证确认。

【实施要点及说明】

在实施审核和检查时需要关注以下几点。

① 常规安全检查可由机构网络安全职能部门和运维部门共同发起，根据各部门的职责确定安全检查的工作范围。

② 全面安全检查一般由相关单位的网络安全职能部门发起，其他相关部门配合，或者聘请第三方测评机构完成相关工作。安全检查内容可参照国家和行业主管部门的相关标准规范和检查要求制定，并结合系统实际情况加以调整。

4.8　安全管理人员

4.8.1　人员录用

【安全要求】

第三级、第四级安全要求如下。

a）应指定或授权专门的部门或人员负责人员录用。

b）应对被录用人员的身份、安全背景、专业资格或资质等进行审查，对其所具有的技术技能进行考核。

c）应与被录用人员签署保密协议，与关键岗位人员签署岗位责任协议。

d）应从内部人员中选拔从事关键岗位的人员。

【解读和说明】

对于网络安全工作相关人员的招录，无论是长期聘用的员工，还是临时工作人员，相关单位都需要对应聘人员的身份、安全背景、专业资格或资质等进行审查，并根据其所聘任的岗位技术需求进行岗位技能考核。

除签署保密协议外，关键岗位人员还需根据所在岗位不同，签署相应的岗位安全协议。此协议明确了不同岗位人员在该岗位上需要承担的安全责任。岗位不同，岗位安全协议就不同。

【相关安全产品或服务】

无。

【安全建设要点及案例】

某单位人事部负责人员的招录管理。网络安全工作相关人员的招录由用人部门负责对应聘人员进行笔试、面试和技术能力评价，由人事部负责应聘人员的背景调查和综合评价。相关单位与所有正式录用的人员统一签订保密协议。该单位定义了部分关键岗位，如数据库管理员、安全管理员、审计管理员、网络安全主管和系统安全主管等，并与相关关键岗位的人员签订了岗位责任协议。所有关键岗位的人员都从内部正式员工中选拔、任命。

【实施要点及说明】

在实施人员录用时需要关注以下几点。

① 在进行人员录用时，相关人员需求部门需根据本部门对该岗位的专业需求，对应聘该岗位的人员的安全背景提出相应要求，并明确专业方面的资质和能力要求。以此作为人事负责部门判断应聘人员是否胜任岗位工作的主要依据。

② 对于关键岗位的认定，相关单位内部首先需明确其认定标准。不同单位对关键岗位的认定可以不同，但应尽量避免没有关键岗位或全部都是关键岗位的两极化现象的出现。岗位安全协议的内容需区别于保密协议的内容：前者主要明确具体岗位的安全职责，与岗位紧密挂钩；后者则是一般的工作保密要求，与岗位无关，不同人员可签署相似或相同的保密协议。

③ 针对第四级等级保护对象，应尽量避免将新入职人员安排在关键岗位上，可在其入职三个月或半年后将其安排在关键岗位上。杜绝第三方人员或短期聘用人员在关键岗位工作。

4.8.2　人员离岗

【安全要求】

第三级、第四级安全要求如下。

a）应及时终止离岗人员的所有访问权限，取回各种身份证件、钥匙、徽章等以及机构提供的软硬件设备。

b）应办理严格的调离手续，并承诺调离后的保密义务后方可离开。

【解读和说明】

离岗人员的访问权限包括物理访问权限和逻辑访问权限。物理访问权限包含进出办公区域和机房区域时的证件或钥匙等。逻辑访问权限包含对应用系统的访问权限、操作系统管理权限、数据库管理系统的管理权限、一般的办公软件使用权限和邮件账户权限等。

【相关安全产品或服务】

无。

【安全建设要点及案例】

某单位要求所有人员在离岗时（含因退休、辞职、合同到期、解雇、岗位调动或其他原因而出现的人员调离情况），根据单位人事部门的离岗流转工单，分别由各责任部门负责回收离岗人员的身份证件、钥匙和软硬件设备等，由相关系统管理员终止离岗人员在系统内的所有访问权限，与离岗人员签订保密协议明确其离开后的一年内需承担的保密责任。走完上述流程后，离岗人员才能正式离岗。

【实施要点及说明】

在实施人员离岗时需要关注以下几点。

① 当人员调离或离岗时，相关人员一般需根据本单位离职/离岗流转单，分别对其所具有的权限和软硬件等资产进行回收。根据各部门职责不同，由相应部门分别完成系统权限、各类软硬件等资产的回收，确认完成所有的流转工作后方可签字同意离岗人员离岗。

② 调离或离岗时的保密协议可单独签署，也可在刚入职时签署的保密协议中规定离职后的保密期限和保密责任。

4.8.3　安全意识教育和培训

【安全要求】

第三级、第四级安全要求如下。

a）应对各类人员进行安全意识教育和岗位技能培训，并告知相关的安全责任和惩戒措施。

b）应针对不同岗位制定不同的培训计划，对安全基础知识、岗位操作规程等进行培训。

c）应定期对不同岗位的人员进行技术技能考核。

【解读和说明】

安全意识教育和培训是提高安全管理人员网络安全技术水平和管理水平及增加员工网络安全知识的重要手段之一。对各类人员的培训主要分为两类：安全意识培训和岗位技能培训。安全意识培训一般针对全体人员，主要从网络安全形势、近期安全事件分析、国家行业安全标准解读和本单位安全意识教育等方面开展。岗位技能培训则根据不同岗位人员需掌握的安全技能分别进行，培训工作以考核为结束标志。

不同岗位人员所需的岗位技能不同，相关单位需根据各岗位的实际需求，结合单位年度员工培训计划有针对性地确定各个岗位的培训时间安排和培训形式，并在相应的时间内完成培训。

【相关安全产品或服务】

相关安全服务为安全意识教育培训和各类安全技能培训服务。

【安全建设要点及案例】

某单位每年年初制订培训计划，明确各类岗位人员的培训周期、培训方式、培训内容和考核方式等，一般每半年组织一次全体人员安全意识培训，对全员开展国家政策、法规和单位安全管理制度宣贯，并组织系统管理员、安全管理员等岗位的相关人员外出参加定向技能培训。

【实施要点及说明】

在进行安全意识教育和培训时需要关注以下几点。

① 相关安全责任和惩戒措施需要在相关管理制度中以单独的章节或条款加以明确，并在本单位组织的安全意识教育培训中进行全员宣贯。

② 针对各岗位人员的定期技能考核，相关单位可自行组织，并要求各岗位人员参加考试，或者与单位的工作考核相结合，将岗位技能考核结果作为工作考核指标之一。无论采取哪种方式，都要确保目前在岗人员的技能符合和满足相应岗位的能力要求。

4.8.4　外部人员访问管理

【安全要求】

第三级、第四级安全要求如下。

a）应在外部人员物理访问受控区域前先提出书面申请，批准后由专人全程陪同，并登记备案。

b）应在外部人员接入受控网络访问系统前先提出书面申请，批准后由专人开设账户、分配权限，并登记备案。

c）外部人员离场后应及时清除其所有的访问权限。

d）获得系统访问授权的外部人员应签署保密协议，不得进行非授权操作，不得复制和泄露任何敏感信息。

e）对关键区域或关键系统不允许外部人员访问。

【解读和说明】

对于外部人员的访问管理，主要从物理访问和逻辑访问两个方面进行。物理访问管理主要是指对非本单位人员进出机房等重要场所的管理，根据各单位的管理特点，也可以是对非本单位人员进出办公区域的访问管理。逻辑访问管理主要是指对非本单位人员接入本单位网络并访问特定系统的管理。无论是物理访问管理还是逻辑访问管理，都需要按照事前申请和登记备案，事后及时清除访问权限的流程进行管理。

在外部人员被授予逻辑访问权限之前，需要签署相关的保密协议，就其所能访问的系统、相关数据的保密做出承诺，保证不得以任何方式非法复制和泄露系统信息和相关数据等。

针对第四级等级保护对象，禁止外部人员对关键区域的物理访问或进行关键系统的逻辑访问。

【相关安全产品或服务】

无。

【安全建设要点及案例】

某单位要求外部人员（含本单位不直接参与网络安全管理工作的人员，以及外包工作人员和其他外单位人员）访问受控区域时，如机房、开发部门办公区和系统运维区等区域，必须提出书面申请，待申请批准后，在对应联络人员的全程陪同下，申请人才能进入受控区域。

外部人员要接入本单位网络时，也要进行书面申请和审批，而且只允许外部人员接入访客网络区域，访问授权仅在授权当日有效，其他网络区域禁止外部人员接入。

单位内部系统不对外部人员提供访问权限，禁止外部人员进入部署了核心数据存储设备的机房区域。

【实施要点及说明】

在实施外部人员访问管理时需要关注以下几点。

① 对于外部人员的访问系统权限或物理区域访问权限按照最小化要求设置。外部人员仅可访问所能访问的，同时在访问前通过签署保密协议约定其保密义务，明确其需保密的系统信息或数据范围，保密手段和方式。

② 对于关键区域或关键系统的认定，各单位可根据本单位的管理要求自行确定。一

般认为机房内部署核心设备（如核心交换机、防火墙和核心服务器等）的区域为关键区域，重要的业务系统为关键系统。

4.9　安全建设管理

4.9.1　定级和备案

【安全要求】

第三级、第四级安全要求如下。

a）应以书面的形式说明保护对象的安全保护等级及确定等级的方法和理由。

b）应组织相关部门和有关安全技术专家对定级结果的合理性和正确性进行论证和审定。

c）应保证定级结果经过相关部门的批准。

d）应将备案材料报主管部门和相应公安机关备案。

【解读和说明】

根据 GB/T 22240—2020《信息安全技术　网络安全等级保护定级指南》，分别分析定级对象的业务信息安全保护等级和系统服务安全保护等级，初步确定定级对象的安全保护等级，并按照定级模板，编制《某某信息系统安全等级保护定级报告》。

为保证初步定级结果的合理性和正确性，针对第二级以上定级对象，需组织行业专家和安全专家对定级结果进行论证和评审，并出具评审意见。针对第四级以上定级对象，参与对定级结果进行论证和评审的专家需从国家网络安全等级保护专家评审委员会中选取。

根据国家主管部门对备案工作的管理要求，针对第二级以上定级对象，相关单位需根据要求准备相应的备案材料，并将备案材料报主管部门和公安机关进行备案，备案通过后获取备案证明。

【相关安全产品或服务】

相关安全服务为等级保护对象定级梳理咨询服务。

【安全建设要点及案例】

某单位系统建设初期，负责安全工作的职能部门组织相关人员对本单位的等级保护对象进行分析，确定定级对象。职能部门组织相关人员参照《网络安全等级保护管理办法》和《信息安全技术 网络安全等级保护等级指南》对各系统进行初步定级，其中某云平台定级为第三级等级保护对象，某系统定级为第三级等级保护对象，并根据定级模板编写定级报告初稿。

初步定级工作完成后，安全工作职能部门组织专家评审会议，邀请行业内专家和网络安全专家参会，各专家针对系统定级情况给出评审意见，一致同意定级结果。安全工作职能部门针对各专家意见进行定级报告修订，并将修订后的定级报告上报行业主管部门。根据主管部门审批意见，进行定级调整或定级报告修订，形成定级报告终稿。

在准备好定级备案材料（《信息系统安全等级保护备案表》及相关材料、《某某信息系统安全等级保护定级报告》、专家评审意见和主管部门评审意见等）后，将定级备案材料提交至该机构所在市公安机关网络安全主管部门审核，审核通过后获得相关系统的备案证明。

【实施要点及说明】

在实施定级和备案时需要关注以下几点。

① 等级保护对象的等级确定流程及定级方法需参照《信息安全技术网络安全等级保护定级指南》的相关内容，并按照全国统一的《信息系统安全等级保护定级报告》（模板）编制定级报告。

② 备案地点的选择需参照国家网络安全职能部门的相关管理规定，具体可参考《信息安全等级保护备案细则》。

4.9.2 安全方案设计

【安全要求】

第三级、第四级安全要求如下。

a）应根据安全保护等级选择基本安全措施，依据风险分析的结果补充和调整安全措施。

b）应根据保护对象的安全保护等级及与其他级别保护对象的关系进行安全整体规划和安全方案设计，设计内容应包含密码技术相关内容，并形成配套文件。

c）应组织相关部门和有关安全专家对安全整体规划及其配套文件的合理性和正确性进行论证和审定，经过批准后才能正式实施。

【解读和说明】

按照"三同步"的原则，网络安全需要与信息化建设同步规划、同步建设和同步使用，在系统建设规划阶段，相关单位需明确安全建设的目标和建设需求并进行安全规划方案的设计。在等级保护对象的安全方案设计中需要根据其安全保护等级选择相应等级的技术措施和管理措施，并结合系统的特殊安全需求进行调整。

等级保护对象在安全性设计方面与其他等级保护对象可能存在资源共享，因此，相关人员在进行等级保护对象安全整体规划和安全方案设计时，需要兼顾全局与局部的关系。整体规划方案用于解决共同的安全问题，系统安全方案则侧重于某个具体系统的安全措施。若在系统设计过程中采用了密码技术或密码算法，则安全设计方案还需要包含密码技术的相关应用设计内容。

【相关安全产品或服务】

相关安全服务为整体安全规划设计咨询服务、系统安全建设方案和整改方案设计咨询服务。

【安全建设要点及案例】

某单位根据相关要求进行单位近三年的整体安全规划，包括总体安全项目规划和安全建设工作计划等。

某部门新建业务系统，根据定级结果，此系统为第四级等级保护对象。由于该单位安全边界防护统一在单位整体安全规划中考虑，因此，该部门在进行该系统的安全方案设计时，考虑到边界安全防范措施为单位所有相关系统共有，在此安全方案中无须包含边界安全防范措施设计，仅需要进行除安全边界之外的其他安全技术设计和安全管理设计，从而形成针对该系统的详细安全设计方案。

整体安全规划和安全设计方案完成后，部门负责人组织相关部门和安全专家对安全整体规划、安全设计方案的合理性和正确性进行论证、审定和批准。

【实施要点及说明】

在实施安全方案设计时需要关注以下几点。

① 对于新建等级保护对象，根据其安全保护等级选择相应等级的安全措施。若为已运行的等级保护对象，则根据测评结果补充和调整需采用的安全措施。

② 针对第三级以上等级保护对象，需要在系统整体设计方案的基础上形成单独的安

全设计方案。

4.9.3　产品采购和使用

【安全要求】

第三级、第四级安全要求如下。

a）应确保网络安全产品采购和使用符合国家的有关规定。

b）应确保密码产品与服务的采购和使用符合国家密码管理主管部门的要求。

c）应预先对产品进行选型测试，确定产品的候选范围，并定期审定和更新候选产品名单。

d）应对重要部位的产品委托专业测评单位进行专项测试，根据测试结果选用产品。

【解读和说明】

不同时期国家对安全产品和密码产品的管理要求不同，相关单位需要根据当前国家相关部门的要求，采购和使用网络安全产品和密码产品。

第四级安全要求增加了对重要产品进行专项测试的要求。重要产品（如核心交换机和防火墙等）需要具有第三方专业测评单位提供的专项测试报告。

【相关安全产品或服务】

无。

【安全建设要点及案例】

某单位日常产品采购工作由物资采购部门负责，并指定专人定期更新安全产品、密码产品及服务供应商的候选范围，以供采购部门进行选择。

网络安全部门根据安全设计方案提出采购需求，由物资采购部门按照政府采购流程进行防火墙、IDS 和防病毒软件等安全产品的采购，待采购产品的候选名单需要从多方面考虑。首先，相关人员应检查产品供应商提供的产品是否全部获得计算机信息系统安全专用产品销售许可证，密码产品是否符合国家密码管理部门的相关规定等。其次，重要产品（如核心交换机和防火墙等）应委托第三方专业测评单位进行选型测试，将通过测试的产品纳入待采购清单。最后，综合以上几方面考虑，形成最终的产品候选清单。

【实施要点及说明】

相关单位需要明确本单位有哪些安全产品需要进行第三方专项测试，一般包括但不限于核心交换机、路由器和互联网防火墙等。专项测试的内容需根据具体产品形态和安全需求进行确定。

4.9.4　自行软件开发

【安全要求】

第三级、第四级安全要求如下。

a）应将开发环境与实际运行环境物理分开，测试数据和测试结果受到控制。

b）应制定软件开发管理制度，明确说明开发过程的控制方法和人员行为准则。

c）应制定代码编写安全规范，要求开发人员参照规范编写代码。

d）应具备软件设计的相关文档和使用指南，并对文档使用进行控制。

e）应保证在软件开发过程中对安全性进行测试，在软件安装前对可能存在的恶意代码进行检测。

f）应对程序资源库的修改、更新、发布进行授权和批准，并严格进行版本控制。

g）应保证开发人员为专职人员，开发人员的开发活动受到控制、监视和审查。

【解读和说明】

在软件开发过程中，开发环境、开发人员行为控制、开发文档和代码管理及代码质量安全管理等都是影响软件开发安全的关键因素。其中，将开发环境和运行环境完全物理分开是首要因素。从物理场地的选择到网络环境的搭建都需要进行物理分开。

代码安全编写规范一般根据编写代码的语言不同，规范编写过程，以避免可能出现的安全问题。代码安全编写规范既是在代码编写过程中开发人员需要遵循的规范，也可作为后期测试过程中测试用例重要的参考来源。

软件开发过程中的安全测试是保障软件代码安全非常重要的手段之一。可能的安全测试方式包括黑盒测试、白盒测试和灰盒测试等。通过不同方式、多轮迭代进行测试，尽可能及时、全面地发现开发过程中的代码安全问题。对测试的数据和测试结果需控制人员访问的权限，保证测试工作的保密性。

【相关安全产品或服务】

相关安全产品或服务为源代码安全审计工具及相关审计服务、安全测试工具及相关服务等。

【安全建设要点及案例】

某单位部门计划进行统建系统的自开发。根据单位软件开发管理制度的要求，将开发环境部署在独立的网络区域和办公区域，开发人员为专职人员，办公区域进出口设有视频监控和门禁系统，办公区域内设有视频监控，并采用云桌面环境办公。

在开发过程中，安全人员要求和督促开发组人员严格按照的软件开发管理制度推进开发过程，并按照代码编写安全规范进行软件编码。开发人员通过统一的代码库管理软件执行对程序资源库的修改、更新、审核和批准。测试人员按照相关要求进行多轮安全测试、渗透测试和源代码审计等，测试结果和测试数据均交由文档员统一存档。

【实施要点及说明】

在实施自行软件开发时需要关注以下几点。

① 软件开发管理制度和代码安全编写规范需要在软件开发工作开始前完成，通过安全意识培训宣贯的方式让参与开发的全体人员认同和理解其内容，并在软件开发过程中通过一定的监督检查手段保证制度要求和编写规范得以落实。

② 需要根据软件开发模式，选择软件安全性测试的时机。针对传统的瀑布式开发方式，相关人员需要在软件上线前开展安全性测试。针对敏捷式开发方式，相关人员则需在开发版本迭代过程中针对重大版本变更开展多次安全性测试。

③ 对于代码库的修改、访问和管理等操作，可通过专业代码管理软件进行线上管理。

4.9.5　外包软件开发

【安全要求】

第三级、第四级安全要求如下。

a）应在软件交付前检测其中可能存在的恶意代码。

b）应保证开发单位提供软件设计文档和使用指南。

c）应保证开发单位提供软件源代码，并审查软件中可能存在的后门和隐蔽信道。

【解读和说明】

为保证外包软件的安全性，在软件交付前，相关人员需对外包软件进行恶意代码检测。一般通过专业的自动化代码安全检测工具进行扫描，而后由人工对扫描结果进行审核确认。

【相关安全产品或服务】

相关安全产品或服务为源代码安全审计工具及相关审计服务等。

【安全建设要点及案例】

某单位确定将某软件项目全部外包给某开发公司 A。A 公司按照该单位的需求，将软件开发完毕后，根据双方之前签订的服务协议，进行软件交付前的恶意代码检测，并提供代码安全检测报告。

外包软件供应商在软件交付前，根据服务协议提供了软件需求说明文档、概要设计文档、详细设计文档、用户手册和软件源代码。获得软件源代码后，该单位委托第三方测评机构对外包软件供应商提供的软件源代码进行后门和隐蔽通道审查，未发现可能的后门和隐蔽信道。

【实施要点及说明】

后门和隐蔽信道的审查可委托专业的测评机构进行。若软件开发商无法提供该类报告，则需提供书面材料保证软件源代码中不存在后门和隐蔽信道。

4.9.6　工程实施

【安全要求】

第三级、第四级安全要求如下。

a）应指定或授权专门的部门或人员负责工程实施过程的管理。

b）应制定安全工程实施方案控制工程实施过程。

c）应通过第三方工程监理控制项目的实施过程。

【解读和说明】

通过制定详细的工程实施方案，明确实施过程中各方人员的行为、实施进度计划和阶段产物等，确保项目在按照既定的实施进度进行的同时保证项目高质量完成。

对于第三级以上等级保护对象，需委托专业的第三方工程监理参与工程实施，对实施过程中各方人员的行为、实施进度和产物质量等进行监督管理。

【相关安全产品或服务】

相关安全服务为工程安全监理服务。

【安全建设要点及案例】

某单位指定专门的部门负责单位新建系统的工程实施，工程实施部门在执行该项目时，根据第三方工程监理候选名单，确定本次统建项目第三方监理公司后，组织会议，邀请新建系统的使用部门、责任部门、网络安全服务供应商和第三方监理公司共同讨论制定本项目的工程实施方案，方案中明确了工程实施内容、计划进度、实施阶段、关键里程碑和质量控制等。

项目建设开始后，第三方监理公司全程参与工程实施，根据项目实施方案严格监督管理各方的实施过程。系统集成服务供应商严格按照工程实施方案进行项目实施。在项目实施过程中，第三方监理公司按月出具了月度监理报告和项目最终监理报告。

【实施要点及说明】

第三方监理公司需在符合国家监理资质要求的单位中选取。

4.9.7　测试验收

【安全要求】

第三级、第四级安全要求如下。

a）应制订测试验收方案，并依据测试验收方案实施测试验收，形成测试验收报告。

b）应进行上线前的安全性测试，并出具安全测试报告，安全测试报告需要包含密码应用安全性测试相关内容。

【解读和说明】

为保证系统建设工程按照既定方案和要求实施，并达到预期效果，相关单位需在工程实施完成后和系统交付前进行安全性测试。测试范围涵盖该系统各个方面的安全（网络安全、操作系统安全、数据库管理系统安全和应用软件安全等）测试，测试手段包括上机配置核查、漏洞扫描和渗透测试等。若采用了密码技术，则在测试用例中需要根据国家密码管理局的相关要求增加对密码应用安全的相关测试。

【相关安全产品或服务】

无。

【安全建设要点及案例】

某单位统建系统集成商要求申请进行系统验收工作，工程实施部门组织系统集成商、网络安全服务供应商和第三方测试机构召开会议，讨论制定测试验收方案，方案中明确了测试覆盖范围（含功能测试、性能测试和安全测试）、测试内容和测试方法、测试计划、责任部门和人员安排等。

该单位聘请第三方测试机构进行安全测试，第三方测评机构在测试完成后出具了安全测试报告。报告内容涵盖系统在网络层面、操作系统层面、数据库管理系统层面、应用软件层面和密码应用安全等方面的安全测试结果。

【实施要点及说明】

在实施测试验收时需要关注以下几点。

① 针对系统的测试验收工作，需要系统集成商、第三方监理单位、系统建设负责部门、系统运维部门和业务部门等多方的参与，得到所有相关方的认可和确认后，系统测试验收工作才正式完成。

② 系统上线前的安全测试工作可由本单位完成，也可聘请第三方测评机构完成。无论组织方式如何，安全测试均需覆盖系统的各个层面。

4.9.8　系统交付

【安全要求】

第三级、第四级安全要求如下。

a）应制定交付清单，并根据交付清单对所交接的设备、软件和文档等进行清点。

b）应对负责运行维护的技术人员进行相应的技能培训。

c）应提供建设过程文档和运行维护文档。

【解读和说明】

为了使系统运维人员更好地开展后续的运维工作，有必要对其开展相关的技能培训。

培训的内容可从系统业务、系统构成和系统特性等方面进行。

建设过程文档一般包括系统需求分析文档、系统设计文档（含概要设计方案和详细设计方案）、软件开发文档、测试文档等。运行维护文档一般包括系统资产清单、各类白皮书等。

【相关安全产品或服务】

无。

【安全建设要点及案例】

某单位系统建设责任部门完成了系统建设工作，准备将系统移交系统运维部门。在进行系统交付时，系统集成商针对运维人员和用户进行了两次技能培训，技能培训主要从系统的整体架构、主要的安全实现手段和系统实现的主要业务功能等方面进行。

系统建设负责人按照单位交付管控流程及与系统集成商签订的协议，制定交付清单，清单中包括待交付的各类设备、软件、建设过程文档（含系统网络拓扑图及系统设计方案、实施方案、测试报告和验收报告等）和系统运维文档（含系统日常检查清单、系统资产清单等）等。在系统交付时系统运维负责人按照交付清单清点交付物。

【实施要点及说明】

系统交付工作涉及系统建设部门和系统运维部门，无论两个部门是否属于同一个单位，交付工作都需严格按照交付流程进行，在确保系统安全责任移交的同时，各类资产和文档同步移交，以保证系统真正进入到运行维护阶段。

4.9.9　等级测评

【安全要求】

第三级、第四级安全要求如下。

a）应定期进行等级测评，发现不符合相应等级保护标准要求的及时整改。

b）应在发生重大变更或级别发生变化时进行等级测评。

c）应确保测评机构的选择符合国家有关规定。

【解读和说明】

针对安全保护等级为第三级以上的等级保护对象，每年至少开展一次等级测评。

当系统的安全保护级别发生变化、系统的网络结构和关键部位网络设备做了大幅度调整或者系统的业务领域进行了重大变更时，无论该系统最近一次等级测评是何时开展的，都需要重新进行等级测评。

【相关安全产品或服务】

相关安全服务为等级测评服务。

【安全建设要点及案例】

某单位按照要求，每年委托第三方测评机构对本单位第三级以上等级保护对象进行等级测评，并根据测评结果及时开展安全整改工作。

该单位某统建系统由于新技术的引入，其业务范围发生了很大的变化，应用系统功能有较大的调整。系统责任部门组织会议，邀请单位网络安全职能部门和内部专家参会，对系统级别进行再次评估定级，确认该系统的保护级别由原来的第二级调整为第三级。因此，在本年度，该单位重新聘请第三方测评机构对该系统按照第三级等级保护要求开展等级测评。

【实施要点及说明】

对于第三方测评机构，相关单位需要从国家信息安全等级保护工作协调小组办公室推荐的测评机构名单内进行选择，具体参见 www.djbh.net。

4.9.10　服务供应商选择

【安全要求】

第三级、第四级安全要求如下。

a）应确保服务供应商的选择符合国家的有关规定。

b）应与选定的服务供应商签订相关协议，明确整个服务供应链各方需履行的网络安全相关义务。

c）应定期监督、评审和审核服务供应商提供的服务，并对其变更服务内容加以控制。

【解读和说明】

可能的服务供应商包括系统开发商、系统集成商、产品供应商、系统咨询商、系统监理商和安全测评商等。相关单位对各类供应商的选择需要遵从国家当前对该类服务供应商的管理要求和规定。

为确保各类服务供应商所提供的服务按照既定的协议要求开展，相关单位需要明确各方在整个服务过程中需遵循的网络安全要求（如数据保密要求、访问控制要求等），并定期通过审核、评审的方式评价服务供应商所提供服务的质量。评价方式和评价指标可根据各单位具体需求制定。

【相关安全产品或服务】

无。

【安全建设要点及案例】

某单位在系统建设过程中涉及的安全服务供应商包括产品提供商、系统集成商、安全监理商、安全咨询商和安全测评机构。对于这些安全服务供应商，相关单位应分别按照国家对其管理资质要求进行把关，如要求安全产品供应商提供安全产品销售许可证书，要求第三方监理商具有相关的监理资质，要求等级测评机构具有测评资质等，并将符合要求的服务供应商纳入候选名单。

安全服务供应商选定后，相关单位分别同各安全服务供应商签订相关协议。服务协议中明确了各方的权力、义务、后期的技术支持和服务承诺、违约责任等。

在合同执行期内，相关单位指定网络安全职能部门，按照与各安全服务供应商所签订的协议，对各安全服务供应商提供的服务进行监督，通过对不同的安全服务供应商每季度进行服务质量、服务效果和服务满意度等方面的评价，形成评价报告。针对评价结果不好的方面，相关单位可要求安全服务供应商提交限期整改方案。同时，相关单位可要求各安全服务供应商定期（每半年）提供工作服务报告，指定专人负责工作服务报告的评审，验证其所提供服务与协议的符合程度，形成服务审核报告。若在合同期内发生服务内容变更，则需由安全服务供应商提交服务变更申请，经相关单位审核通过后，方可变更。

【实施要点及说明】

对安全服务供应商的服务进行监督审核的工作可由服务接受方完成或由服务接受方聘请的第三方审核机构完成。无论由谁进行该项工作，首先需明确监督审核工作的周期，其次需明确审核参照的标准和审核的内容，最后需明确针对监督审核结果的处置意见。

4.10　安全运维管理

4.10.1　环境管理

【安全要求】

第三级、第四级安全要求如下。

a）应指定专门的部门或人员负责机房安全，对机房出入进行管理，定期对机房供配电、空调、温湿度控制、消防等设施进行维护管理。

b）应建立机房安全管理制度，对有关物理访问、物品进出和环境安全等方面的管理做出规定。

c）应不在重要区域接待来访人员，不随意放置含有敏感信息的纸档文件和移动介质等。

d）应对出入人员进行相应级别的授权，对进入重要安全区域的人员和活动实时监视等。

【解读和说明】

相关单位需要根据机房区域划分情况，明确来访人员可以访问和不能访问的区域。在办公区域内，不将重要的、敏感的纸档文件或存储重要信息、敏感信息的移动介质放置在办公桌面或来访人员可以直接接触的地方，从而保证访问区域内文档和信息的保密性。

针对第四级等级保护对象，对于可以出入机房的人员，需要根据其工作职责和重要程度等，并结合机房区域划分情况，确定不同级别人员进出不同区域的授权，形成"人员职责不同，级别就不同，授权就不同，能够进出的区域就不同"的管理机制。对进出机房重要区域的人员，需采取专人陪同或电子监控的方式，保证进入机房重要区域的人员的行为得到实时监控。

【相关安全产品或服务】

无。

【安全建设要点及案例】

某单位编制了机房管理制度，设立了机房管理部门，设立了机房管理员岗位，由专人负责机房供配电、空调、温湿度控制和消防等设施的巡检与维护，各基础设施维护厂商定期进行设备维保，并形成维保报告。机房出入口配备保安和安检设备。在机房内设立会客区、设备准备区、过渡区和重要设备放置区等。设备调试准备工作只能在设备准备区内完成。所有人员禁止携带笔记本电脑等电子产品进入机房内的设备部署区域。外部人员进入机房必须由相关接待人员全程陪同。机房内所有区域都布设了无死角的视频监控摄像头。

【实施要点及说明】

在实施环境管理时需要关注以下几点。

① 对机房的出入管理需要由单位相应的责任部门或责任人进行落实。对基础设施（如空调、供配电设备和消防设备等）的维护可由相应的设备维护厂商定期进行，并形成相应的维保报告。

② 在机房内，一般设置会客区，用以接待来访人员。该区域与内部人员的办公区隔离，来访人员无法接触到办公区内的资料和电脑。在机房内，可设置过渡区，来访人员如果没有进入核心区域的需求，可在过渡区内完成相关工作。

4.10.2　资产管理

【安全要求】

第三级、第四级安全要求如下。

a）应编制并保存与保护对象相关的资产清单，包括资产责任部门、重要程度和所处位置等内容。

b）**应根据资产的重要程度对资产进行标识管理，根据资产的价值选择相应的管理措施。**

c）**应对信息分类与标识方法做出规定，并对信息的使用、传输和存储等进行规范化管理。**

【解读和说明】

等级保护对象涉及的资产包括硬件设备、软件、数据和文档（纸质文档和电子文档）等。相关单位需对相关的资产建立资产清单，记录资产的基本信息、所处位置、责任部门或责任人等，便于对资产进行日常的管理和维护工作。

第三级以上等级保护对象涉及的资产需根据重要程度进行分类，一般以该资产对等级保护对象的重要性进行分类，并加以标识。资产的重要程度越高，对其出入库、维护和维修等管理措施就越严格。

信息一般是指各类数据（含业务数据、系统数据和运行数据等）、电子文档和软件等，相关单位需要明确相关信息的管理要求，对信息的使用、传输和存储等环节加以规范。

【相关安全产品或服务】

无。

【安全建设要点及案例】

某单位针对单位所属的各类硬件设备（如网络设备、安全设备、服务器设备、操作终端、存储设备和存储介质，以及供电和通信用线缆等）和软件产品（如操作系统、数据库管理系统和应用系统等）进行了梳理，编制了资产清单，明确了资产责任部门、重要程度和所处位置等，并根据重要程度设置了资产标识（特别重要、重要和一般），对单位各类系统涉及的信息（如配置信息、业务信息和备份等）进行了梳理和分类，并制定了信息使用、传输和存储的管理办法。

【实施要点及说明】

在实施资产管理时需要关注以下几点。

① 资产的重要程度可从资产自身价值和在系统运行中所起到的作用等方面进行分类。资产标识应设置在便于看见的位置，并在资产清单中加以明确。

② 在对信息进行分类与标识前，相关人员需梳理单位的信息资产类型，根据类型不同进行标识。之后，制定单位统一的信息分类标准，根据标准的相关要求进行信息的分类管理。

4.10.3　介质管理

【安全要求】

第三级、第四级安全要求如下。

a）应将介质存放在安全的环境中，对各类介质进行控制和保护，实行存储环境专人管理，并根据存档介质的目录清单定期盘点。

b）应对介质在物理传输过程中的人员选择、打包、交付等情况进行控制，并对介质的归档和查询等进行登记记录。

【解读和说明】

系统运行可能产生的介质类型包含纸介质、光介质和磁介质等。这里主要关注承载系统各类数据的备份介质。因介质所承载的数据非常重要，故对其存放环境有严格的要求。

安全的介质存放环境需满足防潮、防水、防磁等条件。

当介质需要从一地运输到另一地时，需由专人负责，严格按照相关的流程进行登记、打包和交付，保证传输过程的安全，将介质安全送达目的地。

【相关安全产品或服务】

无。

【安全建设要点及案例】

某单位在机房区域设立专用房间作为存储介质存放区，用于存放磁带、（从设备内拆卸的）硬盘、移动硬盘、U 盘和光盘等，指派专人为介质管理员，负责介质的管理，详细记录日常工作中介质的归档和查询情况，并要求介质管理员每半年开展一次介质存储情况的盘点。制定了介质管理规范，明确了介质在物理传输过程中的人员选择、打包和交付等过程的控制要求。禁止将存有系统业务数据的存储介质带离机房。

【实施要点及说明】

存放介质的安全环境可为介质专用存储柜或专用存储房间。当系统在整个运行过程中没有产生需单独存放的备份介质时，此项要求可忽略。

4.10.4　设备维护管理

【安全要求】

第三级、第四级安全要求如下。

a）应对各种设备（包括备份和冗余设备）、线路等指定专门的部门或人员定期进行维护管理。

b）应建立配套设施、软硬件维护方面的管理制度，对其维护进行有效的管理，包括明确维护人员的责任、维修和服务的审批、维修过程的监督控制等。

c）信息处理设备应经过审批才能带离机房或办公地点，含有存储介质的设备带出工作环境时其中重要数据应加密。

d）含有存储介质的设备在报废或重用前，应进行完全清除或被安全覆盖，保证该设备上的敏感数据和授权软件无法被恢复重用。

【解读和说明】

无论是机房内的系统设备还是办公区域内的办公设备，相关人员若需将其带离机房或办公地点，均需要按照各自相应的审批手续进行审批，审批通过后方可带离。对于保存重要数据的移动设备（光盘、移动硬盘和 U 盘等），需要对其数据进行加密保存后方可带出。

【相关安全产品或服务】

无。

【安全建设要点及案例】

某单位编制了设备设施和软硬件维护管理制度，设立了运维管理部门，设立了网络管理员、系统管理员和数据管理员等岗位。各岗位配备专门的人员负责运维设备和线路的巡检与维护。机房负责人负责供电和通信线缆等的日常巡检与维护。

在岗人员配备带有加密功能的移动硬盘用于存储重要数据。所有在岗人员将其所使用的办公电脑带离机房或办公地点前必须经过网络安全部门的审批和备案。所有存储介质，含设备内的硬盘、存储器、移动硬盘、光盘和 U 盘等，在重用或报废前必须执行零数据写入、格式化和多次清除操作。存储介质报废时要按规定的流程执行消磁和物理破坏。

【实施要点及说明】

在实施设备维护管理时需要关注以下几点。

① 各类设备和线路的日常巡检工作由单位内相关人员完成。相关单位需要委托各类设备、线路厂商和供应商定期进行巡检和维护，以保证各类设备的正常运行。

② 配套设施和软硬件维护方面的管理制度可单独制定，也可在不同的管理制度中分别明确相关设备和设施的维护要求。例如，在机房管理制度中可明确机房基础设施和通信线路等的日常维护要求及相关人员将机房内设备带离的相关要求；在资产管理制度中可明确各类办公区域内设备日常维护的要求。无论哪种制度，均需覆盖各类设备和设施的维护要求。

4.10.5　漏洞和风险管理

【安全要求】

第三级、第四级安全要求如下。

a）应采取必要的措施识别安全漏洞和隐患，对发现的安全漏洞和隐患及时进行修补或评估可能的影响后进行修补。

b）应定期开展安全测评，形成安全测评报告，采取措施应对发现的安全问题。

【解读和说明】

对漏洞进行管理，首先要能够识别和发现系统中存在的安全漏洞和隐患。可由单位内部相关人员自行发现或通过第三方推送相关漏洞信息或提供该类服务。对于已发现的安全漏洞，相关人员需分析其是否对目前系统的安全产生较大影响、其所带来的安全风险是否可以接受。若不能接受，则需制定相应的修补方案进行修补。

安全测评可采用等级测评、风险评估和安全自查等方式。无论采用哪种方式，其目的均是发现系统目前存在的安全问题，并就系统存在的安全问题给出相应的整改建议，根据整改建议进行整改。

【相关安全产品或服务】

相关安全产品或服务为漏洞扫描工具或服务、等级测评和风险评估等服务。

【安全建设要点及案例】

某单位网络安全职能部门每周对单位内所有系统进行漏洞扫描，并形成漏洞扫描报告，将漏洞扫描报告分发给各系统责任部门。各部门对漏洞扫描报告中发现的安全漏洞和隐患进行分析、评估后，通知安全管理员及时进行修补。

该单位每年委托第三方安全测评机构对系统开展等级测评、风险评估和渗透测试等安全测评工作，针对测评报告中提出的问题及时进行整改。

【实施要点及说明】

在人员能力和工具满足需求的情况下，可由本单位定期进行安全漏洞的扫描和发现工作，并随时跟踪业界相关安全漏洞的最新进展。若本单位不具备相应的条件，则可定制相应的安全漏洞服务，由第三方机构定期提供服务，并出具相关的工作报告。

4.10.6　网络和系统安全管理

【安全要求】

第三级、第四级安全要求如下。

a）应划分不同的管理员角色进行网络和系统的运维管理，明确各个角色的责任和权限。

b）应指定专门的部门或人员进行账户管理，对申请账户、建立账户、删除账户等进行控制。

c）应建立网络和系统安全管理制度，对安全策略、账户管理、配置管理、日志管理、日常操作、升级与打补丁、口令更新周期等方面做出规定。

d）应制定重要设备的配置和操作手册，依据手册对设备进行安全配置和优化配置等。

e）应详细记录运维操作日志，包括日常巡检工作、运行维护记录、参数的设置和修改等内容。

f）应指定专门的部门或人员对日志、监测和报警数据等进行分析、统计，及时发现可疑行为。

g）应严格控制变更性运维，经过审批后才可改变连接、安装系统组件或调整配置参数，操作过程中应保留不可更改的审计日志，操作结束后应同步更新配置信息库。

h）应严格控制运维工具的使用，经过审批后才可接入进行操作，操作过程中应保留不可更改的审计日志，操作结束后应删除工具中的敏感数据。

i）应严格控制远程运维的开通，经过审批后才可开通远程运维接口或通道，操作过程中应保留不可更改的审计日志，操作结束后立即关闭接口或通道。

j）应保证所有与外部的连接均得到授权和批准，应定期检查违反规定无线上网及其他违反网络安全策略的行为。

【解读和说明】

在系统运维过程中，除日常的例行运维操作外，可能需要变更性运维操作，如网络结构的调整、重要设备的更换和系统重要配置参数的变更等。此类操作可能会严重影响系统的稳定性，因此，需要严格按照相关操作管理实施。可在操作前进行相关审批，在操作过程中记录所有行为，在操作结束后更新系统配置库。

如非特别需要，尽量不开通远程运维，如需开通，则需采取严格的接入终端限制，并选择安全的通道接入，操作结束后尽快关闭相关通道或接口。

【相关安全产品或服务】

无。

【安全建设要点及案例】

某单位依据国家相关标准规范，结合单位系统运维关注点，制定了《网络和系统安全管理规范》，规范中明确了安全策略、账户管理、配置管理、日志管理、日常操作、升级与打补丁和口令更新周期等。

该单位指定运维管理部负责网络和系统管理工作。运维管理部内设网络管理员、系统管理员、数据库管理员、安全管理员、审计管理员、账户管理员和日志分析员等岗位，单位岗位职责文件中明确了各个岗位人员的职责和权限，其中，账户管理员负责账户申请、建立和删除等工作，日志分析员负责日志、监测报警数据分析和统计等工作。

运维管理部组织相关人员，针对单位不同的网络设备、安全设备、操作系统和数据库系统等重要设备制定了配置和操作手册，要求各管理员依据手册对设备进行安全配置和优化配置，同时要求各管理员详细记录各类操作（如各类配置参数的设置和修改，每天的状态检查和运行维护记录等）。

运维管理部相关规定要求，运维人员在进行系统运维时，需采用单位统一配备的运维工具。如因工作需要，需要变更运维工具，则相关人员需填写审批表并提交部门负责人审批，审批通过后方可变更运维工具。相关部门指派专门人员负责远程运维接口的开通，并要求执行远程运维的人员在运维结束后立即关闭接口或通道。

另外，运维管理部规定所有内部系统与外单位的其他系统相连时均需提前申请，经批准后方可连接，并指定安全管理员定期检查非法外联行为。

【实施要点及说明】

在实施网络和系统安全管理时需要关注以下几点。

① 系统运维人员需要使用相关单位指定的运维工具，且必须为商业授权版本。采取技术措施对相关人员的运维操作进行操作审计，授权指定人员查看审计记录。在运维工具中不能保留敏感的鉴别信息。

② 严格控制远程运维工作，运维接口日常关闭，只在运维的时候才能开放。针对远程运维人员要求进行强身份认证，在远程运维过程中进行强审计，如操作审计记录和录屏等。

③ 单位内部需要通过制定相关管理制度，明确外部网络接入本地的流程及本地接入无线网络的要求和其他相关网络接入要求（如禁止私自通过 Wi-Fi 热点上网等）。日常通过安全检查和工具检查等方式检查内部是否按照制度要求联网，是否存在违规联网行为。

4.10.7 恶意代码防范管理

【安全要求】

第三级、第四级安全要求如下。

a）应提高所有用户的防恶意代码意识，对外来计算机或存储设备接入系统前进行恶意代码检查等。

b）应定期验证防范恶意代码攻击的技术措施的有效性。

【解读和说明】

对普通办公计算机用户，可通过恶意代码防范知识的培训，使其了解在日常操作过程中如何防范恶意代码，尤其是当外部存储设备接入本地计算机时，需先进行防病毒查杀，没有问题后方可打开。对在系统中运行的设备，为保证其运行在安全纯净的环境中，接入系统的外来设备均需经过系统恶意代码检测工具的检测，没有问题方可接入。

各系统根据需求和实际情况不同，采用的恶意代码防范措施各不相同。但无论采取何种措施，均要保证防范的有效性，以防无法应对最新的恶意代码的攻击。

【相关安全产品或服务】

无。

【安全建设要点及案例】

某单位安全管理职能部门根据本单位《恶意代码防范管理制度》的相关要求，定期组织防恶意代码宣贯活动及增强相关人员防恶意代码意识的培训，指定安全管理员定期进行病毒软件和特征库升级及防病毒产品授权情况检查等。恶意代码防范管理制度具体如下。

第一条 由管理组负责防病毒产品的统一部署、防病毒客户端软件的安装，各部门使用的防病毒产品必须安装指定的防病毒客户端软件。

第二条 由安全管理员负责统一制定病毒扫描策略和病毒库升级策略。

第三条 由安全管理员定期对网络和系统进行病毒检查，对各部门计算机防病毒工作进行部署、监督和指导，并组织定期进行计算机防病毒工作的检查。

第四条 全体职员要高度重视计算机病毒防范工作，一旦发现计算机系统遭到病毒入侵，应立即向管理组反映，以便相关人员及时采取措施进行处理。

第五条 本管理制度中所指的"病毒"包括普通计算机病毒、网络蠕虫、木马程序、"网络黑客程序"、"流氓软件"及"间谍软件"等。

第六条 外来计算机或存储设备接入系统前均需进行恶意代码检查。

……

【实施要点及说明】

在实施恶意代码防范管理时需要关注以下几点。

① 各单位在定期开展的全员安全意识教育培训中，可加入日常恶意代码防范的小知识，如外来 U 盘或移动硬盘需要先进行病毒查杀再打开。在单位邮箱中不随意打开来历不明的附件、链接等。

② 采用专用恶意代码防范产品的相关单位，需定期检查恶意代码防范产品授权的有效性，并对恶意代码库进行升级，以保证病毒库样本是最新的。

4.10.8　配置管理

【安全要求】

第三级、第四级安全要求如下。

a）应记录和保存基本配置信息，包括网络拓扑结构、各个设备安装的软件组件、软件组件的版本和补丁信息、各个设备或软件组件的配置参数等。

b）应将基本配置信息改变纳入系统变更范畴，实施对配置信息改变的控制，并及时更新基本配置信息库。

【解读和说明】

各类系统均是由网络设备、安全设备、服务器和终端等硬件及支撑这些硬件运行的系统软件和应用软件等构成的。相关人员需明确每类设备所安装软件的基本信息、补丁信息和配置信息等，以保证同类设备的组件的一致性，进而保证系统运行的稳定性。

设备或软件的基本配置信息的变更对于整个系统运行的稳定性有着重要影响，因此，其变更需要遵循变更活动管理要求，严格进行变更前和变更中的管控，并在变更后及时更新配置库中的相关信息。

【相关安全产品或服务】

无。

【安全建设要点及案例】

某单位建立了一套运维管控平台，实现了线上设备管理、变更管理等。其中，设备管理模块可提供查询具体的网络设备、操作系统和数据库等设备信息的功能，相关人员进入各个设备页面可看到其具体的版本和补丁信息、中间件及版本等内容。若涉及相关信息的变更，则相关管理员需要通过变更管理模块执行变更审批流程，且两个模块实现了联动。一旦相关配置信息进行了变更，那么在变更结束后，设备管理模块中相应的设备配置信息也要进行同步更新。

【实施要点及说明】

在对系统变更类型的定义中需要包含对系统软硬件的配置信息的变更。所有相关操作可按照变更管理的相关要求进行。对于基本配置信息库的更新，一般可通过专业的配置工具或设备管理工具实现。

4.10.9　密码管理

【安全要求】

第三级、第四级安全要求如下。

a）应遵循密码相关的国家标准和行业标准。

b）应使用国家密码管理主管部门认证核准的密码技术和产品。

c）应采用硬件密码模块实现密码运算和密钥管理。

【解读和说明】

系统中采用的密码产品或密码技术均需符合国家相关标准和行业标准，并遵从相关管理要求对其进行管理。

【相关安全产品或服务】

无。

【安全建设要点及案例】

某银行计划购置加密机实现对客户信息的加密，招标书中要求加密机供应商必须提供国家密码管理局颁发的《商用密码产品型号证书》。

【实施要点及说明】

在实施密码管理时需要关注以下几点。

① 相关单位在采购密码产品时，需采购具有相关产品的检测报告或密码产品型号证书的产品。

② 利用硬件密码模块实现密码运算和密钥管理的相关等级保护要求，如加密卡或密机等。

4.10.10　变更管理

【安全要求】

第三级、第四级安全要求如下。

a）应明确变更需求，变更前根据变更需求制定变更方案，变更方案经过评审、审批后方可实施。

b）应建立变更的申报和审批控制程序，依据程序控制所有的变更，记录变更实施过程。

c）应建立中止变更并从失败变更中恢复的程序，明确过程控制方法和人员职责，必要时对恢复过程进行演练。

【解读和说明】

对变更操作进行管理，首先要明确哪些操作或活动应纳入变更管理（并不是所有对系统的操作都需要进行变更管控）。一般的变更需求包括外部网络接入、重大网络结构调整、重要设备更换、设备基本配置信息更新和系统版本升级等。

【相关安全产品或服务】

无。

【安全建设要点及案例】

某单位制定了变更申报和审批控制规范及变更失败恢复程序等与变更管理相关的文档，同时根据其系统运行情况编制了变更分类表。

该单位某部门因业务范围调整，需变更部分数据库和服务器。在执行变更前，系统项目经理根据变更需求填写变更申请表，并将变更申请表提交部门领导进行审核。审核通过后，依据变更申报和审批控制规范及变更申请表实施变更，并填写变更记录表。在变更过程中由于数据库管理员操作失误，需中止变更，并依据变更失败恢复程序执行变更中止。变更分类表、变更申请单和变更记录表如表 4-6、表 4-7、表 4-8 所示。

表 4-6　变更分类表

范　畴	内　容
网络系统	网络系统构架（拓扑）变化 网络系统功能变化 网络设备内嵌操作和应用系统版本升级 网络设备配置变化 网络设备变化（设备更新和调配） ……
主机系统	主机系统硬件配置变化 操作系统构架变化 操作系统软件版本变化 操作系统配置变化 操作系统功能变化 操作系统服务对象变化 ……
应用系统	应用系统构架变化 应用系统软件版本变化 应用系统配置变化 应用系统功能变化 应用系统服务对象变化 ……

表 4-7　变更申请单

变更申请人	
变更申请单位	
变更申请时间	
变更对象	
变更需求	
变更原因	
变更内容	□操作系统变更 □中间件变更 □数据库变更 □账户及权限变更 □应用程序变更 □安全策略变更 □其他变更（备注中详细说明）
影响范围及时长	
测试环境测试结果	
变更级别	□标准 □重要

审核人意见	
审批人意见	
备注	

表 4-8　变更记录表

变更通知相关部门	□是 □否
变更过程记录	
变更结果	□成功 □失败（需注明失败原因） 失败原因：
备注	
变更操作人	
变更操作时间	

【实施要点及说明】

变更失败恢复程序一般会在变更方案中予以明确。变更方案除了描述变更过程操作，更重要的是明确变更失败后的恢复操作。若变更失败，则变更实施部门需要尽力保证系统的正常运行，必要时经变更实施部门负责人或上级领导批准，启动回退方案。

4.10.11　备份与恢复管理

【安全要求】

第三级、第四级安全要求如下。

a）应识别需要定期备份的重要业务信息、系统数据及软件系统等。

b）应规定备份信息的备份方式、备份频度、存储介质、保存期等。

c）应根据数据的重要性和数据对系统运行的影响，制定数据的备份策略和恢复策略、备份程序和恢复程序等。

【解读和说明】

数据备份是保障等级保护对象在发生数据丢失或数据被破坏时业务得以正常进行的重要措施。对于等级保护对象的重要业务信息、系统数据、配置信息和软件程序等，需要制定明确的数据备份策略，定期开展备份操作，并针对备份文件的有效性进行恢复性测试和验证。

【相关安全产品或服务】

无。

【安全建设要点及案例】

某单位根据业务情况，对需要进行定期备份的业务信息、系统数据及软件系统按照备份需求进行分类梳理，制定了本单位数据备份与恢复管理规定。其中，数据备份包括常规备份和非常规备份两种。数据的常规备份是指在指定时间进行的、具有固定备份内容和操作流程的数据备份。数据的非常规备份是指不定期进行的、具有特定备份目的的数据备份，如应用系统执行码备份、全系统备份、数据清档备份和特殊备份等。备份与恢复策略如下。

> 第一条 备份和恢复管理是指对××系统的重要业务数据和系统数据进行数据备份，以及备份数据的恢复进行管理。
>
> 第二条 由日常运维组数据库管理员负责对后台数据库中的业务数据进行备份，由网络管理员负责对网络配置文件进行备份，由系统管理员负责对服务器系统配置文件进行备份。
>
> 第四条 数据库中业务数据的备份方式、备份频度如下。
>
> （一）××数据每个小时备份一次，异地、增量备份。
>
> （二）××数据每天备份一次，异地、增量备份。
>
> （三）××数据每个月备份一次，异地、增量备份。
>
> （四）定期对业务数据进行离线备份，将其备份到本地磁盘。
>
> 第五条 不同类型数据的备份操作过程和参数设置按照相应的安全操作规程执行。
>
> 第六条 加强备份数据的恢复性管理，授权相关人员定期对备份数据进行恢复性测试，确保备份数据的可用性和完整性。

【实施要点及说明】

根据数据的重要性和数据对系统运行的影响程度，制定数据的备份策略和恢复策略、备份程序和恢复程序等管理要求。其中数据备份策略是根据数据性质的不同，选择不同的备份内容和备份方式等；数据恢复策略是指数据库在遇到各种事件导致数据丢失时利用备份数据进行数据恢复的方法和操作。

4.10.12 安全事件处置

【安全要求】

第三级、第四级安全要求如下。

a）应及时向安全管理部门报告所发现的安全弱点和可疑事件。

b）应制定安全事件报告和处置管理制度，明确不同安全事件的报告、处置和响应流程，规定安全事件的现场处理、事件报告和后期恢复的管理职责等。

c）应在安全事件报告和响应处理过程中，分析和鉴定事件产生的原因，收集证据，记录处理过程，总结经验教训。

d）对造成系统中断和造成信息泄漏的重大安全事件应采用不同的处理程序和报告程序。

e）应建立联合防护和应急机制，负责处置跨单位安全事件。

【解读和说明】

在等级保护对象的运行过程中可能会发生很多安全事件，相关单位需要针对所有可能发生的安全事件进行分析，明确各类事件发生后的报告和处置流程及在事件处置过程中相关部门的管理职责（如网络安全部门的管理职责、系统运维部门的管理职责、业务部门的管理职责等）。

对特别重大的安全事件（如系统完全中断、系统核心数据遭到泄露等），需采取不同于其他安全事件的处置流程和报告流程。不同之处可包括报告流程需要更为直接、处置流程需要更为快捷等，以保证在此类事件发生后，相关人员能够迅速响应、快速处置并尽可能将损失降到最低。

针对第四级等级保护对象，跨单位的安全事件处置流程和响应流程参见 4.10.13 节。

【相关安全产品或服务】

相关安全服务为应急响应服务等。

【安全建设要点及案例】

某单位成立了网络安全领导小组和应急领导小组协同处理安全事件。同时，依据国家相关标准，结合单位业务运行情况，制定了《信息安全事件分类分级规范》和《安全事件报告和处置管理制度》，明确了不同安全事件的报告、处置和响应流程，规定了安全事件的现场处理、事件报告和后期恢复的管理职责等，针对重大安全事件（如系统中断和信息泄露等）和较大安全事件制定了不同的处理程序和报告程序。

某业务部门的业务人员无法登录业务系统，相关人员将这一情况上报给部门负责人，负责人根据本单位相关规定，经初步分析后，上报单位安全管理部安全管理员。

安全管理员经分析后，判断系统遭到了外部攻击，并将这一情况上报给部门负责人，并提交相应的报告或信息。

安全管理部门负责人组织应急小组召开会议，经讨论判断，确定该事件为二级安全事件，立即上报应急领导小组。

　　应急领导小组进行最终判定后，安全管理部组织相关人员进行详细的评估分析，同时听取应急领导小组的处置建议，制定应急响应事件处置方案，并处置安全事件。

　　处置完毕，安全管理员对事故或故障的类型、严重程度、发生的原因、性质、产生的损失、责任人、经验教训等进行调查确认，形成书面报告。

　　安全管理员要将事件的现象描述、处理方法及时整理成事故档案，以日期为索引专门存放。

　　安全管理员将事件的调查结果反馈给某业务部门后，某业务部门组织相关人员进行学习和培训。

【实施要点及说明】

　　相关单位需首先明确安全弱点和可疑事件的报告流程和责任部门，其次通过内部宣贯、培训等方式增强全员安全意识，使相关人员能够正确认识可疑事件，以便正确、及时地进行报告。

4.10.13　应急预案管理

【安全要求】

第三级、第四级安全要求如下。

　　a）应规定统一的应急预案框架，包括启动预案的条件、应急组织构成、应急资源保障、事后教育和培训等内容。

　　b）应制定重要事件的应急预案，包括应急处理流程、系统恢复流程等内容。

　　c）应定期对系统相关的人员进行应急预案培训，并进行应急预案的演练。

　　d）应定期对原有的应急预案重新评估，修订完善。

　　e）应建立重大安全事件的跨单位联合应急预案，并进行应急预案的演练。

【解读和说明】

　　应急预案的框架编制作为单位应急预案管理体系建设的重要工作之一，是建立应急预案管理体系的重要依据，其主要内容至少应涵盖应急预案预警、启动条件、响应流程、应急组织、应急后期处置和应急预案日常管理（培训、演练和修订完善）等。

　　针对重要事件（如网站遭到恶意攻击、单位内网感染木马病毒、数据库遭到破坏等），相关人员需分析各类事件的应急处置方法和处置流程，形成不同事件的应急预案。

　　针对第四级等级保护对象，当发生重大安全事件时，仅靠本单位的能力可能无法处置完全，或者因系统与第三方系统的关联性较强，需与第三方联合响应。因此，相关单位需在重大安全事件发生时跨单位联合响应，建立联合应急预案。

【相关安全产品或服务】

相关安全服务为应急响应服务等。

【安全建设要点及案例】

某大型银行设立了专门的部门、配置了相关人员负责应急预案的管理，制定了整体应急预案框架，并组织相关运维部门和业务部门针对其所负责的部分制定了专项预案，每年年初要求相关部门根据专项预案制订应急演练计划，并要求其按照应急演练计划进行应急演练，相关负责人实时跟踪演练执行结果。

相关部门为各类预案的实施提供资源保障，这些资源是为了保证应急预案实施的可靠性，其中组织机构和人员是应急保障的首要因素。成立应急处置领导小组和各专业小组（如技术保障组、通信保障组、业务保障组和后勤保障组等），将各类应急预案涉及的相关部门领导设为领导小组成员、相关的技术人员组成专业小组，还要将与通信保障和技术保障相关的设施设备全部落实到位。

【实施要点及说明】

在实施应急预案管理时需要关注以下几点。

① 各单位在制定应急预案框架时，可将各类重要安全事件的应急预案作为其附件，或者二者单独成文，分别发布。应急预案框架的具体名称不受限制，只要其内容覆盖相关要求即可。

② 一般情况下，按照应急演练的组织形式，应急演练可分为桌面推演和实战演练。桌面推演主要验证应急预案的有效性，促进相关人员明确应急预案中有关人员的职责，掌握应急流程及应急操作，提高指挥决策和各方协同配合能力。实战演练则检验和提高相关人员的临场指挥、应急处置和后勤保障能力。各单位可根据本单位的实际工作需要采取不同方式进行应急预案演练。

③ 跨单位联合应急预案主要关注不同单位在同一事件中的职责分工和相互之间的沟通机制及各自的处置流程，从而保证虽然单位不同，但遵从同一应急预案，确保沟通顺畅和处置流畅。

4.10.14　外包运维管理

【安全要求】

第三级、第四级安全要求如下。

a）应确保外包运维服务供应商的选择符合国家的有关规定。

b）应与选定的外包运维服务供应商签订相关的协议，明确约定外包运维的范围、工作内容。

c）应保证选择的外包运维服务供应商在技术和管理方面均具有按照等级保护要求开展安全运维工作的能力，并将能力要求在签订的协议中明确。

d）应在与外包运维服务供应商签订的协议中明确所有相关的安全要求，如可能涉及对敏感信息的访问、处理、存储要求，对 IT 基础设施中断服务的应急保障要求等。

【解读和说明】

外包运维服务供应商所面对的运维对象均是确定了保护等级的等级保护对象。针对不同等级的等级保护对象，外包运维服务供应商采取的技术措施和管理措施不同，不同等级的等级保护对象在运维过程中的运维需求也不相同。因此，需要外包运维服务供应商具有相应的能力，理解、掌握并在实际运维过程中按照相应等级保护要求开展运维工作。

外包运维服务供应商在运维工作中可能需要访问相关系统。为保证运维系统的安全性，外包服务供应商需遵循相关的安全要求，如访问系统权限的设定、各类访问数据的保密要求和相关的应急保障要求等。为使服务双方能够清楚服务过程中的安全要求，需要在相关协议中加以明确。

【相关安全产品或服务】

无。

【安全建设要点及案例】

某单位在选择外包运维服务供应商时，要求参与竞标的外包运维服务供应商提供符合国家或行业管理要求的相关资质证明（信息技术服务管理体系认证证书、信息系统集成及服务资质证书、ITSS 信息技术服务运行维护标准符合性证书等）及以往根据等级保护要求开展运维工作的报告，同时要求外包运维人员具备相关运维能力（如进行过与等级保护相关的培训和获得与等级保护相关的证书等）。

在选定外包运维服务供应商后，该单位与外包运维服务供应商签订了运维服务协议，协议中明确了各自的权力、义务、后期的技术支持和服务承诺、违约责任等；明确了相关网络安全要求，包括对敏感信息的访问、处理和存储要求，对 IT 基础设施中断服务的应急保障要求等。

【实施要点及说明】

相关单位在选择外包运维服务供应商时，需将外包运维服务供应商是否具有相关运维能力作为重要考虑因素之一。具体可要求待定外包运维服务供应商提供相同等级及更高等级的信息系统运维经验的证明材料（可包括运维对象基本说明、参与运维时间和运维团队等），以及相应运维人员具有的与等级保护相关的培训证书等。

第5章 网络安全整体解决方案

网络运营使用单位、系统集成商、网络安全产品供应商和安全服务供应商等单位在开展网络安全等级保护安全建设整改时，主要依据以下标准和规范：

- GB/T 22239—2019《信息安全技术 网络安全等级保护基本要求》
- GB/T 28448—2019《信息安全技术 网络安全等级保护测评要求》
- GB/T 28449—2018《信息安全技术 网络安全等级保护测评过程指南》
- GB/T 25070—2019《信息安全技术 网络安全等级保护安全设计技术要求》
- GB/T 25058—2019《信息安全技术 网络安全等级保护实施指南》

在安全建设整改过程中，相关单位和人员要了解业务系统的现状及其安全等级保护情况，进行安全差距分析，进而确认安全需求。安全需求来自两个方面，一是国家网络安全等级保护的管理要求，二是行业或组织自身特殊的安全需求。相关单位要将两方面的安全需求进行全面融合，最终确定安全建设整改需求。

5.1 某机构新建系统整体解决方案

5.1.1 系统业务描述

某生产管理系统为新建系统，系统预定级结果为第三级，其中业务信息安全等级为第三级、系统服务安全等级为第三级，按照 GB/T 22239—2019《信息安全技术 网络安全等级保护基本要求》第三级的安全防护能力进行规划设计和安全建设。

生产管理系统的主要子系统及功能如下。

（1）实时数据归集与监控子系统

该子系统能够实现实时归集全国范围内的业务数据，基本实现各省数据与总部业务数据的同步，极大地提高了全国生产管理数据的安全性，可多角度监控全国生产管理系统的运行状况，具有较强的监控和预警能力。

该系统由省级业务数据发送端、接入消息队列、业务处理、数据存储等业务层组成，主要实现对业务数据的归集，具有高并发、高可靠的处理能力，同时对设备的数据存储能力有较高的要求。

（2）无纸化监控子系统

该子系统能够采集本级机构以外的其他无纸化业务信息，包括终端账户信息和业务流水信息，同时具有本级中心负责的终端账户及账务管理、结算和监控功能。

无纸化账户监控子系统主要分为三部分：接入层前置机服务器部分、账务处理及监控部分和数据存储部分。其中，接入层前置机服务器集群采用 REST 框架，收集来自手机客户端及互联网终端用户的数据和账务明细数据。

（3）实时监控子系统

该子系统主要对数据归集子系统实时采集的生产管理数据进行抽取和集成，按照时间、业务类型等原则进行联机处理，实现实时监控功能。

实时业务监控子系统主要分为三部分：实时展现部分、数据抽取部分和存储部分。

（4）数据仓库子系统

该子系统通过建立明细数据仓库、数据 ETL 系统和数据联机分析处理系统等，实现了对生产管理系统数据的综合统计和分析、比较，以及对历史明细数据和实时归集的明细数据的分析和挖掘，并进行辅助决策分析。

5.1.2　总体安全框架设计

5.1.2.1　安全技术体系架构设计

根据 GB/T 22239—2019《信息安全技术　网络安全等级保护基本要求》，信息系统的安全技术体系架构由安全通用要求、云计算安全扩展要求、移动互联安全扩展要求、物联网安全扩展要求、工业控制系统安全扩展要求及大数据应用场景说明组成。各组成部分又细分为安全物理环境、安全通信网络、安全区域边界、安全计算环境和安全管理中心等几个安全控制类。各安全控制类包含的安全控制要素如图 5-1 所示。

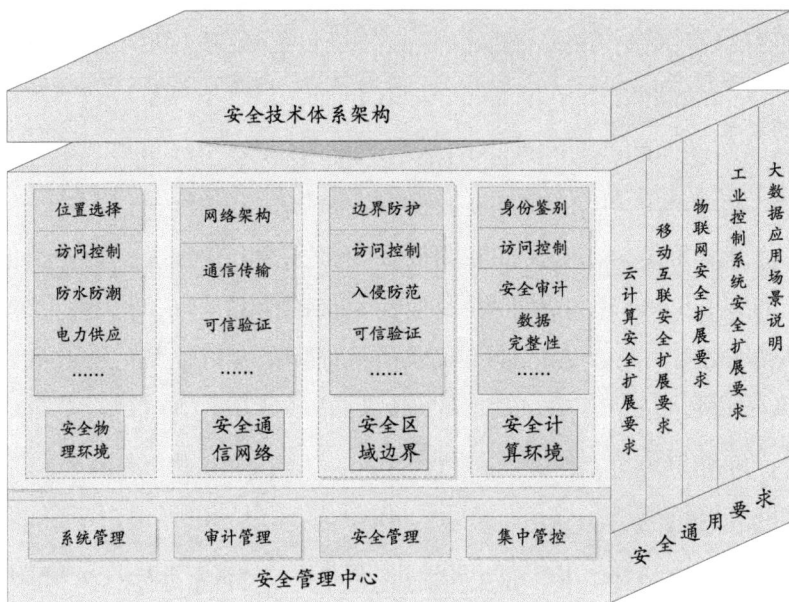

图 5-1　网络安全等级保护安全技术体系框架

等级保护安全技术体系涉及传统网络安全、云计算安全、移动互联网安全、物联网安全、工业控制系统安全及大数据应用安全。技术层面主要包含安全物理环境、安全通信网络、安全区域边界、安全计算环境和安全管理中心。

安全物理环境遵照数据中心建设规范进行建设，并在此基础上满足等级保护相应等级的具体安全要求。

安全通信网络的控制点包括"网络架构""通信传输"等。在整体安全防护过程中，相关单位通过合理的"网络架构"保障系统基础网络的业务能力、区域安全隔离、线路设备冗余，通过"通信传输"保护措施保障数据正确、可靠传输的能力。

安全区域边界的控制点包括"边界防护""访问控制""入侵防范""恶意代码和垃圾邮件防范""安全审计"等。相关单位通过"边界防护"措施保证边界受控且没有非法设备接入；通过"访问控制"措施实现数据访问控制；通过"入侵防范"措施检测并防止网络攻击行为；通过"恶意代码和垃圾邮件防范"措施对恶意代码、垃圾邮件进行检测和防范；通过"安全审计"措施实现安全事件的事后追溯。

安全计算环境的控制点包括"身份鉴别""访问控制""安全审计""入侵防范""恶意代码防范""数据完整性""数据保密性""数据备份恢复""个人信息保护"等，对网络设备、安全设备、主机操作系统、数据库系统和应用系统等提供安全防护。相关单位通过"身份鉴别"措施对用户身份的合法性进行判断；通过"访问控制"策略保证用户在其权限范围内进行操作；通过"入侵防范"措施防止系统漏洞被恶意利用；通过"数据完整性""数据保密性"措施保障数据在传输和存储过程中不被篡改、窃取；通过"数据备份恢复"措施提供系统在故障时的数据恢复能力等。

安全管理中心的控制点包括"系统管理""审计管理""安全管理""集中管控"等。通过"系统管理"措施实现系管理员对业务系统及基础运行环境的集中管理；通过"审计管理"措施实现审计管理员对各类型设备的集中审计管理，并对各类管理员进行操作审计；通过"安全管理"措施，实现安全管理员对各类安全策略的统一维护和管理，保障安全策略的有效性；通过"集中管控"措施，实现各类管理员对业务系统及各类设备的集中管理，有效地提高了设备、系统的维护管理效率，同时降低因维护、管理措施不足、管理不到位而引入的安全风险。

5.1.2.2　系统安全防护策略

依据 GB/T 22239—2019《信息安全技术　网络安全等级保护基本要求》，在安全技术防护体系框架的基础上，分别提出安全物理环境、安全通信网络、安全区域边界、安全计算环境和安全管理中心的具体防护策略。

（1）安全物理环境防护策略

该机构新建系统的安全物理环境防护策略按照 GB/T 22239—2019《信息安全技术　网络安全等级保护基本要求》第三级的相关要求设计，安全策略具体如下。

- 机房场地应选择在具有防震、防风和防雨等能力的建筑内，尽量不将其建在顶层或地下室。
- 配置电子门禁系统加强对机房出入口的访问控制，设置防盗报警系统或部署视频监控系统。
- 机房内设备或主要部件进行上架固定，设置易于识别的标签，机柜及设备通过接地系统安全接地，通信线缆铺设在隐蔽、安全的地方。
- 机房应设置防雷或过压保护装置，避免因雷击造成设备损坏。
- 对机房内进行分区域管理，区域间设置隔离防火措施，配置火灾自动消防系统，机房采用耐火的建筑材料进行建设。

- 采取措施防止雨水、水蒸气结露和地下积水的转移与渗透，并对机房进行防水检测和报警。

- 采用防静电地板或地面并采取必要的接地防静电措施，另外采用静电消除器、佩戴防静电手环等方法防止静电的产生。

- 采用温湿度自动调节设施，使机房温湿度的变化在设备运行所允许的范围之内。

- 设置冗余或并行的电力电缆线路，配置 UPS 设施等保证备用电力供应，并配置稳压器和过电压防护设备。

- 电源线和通信线缆隔离铺设并对关键设备实施电磁屏蔽。

（2）安全通信网络防护策略

该机构新建系统的安全通信网络防护策略参照 GB/T 22239—2019《信息安全技术　网络安全等级保护基本要求》第三级的相关要求设计，安全策略具体如下。

- 保证该机构网络设备的业务处理能力满足业务高峰期的需要，各个部分的带宽满足业务高峰期的需要。

- 根据该机构的业务特点将网络划分为不同的网络区域，并按照方便管理和控制的原则为各网络区域分配地址。

- 避免将重要的网络区域部署在网络边界处，重要的网络区域与其他网络区域之间应采取可靠的技术隔离手段。

- 提供通信线路、关键网络设备的硬件冗余，保证该机构重要系统的可用性。

- 该机构业务系统的数据在传输过程中，应采用校验技术或密码技术保证通信过程中数据的完整性。

- 应采用密码技术保证该机构业务系统通信过程中敏感信息字段或整个报文的保密性。

（3）安全区域边界防护策略

该机构新建系统的安全区域边界防护策略按照 GB/T 22239—2019《信息安全技术　网络安全等级保护基本要求》第三级的相关要求设计，安全策略具体如下。

- 数据访问和数据流在跨越网络边界时，对网络物理端口进行限制。

- 在该机构网络边界及各区域网络边界部署访问控制规则，仅允许有授权的人员访问网络资源。

- 访问控制规则应简洁、高效，避免策略重叠、重复及冲突，并明确允许访问的网络资源，对 IP 地址、端口进行严格限制。

- 对进出网络的数据流实现基于应用协议和应用内容的访问控制。

- 该机构网络应限制无线网络的使用，保证无线网络通过受控的边界设备接入内部网络。

- 该机构网络应能够对非授权设备私自连接到内部网络的行为和内部用户非授权连接到外部网络的行为进行限制或检查。

- 在该机构网络关键节点处检测、防止或限制从网络外部或网络内部发起的攻击行为，并进行报警。

- 采取技术措施对网络攻击，特别是新型网络攻击行为进行分析。

- 检测对重要节点进行入侵的行为，并在发生严重入侵事件时进行报警。

- 在网络关键节点处采取有效技术措施对恶意代码进行检测和清除。

- 在网络关键节点处采取有效的技术措施对垃圾邮件进行检测和防范。

- 在该机构网络边界、重要网络节点对每个用户的行为和重要安全事件进行审计；审计记录应包括事件的日期和时间、用户、事件类型、事件是否成功及其他与审计相关的信息；定期备份，防止审计日志损坏、丢失。

- 对远程访问的用户行为、访问互联网的用户行为等单独进行行为审计和数据分析。

（4）安全计算环境防护策略

该机构新建系统的安全计算环境防护策略按照 GB/T 22239—2019《信息安全技术 网络安全等级保护基本要求》第三级的相关要求设计，安全策略具体如下。

- 对登录的用户进行身份标识和鉴别，身份标识具有唯一性，身份鉴别信息具有复杂度要求并定期更换。

- 具有登录失败处理功能，应配置并启用结束会话、限制非法登录次数和登录连接超时自动退出等相关措施。

- 当进行远程管理时，采取必要措施，防止鉴别信息在网络传输过程中被窃取。

- 采用口令、密码技术、生物技术等两种或两种以上组合的鉴别技术对用户进行身份鉴别，且其中一种鉴别技术至少应使用密码技术来实现。

- 为登录用户分配账户和权限。

- 重命名或删除默认账户，修改默认账户的默认口令。

- 及时删除或停用多余的、过期的账户，避免共享账户的存在。

- 进行角色划分，并授予管理用户所需的最小权限，实现管理用户的权限分离。

- 由授权主体配置访问控制策略，访问控制策略规定主体对客体的访问规则；访问控制的粒度应达到主体为用户级或进程级，客体为文件、数据库表级；对敏感信息资源进行安全标记，并控制主体对有安全标记的资源的访问。

- 启用安全审计功能，审计覆盖每个用户，对重要的用户行为和重要安全事件进行审计。

- 审计记录应包括事件的日期和时间、用户、事件类型、事件是否成功及其他与审计相关的信息。

- 采取技术措施对审计记录进行保护，定期备份，避免其受到未预期的删除、修改或覆盖等。

- 对审计进程进行保护，防止未经授权的中断。

- 应用系统提供数据有效性检验功能，保证通过人机接口输入或通过通信接口输入的内容符合系统设定要求。

- 发现可能存在的已知漏洞，并在经过充分的测试和评估后，及时修补漏洞。

- 采用校验技术或密码技术保证重要数据在传输和存储过程中的完整性，包括但不限于鉴别类数据、重要业务数据、重要审计数据、重要配置数据、重要视频数据和重要个人信息等。

- 采用密码技术保证重要数据在传输和存储过程中的保密性，包括但不限于鉴别类数据、重要业务数据和重要个人信息等。

- 提供重要数据的本地数据备份与恢复功能。

- 提供异地实时备份功能，利用通信网络将重要数据实时备份至备份场地。

- 提供重要数据处理系统的热冗余，保证系统的高可用性。

- 保证鉴别信息所在的存储空间被释放或在被重新分配前得到完全清除。
- 保证存有敏感数据的存储空间被释放或在被重新分配前得到完全清除。
- 仅采集和保存业务必需的用户个人信息。
- 禁止未授权访问和非法使用用户个人信息。

（5）安全管理中心

该机构新建系统的安全管理中心防护策略按照 GB/T 22239—2019《信息安全技术　网络安全等级保护基本要求》第三级的相关要求设计，安全策略具体如下。

- 在该机构业务系统网络中划分安全管理中心域，建立一条安全的信息传输路径，对网内的安全设备和安全组件进行集中管控。
- 采取技术措施保障对网络、安全设备进行远程管理时的链路安全。
- 对网络链路、安全设备、网络设备和服务器等的运行状况进行集中监测。
- 采取技术措施对网络中分散在各个设备上的审计数据进行收集汇总和集中分析，并保证审计记录的留存时间不少于 6 个月。
- 对安全策略、恶意代码、补丁升级等进行集中管理。
- 采取技术措施对网络中发生的各类安全事件进行识别、报警和分析。
- 对系统管理员、审计管理员、安全管理员进行身份鉴别，只允许其通过特定的命令或操作界面进行管理操作，并对这些操作行为进行审计。系统管理员对系统的资源和运行进行配置，审计管理员对审计记录进行分析并根据分析结果进行处理，安全管理员对系统中的安全策略进行配置。

5.1.3　安全物理环境规划设计

该生产管理系统定级为第三级，因此，其所在机房物理环境应依据 GB 50174—2017《数据中心设计规范》中对 B 类机房的相关要求进行建设，并在此基础上依据等级保护 GB/T 22239—2019《信息安全技术　网络安全等级保护基本要求》第三级的相关要求进行补充建设。

5.1.4　安全通信网络规划设计

该生产管理系统定级为第三级，因此网络平台按照 GB/T 22239—2019《信息安全技术网络安全等级保护基本要求》第三级的相关标准进行建设。

生产管理系统所在基础网络划分为核心交换区、DMZ 区、互联网接入区、广域网接入区、办公网接入区、数据存储区、业务服务区和安全管理中心。本次网络安全规划设计充分考虑业务系统的安全需要，并通过集中管控措施实现对业务系统的集中管理。网络整体架构采用冗余的方式部署，通过双设备、双链路的方式保障基础网络的稳定、可靠，同时采用 VPN 加密的方式保障通过互联网进行远程数据访问时数据的安全可控。

该机构网络架构整体设计如图 5-2 所示。

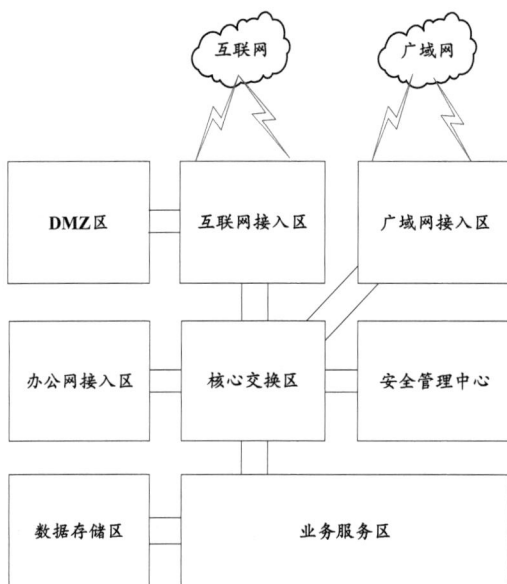

图 5-2　网络整体架构图

各个区域的简要说明如下。

（1）核心交换区

核心交换区包含核心交换机和安全设备等，通过该区域向外连接互联网及集团广域网的接入区。该区域主要负责内部网络与外部网络的数据交互，向内连接业务服务区、安全管理中心办公区。这样部署提高了网络通信性能、增加了网络的可靠性和安全性，为系统扩展提供了可靠的基础网络平台。

（2）互联网接入区

互联网接入区包含与互联网通信的路由设备和边界安全设备，与 DMZ 区和核心交换区进行通信，向外连接互联网，向内连接互联网 DMZ 区，并通过 VPN 实现互联网远程业务交互，承担该机构互联网接入的任务。该区域的通信链路和设备有冗余，保障业务链路高可用性。

（3）DMZ 区

DMZ 区包含互联网 DMZ 交换机和对外应用服务器，向外与互联网进行通信，直接连接互联网接入区的边界设备，向内与业务系统区进行通信。同时，在该区域部署 VPN 设备，以实现互联网用户的远程接入。

（4）广域网接入区

广域网接入区包含广域网接入设备和边界安全设备，向外连接外部广域网，实现中心节点与各省级节点的数据交互；向内连接核心交换区，与业务区进行通信。

（5）办公网接入区

办公网接入区用于部署该机构员工办公终端，包括终端接入设备。

（6）安全管理中心

安全管理中心用于部署网络集中管控措施，主要包含日志集中审计系统、综合网管系统、双因素认证系统、网络版防病毒系统、补丁管理系统、终端安全管理系统及各类安全设备管理端等。安全管理中心连接核心网络交换区。

（7）业务服务区

业务服务区包含热备部署的接入交换机及区域边界安全设备，用于部署生产管理系统业务服务器。向外连接核心网络交换区，与互联网、广域网有数据交互。

（8）数据存储区

数据存储区不在本次整体规划中完成，需单独立项建设。

5.1.5 安全区域边界规划设计

该生产管理系统定级为第三级，因此安全区域边界按照 GB/T 22239—2019《信息安全技术 网络安全等级保护基本要求》第三级的相关标准进行建设。

安全区域边界设计是在上述网络平台安全设计的基础上进行网络边界和各区域边界的安全防护措施的具体设计。

（1）核心交换区

核心交换区作为业务系统的核心交换平台，担负着该机构整个网络的数据交换，是网络的核心区域。在本次安全规划中需要充分保障网络架构冗余。部署的安全防护措施如图 5-3 所示。

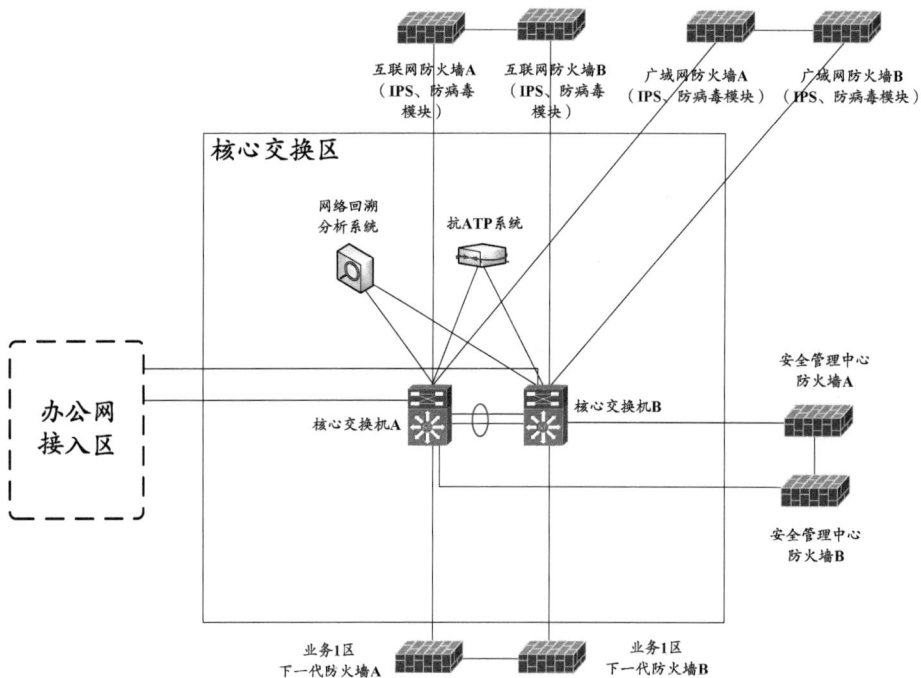

图 5-3　网络核心交换区设计示意图

- 以冗余的方式部署核心交换机。
- 在核心交换区部署抗 APT 系统，实现对网络攻击行为，尤其是未知攻击行为的分析和检测。

- 在核心交换机网络部署回溯分析系统，实现对网络流量的深度分析和检测。

（2）互联网接入区

在网络层面该区域设计为双线路冗余，以增加网络稳定性。部署的安全防护措施如图 5-4 所示。

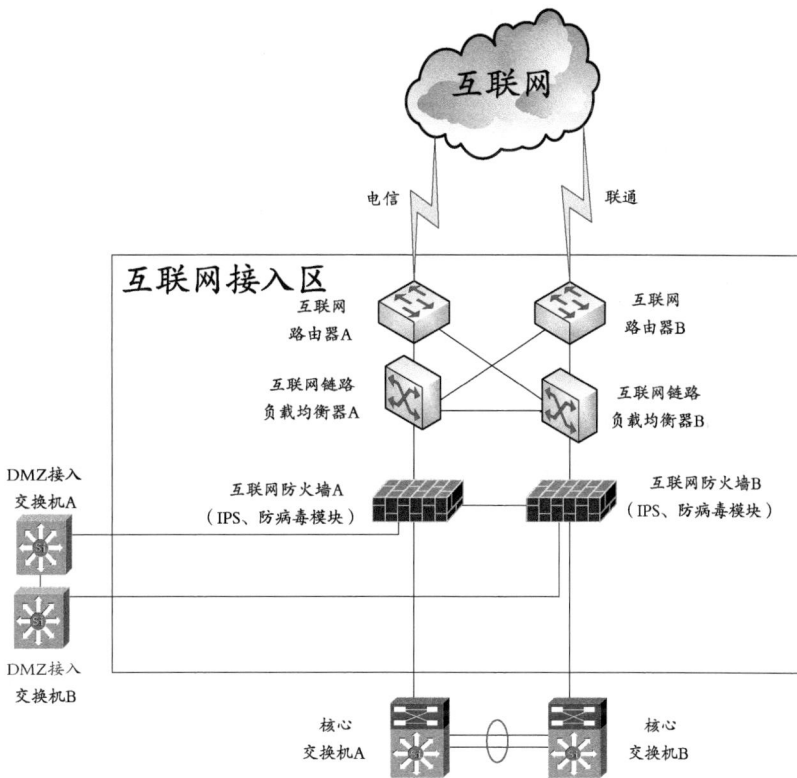

图 5-4　互联网接入区设计示意图

- 部署联通和电信两家运营商的互联网双活链路及链路负载均衡器，以保障业务的高可用性。
- 以热备方式部署两台防火墙设备，开启访问控制功能，制定严格的访问控制规则，只有符合规则的用户能够访问网络中指定的资源。
- 在防火墙上部署 IPS 模块或独立的 IPS 设备，并开启入侵防御策略，实现对网络攻击行为的检测和拦截。

- 在防火墙上部署防恶意代码模块或部署独立的防病毒设备，实现对网络流量中恶意代码的检测和过滤。

（3）DMZ 区

DMZ 区用于部署互联网系统，在保障设备、链路充分冗余的前提下与互联网接入区相连。部署的安全防护措施如图 5-5 所示。

- 以热备的方式部署接入交换机。

- 部署 SSL VPN 安全网关设备实现互联网远程用户登录。

- 部署邮件安全网关实现对有害邮件的检测和防护。

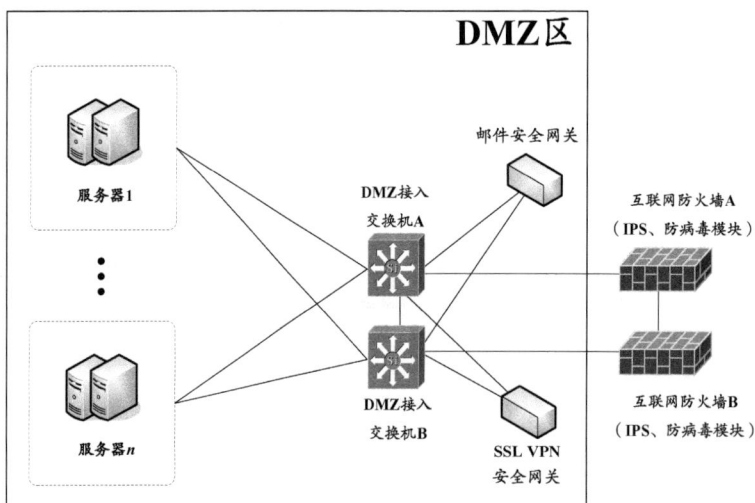

图 5-5　DMZ 区设计示意图

（4）广域网接入区

广域网接入区作为广域网网络边界，采用冗余的方式部署，通过双设备、多链路的方式保障链路可靠，同时增加必要的安全防护措施，保障网络边界的安全可控。部署的安全防护措施如图 5-6 所示。

- 以主备方式部署两台防火墙设备，开启访问控制功能，并制定严格的访问控制规则，只有符合规则的用户能够访问网络中指定的资源。

- 在防火墙上部署 IPS 模块或部署独立的 IPS 设备实现对网络攻击行为的检测和拦截。

- 在防火墙上部署防恶意代码模块或部署独立的防病毒设备实现对网络流量中恶意
代码的检测和过滤。

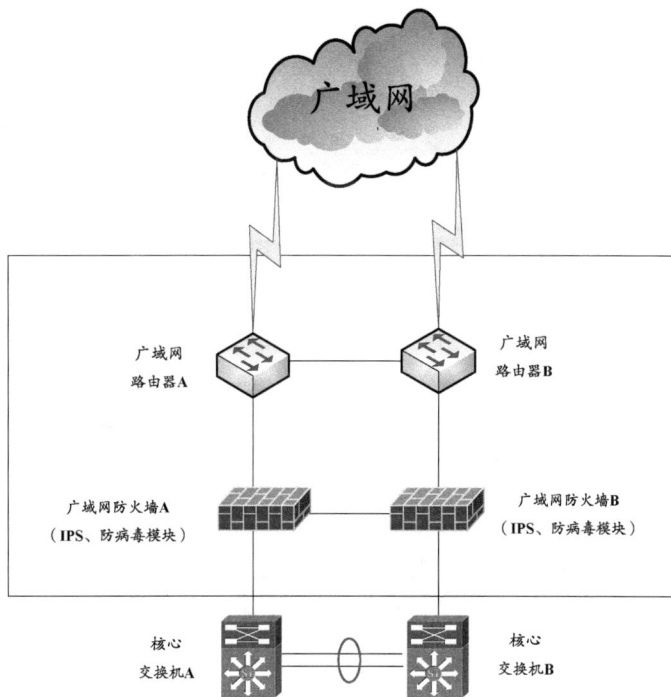

图 5-6　广域网接入区设计示意图

（5）安全管理中心区

在网络中划分独立的安全管理中心，用于部署安全集中管控措施及各类设备的管控端
（集中安全管控措施详见安全管理中心设计部分）。该区域部署在网络核心交换区内侧。部
署的安全防护措施如图 5-7 所示。

- 以热备的方式部署两台接入交换机，实现安全管理中心接入链路的高可用性。
- 部署两台防火墙设备实现区域边界的隔离及访问控制。

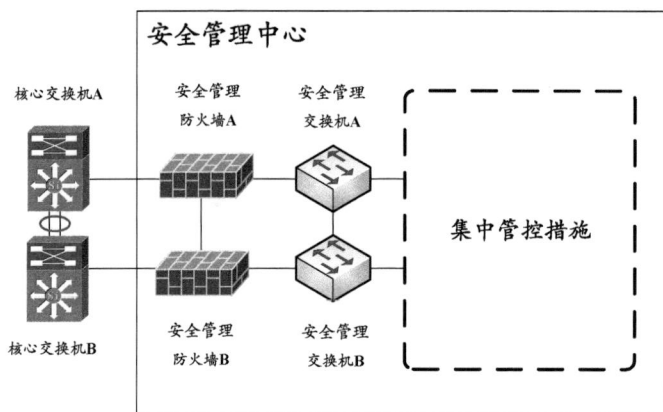

图 5-7　安全管理中心设计示意图

（6）业务系统区

业务系统区是该机构的核心业务区，用于部署各类业务系统。部署的安全防护措施如图 5-8 所示。

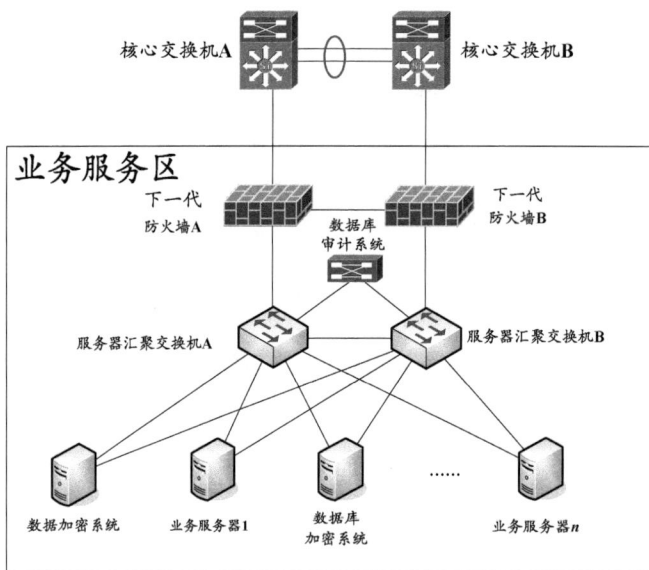

图 5-8　业务系统区网络设计示意图

● 以热备方式部署两台防火墙设备，开启访问控制功能，制定严格的访问控制规则，只有符合规则的用户能够访问网络中指定的资源。

- 在服务器接入交换机旁路部署数据库审计系统，对数据库操作行为进行审计。
- 在服务器区部署数据加密系统，实现业务系统重要数据在存储过程中的加密。

（7）办公网接入区

办公网接入区用于办公终端设备的接入。

（8）数据存储区

数据存储区不在本次整体规划中完成，需单独立项建设。

5.1.6　安全计算环境规划设计

5.1.6.1　安全建设

该生产管理系统定级为第三级，因此安全计算环境按照 GB/T 22239—2019《信息安全技术 网络安全等级保护基本要求》第三级的相关标准进行建设。

安全计算环境的建设主要通过部署的网络设备、安全设备、服务器设备、终端设备及业务或使系统的相关功能满足第三级等级保护要求来实现。具体安全建设内容如下所述。

（1）网络设备和安全设备

- 通过安全管理中心中的漏洞扫描设备，定期对网络设备和安全设备进行漏洞扫描，及时修补安全漏洞。
- 部署数据备份措施，配置备份策略进行数据备份，备份策略应设置合理、配置正确，备份结果应与备份策略中的相关描述一致，并进行恢复测试。
- 网络设备和安全设备配置 Radius 协议及 AAA 认证服务，与安全管理中心中的双因素认证系统相结合，实现对网络设备和安全设备的统一身份认证。
- 配置网络设备和安全设备的 SNMP 协议，与安全管理中心中的综合网管系统相结合，实现对网络设备和安全设备运行状态的实时监控。
- 配置网络设备和安全设备日志功能，将日志发送至安全管理中心中的日志集中审计分析系统，实现对网络设备日志和安全设备日志的集中审计与分析。
- 根据业务系统交互需求，为防火墙、路由器和交换机等设备配置访问控制策略，设置有效的访问控制规则，访问控制规则采用白名单机制；明确源地址、目的地址、源端口、目的端口和协议，以允许/拒绝动作限制数据包进出。

（2）服务器和终端

● 通过安全管理中心中的漏洞扫描设备，定期对业务系统所涉及的操作系统、数据库系统和中间件进行漏洞扫描，对发现的高风险安全漏洞进行评估，在完成补丁安装测试后，及时修补漏洞。

● 安装统一管理的防恶意代码软件或部署防恶意代码产品，开启恶意代码库的定期升级和更新功能，定期检测恶意代码，避免系统被恶意代码感染。

● 部署数据备份措施，制定备份策略，进行数据备份，备份策略应设置合理、配置正确，备份结果应与备份策略中的描述一致，并能进行恢复测试。

● 安全代理组件与安全管理中心的双因素认证系统相结合，实现对服务器和终端的统一身份认证。

● SNMP、ICMP、NetBIOS、ARP、Traceroute 和 Telnet 等协议与安全管理中心的综合网管系统相结合，实现对操作系统、数据库系统及存储备份设备的运行状态实时监控。

● 配置操作系统日志功能并将日志发送至安全管理中心中的综合安全审计系统，实现对全网操作系统和数据库的集中审计与分析。

● 操作系统配置相关安全策略，与安全管理中心中的补丁管理系统相结合，实现补丁的集中管控。

● 提供异地实时备份功能，并通过网络将重要业务数据实时备份至备份场地。

● 重要数据处理系统（如应用服务器和数据库服务器等）采用热冗余方式部署。

（3）应用系统和数据

● 提供登录失败处理功能，如在用户身份鉴别失败时提示用户，连续登录失败超过 5 次时锁定该账户，由管理员进行手动解锁或延迟一段时间后由系统自动解锁。

● 结合安全管理中心中部署的双因素认证系统，提供应用系统双因素认证功能，加强在登录业务系统过程中对重要业务人员的身份认证强度。

● 结合安全管理的需要，完善账户管理功能和权限管理功能。相关单位需要根据业务角色需要，细化各类账户角色，根据各系统需求，实现账户权限的最小化，至少应设置系统管理员、审计管理员、安全管理员三类角色。

- 完善业务系统安全审计功能，要求系统能够对重要操作或事件进行审计，如登录系统、增加或删除用户、变更用户身份与权限、修改或删除数据、多次登录失败等；审计内容至少应包括事件的日期、时间、发起者信息、类型、描述和结果等；保证安全审计功能不能被随意关闭。

- 按照安全策略和业务需求对所有输入的数据进行必要的验证，丢弃所有未通过验证的数据，如字符长度、日期格式、数字大小、文件类型、文件大小等，对存在潜在安全风险的特殊字符进行清除或替换，如空字节（%00）、换行符（%0d，%0a，\r，\n）、单引号（'）、斜杠（\）、尖括号（<>）、百分号（%）、加号（+）、SQL 关键字等。

- 采用校验码技术或密码技术保证重要数据在传输过程中的完整性。对 B/S 架构的应用系统可以采用 SSL 协议保证重要数据在传输过程中的完整性。该协议基于 MD5 或 SHA 的 MAC 算法校验消息的完整性，其他架构的应用系统可以采用校验码技术等保证应用系统数据在传输过程中的完整性。

- 采用密码技术保障重要数据在传输过程中的保密性，如 B/S 架构的应用系统可以采用 HTTPS 进行重要的业务数据传输。

- 业务系统所使用的内存、硬盘等，在重新分配使用前，应彻底清除其中的信息。

- 采用密码技术保障数据在存储过程中的保密性及完整性。在业务数据存储前进行必要的加密，从而保障数据的完整性及保密性。

- 部署异地实时备份措施，通过网络将重要配置数据、重要业务数据实时备份至备份场地。

5.1.6.2　安全加固

安全加固主要是对设备、系统拥有的安全功能进行合理配置和优化，满足第三级等级保护的相关要求。该机构业务系统通过修改配置文件，开启安全策略等方式，对设备、系统的安全配置进行加固，提高系统的整体安全防护水平。具体安全加固措施如下所述。

（1）网络设备和安全设备

- 为登录网络、安全设备的用户分配唯一的用户名和口令，对于任意的用户名，其口令不少于 8 个字符，由大小写字母、数字和特殊字符中的三种或以上元素组成，口令有效期为 90 天。

- 登录失败处理功能的设计可参考以下建议。当用户连续登录失败次数达到 5 次时，30 分钟内禁止继续尝试登录;登录系统后,用户超过 30 分钟无操作则自动退出系统。

- 远程登录网络安全设备时,禁止采用 HTTP 和 Telnet 等非加密协议,可使用 SSL、SSH 和 HTTPS 等加密协议。

- 重命名网络安全设备中的默认账户，并修改默认口令，对于无法重命名或修改账户名的默认账户，可新建其他账户以供使用。

- 删除多余的或过期的账户，避免存在多人共享账户、口令的现象。

- 根据管理用户的角色为管理账户分配权限，只授予相关人员完成指定业务所必需的最小权限，实现管理用户的权限分离。可将管理员划分为设备管理员、业务管理员和审计管理员，并为其分配不同的账户和权限。

- 开启网络设备、安全设备的审计策略，并将设备日志发送至安全管理中心中的日志集中审计分析系统。审计须覆盖每个用户，对重要的用户行为和重要安全事件进行审计，并对审计记录的产生时间进行时钟同步。

- 配置 IP 地址限制策略，限制管理员仅可通过堡垒机访问网络设备和安全设备，与部署在安全管理中心中的堡垒机相结合，保证运维人员的操作行为可被审计。

（2）服务器和终端

- 为登录操作系统和数据库系统的用户分配唯一的用户名和口令，任意账户的口令不少于 8 个字符，由大小写字母、数字和特殊字符中的三种或三种以上元素组成，口令有效期为 90 天。

- 登录失败处理功能的设计可参考以下建议。当用户连续登录失败次数达到 5 次时，30 分钟内禁止继续尝试登录；登录用户系统后，超过 30 分钟无操作则自动退出系统。

- 远程登录操作系统和数据库系统时，禁止采用 HTTP 和 Telnet 等非加密协议，可使用 SSL、SSH 和 HTTPS 等加密协议。

- 重命名默认账户，并修改默认口令，对于无法重命名或修改账户名的默认账户，可新建其他账户以供使用。

- 及时删除多余的或过期的账户，避免存在多人共享一套账户名和口令的现象。

- 根据管理用户的角色为管理账户分配权限，只授予相关人员完成指定业务所必需的最小权限，实现管理用户的权限分离；可将管理员划分为系统管理员、安全管理员和审计管理员，并为其分别分配不同的账户和权限。

- 由安全管理员配置访问控制策略，实现特定账户对指定对象的必要访问权限的控制，对于敏感信息资源，可通过配置敏感标记，对敏感信息资源进行安全标记，并控制主体对有安全标记的资源的访问。

- 开启操作系统和数据库系统的安全审计策略，并将系统日志发送至安全管理中心日志集中审计分析系统；审计须覆盖每个用户，对重要的用户行为和重要安全事件进行审计，并对审计记录的产生时间进行时钟同步。

- 仅安装与所承载业务相关的软件或组件，卸载不必要的组件及应用程序。

- 建议关闭 135 和 445 等易被恶意攻击和利用的端口，禁用远程空连接、远程修改注册表、打印、红外线、蓝牙等不必要的系统服务，禁用或删除 C$、D$ 和 IPC$ 等默认共享。

- 管理员仅可通过指定的 IP 地址进行运维操作，与部署在安全管理中心中的堡垒机相结合，保证系统运维人员的操作行为可被审计。

（3）应用系统和数据

- 合理配置账户口令的复杂度要求，如"口令最小长度为 8 个字符，由数字、大写字母、小写字母、特殊符号这四类字符中的至少三种元素组成"，并定期更换口令。

- 给出登录失败提示，限定登录失败次数，如身份鉴别失败时，提示用户"登录失败，请重试"，当用户连续登录失败超过 5 次时，锁定该账户，由管理员进行手动解锁或延迟一段时间后由系统自动解锁。

- 首次登录时应强制用户修改默认密码，新密码不得与默认密码相同。

- 重命名应用系统默认账户，修改默认账户的默认口令。

- 删除或停用多余的、过期的账户，避免共享账户的存在。

- 细化各类账户角色，根据各系统的需求，实现账户权限的最小化，至少设置系统管理员、审计管理员、安全管理员三类角色。

- 审计覆盖每个用户，对重要安全事件，如用户登录/退出、改变访问控制策略、增加/删除用户、改变用户权限和增加/删除/修改业务数据等进行审计，并可对应用系统异常等重要的系统事件进行审计。

- 审计内容至少应包括事件的日期、时间、发起者信息、类型、描述和结果等。

- 应确保审计记录的留存时间符合相关法律法规的要求，审计记录留存时间应至少为 6 个月。

- 当通信双方中的一方在一段时间内没有响应，另一方应能够自动结束会话；配置系统参数，设置应用系统会话超时时间为 10 分钟。

- 应用系统应能够对会话超时及最大并发连接数进行限制，合理配置系统参数，限制应用系统最大并发连接数。

- 限制单账户多重并发会话，增加用户状态判断函数，当用户输入口令准备登录系统时，应用系统调用该函数判断用户是否已登录系统，如用户已登录系统，则禁止该用户再次登录系统；如用户未登录系统，则允许用户登录系统。

- 应用系统应能够对并发进程所占用的资源分配最大限额。

- 针对 B/S 系统，配置 HTTPS 协议，对业务系统进行访问。

5.1.7　安全管理中心

在该机构网络中建立安全管理中心对业务系统所涉及的网络设备、安全设备、服务器、应用系统、终端等进行集中监控、统一管理、集中审计，并制定相关的安全策略。

5.1.7.1　管控措施

在安全管理中心部署集中管控措施，具体安全措施如下。

（1）网络综合管理系统

部署网络综合管理系统，通过主动方式监控基础网络平台、主机设备、虚拟实例、数据库、存储备份设备的运行状态，并及时展现。管理人员可以通过该系统，实时查看机房设备的运行状态。

（2）日志集中审计分析系统

部署日志集中审计分析系统，作为网络安全的综合性管理平台，对网络设备、安全设备、主机和应用系统的安全日志和事件进行集中收集、存储，并定期进行审计分析；通过审计结果及时发现各种安全威胁、异常行为事件，为安全管理人员提供全局视角，实现对业务系统的安全感知。

（3）双因素认证系统

GB/T 22239—2019《信息安全技术 网络安全等级保护基本要求》第三级对系统管理员的身份认证提出了双因素认证要求。因此，相关单位应部署双因素认证系统实现对管理员的统一身份认证，可以采用动态口令或者数字证书与用户名、口令相结合的方式，实现对管理账户的强身份认证。

（4）网络版防病毒系统

业务系统服务器统一部署网络版杀毒软件，实现统一的安全策略管理和病毒库升级管理。当网络中出现病毒大规模爆发时，可通过统一的管控措施实现对病毒的查杀。

（5）补丁管理系统

部署补丁管理系统，通过该系统实现主要业务服务器的补丁升级管理。补丁管理范围应涵盖主流操作系统、数据库管理系统、中间件系统及各种主流应用软件。管理员可手动或补丁管理系统自动在线获得补丁，并统一分发给系统所涉及的各个设备，实现补丁的集中管理、统一分发。支持即时、定时等多种补丁应用的方式，最大限度地降低系统管理员的工作量和工作难度，提升补丁管理的水平。

（6）堡垒机

所有运维人员均需通过堡垒机对网络安全设备、操作系统和数据库系统等进行运维，通过细粒度的访问控制最大限度地保护业务系统数据资源的安全，严防非法、越权访问事件的发生。通过监控运维人员对网络设备、安全设备、操作系统和数据库系统等进行的各种操作，对违规操作行为进行事中控制与操作审计。

（7）漏洞扫描系统

部署漏洞扫描系统，定期升级漏洞特征库，定期检测和发现业务系统中的安全漏洞，在发现高风险漏洞后，相关人员应在进行评估和测试后修复系统漏洞。

（8）数据库加密系统

在安全管理中心域部署数据库加密系统，在相关位置部署数据库加密执行模块，对重要业务数据和个人信息等进行加密存储，保证数据的完整性和保密性。

（9）终端安全管理系统

终端安全管理系统能够实现对网络中 PC 终端的统一管理，实现统一安全策略下发；能够实现对 PC 终端外连链路的管理；能够实现网络准入、准出的管理。保证只有可信的终端用户才能接入网络，防止网络中非授权用户通过其他链路连接到其他网络。

5.1.7.2　设备部署

在该机构网络中单独划分出一个网络区域，建立安全管理中心，在安全管理中心与整个业务平台间部署边界防火墙进行访问控制。部署的安全防护措施如图 5-9 所示。

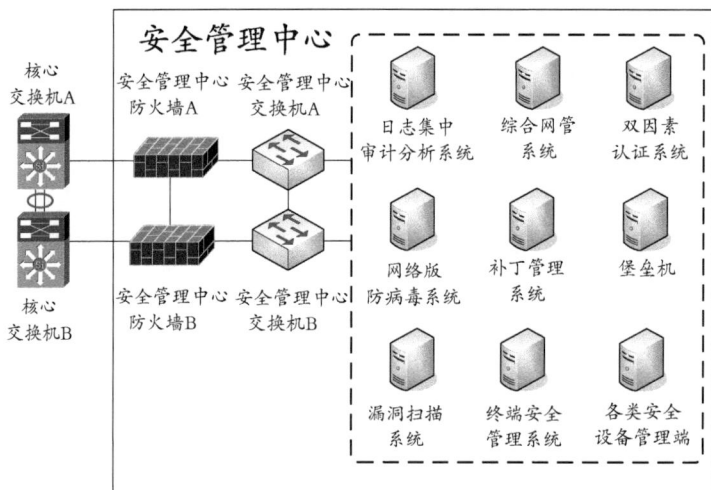

图 5-9　安全管理中心设计示意图

5.1.8　系统总体部署

5.1.8.1　软硬件产品部署

该机构业务系统网络安全设计及设备部署如图 5-10 所示。

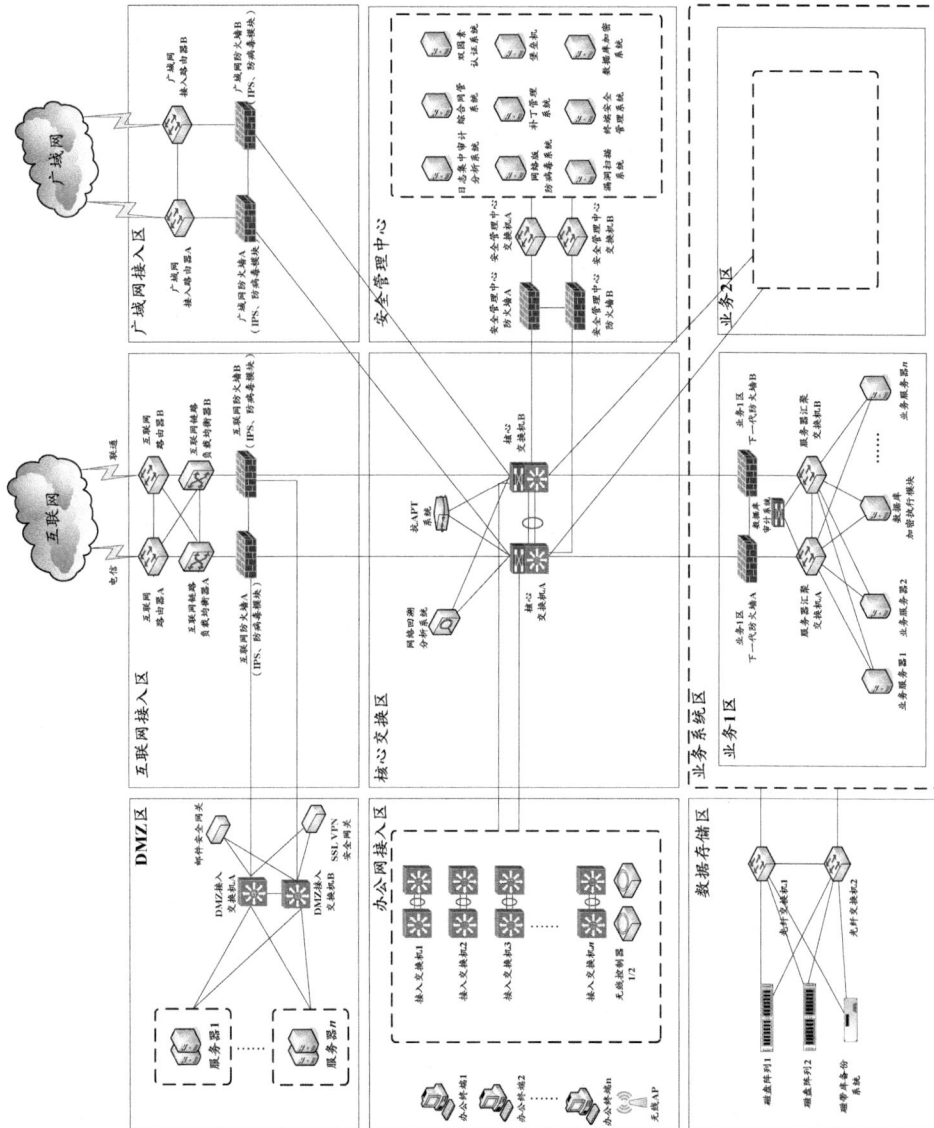

图 5-10　网络安全设计示意图

5.1.8.2　安全设备列表

安全建设设备列表如表 5-1 所示。

表 5-1　安全建设设备列表

序　号	网　络　区　域	设　备　名　称	数量（台/套）
1	DMZ 区	DMZ 区交换机 A/B	2
2		互联网 SSL VPN 安全网关	1
3		邮件安全网关	1
4	互联网接入区	互联网络由器 A/B	2
5		互联网防火墙 A/B	2
6		链路负载均衡器 A/B	2
7	广域网接入区	广域网接入交换机 A/B	2
8		广域网防火墙 A/B	2
9	办公网接入区	接入交换机 1A/B	2
10		接入交换机 2A/B	2
11		接入交换机 3A/B	2
12		接入交换机 nA/B	2
13		无线控制器 1/2	2
14	核心交换区	核心交换机 A/B	2
15		抗 APT 系统	1
16		抗 APT 系统	1
17		网络回溯分析系统	1
18	安全管理中心	安全管理中心交换机 A/B	2
19		安全管理中心防火墙 A/B	2
20		日志集中审计分析系统	1
21		综合网管系统	1
22		双因素认证系统（动态令牌）	1
23		网络版防病毒系统	1
24		补丁管理系统	1
25		堡垒机	2
26		漏洞扫描系统	1
27		终端安全管理系统	1
28	业务系统区	业务 1 区下一代防火墙 A/B	2
29		服务器汇聚交换机 A/B	2
30		数据库加密系统	1
31		数据库审计系统	1
合计			48

5.2　某油品销售企业安全整改整体解决方案

5.2.1　系统业务描述

某企业是国有综合性国际公司，开展油品销售、工程技术服务、装备制造、金融服务和行业核心技术研发等业务，经过若干年的信息化建设，该企业已经形成了支撑上述业务的比较完备的网络平台，平台上部署的某油品销售系统已经定级并取得公安机关的备案证明，系统安全保护等级为第三级，其中业务信息安全等级为第三级，系统服务安全等级为第三级。

由于业务进行重大变更，平台上需要单独部署一套核心交易系统，其作为油品销售系统的后台核心交易账务系统，用于账务记账、交易和结算等。按照等级保护工作的要求，核心交易系统安全保护等级为第四级，其中业务信息安全等级变更为第四级，系统服务安全等级变更为第三级。

由于网络平台中部署了一套第四级系统，因此整个网络平台需要根据变更后的业务系统部署情况，按照 GB/T 22239—2019《信息安全技术　网络安全等级保护基本要求》第四级的安全防护要求进行安全整改工作。

油品销售业务是该企业的核心业务，通过互联网销售管理，实现对全国二级销售单位的统一销售、结算、供货及物流管理等，实现了线上、线下一体化管理的销售模式。业务系统部署在企业自有机房办公外网，前期按照 GB/T 22239—2019《信息安全技术　网络安全等级保护基本要求》第三级的相关要求进行建设。系统所在网络整体划分为外网核心交换区、互联网接入区、DMZ 区、外网安全管理中心、外网服务器区及办公终端区（包括无线办公网络）等，各区域间通过防火墙设备实现了区域隔离及访问控制。外网核心交换区以热备的方式部署了一组核心交换机，同时该区域部署了网络回溯分析系统，实现了网络安全事件回溯分析、故障定位；部署了威胁情报检测系统，实现了各类型安全事件的检测分析，并能够关联分析、检测攻击事件。在互联网接入区部署了防火墙、IPS、病毒防火墙等措施。在 DMZ 区针对 Web 系统部署了 Web 综合防御系统，同时部署了 SSL、VPN，以实现远程用户登录内网的功能。在外网安全管理中心部署了可信安全管理中心、综合网络管理系统、双因素认证系统、安全态势感知系统、堡垒机等集中管控措施，用于实现对企业办公外网的统一安全管理。外网服务器区用于部署销售系统，包括交易子系统、物流调度子系统、供应链管理子系统、网站发布后台等。办公终端区用于公司员工办公终端的接入。

某企业网络现状示意图如图 5-11 所示。

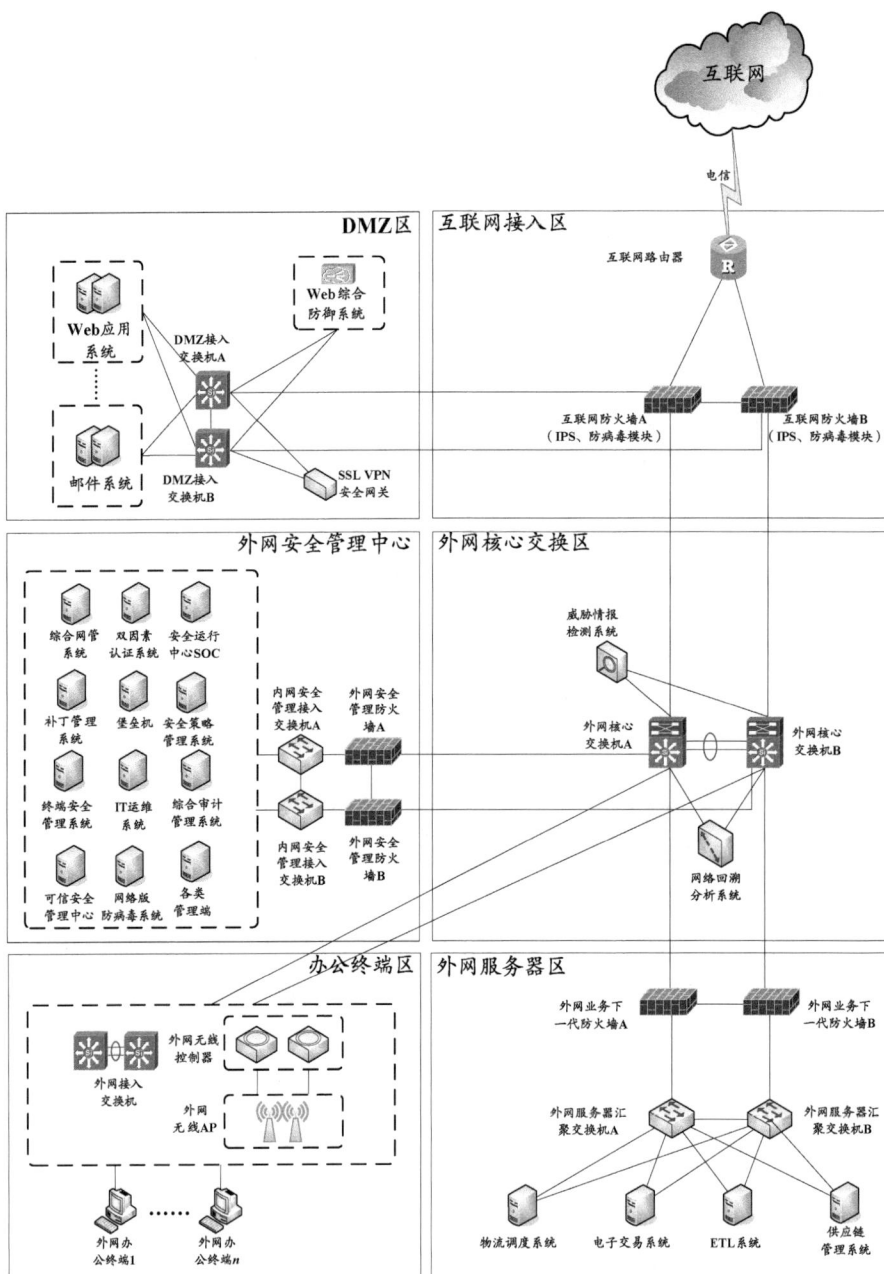

图 5-11　某企业网络现状示意图

5.2.2　安全差距分析

5.2.2.1　等级测评安全问题汇总

该企业定期开展等级保护测评工作，本次安全技术整改方案是在安全等级测评的基础上通过对照等级保护第四级要求进行的差距分析，对现有的安全问题进行整理归纳，并进行有针对性的安全整改。

通过等级测评和差距分析发现的问题如下。

（1）安全通信网络

- 互联网出口链路仅由单个运营商提供，且未提供备份链路，存在单点故障的可能。
- 边界接入路由器单设备部署，存在单点故障的可能。
- 网络中缺少必要的技术措施，无法实现对网络带宽的有效管理。

（2）安全区域边界

- 防火墙设备访问控制策略未严格按照 IP 地址、端口进行限制，访问控制策略细粒度较粗。
- 未采取技术措施对网络访问行为进行安全审计。
- 网络中缺少针对新型攻击行为的分析措施，无法对未知攻击行为进行检测、报警。
- 无线办公网络与有线网络并联部署，仅通过无线路由器账户认证措施进行准入认证，没有有效的统一管控措施。
- 网络中未采取技术措施，针对垃圾邮件进行检测、防范。
- 未在第四级等级保护系统所在网络边界采用通信协议转换或通信协议隔离等方式进行数据交换。

（3）安全计算环境

- 网络设备登录认证策略不完善，未设置口令复杂度策略，未设置登录失败和登录超时锁定策略。
- 管理员使用 Telnet 方式对设备进行远程管理，管理数据明文传输。
- 多个管理员共用设备管理账户，存在审计和管理漏洞。

- 主机操作系统未开启安全审计策略，无法对管理操作、各类安全事件进行审计记录。
- 主机操作系统存在业务未使用的、多余的系统服务，存在系统默认共享。
- 主机操作系统未安装统一管理的网络版防恶意代码软件。
- 主机操作系统未启用口令复杂度策略，存在简单密码。
- 主机操作系统未启用账户锁定策略，恶意攻击人员可利用该漏洞对系统密码进行暴力破解。
- 数据库系统未开启口令复杂度策略，存在简单密码。
- 数据库系统未开启安全审计功能，无法对管理操作、各类安全事件进行审计记录。
- 未采用密码技术存储业务数据，无法有效地保证数据安全。
- 交易系统未采用两种或两种以上组合的鉴别技术实现用户身份鉴别。
- 应用系统未启用口令复杂度策略及登录失败处理策略。
- 应用系统未采取措施保障重要数据在传输过程中的保密性。
- 销售系统未采用密码技术实现对用户行为的抗抵赖。

（4）安全管理中心

- 未配置设备时钟同步（NTP），系统所及范围内的设备时钟不同步，造成日志审计分析结果不准确。
- 网络中缺少有效的网络安全预警措施，无法针对各类安全事件进行有效的感知和报警。

5.2.2.2　行业特殊安全需求

无。

5.2.3　安全通信网络整改

由于网络平台中新部署的核心交易系统为第四级等级保护对象，因此网络平台需要按照 GB/T 22239—2019《信息安全技术　网络安全等级保护基本要求》第四级的相关要求进行网络安全整改。

与销售业务相关的系统均部署在企业的自建机房中，本次网络安全整改方案充分利用已有网络架构并加以调整和完善，在原有基础上增加核心交易区、无线办公网接入区。通过完善集中管控措施，实现对业务系统的集中管理。网络整体架构采用冗余的方式部署，通过双设备、双链路的方式保障基础网络的稳定可靠。

整体网络架构安全整改如图 5-12 所示。

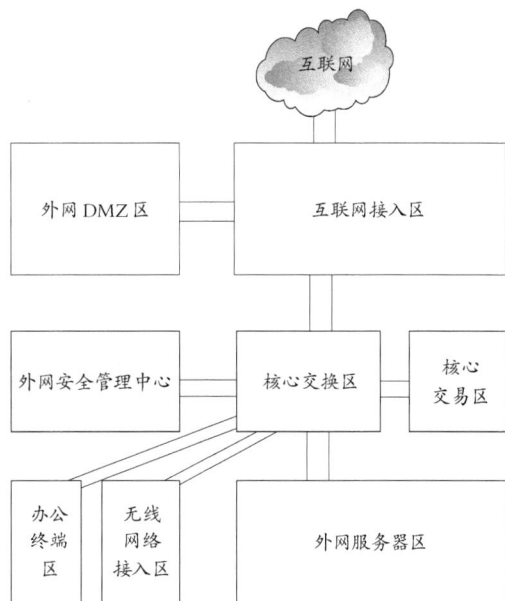

图 5-12　整体网络架构整改图

各个区域的简要说明如下。

（1）互联网接入区

互联网接入区包含与互联网通信的路由设备和边界安全设备，与 DMZ 区和外网核心交换区有通信，向外连接互联网，向内连接 DMZ 区，实现内部网络与互联网的连接。新增通信链路和设备的冗余措施，保障业务链路的高可用性。在网络边界新增一台接入路由器，实现链路接入设备的冗余部署。网络出口链路由单运营商、单链路整改为双运营商、双线路冗余部署。在网络边界以热备的方式部署一组链路负载均衡器，实现互联网链路的负载均衡。

具体部署见安全区域边界整改部分。

（2）核心交换区

核心交换区包括核心交换机和安全设备等，向外连接互联网接入区，承担内部网络与互联网的数据交互；向内连接外网服务器区、外网安全管理中心、办公终端区及无线办公接入区，同时该区域通过边界接入平台与核心交易区连接。这样部署提高了网络通信性能、增加了网络的可靠性和安全性。

（3）DMZ 区

DMZ 区包含互联网 DMZ 交换机和对外应用服务器，向外与互联网有通信，直接连接互联网接入区的边界设备，向内与外网服务器区有通信。同时，该区域部署了 SSL VPN 设备，以实现互联网用户的远程接入。

（4）外网安全管理中心

外网安全管理中心用于部署网络集中管控措施，主要包括综合审计系统、综合网管系统、双因素认证系统、网络版防病毒系统、补丁管理系统、终端安全管理系统及各类安全设备管理端等，连接核心网络区交换机。

（5）外网服务器区

外网服务器区包括热备部署的接入交换机和区域边界安全设备，用于部署互联网业务系统的后台服务器，向外连接核心交换区，与 DMZ 区有数据交互。

（6）核心交易区

新增的核心交易区用于部署核心交易系统，该区域通过边界接入平台与核心交换区连接，通过协议转换的方式实现数据的交互。

（7）办公终端区

办公终端区用于部署公司员工办公终端，包括终端接入设备。

（8）无线网络接入区

新增的无线网络接入区用于部署企业无线接入网络，实现员工办公终端无线接入办公网络。

5.2.4　安全区域边界整改

安全区域边界整改，是在通信网络边界和各区域网络边界进行的安全防护措施的详细整改。

（1）互联网接入区

在网络层面为该区域增加冗余措施，增强网络稳定性。在利旧的情况下新增安全防护措施。互联网接入区整改示意图，如图 5-13 所示。

- 部署两家运营商的互联网链路，以保障业务的高可用性。

- 在互联网出口以热备方式新增部署流量控制系统，实现对网络访问流量的有效控制，保障重要业务的带宽。

- 在互联网出口以双活方式新增部署链路负载均衡器，提高网络通信的可靠性和网络性能。

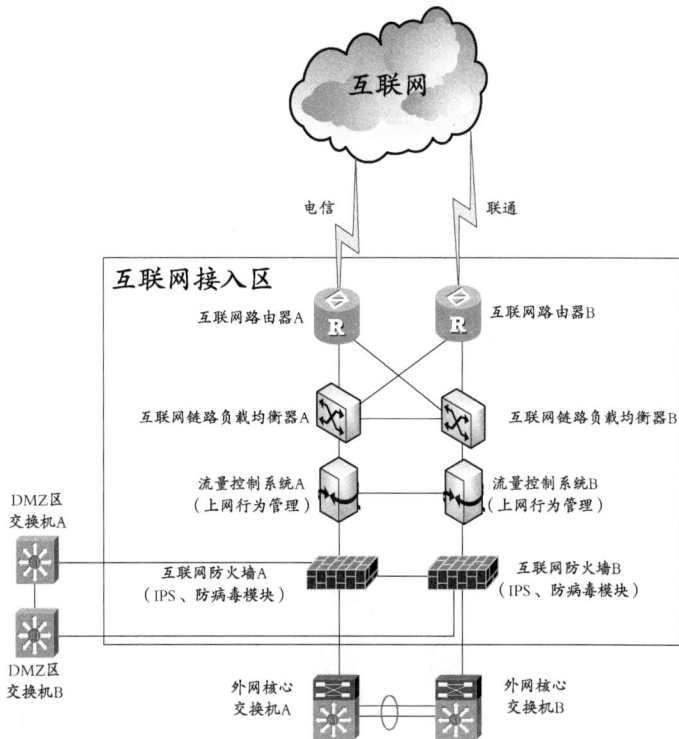

图 5-13　互联网接入区整改示意图

（2）外网核心交换区

外网核心交换区作为业务系统的核心交换平台，担负着整个企业网络的数据交换，是网络的核心区域。在本次安全整改中，在充分利旧的前提下，新增安全防护措施如下。

● 在外网核心交换区新增抗 APT 系统，实现对网络攻击行为，尤其是对未知攻击行为的检测和分析。

外网核心交换区整改示意图，如图 5-14 所示。

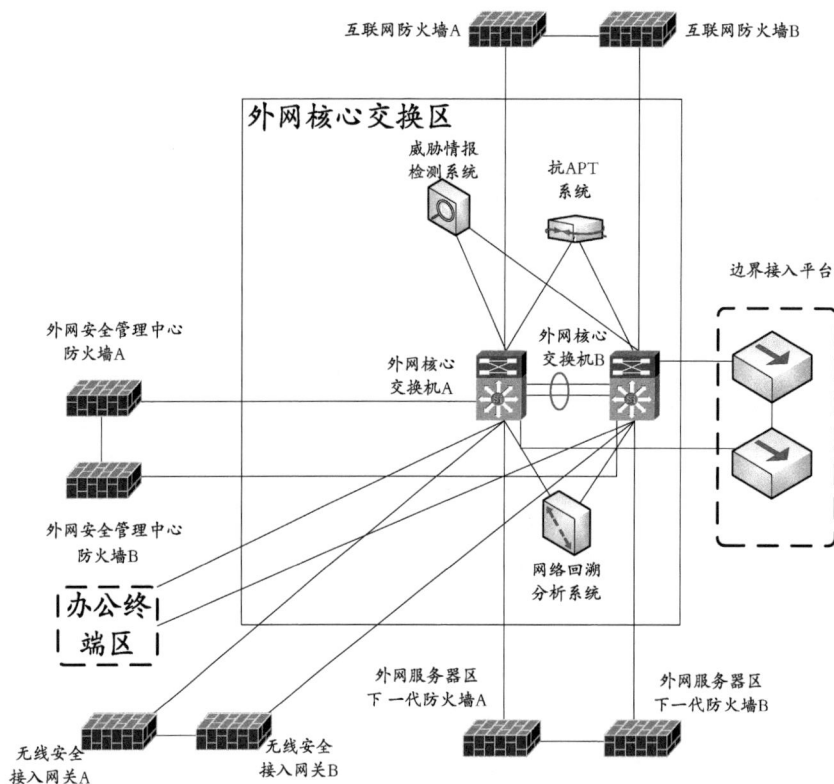

图 5-14 外网核心交换区整改示意图

（3）DMZ 区

DMZ 区用于部署互联网电子交易系统，在保障设备和链路充分冗余的前提下与互联网接入区相连。该区域利用现有网络结构并新增安全防护措施，新增安全防护措施如下。

● 在 DMZ 区部署 4 台邮件安全网关，实现对有害邮件的有效检测和防范。

● 将原部署在 DMZ 区的电子邮件系统迁移至外网服务器区。

● 在域名解析商处更改电子邮件的 MX 记录，指向 DMZ 区的邮件安全网关。

DMZ 区整改示意图，如图 5-15 所示。

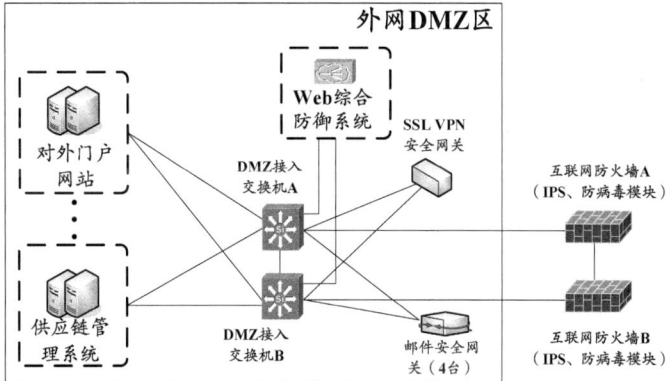

图 5-15　DMZ 区整改示意图

（4）外网安全管理中心

利用原有外网安全管理中心的网络结构，进行安全整改，如图 5-16 所示。

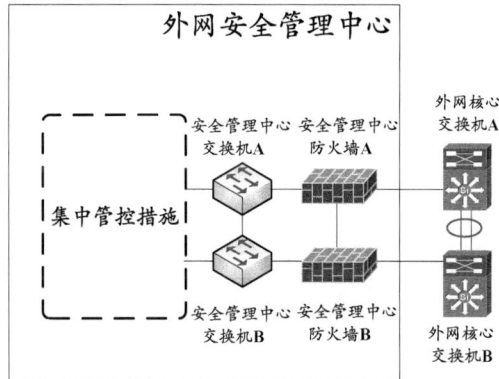

图 5-16　外网安全管理中心整改示意图

（5）外网服务器区

外网服务器区是公司互联网业务的核心业务区域，用于部署销售业务在互联网区域的相关系统。该区域利用现有网络结构，并新增安全防护措施。新增安全防护措施如下。

- 在外网服务器区部署数据审计系统，实现对数据库系统操作行为的安全审计。

外网服务器区整改示意图，如图 5-17 所示。

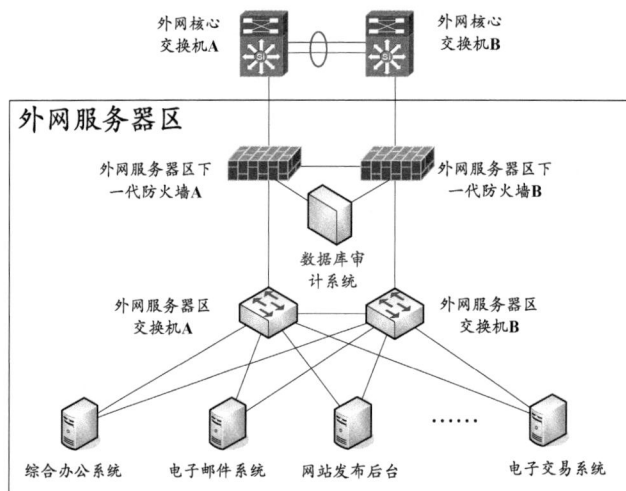

图 5-17　外网服务器区整改示意图

（6）核心交易区

新增核心交易区，该区域用于部署核心交易系统，并通过边界接入平台与外网核心交换区相连。具体安全整改措施如图 5-18 所示。

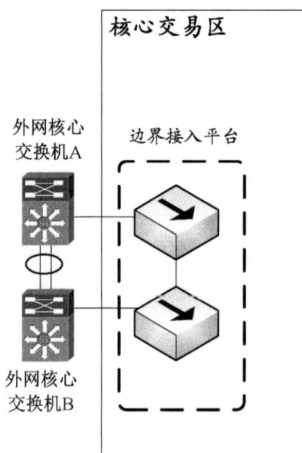

图 5-18　核心交易区整改示意图

- 部署边界接入平台，实现内部网络与外部网络的边界隔离，同时实现核心交易系统与其他系统的安全数据交互。

（7）办公终端区

利用原有办公终端区措施，具体安全整改措施如图 5-19 所示。

- 将无线办公终端所涉及的无线网络进行独立组网。

- 将原有线办公终端涉及的有线网络利旧并单独组网。

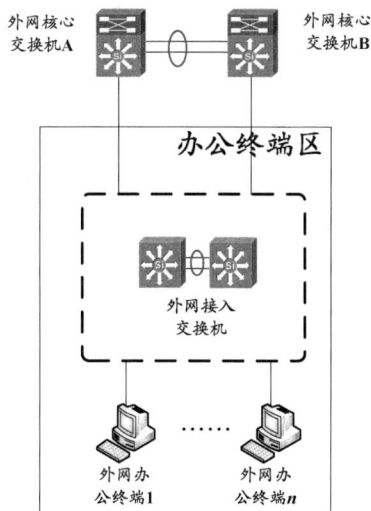

图 5-19　办公终端区整改示意图

（8）无线网络接入区

新增无线网络接入区，并新增无线管控措施，具体安全整改措施如图 5-20 所示。

- 在网络中划分出独立的无线办公接入区，用于部署无线管控和接入设备。

- 在该区域边界以热备的方式新增两台无线安全接入网关，实现对终端用户的统一认证、授权及准入。

- 利用原有无线接入设备包括无线控制器和无线 AP 设备，实现无线办公终端的安全接入。

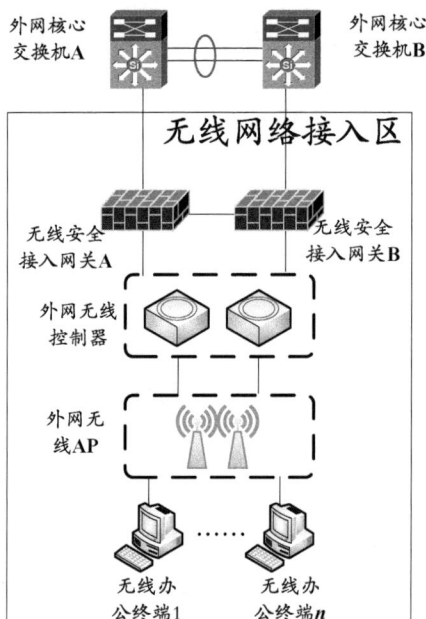

图 5-20　无线网络接入区示意图

5.2.5　安全计算环境整改

5.2.5.1　安全建设

（1）网络设备和安全设备

● 根据业务系统的交互需求，在防火墙、路由器、交换机等设备中配置访问控制策略，设置有效的访问控制规则，访问控制规则采用白名单机制；明确源地址、目的地址、源端口、目的端口和协议，以允许/拒绝动作限制数据包进出。

（2）服务器和终端

● 安装统一管理的防恶意代码软件或部署防恶意代码产品，并开启恶意代码库的定期升级和更新功能，定期检测恶意代码，防止系统被恶意代码感染。

（3）应用系统和数据

● 提供登录失败处理功能，如在身份鉴别失败时提示用户，当用户连续登录失败超过 5 次时锁定该账户,由管理员进行手动解锁或延迟一段时间后由系统自动解锁。

- 结合在外网安全管理中心部署的双因素认证措施，提供应用系统双因素认证功能，加强在业务系统登录过程中对重要业务人员的身份认证强度。
- 采用密码技术保障重要数据在传输过程中的保密性，B/S 架构的应用系统可以采用 HTTPS 进行重要的业务数据传输。
- 部署数据加密系统实现业务系统重要业务数据在存储过程中的加密，保障业务数据的安全性。
- 结合外网安全管理中心中的电子签章系统，实现销售业务的抗抵赖措施。
- 提供系统日志外发功能并将日志发送至综合审计系统，实现集中的审计与分析。
- 在 DMZ 区部署互联网电子交易系统，用于实现互联网销售业务，与核心交易区通过边界接入平台实现数据的安全交互。

5.2.5.2　安全加固

在经过等级测评和差距分析、发现问题的基础上，通过修改配置文件、开启安全策略等方式，对设备和系统的安全配置进行加固。

具体安全加固措施如下。

（1）网络设备和安全设备

- 为登录网络安全设备的用户分配唯一的用户名和口令，对于任意的用户名，其口令不少于 8 个字符，由大小写字母、数字和特殊字符中的三种或三种以上元素组成，口令有效期为 90 天。
- 登录失败处理功能的设计可参考以下建议，当用户连续登录失败的次数达到 5 次时，30 分钟内禁止用户继续尝试登录，用户登录系统后，超过 30 分钟无操作则自动退出系统。
- 远程登录网络安全设备时，禁止采用 HTTP 和 Telnet 等非加密协议，可使用 SSL、SSH 和 HTTPS 等加密协议。
- 根据管理员的角色为管理账户分配权限，只授予不同管理员完成指定业务所必需的最小权限，实现管理权限的分离；可将管理员划分为设备管理员、安全管理员和审计管理员，并为其分配不同的账户和权限。
- 在基础网络平台所涉及的网络设备和安全设备中配置日志功能，将日志发送至综合安全审计系统，实现对设备日志的集中审计与分析。

（2）服务器和终端

- 为登录操作系统和数据库系统的用户，分配唯一的用户名和口令，对于任意的账户，其口令不少于 8 个字符，由大小写字母、数字和特殊字符中的三种或三种以上元素组成，口令有效期为 90 天。

- 登录失败处理功能的设计可参考以下建议，当用户连续登录失败的次数达到 5 次时，30 分钟内禁止用户继续尝试登录，用户登录系统超过 30 分钟无操作则自动退出系统。

- 开启操作系统和数据库系统的安全审计策略，并将日志发送到综合安全审计系统；审计覆盖每个用户，对重要的用户行为和重要安全事件进行审计，并对审计记录的产生时间进行时钟同步。

- 在服务器端仅安装与所承载业务相关的软件或组件，卸载不必要的组件及应用程序。

- 建议关闭 135 和 445 等易被恶意攻击利用的端口，禁用远程空连接、远程修改注册表、打印、红外线、蓝牙等不必要的系统服务；禁用或删除 C$、D$ 和 IPC$ 等默认共享。

- 配置操作系统日志功能并将日志发送至综合安全审计系统，实现对全网操作系统和数据库系统的集中审计与分析。

（3）应用系统和数据

- 合理配置账户密码参数，如"口令最少 8 个字符，由数字、大写字母、小写字母、特殊符号这四类字符中的至少三种元素组成"，并且定期更换口令。

- 给出登录失败提示，限定登录失败次数，如身份鉴别失败时，提示用户"登录失败，请重试"，当用户连续登录失败超过 5 次时锁定该账户，由管理员手动解锁或延迟一段时间后由系统自动解锁。

- 用户首次登录系统时应强制其修改默认密码，新密码不得与默认密码相同。

- 配置应用系统的审计策略，将日志发送至综合审计系统，实现日志集中收集、存储及审计分析。

5.2.6　外网安全管理中心

5.2.6.1　管控措施

新增集中安全管控措施，具体如下。

（1）综合审计系统

部署综合审计系统作为审计措施的综合性管理平台，通过对网络设备、安全设备、服务器设备、应用系统的安全日志和用户访问行为日志进行集中收集、存储，并定期进行审计分析；通过审计结果及时发现各种安全威胁、异常行为事件，为安全管理人员提供全局视角，实现对业务系统的安全感知。

（2）漏洞扫描系统

部署漏洞扫描系统，通过定期升级漏洞特征库，定期检测和发现业务系统中的安全漏洞。在发现高风险漏洞后，相关人员进行评估、测试并修复系统漏洞。

（3）电子签章系统

结合外网安全管理中心中原有的 CA 系统，部署电子签章系统，通过密码技术及图像处理技术将电子签名操作转化为与纸质文件盖章操作相同的可视效果，同时利用电子签名技术保障销售系统中各类信息的真实性和完整性及签名的不可否认性。

（4）北斗授时系统（NTP 时钟服务系统）

在网络中部署 NTP 时钟服务器，实现各类型设备的时钟源同步，实现高精准度的时间校正（在 LAN 上与标准时间差小于 1 毫秒，在 WAN 上与标准时间差几十毫秒）。实现各设备日志时间同步，保障审计结果的完整性和可用性。

（5）安全态势感知系统

建设安全态势感知系统，通过收集各类安全系统的处理结果和处理信息等实时监控网络流量，利用大数据分析技术，采取主动的安全分析和实时态势感知，快速发现威胁并实时展示及报警。

（6）数据库加密系统

在外网安全管理中心部署数据库加密系统，在相关位置部署数据库加密执行模块，对互联网电子交易系统等重要业务数据和个人信息进行加密存储，保证数据的保密性和完整性。

（7）各类安全设备管理端

在外网安全管理中心集中部署各类型设备的管理端，实现对基础网络平台及其上运行系统的统一管控。

5.2.6.2　设备部署

利旧原有外网安全管理中心的网络结构，新增集中管控措施，外网安全管理中心整改示意图，如图 5-21 所示。

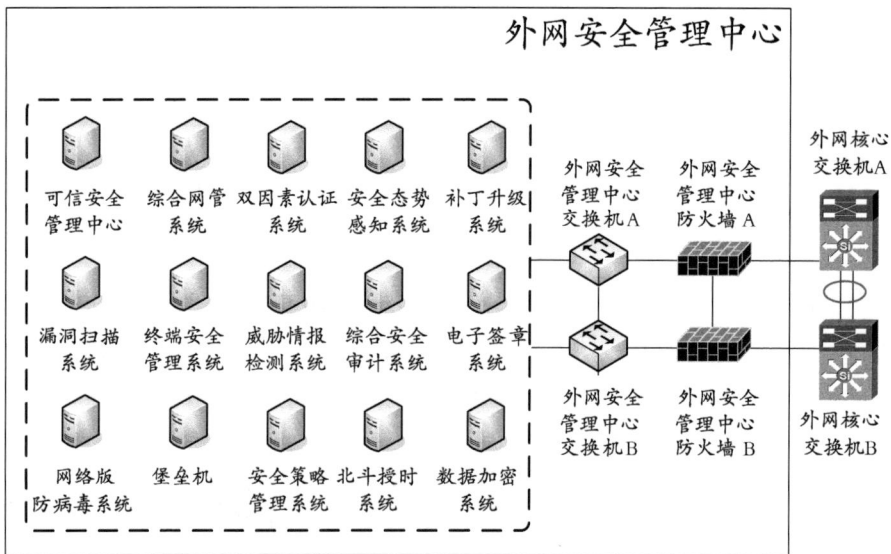

图 5-21　外网安全管理中心整改示意图

5.2.7　整改方案总体部署

5.2.7.1　软硬件产品部署

某公司网络安全整改设备部署如图 5-22 所示。

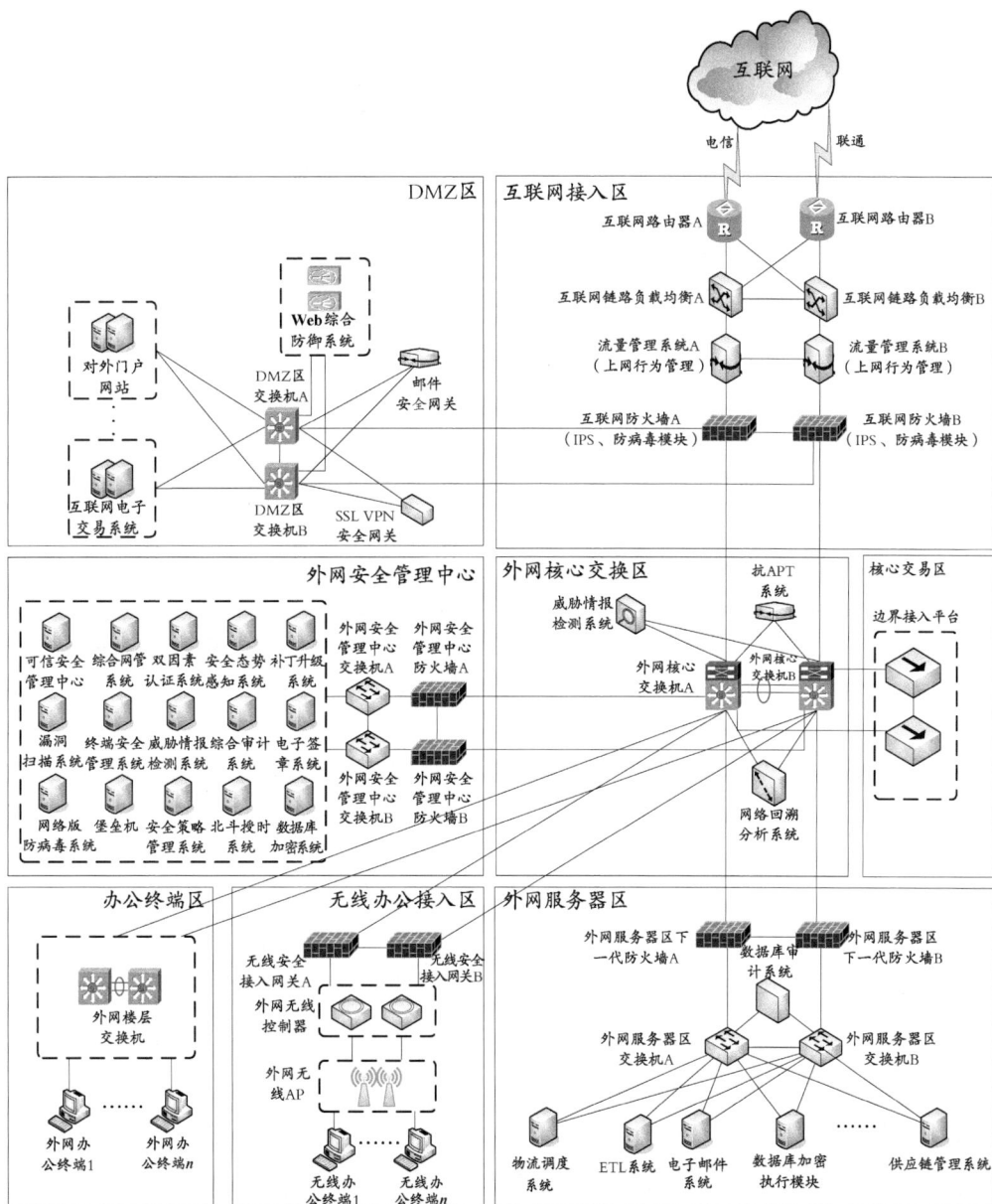

图 5-22　网络安全整改设备部署示意图

5.2.7.2　安全建设设备列表

安全建设设备列表如表 5-2 所示。

表 5-2　安全整改设备列表（新购）

序　号	网 络 区 域	设 备 名 称	数量（台/套）
1	互联网接入区	流量管理系统	2
2		互联网络由器	1
3		互联网链路负载均衡	2
4	DMZ 区	邮件安全网关	4
5	外网核心交换区	抗 APT 系统	1
6	外网安全管理中心	安全态势感知系统	1
7		漏洞扫描系统	1
8		综合审计管理系统	1
9		电子签章系统	1
10		北斗授时系统（NTP 时钟服务）	1
11	核心交易区	边界接入平台 A/B）	2
12	外网服务器区	数据库审计系统	1
13		数据库加密系统	1
14	无线网络接入区	无线接入网关	2
合计			21

5.3　某政务监管系统安全整改整体解决方案

5.3.1　系统业务描述

某政务监管系统（以下简称"监管系统"）已经运行两年了，系统已经定级并取得了公安机关的备案证明，系统安全保护等级为第三级，其中业务信息安全为第三级，系统服务安全为第三级。

监管系统是开展电子政务工作的重要信息系统，该系统汇集了重点领域的监管数据，以信息化手段实现监管事项全覆盖、监管过程全记录、监管数据可共享，为信用监管、综合监管、协同监管和智慧监管提供了强有力的平台支撑。系统按照 GB/T 22239—2019《信息安全技术　网络安全等级保护基本要求》中第三级安全防护要求进行建设整改。

监管系统的主要子系统及功能如下。

（1）监管行为采集子系统

监管行为采集子系统为各地区、各部门提供信息化支撑，提供监管行为数据统一报送、统一汇聚的渠道，实现监管工作全覆盖。

（2）信用监管子系统

信用监管子系统提供全量存续企业的信用分类结果及变化情况，同时将信用变化较大的相关信息推送给风险预警系统，实现对监管对象的分级分类管理。

（3）联合监管子系统

联合监管子系统为各地区、各部门联合监管系统提供数据交换通道，实现跨地区、跨部门的联合监管任务流转，对联合监管任务全流程进行记录。

（4）监管投诉子系统

为用户提供统一的监管投诉系统，可匹配投诉对象、填写投诉信息并进行提交，用户可查看处理结果、回复及评价；为用户提供与监管相关的智能问答和咨询服务，为公众提供一个开放、便捷、智能的监管事项交流门户，接收用户投诉及企业投诉信息，实现对投诉举报信息的闭环管理。

监管系统主要部署在数据中心机房，依托政务办公网络建设，网络整体分为内网和外网两部分，外网主要用于办公人员访问互联网及面向互联网发布相关信息。内网主要用于政务办公，以及与其他政务机构的数据交换。两部分网络由防火墙进行访问控制。外网中的互联网接口区域部署了防火墙和 IPS 等模块用于对互联网流量的防护，内网中的广域网区域仅通过广域网接入路由器与政务专网相连，无安全防护措施。具体网络现状拓扑图如图 5-23 所示。

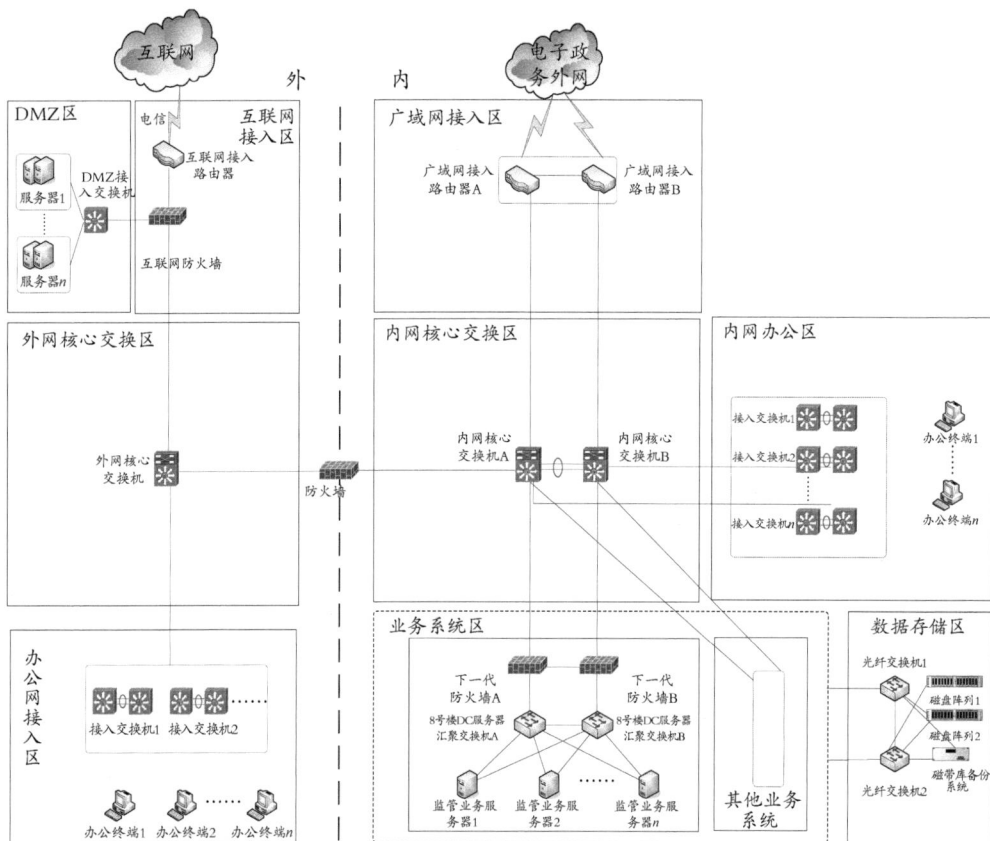

图 5-23　监管系统网络现状拓扑示意图

5.3.2　安全差距分析

5.3.2.1　等级测评安全问题汇总

单位某年度委托了具备等级保护测评资质的测评机构针对监管系统进行了等级测评，在本次等级测评中发现的问题如下所述。

（1）安全通信网络

- 重要网络区域与其他网络区域之间未采取可靠的技术隔离手段。

- 未采用密码技术保证通信过程中数据的保密性。

- 外网骨干链路及设备未实现冗余部署。

（2）安全区域边界

● 网络中未部署非授权外联的技术措施。

● 监管系统所在广域网网络专线出口未部署防火墙，其他各级政务单位用户访问内部网络不受访问控制机制的限制。

● 网络中未采取技术措施对未知新型攻击行为进行检测和分析。

（3）安全计算环境

a）网络设备和安全设备

● 管理员仅使用账户和口令进行身份验证，未采取双因素认证或多因素认证措施。

● 管理员未配置管理终端 IP 地址登录限制，在网络路由可达的位置均能够登录设备。

● 管理员使用 Telnet 对设备进行远程管理，未采取安全方式对设备进行安全管理。

● 未定期对部分网络设备和安全设备进行漏洞扫描及漏洞修复。

b）服务器和终端

● 未对操作系统及数据库系统的账户口令的复杂度和有效期策略进行配置。

● 操作系统未采用两种或两种以上鉴别技术对用户进行身份鉴别。

● 操作系统及数据库存在共享账户，多个管理员共用 root 账户。

● 操作系统管理用户未实现权限分离，仅设立了系统管理员，未设立安全管理员和审计管理员等角色。

● 未配置操作系统及数据库的安全审计功能。

● 未对操作系统及数据库的审计记录采取备份措施。

● 未对管理服务器的终端 IP 地址进行限定。

● 未实现操作系统补丁的集中统一管理。

● 未实现对操作系统及数据库重要数据的异地备份。

c）应用系统和数据

● 系统不具备用户登录失败处理功能。

● 用户登录系统时仅使用账户和口令进行验证，未采用其他验证方式。

- 系统存在默认用户，且存在多余的和过期的账户。

- 系统不具备安全审计功能。

- 系统未对远程上传附件的格式进行限制。

- 未实现重要数据在传输过程中的完整性和保密性。

- 未对重要业务数据进行数据备份和恢复。

- 中间件远程管理使用 HTTP 协议，未采用加密方式对其进行远程管理。

（4）安全管理中心

- 未部署网络集中管控措施对安全策略、恶意代码和补丁升级等安全相关事项进行集中管理。

- 网络中未划分出独立的管理区域对业务系统进行集中管理。

5.3.2.2　行业特殊安全需求

除满足国家的基本安全要求外，监管系统还需一些行业特殊安全需求，相关单位需要合理地解决政务办公网络开放性与安全性之间的矛盾，在政务服务正常运行的前提下，有效地阻止非法访问及恶意攻击。

具体需求如下所述。

（1）内外网间安全的数据交换

监管系统存在内网与专网、外网间的信息交换需求，监管数据是影响社会、民生的重要数据，一旦泄露将影响社会秩序、公民的利益等，因此，鉴于对监管数据保密性的考虑，相关单位需要与面向互联网的部分系统进行安全的数据交换，需要采用较强的隔离手段实现数据交换，一方面防止黑客利用漏洞等进入内网，另一方面实现监管政务数据的中转。

（2）电子政务外网的安全接入

电子政务外网部分接入整改需要严格遵守 GW 0202—2014《国家电子政务外网安全接入平台技术规范》的相关要求，如电子政务的网络应该处于严格的控制之下，只有经过认证的设备可以访问该网络，并且相关单位需明确地限定其访问范围。

（3）重要政务信息的安全传输

监管系统所在的网络包括内部政务办公和面对公众的信息服务两部分。就内部政务办公而言，监管系统涉及部门与部门之间、上下级监管机构之间、地区与地区间的公文流转，包含重要数据、敏感数据的流转，因此在数据传输过程中必须采取适当的加密措施对通信数据进行加密。

5.3.3　安全通信网络整改

监管系统基础网络由外网核心交换区、DMZ 区、互联网接入区、外网安全管理中心、外网办公区、数据交换区、内网核心交换区、广域网接入区、内网办公区、数据存储区、监管业务服务器区和内网安全管理中心组成。安全通信网络整改充分利用现有网络架构并加以完善，增设安全管理中心，部署集中的安全管理措施，实现对监管系统的集中管理。补充数据交换区，加强内网与外网之间的访问控制，实现政务监管数据的安全交换。对原有设备进行增补部署，保证网络整体架构的冗余，充分保障基础网络的稳定运行。

网络整体架构整改如图 5-24 所示。

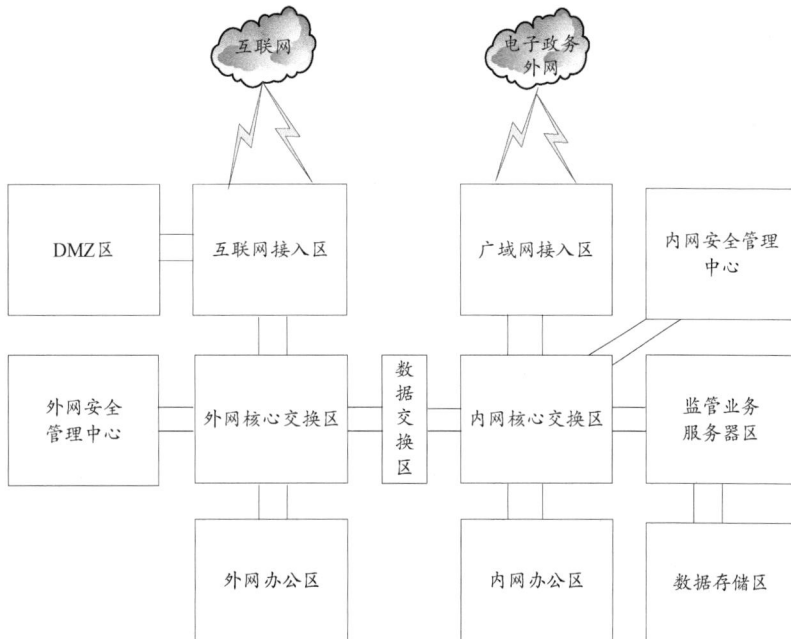

图 5-24　网络整体架构图

各个安全区域的简要说明如下。

（1）互联网接入区

该区域作为网络出口区域，一方面用于实现监管系统的各类监管信息面向互联网的发布，另一方面用于外网政务办公终端对互联网的访问，区域内部署与互联网通信的路由设备和边界安全设备，与 DMZ 区和外网核心交换区有数据通信，向外连接互联网，向内连接 DMZ 区。通信链路和设备冗余部署，保障互联网相关业务的高可用性。

（2）外网核心交换区

该区域署外网核心交换设备及用于网络攻击检测和分析的安全设备，实现外网数据的高速转发。该区域向外连接互联网，负责政务网络与互联网接入区及 DMZ 区的数据交互，向内连接外网办公区及数据交换区。这样部署既提高了网络通信性能、增加了网络可靠性和安全性，也为系统扩展提供了可靠的基础网络平台。

（3）DMZ 区

该区域包含互联网 DMZ 交换机和对外应用服务器。向外通过互联网接入区实现面向互联网的信息发布，直接连接互联网接入区的边界安全设备，向内与业务系统有通信。同时该区域部署了 SSL VPN 设备，实现互联网用户的远程接入。

（4）外网安全管理中心

该区域为新增安全区域，实现对外网部分安全措施的集中统一管理，区域内主要部署的安全措施包含综合安全审计系统、综合网管系统、双因素认证系统、网络版防病毒系统、补丁管理系统、外网终端安全管理系统及各类安全设备管理端等，区域出口处通过安全设备与外网核心交换机相连。

（5）外网办公区

该区域用于部署政务办公人员的外网办公终端，包括终端接入设备。

（6）内网核心交换区

该区域主要实现监管系统数据与广域网及外网部分高效的数据转发，冗余部署核心交换机和安全设备，是内网数据通信的枢纽平台。该区域向外连接广域网接入区，负责内部网络与广域网及外网的数据交互，向内连接监管业务服务器区、内网安全管理中心及内网办公区。

（7）数据交换区

该区域用于内网与外网的数据交换，实现内网与外网的业务与数据的逻辑隔离。

（8）广域网接入区

该区域包含广域网接入设备和边界安全设备，向外连接外部广域网，即电子政务外网，向内连接内网核心交换区，与业务区进行通信。

（9）内网安全管理中心

该区域为新增安全区域，实现安全措施的集中统一管理，区域内部署了综合安全审计系统、综合网管系统、双因素认证系统、网络版防病毒系统、补丁管理系统、终端安全管理系统及各类安全设备管理端等，区域出口处通过安全设备与核心交换机相连。

（10）内网办公区

该区域用于部署政务办公人员内网办公终端，包括内网接入交换机及终端接入设备，内网办公区是内部工作人员进行业务处理和行政管理的区域。

（11）监管业务服务器区

该区域作为监管系统的核心区域，部署了与监管系统相关的业务服务器，区域内设备均进行热备冗余部署，在区域边界部署访问控制类安全设备，设置严格的访问控制策略。该区域向外连接内网核心交换区，与广域网有数据交互。

（12）数据存储区

该区域利旧原有数据存储设备，用于存储监管系统业务数据。

5.3.4 安全区域边界整改

安全区域边界整改是在通信网络安全整改的基础上进行网络边界、各区域边界的安全防护措施的具体整改。

（1）互联网接入区

互联网接入区向外连接互联网，向内连接外网核心交换区，对监管系统的数据通信至关重要。在该区域的通信链路上增加设备，提高网络稳定性。互联网接入区整改示意图如图 5-25 所示。

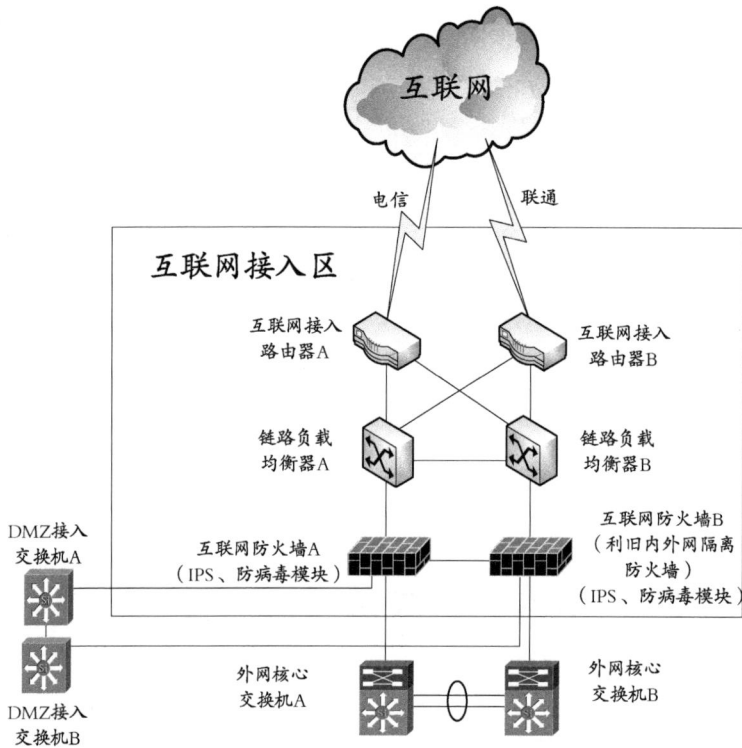

图 5-25　互联网接入区整改示意图

具体安全整改措施如下。

- 部署两家运营商的互联网链路，以保障业务的高可用性。

- 新增部署一台互联网接入路由器，以实现与新增互联网出口链路的连接。

- 以热备方式新增部署两台链路负载均衡器，提高网络通信的性能和可靠性。

- 利用原有用于内外网隔离的防火墙设备，实现互联网出口链路及设备的冗余部署，开启访问控制功能，设置严格的访问控制规则，限制 DMZ 区域与外网区域的通信，只有符合访问规则的用户能够访问网络内指定的资源。

- 在互联网防火墙设备中部署 IPS 模块，并开启入侵防御策略，实现对网络流量中入侵攻击行为的检测和阻断。

● 在互联网防火墙设备中部署防恶意代码模块，开启恶意代码防范策略，实现对网络流量中恶意代码的检测和过滤。

（2）外网核心交换区

外网核心交换区作为监管系统的核心交换平台，担负着整个监管系统外网网络的数据交换，是外网网络的核心区域。在本次安全整改中，在充分保障网络架构冗余的前提下，部署安全防护措施，如图 5-26 所示。

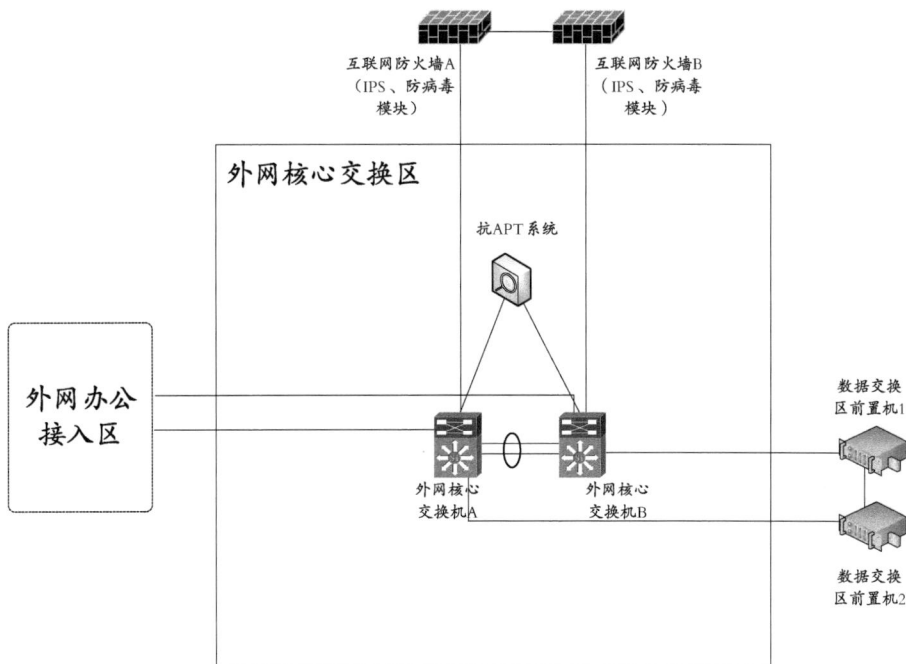

图 5-26　外网网络核心交换区整改示意图

具体安全整改措施如下。

● 在外网核心交换区补充部署一台核心交换机，实现外网核心交换区的冗余部署。

● 在外网核心交换区新增部署抗 APT 攻击系统，以实现对网络攻击行为，尤其是对未知新型攻击行为的检测和分析。

（3）DMZ 区

DMZ 区用于部署互联网业务系统，在保障设备、链路充分冗余的前提下与互联网接入区相连。DMZ 区整改示意图，如图 5-27 所示。

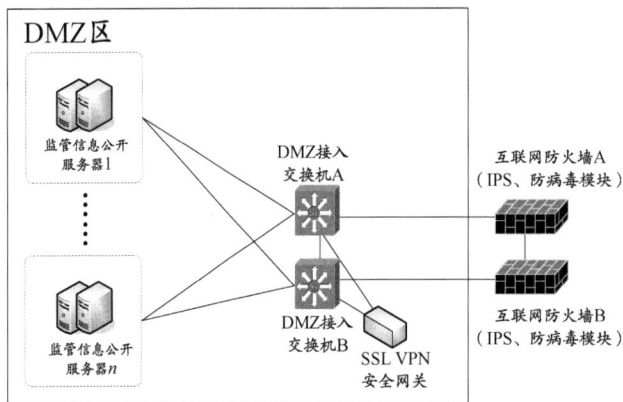

图 5-27　互联网 DMZ 区整改示意图

具体安全整改措施如下。

- 区域内新增部署了一台 DMZ 接入交换机，以实现区域内链路和设备的冗余部署。
- 区域内新增部署了 SSL VPN 安全网关，以实现互联网远程用户登录，在满足政务人员远程办公等需要的同时保证数据传输的安全。

（4）外网安全管理中心

增设外网安全管理中心，该区域用于部署集中管控系统及各类设备的管理端，实现对外网系统及设备的安全统一管理，在区域边界部署访问控制设备，与内网核心交换机相连。外网安全管理中心整改示意图，如图 5-28 所示。

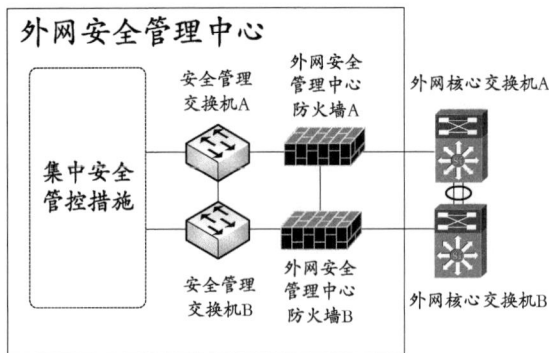

图 5-28　外网安全管理中心整改示意图

具体安全整改措施如下。

● 本区域为新增区域，新增部署了两台防火墙，以实现区域边界隔离及访问控制。

● 以热备的方式新增部署了两台接入交换机，以实现外网安全管理中心接入链路的高可用性。

（5）外网办公接入区

该区域用于办公终端设备的接入，主要包括接入交换机及个人办公终端。

（6）内网核心交换区

内网核心交换区作为监管系统的核心交换平台，担负着整个政务机构网络的数据交换，是内网网络的核心区域。在本次安全整改中，在充分保障网络架构冗余的前提下，部署安全防护措施，如图 5-29 所示。

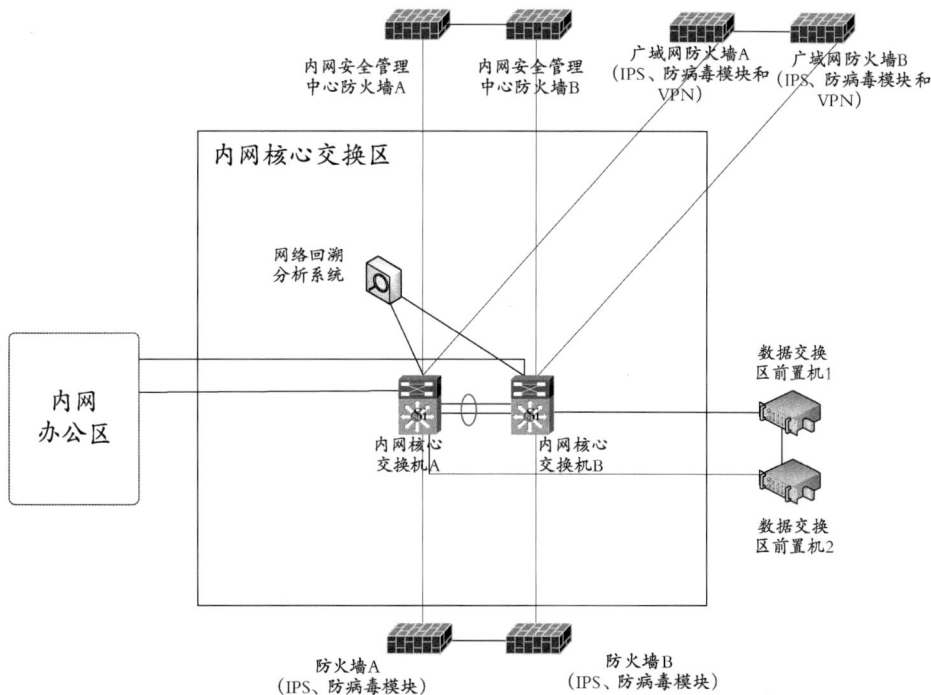

图 5-29　内网网络核心交换区整改示意图

具体安全整改措施如下。

- 新增部署网络回溯分析系统，实现对内网中异常网络行为的检测和分析。

（7）数据交换区

数据交换区作为内网和外网的网络边界，采用双设备、多链路的方式保障链路可靠，在区域内部署网闸，实现内网数据的隔离，通过前置机进行数据交换，由于监管系统发布的信息不需要具备即时性，因此内网产生的数据通过数据交换区与外网核心交换区进行通信，将监管信息公开发布至互联网应用系统。数据交换区整改示意图，如图 5-30 所示。

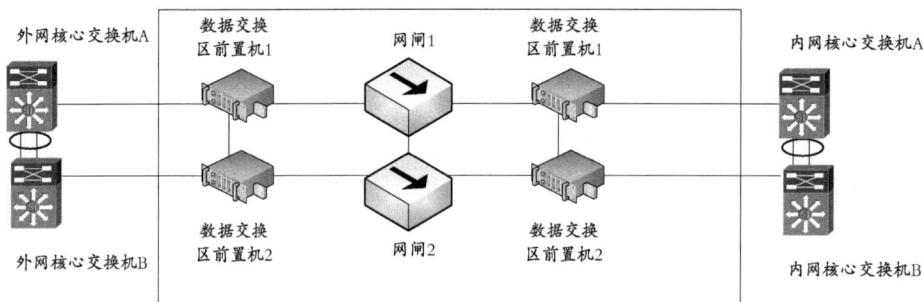

图 5-30　数据交换区整改示意图

具体安全整改措施如下。

- 以冗余的方式新增部署两台网闸设备，以实现数据和业务的单向通信与逻辑隔离。
- 在内网与外网分别新增部署数据交换系统前置机。

（8）广域网接入区

广域网接入区作为广域网网络边界，采用冗余的方式部署，采用双设备、多链路的方式保障链路可靠，同时增加了必要的安全防护措施，保障网络边界的安全可控，如图 5-31 所示。

具体安全整改措施如下。

- 以热备方式新增部署了两台链路负载均衡器，以提高网络通信的性能和可靠性。
- 以热备方式新增部署了两台防火墙设备，开启访问控制功能，设置严格的访问控制规则，只有符合访问规则的用户能够访问指定资源。
- 在防火墙设备中部署 IPS 模块，并开启入侵防御策略，实现对网络攻击行为的检测和拦截。

- 在防火墙设备中部署防恶意代码模块，并开启恶意代码防范策略，实现对网络流量中恶意代码的检测、过滤。
- 在防火墙设备中部署 VPN 模块，用于实现政务监管部门与各分支机构监管单位的数据安全传输。

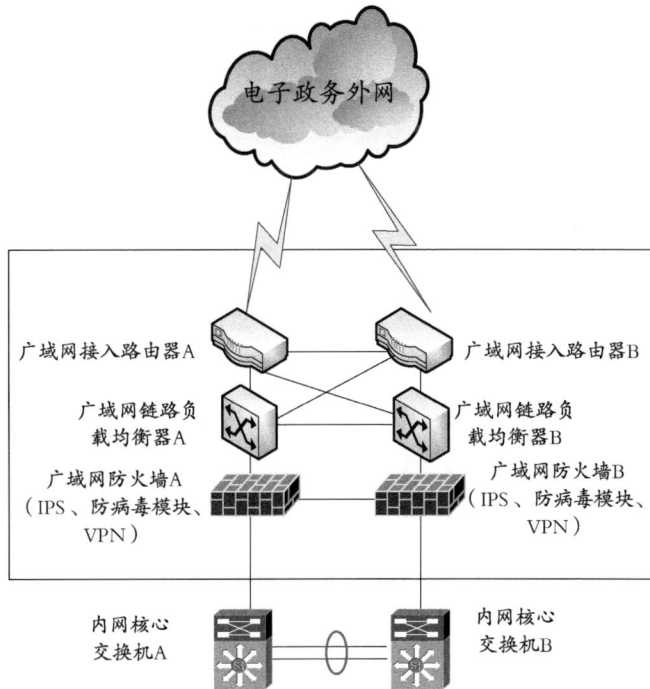

图 5-31　广域网接入区整改示意图

（9）内网安全管理中心

增设内网安全管理中心，该区域用于部署集中管控系统及各类设备的管控端，实现对内网系统及设备的安全统一管理，在该区域边界部署访问控制设备，与内网核心交换机相连。内网安全管理中心整改示意图，如图 5-32 所示。

具体安全整改措施如下。

以热备的方式部署了两台安全管理交换机，以实现内网安全管理中心各类安全系统接入链路的高可用性。

新增部署了两台内网安全管理中心防火墙，以实现区域边界隔离及访问控制。

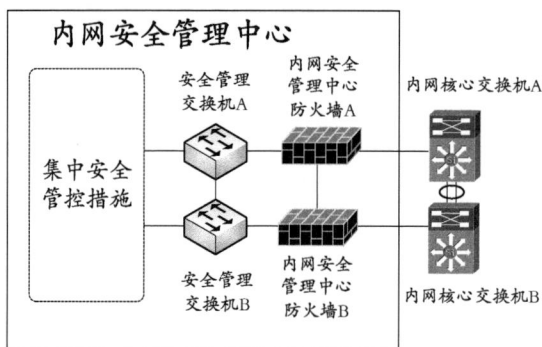

图 5-32　内网安全管理中心整改示意图

（10）内网办公接入区

该区域用于内网办公终端设备的接入，主要包括接入交换机及内网终端设备。

（11）监管业务服务器区

监管业务服务器区是监管系统网络的核心业务区域，用于部署各类业务系统。监管业务服务器区整改示意图，如图 5-33 所示。

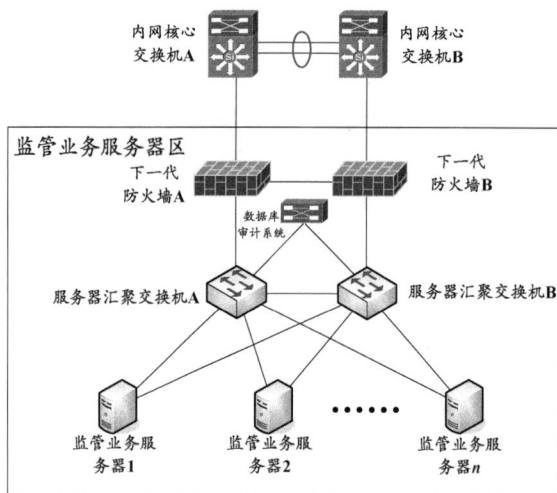

图 5-33　监管业务服务器区整改示意图

在本次安全整改中利用现有网络结构并增加网络防护措施，具体安全整改措施如下。

● 在监管业务服务器区新增部署数据库审计系统，以实现对数据库系统操作的实时安全审计和行为分析。

（12）数据存储区

数据存储区利用原有数据存储设备，用于存储监管系统的业务数据。

5.3.5　安全计算环境整改

5.3.5.1　安全建设

（1）网络和安全设备

- 在安全管理中心中部署漏洞扫描系统，定期对网络设备和安全设备进行漏洞扫描，及时修补发现的安全漏洞。
- 配置网络设备和安全设备 Radius 协议及 AAA 认证服务与安全管理中心中的双因素认证系统相结合，以实现对网络安全设备的统一身份认证。
- 配置网络设备和安全设备 SNMP 协议与安全管理中心中的综合网管系统相结合，以实现对网络和安全设备的运行状态的实时监控。
- 配置网络设备和安全设备的日志功能，将日志发送至安全管理中心综合安全审计系统，以实现对网络设备日志和安全设备日志的集中审计和分析。
- 根据业务系统交互需求，在防火墙、路由器和交换机等设备中配置并梳理访问控制策略，设置有效的访问控制规则，访问控制规则采用白名单机制，明确源地址、目的地址、源端口、目的端口和协议，以允许/拒绝动作限制数据包进出。

（2）服务器和终端

- 通过安全管理中心中的漏洞扫描设备，定期对监管系统所涉及的操作系统、数据库、中间件进行漏洞扫描，对发现的高风险安全漏洞进行评估，在完成补丁安装测试后，及时修补漏洞。
- 安装防恶意代码软件或部署防恶意代码产品，并开启恶意代码库的定期升级和更新功能，定期检测，防止系统被恶意代码感染。
- 部署数据备份措施，制定备份策略并进行数据备份。备份策略应设置合理、配置正确，备份结果应与备份策略中的描述一致，并进行恢复测试。

- 部署操作系统安全代理组件与安全管理中心中的双因素认证系统相结合，以实现操作系统层面的统一身份认证。

- 操作系统采用 SNMP、ICMP、NetBIOS、ARP 和 Traceroute 等协议与安全管理中心中的综合网管系统相结合，以实现对操作系统、数据库、存储备份设备运行状态的实时监控。

- 部署数据库审计系统实现对监管系统数据库的安全审计，并将审计记录发送至安全管理中心中的综合安全审计系统。

- 配置操作系统日志功能并将日志发送至安全管理中心中的综合安全审计系统，实现对操作系统日志的集中审计和分析。

- 配置操作系统相关安全策略，与安全管理中心中的补丁管理系统相结合，实现补丁的集中管理。

- 提供异地数据实时备份功能，并通过网络将重要配置数据实时备份至异地。

（3）应用系统和数据

- 提供登录失败处理功能，对登录失败反馈信息进行模糊处理，如身份鉴别失败时，提示用户"登录失败，请重试"，当用户连续登录失败超过 5 次时，锁定该账户，由管理员进行手动解锁或延迟一段时间后由系统自动解锁。

- 结合安全管理中心中部署的双因素认证措施，提供应用系统双因素认证功能，加强监管系统登录过程中对重要业务人员的身份认证强度。

- 完善业务系统审计功能，对重要操作或事件进行审计，如登录系统、增加或删除用户账户、变更用户身份与权限、修改或删除数据、多次登录失败等，审计记录的内容至少应包括事件的日期、时间、发起者信息、类型、描述和结果等。

- 采用校验码技术或密码技术保证重要数据在传输过程中的完整性，针对监管业务系统，采用 SSL 协议来保证应用系统数据通信的完整性。

- 采用密码技术保障重要数据在传输过程中的保密性，政务监管系统采用 B/S 架构部署，采用 HTTPS 方式进行重要的业务数据传输。

- 采用密码技术保证数据在存储过程中的保密性及完整性，在业务数据进入数据库系统前进行必要的加密，从而保障业务数据的完整性及保密性。

- 提供异地数据实时备份功能，并通过网络将重要业务数据实时备份至异地。

5.3.5.2　安全加固

具体安全加固措施如下。

（1）网络和安全设备

- 远程登录网络安全设备时，关闭网络安全设备的 Telnet 服务，禁止采用 HTTP、Telnet 等非加密协议，可使用 SSL、SSH、HTTPS 等加密协议。
- 配置 IP 地址限制策略，限制管理员仅可通过堡垒机访问网络安全设备，与部署在安全管理中心中的堡垒机相结合，保证运维人员的操作行为可被审计。

（2）服务器和终端

- 为登录操作系统、数据库系统的用户，分配唯一的用户名和口令，对于任意用户，其口令不少于 8 个字符，由大小写字母、数字和特殊字符中的三种或三种以上元素组成，口令有效期为 90 天。
- 远程登录操作系统和数据库系统时，禁止采用 HTTP 和 Telnet 等非加密方式，需要配置使用 SSL、SSH 和 HTTPS 等加密方式进行设备的远程管理。
- 及时删除多余的或过期的账户，避免存在多人共享同一账户的现象。
- 根据监管系统管理用户的角色为管理账户分配权限，只授予用户完成指定业务所必需的最小权限，实现管理用户的权限分离，可将管理员划分为系统管理员、安全管理员和审计管理员，并为其分配不同的账户和权限。
- 开启操作系统和数据库系统的安全审计策略，并将日志发送至安全管理中心中的综合安全审计系统，审计覆盖每个用户，对重要的用户行为和重要安全事件进行审计，并对审计记录的产生时间进行时钟同步。
- 仅可通过限定的 IP 地址运维操作系统及数据库系统，与部署在安全管理中心中的堡垒机相结合，保证系统运维人员的操作行为可被审计。

（3）应用系统和数据

- 合理配置账户的口令，如口令最少 8 个字符，由大小写字母、数字和特殊字符中的三种或三种以上元素组成，口令有效期为 90 天。
- 给出登录失败提示，限制连续登录失败次数，如身份鉴别失败时，提示用户"登录失败，请重试"，当用户连续登录失败超过 5 次时，锁定该账户，由管理员手动解锁或延迟一段时间后由系统自动解锁。

- 删除或停用多余的、过期的账户，应避免共享账户的存在。

- 审计覆盖每个用户，对应用系统重要安全事件进行审计，如用户登录/退出、改变访问控制策略、增加/删除用户、改变用户权限和增加/删除/修改业务数据等，并可对应用系统异常等重要的系统事件进行审计。

- 审计内容至少应包括事件的日期、时间、发起者信息、类型、描述和结果等。相关单位应确保审计记录的留存时间不少于 6 个月。

- 监管系统的访问界面及中间件的管理界面均为 B/S 架构的应用系统，应合理配置HTTPS 协议，对业务系统及中间件进行访问管理。

5.3.6　安全管理中心

在监管系统网络中的内网和外网分别建立安全管理中心，对业务系统所涉及的网络设备、安全设备、服务器、应用系统、终端等进行集中监控、统一管理、集中审计，并制定相应的安全策略。

5.3.6.1　管控措施

在安全管理中心部署集中管控措施，具体安全措施如下。

（1）综合网络管理系统

部署网络综合管理系统，通过主动方式监控基础网络平台、主机设备、数据库系统、存储备份设备的运行状态并及时展现。管理人员可以通过该系统，实时查看设备的运行状态。

（2）综合安全审计系统

部署综合安全审计系统，使其作为信息安全的综合性管理平台。综合安全审计系统通过对网络设备、安全设备、主机和应用系统的安全日志和事件进行集中收集、存储，并定期进行审计分析，通过审计结果及时发现各种安全威胁、异常行为事件，为安全管理人员提供全局视角，实现对业务系统的安全感知。

（3）双因素认证系统

GB/T 22239—2019《信息安全技术　网络安全等级保护基本要求》中第三级等级保护要求针对系统管理员的身份认证提出了双因素认证要求。因此需要部署双因素认证系统，实现对管理员的统一身份认证，具体可以采用动态口令或者数字证书结合用户名和口令，实现对管理账户的强身份认证。

（4）网络版防病毒系统

在监管业务服务器区统一部署网络版杀毒软件，实现统一的安全策略管理和统一的病毒库升级管理。当网络中出现大量病毒时，可通过统一的管控措施实现对病毒的查杀及防范。

（5）补丁管理系统

部署补丁管理系统，通过该系统实现对主要业务服务器的补丁升级管理，避免因自身漏洞给系统带来安全隐患。补丁管理范围应涵盖主流操作系统、数据库管理系统、中间件及各种主流应用软件。管理员可手动下载补丁或系统自动在线获得补丁，并统一分发给分布式系统中的各个节点，实现补丁的集中管理、统一分发。支持即时、定时等多种补丁应用方式。

（6）堡垒机

部署堡垒机。所有运维人员均需通过登录堡垒机对网络安全设备、操作系统、数据库系统等进行运维，通过细粒度的访问控制，最大限度地保护业务系统数据资源的安全，严防非法访问、越权访问事件的发生。并且通过监控运维人员对网络设备、安全设备、操作系统、数据库等进行的各种操作，对违规操作行为进行事中控制与操作审计。

（7）漏洞扫描系统

部署漏洞扫描系统，通过定期升级漏洞特征库，定期检测和发现业务系统中的安全漏洞。相关人员在发现高风险漏洞后，进行评估、测试并及时修复系统漏洞。

（8）终端安全管理系统

终端安全管理系统能够实现对网络中 PC 终端的统一管理，实现统一安全策略的下发；终端安全管理系统能够实现对 PC 终端外连链路的管理，能够实现网络准入的管理，保证只有可信的终端用户能够接入受控网络，防止网络中非授权用户通过其他链路连接到其他网络。

5.3.6.2　设备部署

在内网和外网中分别划分一个独立的网络区域，建立安全管理中心，在安全管理中心与整个业务平台间部署边界防火墙进行访问控制，如图 5-34、图 5-35 所示。

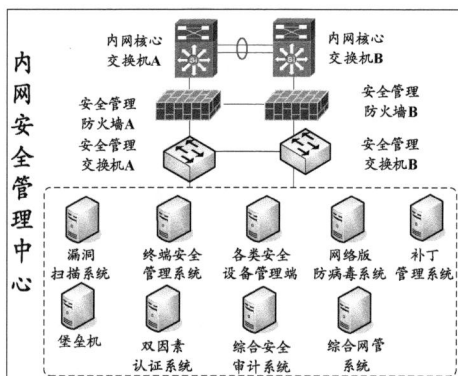

图 5-34　内网安全管理中心整改示意图

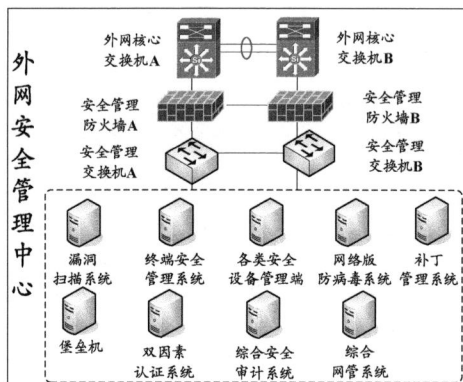

图 5-35　外网安全管理中心整改示意图

5.3.7　整改方案总体部署

5.3.7.1　软硬件产品部署

监管系统的网络安全整改及设备部署，如图 5-36 所示。

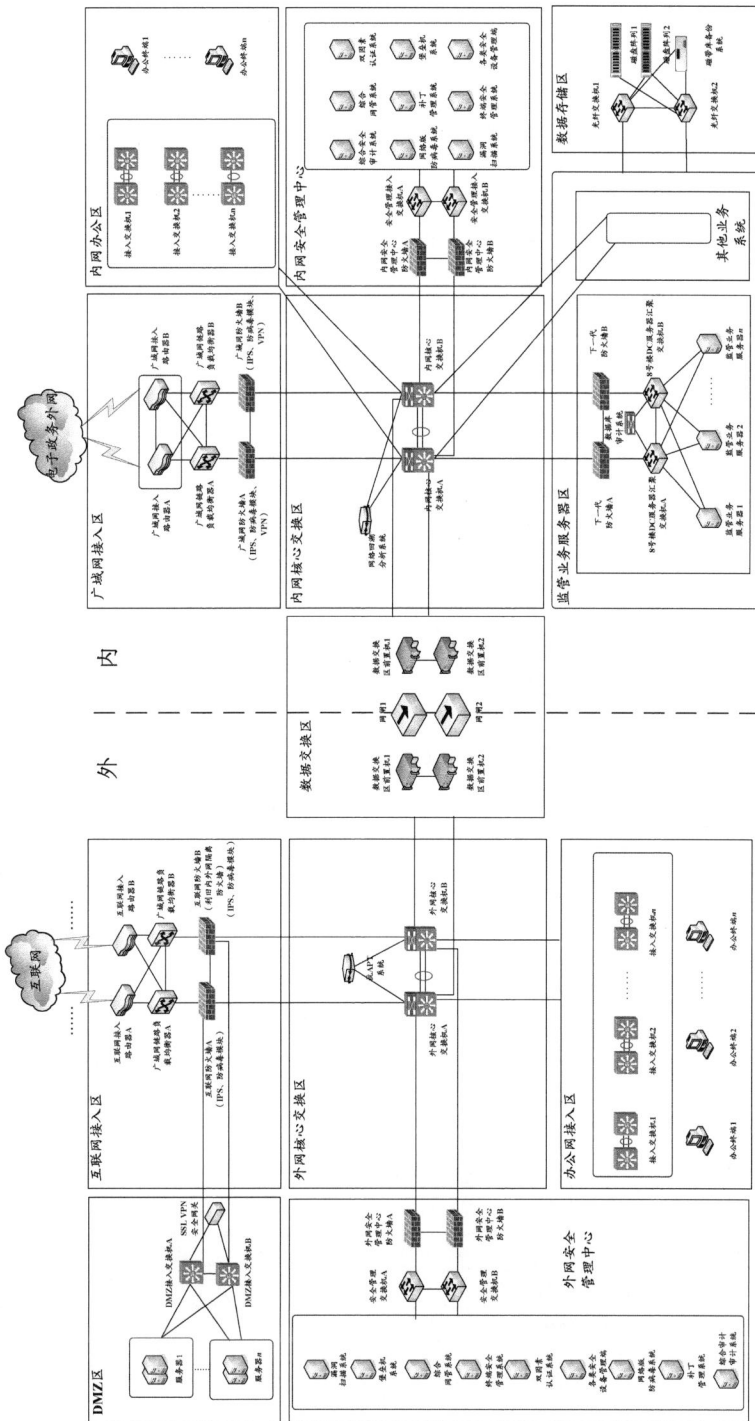

图 5-36　监管系统网络安全整改示意图

5.3.7.2 安全整改设备列表

安全整改设备列表，如表 5-4 所示。

表 5-4　安全整改设备列表

序　号	网 络 区 域	设 备 名 称	数量（台/套）
1	互联网接入区	互联网接入路由器	1
2		链路负载均衡器	2
3	DMZ 区	互联网 SSL-VPN	1
4		DMZ 接入交换机	1
5	外网核心交换区	抗 APT 系统	1
6		外网核心交换机	1
7	外网安全管理中心	安全管理接入交换机 A/B	2
8		安全管理防火墙 A/B	2
9		综合安全审计系统	1
10		综合网管系统	1
11		双因素认证系统（动态令牌）	1
12		网络版防病毒系统	1
13		补丁管理系统	1
14		堡垒机	1
15		漏洞扫描系统	1
16		终端安全管理系统	1
17	数据交换区	外网前置机	2
18		内网前置机	2
19		网闸	2
20	内网核心交换区	网络回溯分析系统	1
21	广域网接入区	广域网链路负载均衡器 A/B	2
22		广域网防火墙 A/B	2
23	内网安全管理中心	安全管理接入交换机 A/B	2
24		安全管理防火墙 A	2
25		综合安全审计系统	1
26		综合网管系统	1
27		双因素认证系统（动态令牌）	1
28		网络版防病毒系统	1
29		补丁管理系统	1
30		堡垒机	1
31		漏洞扫描系统	1
32		终端安全管理系统	1
33	监管业务服务器区	数据库审计系统	1
合计			43

5.4　某医疗管理系统安全整改整体解决方案

5.4.1　系统业务描述

某医疗管理系统（以下简称"医疗系统"）已经定级并取得公安机关的备案证明，系统安全保护等级为第三级，其中业务信息安全为第三级，系统服务安全为第三级。

医疗系统满足了医院及其所属各部门对人流、物流、资金流进行综合管理的需求，对在医疗活动各个阶段中产生的数据进行采集、存储、处理、提取、传输、汇总、加工生成各种信息（医疗信息、医院管理信息和医学科技信息），从而成为医院的整体运行提供全面的、自动化的管理及各种服务的信息系统。

本系统已经经过了多年的安全整改建设，整体上具备了一定的安全防护能力。本案例给出了在年度等级测评发现问题的基础上，按照 GB/T 22239—2019《信息安全技术　网络安全等级保护基本要求》中第三级等级保护要求进行安全整改的示例。

医疗系统的主要功能有临床诊疗、药品管理、经济管理、综合管理与统计分析、外部接口。具体功能介绍如下。

① 临床诊疗部分主要以病人信息为核心，将整个诊疗过程作为主线，随着病人在医院中每一步诊疗活动的进行，产生并处理各种诊疗数据与信息。整个诊疗活动主要由各种与诊疗有关的工作站完成，并将这部分临床信息进行整理、处理、汇总、统计、分析等。

② 药品管理部分主要包括药品的管理与临床使用。在医院中，药品从入库到出库，药品管理贯穿病人的整个诊疗活动。这部分主要处理的是与药品有关的所有数据与信息。

③ 经济管理部分属于医院信息系统中最基础的部分，它与医院中所有产生费用的部门有关，处理的是整个医院中各有关部门产生的费用数据，并将这些数据整理、汇总、传输到相关部门，供各级部门分析、使用，并为医院相关人员掌握医院的财务与经济收支情况服务。

④ 综合管理与统计分析部分主要包括病案的统计分析、管理，并将医院中的所有数据进行汇总、分析、综合处理，供管理层决策使用。

⑤ 随着社会的发展及各项改革的进行，医疗体系必须考虑与社会上相关系统相关联产生的需求。外部接口部分提供了医疗系统与医疗保险系统、社区医疗系统、远程医疗咨询系统、数据上报系统等的接口。

医疗系统主要部署在市第一医院行政楼数据中心机房，依托医院原有的办公网络进行部署，外网部分主要用于医务人员和办公人员访问互联网及面向互联网发布相关信息。内网部分主要用于相关医疗系统的部署，存储大量重要且敏感的医疗卫生数据，内网通过专线与卫生专网相连，通过冗余部署防火墙实现区域边界的访问控制。两部分网络由冗余部署的防火墙设备进行访问控制。在互联网接入区域部署了一台防火墙和 IPS 等模块用于对互联网流量的防护；在 DMZ 区域部署了邮件系统；在外网核心交换区部署了 IDS，用于对外网部分网络流量的入侵检测；外网办公区通过无线 AP 用于无线办公终端的连接。具体网络现状拓扑如图 5-37 所示。

5.4.2　安全差距分析

5.4.2.1　等级测评安全问题汇总

单位某年度委托了具备等级保护测评资质的测评机构对监管系统进行了等级测评，在本次等级测评中发现的问题如下所述。

1. 通用安全要求

（1）安全通信网络

● 核心医疗系统区域与外网之间未采取可靠的技术隔离手段。

● 未采用密码技术保证通信过程中数据的保密性。

（2）安全区域边界

● 网络中未部署技术措施对未知新型攻击行为进行分析。

● 网络中未部署技术措施对垃圾邮件进行分析与防范。

（3）安全计算环境

a）网络设备

● 管理员仅使用账户和口令进行身份验证，未采取双因素认证措施。

● 未实现对网络设备和安全设备的运行状态的实时集中监控。

● 没有对管理账户的权限进行划分。

● 管理员未配置管理终端 IP 地址登录限制，在网络路由可达的位置均能够登录设备。

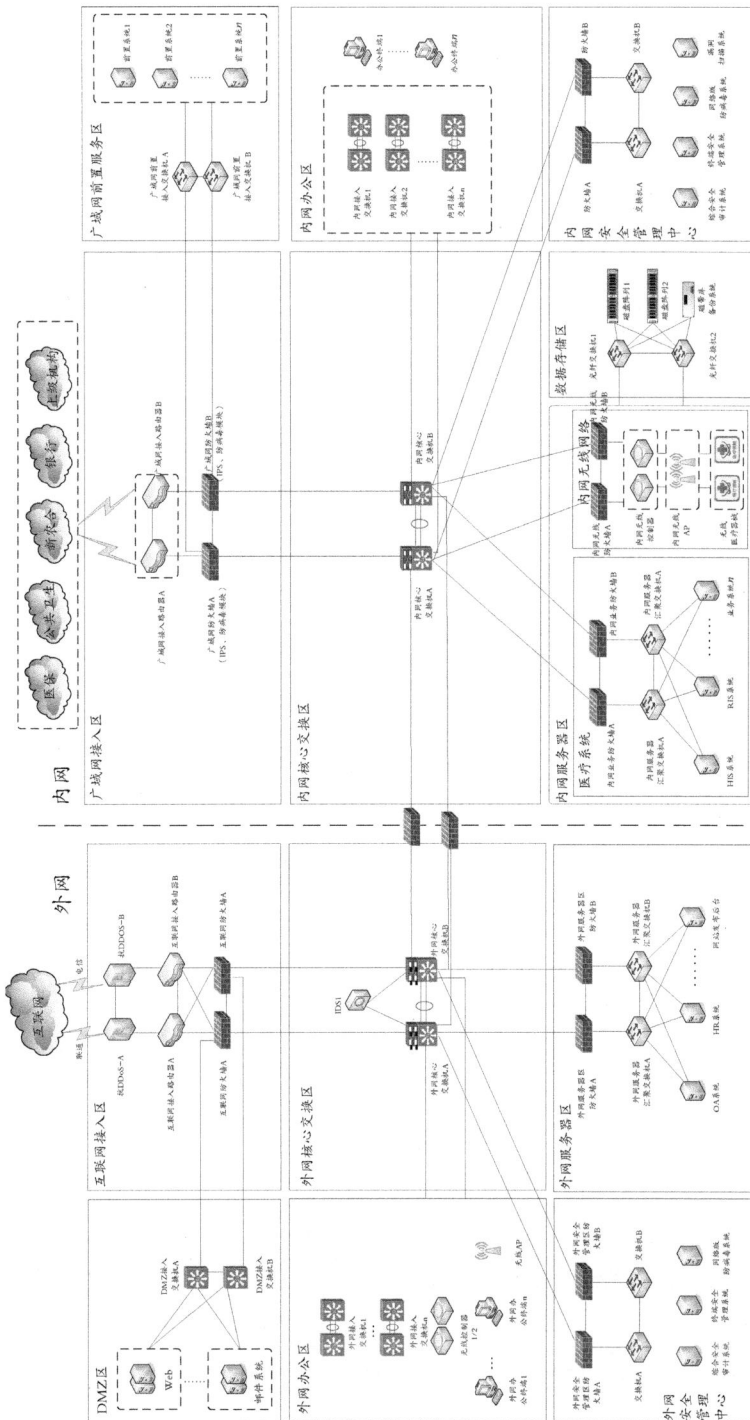

图 5-37　医疗系统现状网络拓扑示意图

- 网络运维管理员使用 Telnet 对设备进行远程管理，未采用安全方式对设备进行远程管理。

- 未开启部分网络设备和安全设备的审计功能，未将审计日志进行集中分析。

b）服务器和终端

- 操作系统未采用两种或两种以上组合的鉴别技术对用户进行身份鉴别。

- 部分操作系统管理用户未实现权限分离，仅设立了系统管理员，未设立安全管理员和审计管理员等角色。

- 未配置部分操作系统的安全审计规则。

- 未对操作系统的审计记录采取备份措施。

- 未限制操作系统管理终端登录地址的范围。

- 未启用数据库审计策略或审计内容不全。

c）应用系统和数据

- 当用户登录时，仅使用账户名和口令进行验证，未采用其他验证方式。

- 医疗系统未根据角色需要划分不同的账户权限。

- 医疗系统未对输入/输出数据的格式进行校验。

- 未采取技术措施保证重要数据在传输过程中的数据完整性和保密性。

- 未实现数据的异地备份。

（4）安全管理中心

- 未实现对运维管理人员的操作行为进行审计。

- 未对补丁升级等安全相关事项进行集中管理。

2. 移动互联安全扩展要求

（1）安全区域边界

- 无线网络中未部署攻击行为监测和报警等措施，无法针对攻击行为进行实时监测和报警。

- 无线医疗终端设备未部署接入/准入及认证措施。

- 未对无线网络中的无线设备禁用 SSID 广播。

（2）安全计算环境

- 无线医疗设备可任意安装软件来运行终端管理客户端软件。
- 未实现对无线终端进行集中管控。

5.4.2.2　行业特殊安全需求

除满足国家基本安全要求外，医疗系统还需满足一些行业特殊安全需求，由于医疗技术及信息技术的飞速发展，相关医疗机构需要通过更合理的网络安全措施保障医疗系统的正常运行，有效地阻止非法访问及恶意攻击。

具体需求如下所述。

（1）医院在线业务的服务保障

随着互联网网上挂号、在线门诊等新兴远程医疗形式的逐渐成熟，医院门户网站的业务处理能力日趋重要，相关系统需保障医院网上平台高效地、可靠地运行。

（2）医院网络区域边界隔离防护

目前医院网络的建设模式是内部网络和外部网络物理合一、逻辑隔离。在实际诊疗过程中，相关部门需要进行内部网络和外部网络病患的病历统一，外部网络发布的业务信息需要与内部网络中的业务信息统一。因此在安全整改建设过程中应采用强制隔离措施，在保障业务通信可靠的前提下对业务信息进行有效的强访问控制。

（3）医院信息系统与外部网络的安全交互

医院内网业务系统有外部连接需求，如医保、公共卫生、新农合、银行和远程会诊等，在满足上述需求时外网与内网通过专线连接，且通过前置机进行数据访问。因此在整改过程中，应充分考虑外网的访问需求。

（4）医院信息网络域划分

应根据医院各科室的物理位置、工作职能、重要性、所涉及信息的重要程度等因素，划分不同的子网或网段，并按照便于管理和控制的原则为各子网、网段分配地址段。

（5）无线网络的安全防护

医院的网络根据承载介质的不同可分为有线网络和无线网络。无线网络承载的业务也有内网业务和外网业务之分。内网医护业务如无线查房、无线护理等，同时无线网络中的内网业务都要访问医疗系统等核心业务信息系统，医院无线网不仅承载内网业务，还会承载一些外网业务，如员工外网办公业务、病房互联网业务等。因此，在安全整改过程中应充分考虑无线网络的安全防护需求。

（6）医疗系统数据的安全防护

医院业务系统记录着患者的治疗、检查、医嘱、费用等信息，其中医学记录、数据、病患资料及预约信息等，都属于重要的敏感信息。如果这些数据丢失、损坏，对患者、医院都将造成不可挽回的损失。因此，做好数据的安全存储及备份，是保障医疗系统安全的一项重要任务。

5.4.3　安全通信网络整改

医疗系统的安全保护等级为第三级，因此网络平台按照 GB/T 22239—2019《信息安全技术　网络安全等级保护基本要求》中第三级的相关要求进行整改建设。

系统所在网络此前经过多次的安全整改，整体网络区域已经进行了合理的划分，分为内网部分和外网部分，内网和外网均设置了安全管理中心用于各自网络安全措施的统一管理。根据医疗系统的业务功能、特点及各业务系统的安全需求，在内网和外网之间采用强制隔离手段加以控制，增设数据交换区，采用网闸对内网和外网实现链路层面的隔离。外网由外网核心交换区、DMZ 区、互联网接入区、外网安全管理中心、外网办公区及外网服务器区组成，内网由内网核心交换区、广域网接入区、广域网前置服务区、内网安全管理中心、内网服务器区、数据存储区及内网办公区组成。

本次网络安全整改方案充分利用已有网络架构并加以完善，通过集中管控措施，实现对业务系统的集中管理。网络整体架构采用冗余的方式部署，通过双设备、双链路的方式保障基础网络的稳定、可靠，由于医务办公人员有远程办公需求，在进行互联网远程数据访问时采用 VPN 加密的方式，保障数据的安全。

在医院原有网络架构的基础上进行部分整改，如图 5-38 所示。

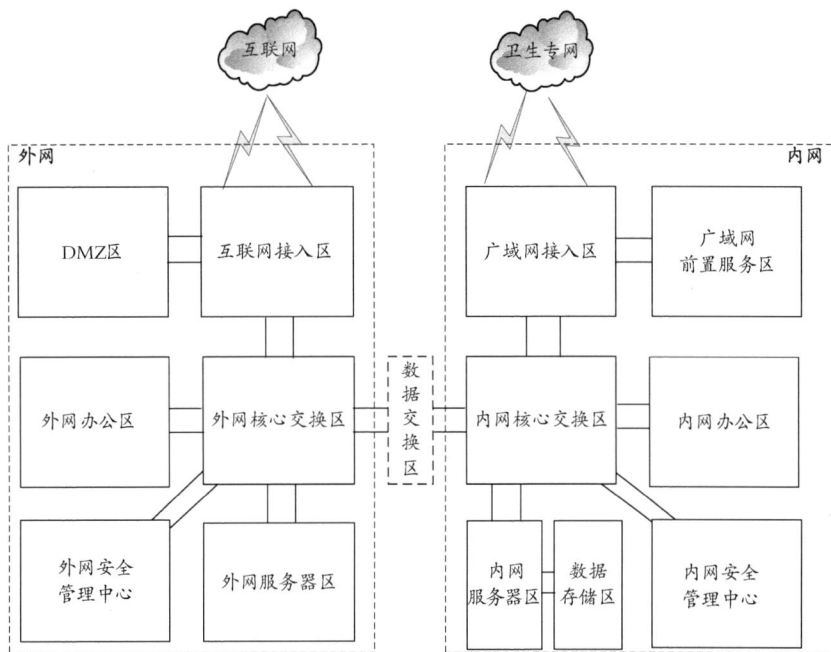

图 5-38　网络整体架构图

各个安全区域的简要说明如下。

（1）互联网接入区

该区域部署了与互联网通信的路由设备和边界安全设备，与 DMZ 区和外网核心交换区有通信，向外通过不同的运营商线路连接互联网，向内连接 DMZ 区，并通过 VPN 实现互联网远程业务交互。通信链路和设备均冗余部署，保障业务链路的高可用性。

（2）外网核心交换区

该区域为外网核心数据交换枢纽，包括核心交换机和安全设备，是数据通信支撑平台。该区域向外连接互联网，负责内部网络与外部网络的数据交互，向内连接外网办公区、外网安全管理中心及外网服务器区。

（3）DMZ 区

该区域包含互联网 DMZ 交换机和对外应用服务器。向外与互联网有通信，直接连接互联网接入区的边界设备。同时，该区域部署了 VPN 设备，以实现互联网用户的远程接入；部署了防垃圾邮件网关，以实现对垃圾邮件的防范。

（4）外网安全管理中心

该区域用于部署外网集中管控措施，根据测评发现的安全问题进行了增补，原有安全管理中心部署的系统有网络版防病毒系统、综合安全审计系统、终端安全管理系统，增补安全系统有综合网管系统、双因素认证系统、补丁管理系统、堡垒机等，外网安全管理中心与外网核心交换区相连。

（5）外网办公区

该区域用于部署医院员工外网办公终端，包括终端接入设备。

（6）外网服务器区

该区域用于部署医院互联网办公系统，包括服务器接入设备、安全防护设备及办公系统等。

（7）内网核心交换区

该区域向外连接广域网接入区，负责内部网络与外部网络的数据交互，向内连接内网安全管理中心、内网服务器区及内网办公区。作为医院重要业务系统的关键数据转发通道，相关单位需要保证本区域设备的高可用性。

（8）数据交换区

该区域为新增区域，替换原有防火墙进行安全防护，主要用于内网与外网的数据交换，实现内网与外网的业务和数据的逻辑隔离。

（9）广域网接入区

该区域包含广域网接入设备和边界安全设备，向外连接外部广域网，向内连接内网核心交换区及前置服务区。

（10）广域网前置服务区

该区域用于部署医院与各外部单位间的数据交互摆渡服务器，实现业务数据的前置交换，该区域与广域网接入区的边界隔离设备相连。

（11）内网安全管理中心

该区域基于原有内网安全管理中心的集中安全管控措施进行完善，主要增加的安全系统有综合网管系统、双因素认证系统、补丁管理系统、堡垒机及各类安全设备管理端等，该区域向外连接内网核心交换区。

（12）内网办公区

该区域用于部署医院员工内网办公终端，包括终端接入设备，是面向内部工作人员提供业务处理和行政管理的区域。

（13）内网服务器区

该区域包括热备部署的接入交换机、区域边界安全设备，用于部署医疗系统业务服务器，向外连接内网核心交换区，与卫生专网有数据交互。

（14）数据存储区

该区域使用原有的数据存储设备。

5.4.4　安全区域边界整改

安全区域边界的整改是在通信网络安全整改的基础上进行网络边界、各区域边界的安全防护措施的加强。

（1）互联网接入区及 DMZ 区

该区域链路均为双线路冗余，增加网络稳定性，同时在网络出口及 DMZ 区部署安全防护措施。具体部署措施如下。

- 利用原有抗 DDoS 设备，防止来自互联网的 DDoS 攻击。
- 以热备方式新增部署两台链路负载均衡器，提高网络通信的性能和可靠性。
- 利旧互联网防火墙设备，以热备方式部署，开启访问控制功能，设置严格的访问控制规则，只有符合访问规则的用户能够访问医院数据中心中指定的资源。
- 防火墙设备新增 IPS 模块，并开启入侵防御策略，实现对网络攻击行为的检测和拦截。
- 防火墙设备新增防恶意代码模块，开启恶意代码防范策略，实现对恶意代码的检测和过滤。
- 在 DMZ 区新增部署 SSL、VPN 安全网关，实现互联网远程用户对内部办公系统的安全访问。

● 在 DMZ 区新增两台邮件安全网关，实现对垃圾邮件的检测和防范。

互联网接入区及 DMZ 区整改示意图，如图 5-39 所示。

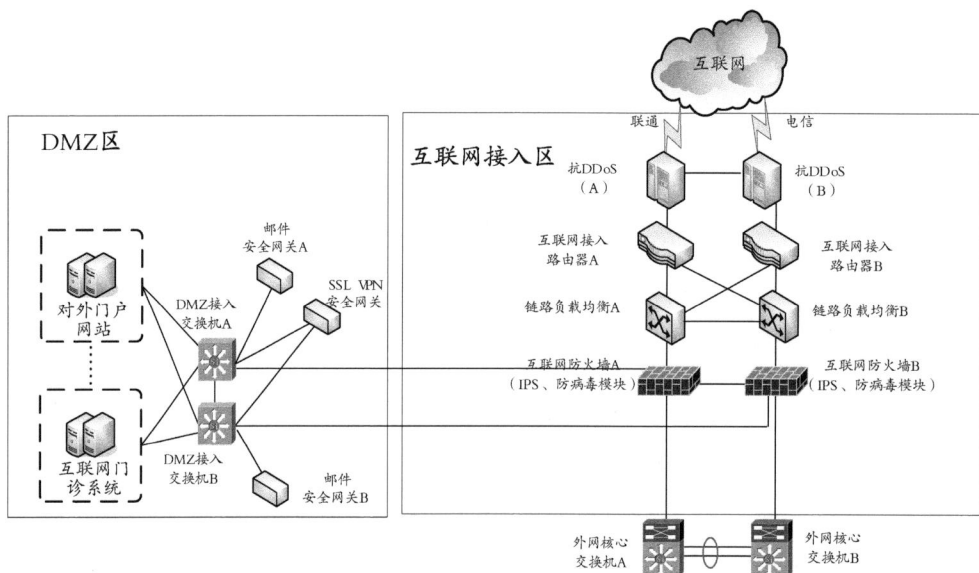

图 5-39　外网接入区及 DMZ 区整改示意图

（2）外网核心交换区

外网核心交换区作为外网服务器的核心交换平台，担负着整个医院外网的数据交换，是外网的核心区域。在本次安全整改中，在充分保障网络架构冗余的前提下，部署安全防护措施如下。

● 在外网核心交换区新增部署威胁情报检测系统，实现对网络攻击行为，尤其是对未知新型攻击行为的检测和分析。

外网核心交换区整改示意图，如图 5-40 所示。

（3）外网安全管理中心

在外部网络中划分安全管理中心，该区域用于部署安全集中管控系统及各类设备的管控端，通常部署在网络核心交换区内侧，具体部署措施如下。

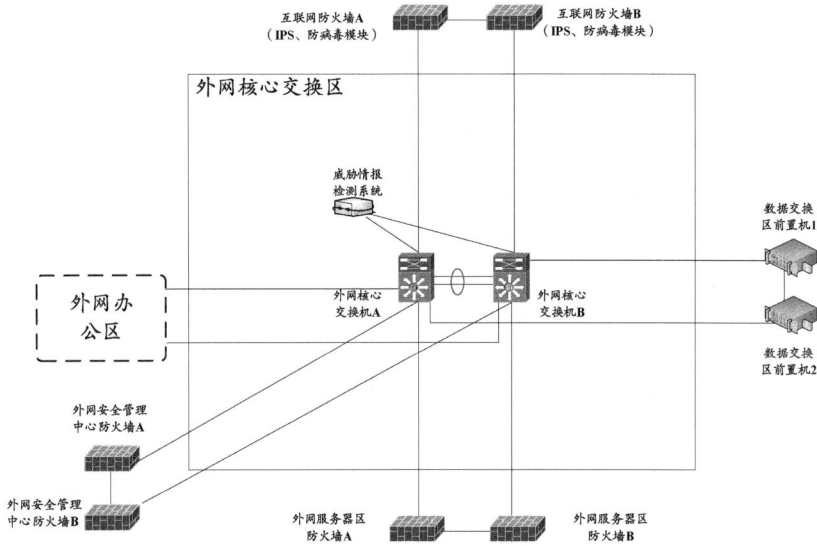

图 5-40　外网核心交换区整改示意图

● 以热备的方式利旧部署两台接入交换机，实现安全管理中心接入链路的高可用性。

● 利旧部署两台防火墙实现区域边界隔离及访问控制。

外网安全管理中心整改示意图，如图 5-41 所示。

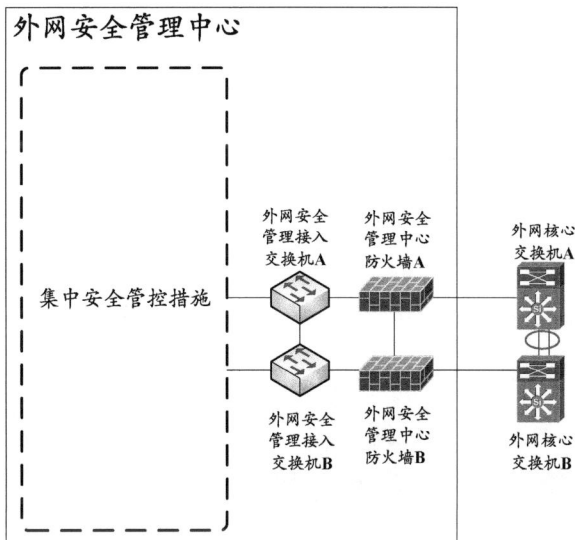

图 5-41　外网安全管理中心整改示意图

（4）外网服务器区

外网服务器区用于部署医院互联网业务系统，主要包括区域边界安全设备和服务器设备等，与内网核心交换机相连，具体部署措施如下。

● 以热备的方式利旧部署一组防火墙设备，实现区域边界隔离及访问控制。

● 以热备的方式利旧部署一组接入交换机，实现各业务系统的接入。

外网服务器区整改示意图，如图 5-42 所示。

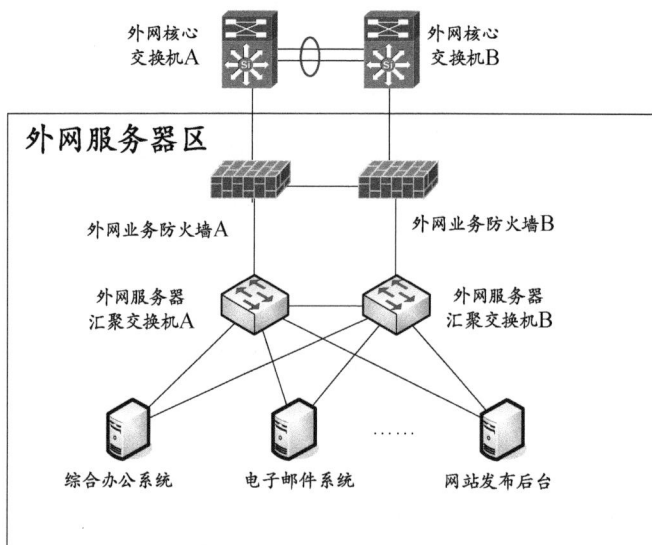

图 5-42　外网服务器区整改示意图

（5）外网办公接入区

该区域用于外网办公终端设备的接入，主要包括接入交换机及终端设备。在外网无线网络新增部署无线入侵检测系统，实现对网络环境的入侵检测。

（6）内网核心交换区

内网核心交换区作为内网业务系统的核心交换平台，担负着整个医院内网网络的数据交换，是内网网络的核心区域。在本次安全整改中，在充分保障网络架构冗余的前提下，具体部署措施如下。

● 以冗余的方式利旧部署核心交换机。

- 在内网核心交换区新增部署网络回溯分析系统，实现对网络攻击行为，尤其是对未知攻击行为的分析和检测。

内网核心交换区整改示意图，如图 5-43 所示。

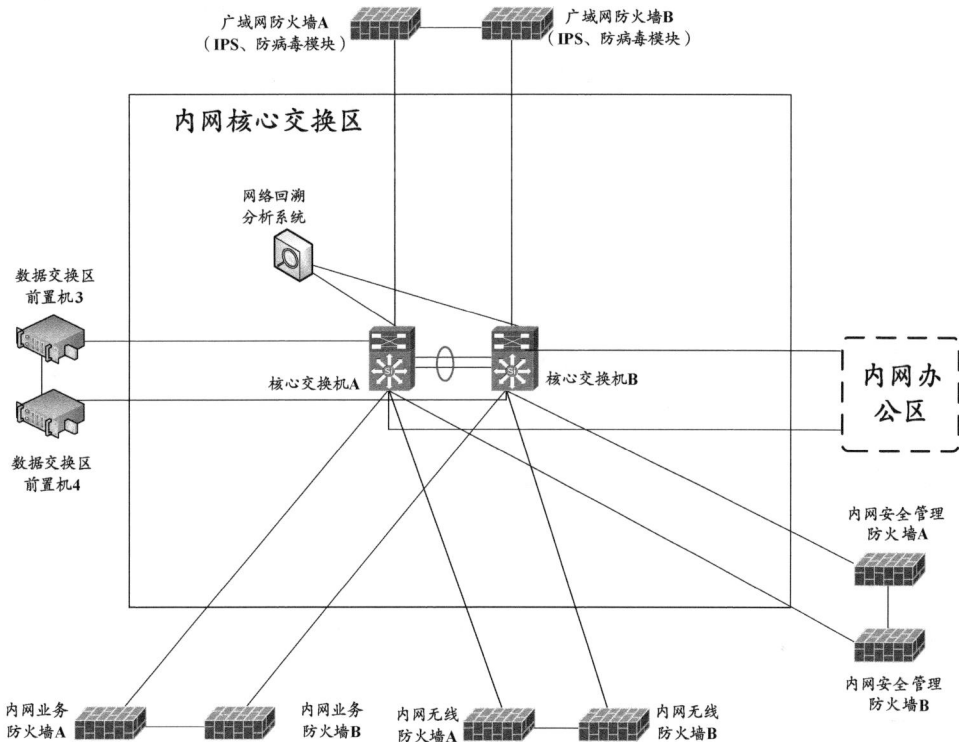

图 5-43 内网核心交换区整改示意图

（7）数据交换区

数据交换区作为内网和外网的网络边界，采用冗余的方式部署，采用双设备、多链路的方式保障链路可靠，同时增加必要的安全防护措施，保障内网与外网的业务和数据的逻辑隔离，具体部署措施如下。

- 以冗余的方式部署网闸，实现数据通信的逻辑隔离。

- 在内网侧和外网侧分别新增冗余部署数据交换系统前置机。

数据交换区整改示意图，如图 5-44 所示。

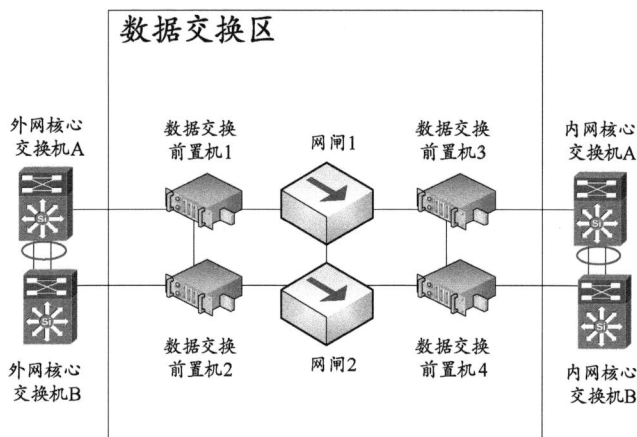

图 5-44　数据交换区整改示意图

（8）广域网接入区及其前置服务区

广域网接入区作为广域网网络边界，采用冗余的方式部署，采用双设备、多链路的方式保障链路可靠，同时增加必要的安全防护措施，保障网络边界的安全可控，具体部署措施如下。

● 以热备方式新增部署两台广域网链路负载均衡器，提高网络通信的性能和可靠性。

● 利旧部署广域网防火墙设备，开启访问控制功能，设置严格的访问控制规则，只有符合访问规则的用户能够访问数据中心中指定的资源，并启用 IPS 模块和防恶意代码模块，实现对恶意攻击及恶意代码的检测和过滤。

广域网接入区及其前置服务区整改示意图，如图 5-45 所示。

（9）内网安全管理中心

在内网中划分安全管理中心区域，该区域用于部署安全集中管控系统及各类设备的管控端，通常部署在内网核心交换区内侧，具体部署措施如下。

● 以热备的方式利旧部署两台接入交换机，实现内网安全管理中心接入链路的高可用性。

● 利旧部署两台内网安全管理防火墙，实现区域边界隔离及访问控制。

内网安全管理中心整改示意图，如图 5-46 所示。

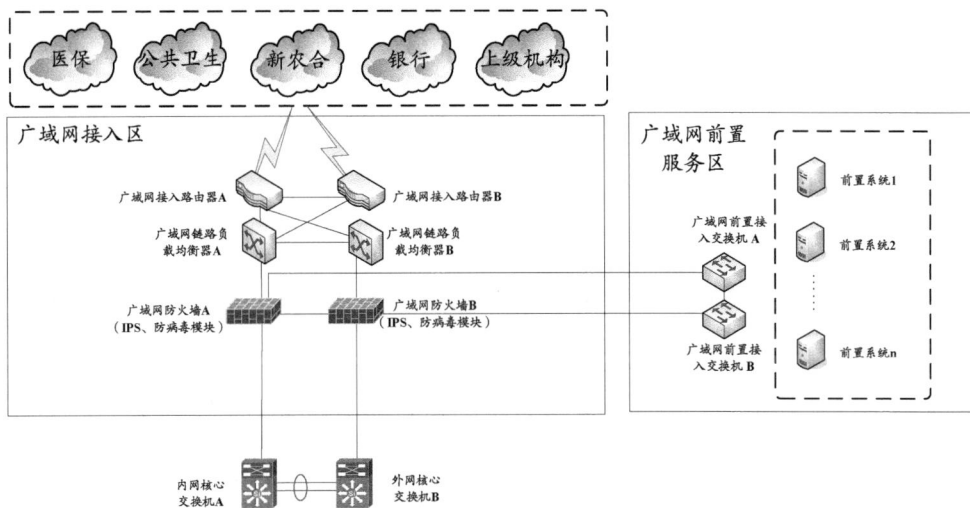

图 5-45　广域网接入区及其前置服务区整改示意图

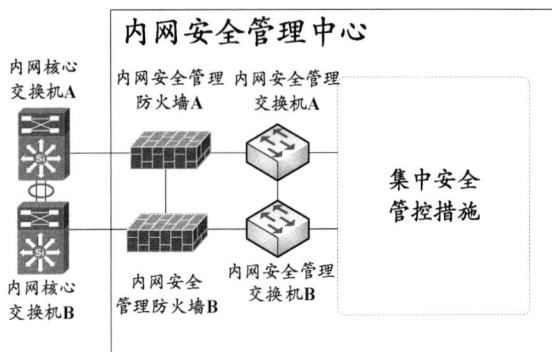

图 5-46　内网安全管理中心整改示意图

（10）内网办公区

该区域用于内网办公终端设备的接入，主要包括接入交换机及内网终端设备。

（11）内网服务器区

内网服务器区是医院的核心业务区域，用于部署各类业务系统。具体部署如图 5-47 所示。

在本次安全整改中，利旧现有网络架构并增加网络防护措施，具体部署措施如下。

● 分别以热备方式在医疗系统区、内网无线网络区利旧部署两组防火墙设备，开启访问控制功能，设置严格的访问控制规则，只有符合访问规则的用户能够访问网络中指定的资源。

- 在医疗系统区新增部署数据库审计系统，实现对数据库系统操作的实时安全审计和行为分析。
- 在医疗系统数据服务器中新增部署数据库加密系统，实现业务数据的加密存储。
- 在内网无线网络区新增部署内网无线控制器，实现对无线终端设备的集中管控。
- 在内网无线网络区新增部署无线入侵检测系统，实现对无线网络环境的入侵检测。
- 通过无线终端设备的可信证书机制，实现对无线医疗设备的认证及远程管理。

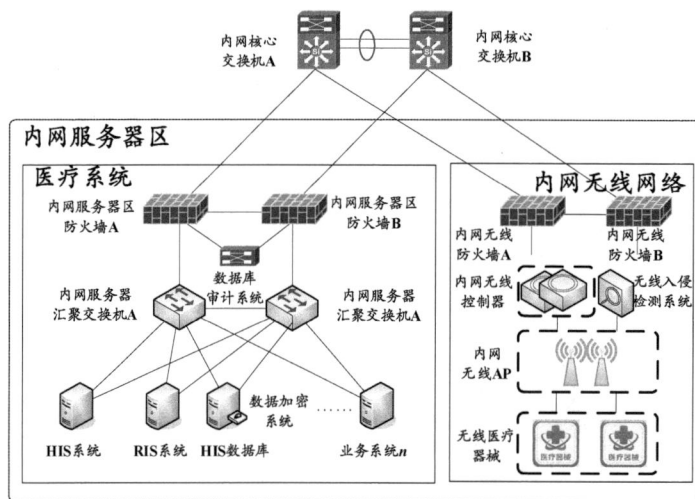

图 5-47　内网服务器区网络整改示意图

（12）数据存储区

数据存储区使用原有的数据存储设备。

5.4.5　安全计算环境整改

5.4.5.1　安全建设

（1）网络和安全设备

- 配置网络设备、安全设备 Radius 协议及 AAA 认证服务与安全管理中心中的双因素认证系统相结合，实现对网络安全设备的统一身份认证。

- 配置网络设备、安全设备 SNMP 协议与安全管理中心中的综合网络管理系统相结合，实现对网络设备和安全设备的运行状态的实时监控。

（2）服务器和终端

- 部署操作系统安全代理组件与安全管理中心中的双因素认证系统相结合，实现操作系统层面的统一身份认证。

- 操作系统采用 SNMP、ICMP、NetBIOS、ARP、Traceroute、Telnet 等协议与安全管理中心中的综合网络管理系统相结合，实现对操作系统、数据库、存储备份设备的运行状态的实时监控。

- 配置操作系统、数据库的日志功能并将日志发送至安全管理中心中的综合安全审计系统，实现对操作系统日志和数据库系统日志的集中审计。

- 操作系统配置相关安全策略，与安全管理中心中的补丁管理系统相结合，实现补丁的集中管理。

- 提供异地实时备份功能，并通过网络将重要配置数据、重要业务数据实时同步至备份场地。

- 部署数据库审计系统，实现对医疗系统数据库的实时审计。

- 部署数据库加密系统，实现对重要数据的加密存储，保障重要医疗数据的存储安全。

（3）应用系统和数据

- 结合安全管理中心中部署的双因素认证系统，开启应用系统双因素认证功能，加强对重要业务人员的身份认证强度。

- 按照安全策略和业务需求对所有输入的数据进行必要的验证，丢弃所有未通过验证的数据，如字符长度、日期格式、数字大小、文件类型、文件大小等，对存在潜在安全风险的特殊字符进行清除或替换，如空字节（%00）、换行符（%0d, %0a, \r, \n）、单引号（'）、斜杠（\）、尖括号（<>）、百分号（%）、加号（+）、SQL 关键字等。

- 采用校验码技术或密码技术保证重要数据在传输过程中的完整性，B/S 架构的应用系统可以采用 SSL 协议，该协议基于 MD5 或 SHA 的 MAC 算法校验消息的完整性；对于采用其他架构的应用系统，可以采用校验码技术等保证应用系统数据通信的完整性。

- 采用密码技术保障重要数据在传输过程中的保密性，如果医疗系统为 B/S 架构，可以采用 HTTPS 进行重要的业务数据传输。

- 采用密码技术保障数据在存储过程中的保密性，对医疗系统重要数据在进入数据库系统前进行必要的加密，从而保障业务数据的完整性及保密性。

- 部署异地实时备份措施，通过网络将重要配置数据、重要业务数据实时同步至异地备份场地。

5.4.5.2　安全加固

具体安全加固措施如下。

（1）网络设备和安全设备

- 远程登录网络安全设备时，禁止采用 HTTP 和 Telnet 等非加密协议，需要使用 SSL、SSH 和 HTTPS 等加密协议。

- 根据管理用户的角色为管理账户分配权限，只授予用户完成特定业务所必需的最小权限，实现管理用户的权限分离。可将管理员分为系统管理员、安全管理员和审计管理员，并为其分配不同的账户和权限。

- 开启网络设备、安全设备的审计策略，并发送设备日志至安全管理中心中的综合安全审计系统。审计覆盖每个用户，对重要的用户行为和重要安全事件进行审计，并对审计记录的产生时间进行时钟同步。

- 配置 IP 地址限制策略，限制管理员仅可通过堡垒机访问网络设备和安全设备，与部署在安全管理中心中的堡垒机相结合，保证运维人员的操作行为可被审计。

（2）服务器和终端

- 根据管理用户的角色为管理账户分配权限，只授予用户完成指定业务所必需的最小权限，实现管理用户的权限分离，可将管理员分为系统管理员、安全管理员和审计管理员，并为其分配不同的账户和权限。

- 开启操作系统、数据库系统的安全审计策略，并将日志发送至安全管理中心中的综合安全审计系统，审计覆盖每个用户，对重要的用户行为和重要安全事件进行审计，并对审计记录的产生时间进行时钟同步。

- 相关人员仅可通过指定的 IP 地址运维操作系统及数据库，与部署在安全管理中心中的堡垒机相结合，保证系统运维人员的操作行为可被审计。

（3）应用系统和数据

- 结合安全管理的需求，完善账户权限的管理功能。相关单位根据业务角色需要，细化各类账户角色，根据角色需求，实现账户权限的最小化，至少设置系统管理员、审计管理员、业务操作员三类角色。

5.4.6　安全管理中心

由于某医院的网络分为外部网络和内部网络，且通过网闸设备进行了逻辑隔离，因此需要在内部网络和外部网络中分别建立安全管理中心，分别实现对业务系统所涉及的网络设备、安全设备、服务器、应用系统、终端等的集中监控、统一管理、集中审计，并制定相关安全策略。同时为提高部分设备的利用率，如漏洞扫描系统的利用率等，两个网络区域可共享。

5.4.6.1　管控措施

在安全管理中心部署集中管控措施，增补安全措施如下。

（1）综合网络管理系统

部署综合网络管理措施，通过主动方式监控基础网络平台、主机设备、虚拟实例、数据库、存储备份设备的运行状态并及时展现。管理人员可以通过该系统，实时查看机房设备的运行状态。

（2）双因素认证系统

GB/T 22239—2019《信息安全技术　网络安全等级保护基本要求》第三级安全防护要求中对系统管理员的身份认证提出了双因素认证要求。相关单位需要部署双因素认证系统实现对管理员的统一身份认证，具体可以采用动态口令或者数字证书结合用户名、口令的方式，实现对管理账户的强身份认证。

（3）补丁管理系统

部署补丁管理系统，通过该系统实现对主要业务服务器的补丁升级管理，避免因自身漏洞给系统带来安全隐患。补丁管理范围应涵盖主流操作系统、数据库管理系统、中间件及各种主流应用软件。管理员可手动下载系统补丁或系统自动在线获得补丁，并统一分发给分布式系统中的各个节点，实现补丁集中管理和统一分发。支持即时、定时等多种补丁应用的方式。

（4）堡垒机

所有运维人员均需通过登录堡垒机对网络设备、安全设备、操作系统、数据库等进行运维，通过细粒度的访问控制最大限度地保护业务系统数据资源的安全，严防非法访问、越权访问事件的发生。通过监控运维人员对网络设备、安全设备、操作系统、数据库系统等进行的各种操作，对违规操作行为进行事中控制与操作审计。

5.4.6.2　设备部署

在医院内网、外网中分别划分一个独立的网络区域，在安全管理中心与整个业务平台间部署边界防火墙进行访问控制，具体部署措施如图 5-48、图 5-49 所示。

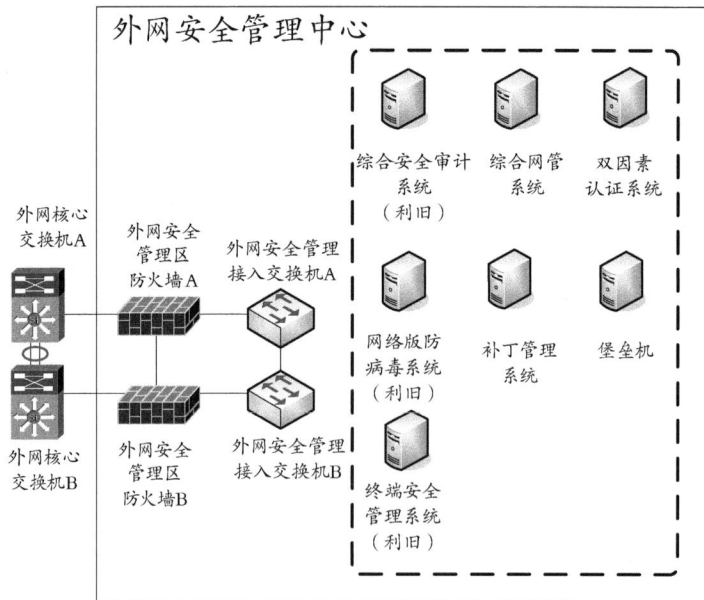

图 5-48　外网安全管理中心整改示意图

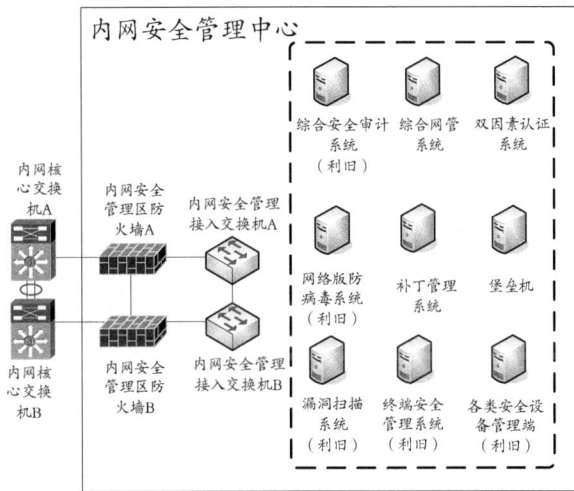

图 5-49　内网安全管理中心整改示意图

5.4.7　医院无线网络整改

5.4.7.1　安全建设

- 在无线网络中新增部署入侵检测措施，对无线网络发起的恶意攻击行为进行实时检测、报警。
- 在外网办公区及内网无线网络区新增部署内网无线控制器，实现对无线终端设备的集中管控。
- 通过可信证书系统实现对无线医疗终端设备的准入及认证。

5.4.7.2　安全加固

- 禁用无线网络设备的 SSID 广播。
- 禁用无线医疗设备的本地管理功能，仅能够通过安全管理中心进行远程管理。
- 关闭无线医疗设备的软件安装功能，设备软件仅能够通过管理中心统一下发。

5.4.8　整改方案总体部署

5.4.8.1　软硬件产品部署

医疗系统的网络安全详细整改部署，如图 5-50 所示。

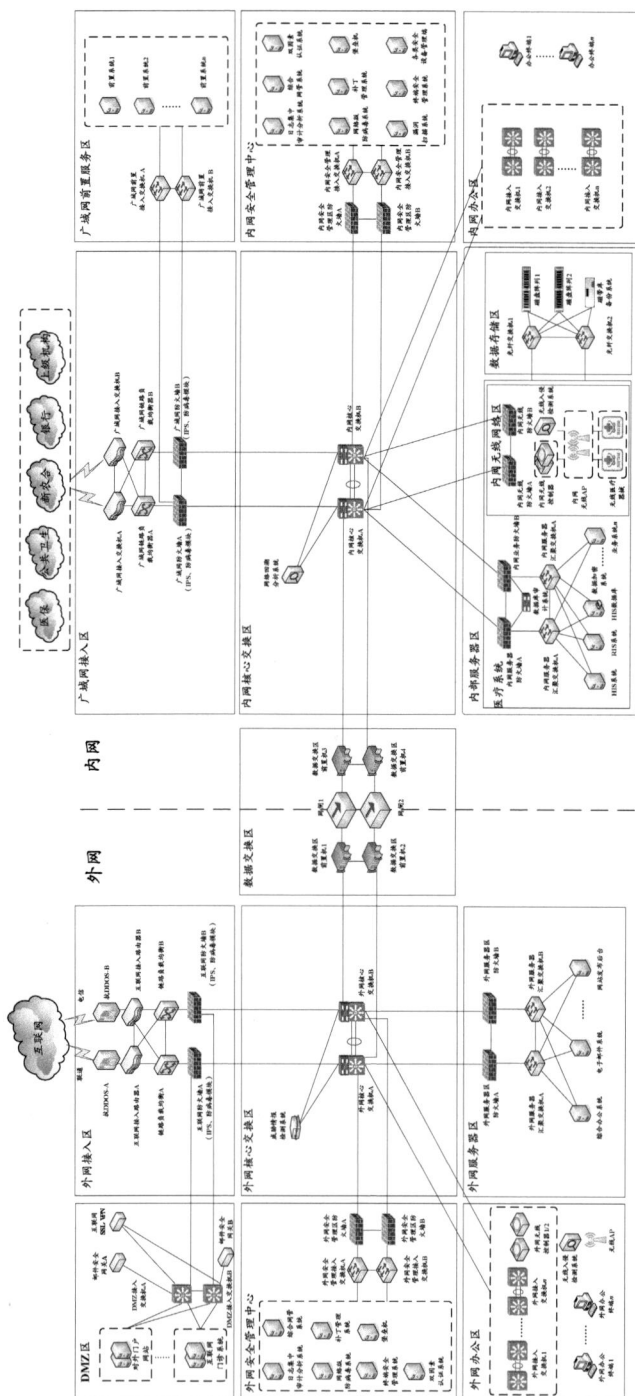

图 5-50　医疗系统网络安全整改示意图

5.4.8.2　安全整改设备列表

安全整改设备列表，如表 5-5 所示。

表 5-5　安全整改设备列表

序　号	网络类别	网络区域	设 备 名 称	数量（台/套）
1	外网	DMZ 区	互联网 SSL-VPN	1
2			邮件安全网关 A/B	2
3		外网核心交换区	威胁情报检测系统	1
4		外网安全管理中心	综合网管系统	1
5			双因素认证系统（动态令牌）	1
6			补丁管理系统	1
7			堡垒机	1
8		外网办公区	无线入侵检测系统	1
9			无线控制器 1/2	2
10	内网	数据交换区	网闸 A/B	2
11			数据交换区前置机 1/2/3/4	4
12		内网核心交换区	网络回溯分析系统	1
13		广域网接入区	广域网链路负载均衡 A/B	2
14		内网安全管理中心	综合网管系统	1
15			双因素认证系统（动态令牌）	1
16			补丁管理系统	1
17			堡垒机	1
18		内部服务器区	数据库审计系统	1
19			数据备份系统	1
20			数据加密系统	1
21		内网无线网络	无线入侵检测系统	1
22			无线控制器 1/2	2
合计				30